国外油气勘探开发新进展丛书

GUOWAIYOUQIKANTANKAIFAXINJINZHANCONGSHU

二十六

WORMLIKE MICELLES
ADVANCES IN SYSTEMS, CHARACTERISATION AND APPLICATIONS

蠕虫状胶束的体系、表征及应用

【英】塞西娜·A.德雷斯（Cécile A. Dreiss） 【中】冯玉军 编著

李文宏 刘卫东 等译

石油工业出版社

内容提要

本书是英国皇家化学会(RSC)出版的软物质(Soft Matter)系列丛书之一。本书主要介绍了表面活性剂分子组装成胶束特别是蠕虫状胶束的原理和类型,涉及表面活性剂胶束表征的最新技术,包括冷冻透射电镜、流变—小角中子散射技术、微流控技术、分子模拟技术、动力学和热力学理论等,并拓展到蠕虫状胶束在油气开采、水力减阻及过程工业中的应用。

本书适合胶体与界面化学、化学化工、纳米材料、物理学、生物学、医学、流变学等领域,以及油气田钻探及开发工程、日化、医药、农药、选矿、金属加工等行业科研院所和高等院校的研究生、科研人员参考使用。

图书在版编目(CIP)数据

蠕虫状胶束的体系、表征及应用/(英)塞西娜·A.德雷斯,冯玉军编著;李文宏等译. -- 北京:石油工业出版社, 2024.11. -- ISBN 978 - 7 - 5183 - 6738 - 2

Ⅰ. TQ331.4

中国国家版本馆 CIP 数据核字第 2024XH9414 号

Original Title: Wormlike Micelles: Advances in Systems, Characterisation and Applications
Edited by Cécile A. Dreiss and Yujun Feng
ISBN: 978 - 1 - 78262 - 516 - 2
First Published in UK by The Royal Society of Chemistry
© The Royal Society of Chemistry 2017
All rights reserved.
Simplified Chinese edition Copyright © 2024 Petroleum Industry Press
The Simplified Chinese edition is published by Petroleum Industry Press under licence of The Royal Society of Chemistry.

No part of this book may be stored, reproduced or transmitted in any form or by any means, electronic or mechanical, including photocopying, recording, or by any information storage and retrieval system, without written permission from the copyright holder.

本书经英国皇家化学学会(The Royal Society of Chemistry)授权石油工业出版社有限公司翻译出版。版权所有,侵权必究。

北京市版权局著作权合同登记号:01 - 2024 - 5305

出版发行:石油工业出版社
(北京安定门外安华里2区1号楼 100011)
网　　址:www.petropub.com
编辑部:(010)64210387　图书营销中心:(010)64523633
经　销:全国新华书店
印　刷:北京中石油彩色印刷有限责任公司

2024 年 11 月第 1 版　2024 年 11 月第 1 次印刷
787×1092 毫米　开本:1/16　印张:19.75
字数:510 千字

定价:120.00 元
(如出现印装质量问题,我社图书营销中心负责调换)
版权所有,翻印必究

《国外油气勘探开发新进展丛书（二十六）》编委会

主　　任：何江川

副主任：李国欣　方　庆　雷　平

编　　委：（按姓氏笔画排序）

于荣泽　方　辉　刘　卓

李　中　李文宏　吴淑红

秦　勇　章卫兵

序

"他山之石，可以攻玉"。学习和借鉴国外油气勘探开发新理论、新技术和新工艺，对于提高国内油气勘探开发水平、丰富科研管理人员知识储备、增强公司科技创新能力和整体实力、推动提升勘探开发力度的实践具有重要的现实意义。鉴于此，中国石油勘探与生产分公司（现为中国石油油气和新能源分公司）和石油工业出版社组织多方力量，本着先进、实用、有效的原则，对国外著名出版社和知名学者最新出版的、代表行业先进理论和技术水平的著作进行引进并翻译出版，形成涵盖油气勘探、开发、工程技术等上游较全面和系统的系列丛书——《国外油气勘探开发新进展丛书》。

自2001年丛书第一辑正式出版后，在持续跟踪国外油气勘探、开发新理论新技术发展的基础上，从国内科研、生产需求出发，截至目前，优中选优，共计翻译出版了二十五辑100余种专著。这些译著发行后，受到了企业和科研院所广大科研人员和大学院校师生的欢迎，并在勘探开发实践中发挥了重要作用。达到了促进生产、更新知识、提高业务水平的目的。同时，集团公司也筛选了部分适合基层员工学习参考的图书，列入"千万图书下基层，百万员工品书香"书目，配发到中国石油所属的4万余个基层队站。该套系列丛书也获得了我国出版界的认可，先后八次获得了中国出版协会的"引进版科技类优秀图书奖"，形成了规模品牌，获得了很好的社会效益。

此次在前二十五辑出版的基础上，经过多次调研、筛选，又推选出了《油藏描述、建模和定量解释》《致密油藏表征、建模与开发》《蠕虫状胶束的体系、表征及应用》《非常规油气人工智能预测和建模方法》《多孔介质中多相流动的计算方法》《页岩油气开采》等6本专著翻译出版，以飨读者。

在本套丛书的引进、翻译和出版过程中，中国石油油气和新能源分公司和石油工业出版社在图书选择、工作组织、质量保障方面积极发挥作用，一批具有较高外语水平的知名专家、教授和有丰富实践经验的工程技术人员担任翻译和审校工作，使得该套丛书能以较高的质量正式出版，在此对他们的努力和付出表示衷心的感谢！希望该套丛书在相关企业、科研单位、院校的生产和科研中继续发挥应有的作用。

丛书编委会

译者前言

应英国皇家化学会之邀,原著由英国伦敦大学国王学院 Cécile A. Dreiss 博士和四川大学冯玉军教授联合编辑,美国、英国、中国、意大利等国家十余名科学家联袂编写,是英国皇家化学会(RSC)出版的软物质(Soft Matter)系列丛书之一。

《蠕虫状胶束的体系、表征及应用》英文原著的第一版诞生于2017年,由英国皇家化学会(RSC)在伦敦出版。本书提供了大量经典和最新参考文献。作者将最新研究进展纳入其中,并深刻阐述了该领域未来发展趋势,是表面活性剂胶束组装体最新专著,不仅在理论上系统阐述了表面活性剂组装体的形成原理,还深入介绍了研究表面活性剂胶束组装体的最新技术。本书突出的特色是理论和应用相结合、基础和实验相结合、胶体化学和应用科学相结合,注重理论对应用的指导。因此,对于表面活性剂领域的科技人员和应用开发人员,本书既是内容丰富且全面的教科书,又是具有较高参考价值的工具书,是一部不可多得的经典之作。

第1至第6章描述了表面活性剂分子组装成胶束特别是黏弹性胶束的原理和类型,第7至第11章介绍了表征表面活性剂胶束的最新技术,包括冷冻透射电镜、流变—小角中子散射技术、微流控技术、分子模拟技术、动力学和热力学理论,第12章介绍了黏弹性表面活性剂胶束在油气开采中的应用,第13章总结了该类胶束在水力减阻中的应用,第14章涉及黏弹性胶束在过程工业中的应用。

本书第1章由上官阳南和郑立军翻译,第2章由从苏南翻译,第3章由苏鑫翻译,第4章由张永民翻译,第5章由韩一秀翻译,第6章由张永民翻译,第7章由赵学之翻译,第8章由上官阳南和郑立军翻译,第9章由张艳翻译,第10章由从苏南翻译,第11章由王骥翻译,第12章由楚宗霖翻译,第13章由殷鸿尧翻译,第14章由苏鑫翻译,全书由李文宏、杨海恩、刘卫东统稿、审定。特别感谢本书作者之一的冯玉军教授以及武汉大学董金凤教授等对本书关键内容的指导和纠正,以及在翻译过程中不厌其烦地耐心指教和修改。程芳、王小琳、易萍、徐飞艳、张晓斌等译者团队成员参加了本书的文字录入和表格整理等工作,在此表示真诚的感谢!

本书的翻译力求保持原书的风格和内涵,对外国人名统一使用原名。图表中的化学名称尽可能翻译成中文。

由于译者水平有限,书中疏漏在所难免,翻译不当或不到位的地方敬请读者批评斧正!

原书作者简介

Cécile A. Dreiss 英国伦敦国王学院药物科学研究所的高级讲师。她的研究集中在理解和利用软物质中的自组装,跨越胶体、聚合物和生物系统,通过建立宏观尺度上的性质(体行为或功能)和纳米尺度上的组织之间的关系。她广泛使用小角中子和小角 X 射线散射技术以及流变学。她毕业于法国南锡大学的化学和化学工程专业,2003 年获得伦敦帝国理工学院化学工程博士学位,之后在布里斯托尔大学从事了两年的博士后研究。随后她在伦敦国王学院工作至今。

冯玉军 四川大学教授、博导、高分子研究所副所长,高分子材料工程国家重点实验室固定研究人员。先后荣获中共中央组织部"万人计划"科技领军人才、中国科学院"百人计划"学者、享受政府特殊津贴专家、四川省"天府万人计划"人才、四川省学术技术带头人、四川省"杰出青年"、山东省"泰山学者"等荣誉称号。长期从事油气开采用高分子材料的研究。承担国家重大专项专题项目 2 项、国家自然科学基金重点及面上项目 4 项,其他省部级项目 11 项,横向合作项目 20 余项。获授权中国发明专利 15 件,发表论文 220 余篇(SCI 收录 150 余篇),出版英文专著 2 部。作为第一完成人先后获得四川省科技进步二等奖、中国石化联合会科技进步一等奖、成都市科技进步一等奖、中国专利优秀奖、中国产学研合作创新奖各 1 项。担任两家国际 SCI 期刊副主编,系首个担任 SPE 油田化学会议技术委员会委员的中国科学家。

原书前言

蠕虫状胶束(WLMs),或称"线状胶束"或"巨型胶束",是两亲分子在溶液中自发自组织形成的细长、柔性的聚集体。这种特殊的形貌取决于表面活性剂的性质(主要是其几何形状和亲水—疏水平衡),并可以通过与其他化合物的缔合以及控制物理化学参数(如温度、pH值或盐度)来调节。与聚合物链类似,蠕虫状胶束在临界浓度以上缠结形成瞬态网络,赋予其明显的黏弹性或"凝胶状"特性。然而,蠕虫状胶束与聚合物溶液也存在明显的差别,因为其所形成的这些结构是动态的:胶束不停地破裂和重构,与此同时,表面活性剂分子不断加入和离开"蠕虫"。因此,它们的自组装性质赋予蠕虫状胶束能在短时间内破坏和重组的特性,也能够改变它们的形貌(从蠕虫状到球形或到囊泡),从而改变它们随环境变化或组成变化而变化的流变性。因此,蠕虫状胶束在许多工业和技术领域,特别是在石油行业得到了探索和应用。

本书涵盖了与蠕虫状胶束相关的一系列主题,提供了大量经典和最新的参考文献,为这一广阔的领域提供了权威指南。本书的重点是基于表面活性剂的蠕虫状胶束,但聚合物蠕虫状胶束也在几个章节中有所涉及。为了表述得更清晰,本书分为三个板块:第一个板块关注体系的构建,第二个板块关注性能表征,第三个板块则关注工业应用。每一章都由在各自领域拥有丰富经验的学者和工程师撰写,并总结了过去十年的研究进展和趋势;每一个主题都独立成章,可以单独阅读。首先,以第1章作为导读,提供了该领域的概述,给读者准备了有关蠕虫状胶束的基本工具和专业词汇,并在接下来的各章进行了逐一简介。

第一部分(第2章至第6章)聚焦于表面活性剂的分子结构,概括了不同于早期研究所报道的形成蠕虫状胶束的传统表面活性剂(主要是阳离子表面活性剂和电解质)的新型构建基元。第2章描述了具有类凝胶性质(无限长弛豫时间和无限大零剪切黏度)的蠕虫状胶束的异常案例,以及构建该类蠕虫状胶束的表面活性剂的常见特征。第3章讨论了蠕虫状胶束和利用脉冲磁场梯度—核磁共振谱(PFG - NMR)来探索它们的微观结构和动力学特性。第4章研究了形成蠕虫状胶束的各种非常规表面活性剂,如生物基两亲化合物,或具有独特结构的表面活性剂。第5章探讨了蠕虫状胶束与纳米颗粒结合所获得的新性质。第6章回顾和总结了一个方兴未艾的新领域,即能对各种刺激做出反应的"智能"蠕虫状胶束。

第2部分(第7章至第11章)将重点从化学原理的研究转向为这些技术促进对蠕虫状胶束结构和动力学深入理解的前沿技术。第7章重点介绍了直接成像技术在揭示蠕虫状胶束的结构、动力学特性和动态过程的关键贡献。第8章总结了流变—小角中子联用技术的进展,该技术可以对蠕虫状胶束中的流动诱导结构进行灵活的表征。第9章描述了使用微流控设备作为一个多功能平台来评价复杂流场和空间限域对蠕虫状胶束微观结构的影响。第10章回顾了应用于 WLMs 的多尺度模拟这一新兴领域的最新结果。第 11 章回到蠕虫状胶束的分子层面，但从最近的等温滴定量热测量给出了热力学展望，并讨论了时间分辨小角 X 射线散射在蠕虫状胶束形成动力学中的最新发现。

第 3 部分（第 12 章至第 14 章）采用了更为工程化的视角，展示了蠕虫状胶束的商业应用。第 12 章回顾了蠕虫状胶束在油气井增产中的主要应用，并讨论了对新体系的研究。第 13 章聚焦于蠕虫状胶束的减阻能力及其在石油工业以及加热和冷却系统中的应用。第 14 章讨论了最近在与工业相关的复杂几何结构中测量和提高蠕虫状胶束工艺流程可预测性的努力。

感谢所有的作者和合著者，他们投入了大量的时间、精力和热情来撰写这些原创章节，并推动本书成功付梓。我们也衷心感谢在本书编辑各个阶段提供支持的英国皇家化学会的团队，特别是 Cara Sutton、Lindsay McGregor、Catriona Clarke 和 Sylvia Pegg。

希望本书不仅是一本有用的参考书，也能激起学者、工程师或怀有科学好奇心的读者兴趣，并有助于激发对蠕虫状胶束的更深层次的研究。

目　录

第1章　概述 …………………………………………………………………… (1)
　1.1　蠕虫状胶束形成机理 ……………………………………………………… (1)
　1.2　表面活性剂与蠕虫状胶束 ………………………………………………… (2)
　1.3　关键结构参数 ……………………………………………………………… (2)
　1.4　蠕虫状胶束的线性流变学 ………………………………………………… (3)
　1.5　结论及展望 ………………………………………………………………… (4)
　参考文献 …………………………………………………………………………… (5)

第2章　蠕虫状胶束的黏弹性及流变特性 …………………………………… (7)
　2.1　蠕虫状胶束的简史及黏弹性 ……………………………………………… (7)
　2.2　蠕虫状胶束与聚合物的比较 ……………………………………………… (9)
　2.3　凝胶的定义 ………………………………………………………………… (12)
　2.4　长尾表面活性剂蠕虫状胶束：类凝胶行为 ……………………………… (12)
　2.5　为什么某些蠕虫状胶束会形成凝胶 ……………………………………… (16)
　2.6　凝胶可由"缠结"独自形成吗 ……………………………………………… (17)
　2.7　结论 ………………………………………………………………………… (18)
　参考文献 …………………………………………………………………………… (19)

第3章　反向蠕虫状胶束核磁共振谱研究 …………………………………… (22)
　3.1　简介 ………………………………………………………………………… (22)
　3.2　蠕虫状胶束和微乳液基础背景 …………………………………………… (23)
　3.3　核磁共振技术对微观结构与动力学特性的研究 ………………………… (25)
　3.4　卵磷脂反向蠕虫状胶束的一般特性 ……………………………………… (31)
　3.5　环己烷中的卵磷脂反向蠕虫状胶束：断裂的蠕虫 ……………………… (32)
　3.6　卵磷脂在异辛烷中的蠕虫状胶束：活性网络 …………………………… (38)
　3.7　不相连与相连的反向蠕虫状胶束流变特性 ……………………………… (39)
　3.8　总结 ………………………………………………………………………… (42)
　致谢 ………………………………………………………………………………… (43)
　参考文献 …………………………………………………………………………… (43)

第4章　特种表面活性剂 ……………………………………………………… (46)
　4.1　简介 ………………………………………………………………………… (46)
　4.2　生物基构建模块 …………………………………………………………… (47)
　4.3　双子表面活性剂 …………………………………………………………… (55)

4.4 离子液体 ………………………………………………………………………… (62)
4.5 氟表面活性剂 …………………………………………………………………… (66)
4.6 超长碳链（C_{22}）表面活性剂 ………………………………………………… (66)
4.7 结论与展望 ……………………………………………………………………… (69)
参考文献 ……………………………………………………………………………… (69)

第5章 蠕虫状胶束和纳米颗粒组成的自组装网络
5.1 简介 ……………………………………………………………………………… (76)
5.2 蠕虫状胶束与纳米颗粒的相互作用 …………………………………………… (76)
5.3 相行为 …………………………………………………………………………… (78)
5.4 结构 ……………………………………………………………………………… (79)
5.5 纳米颗粒对流变性的调节 ……………………………………………………… (80)
5.6 纳米颗粒赋予新的功能特性 …………………………………………………… (83)
5.7 结论和展望 ……………………………………………………………………… (85)
致谢 …………………………………………………………………………………… (86)
参考文献 ……………………………………………………………………………… (86)

第6章 刺激响应型蠕虫状胶束
6.1 简介 ……………………………………………………………………………… (88)
6.2 温度响应型蠕虫状胶束 ………………………………………………………… (88)
6.3 pH 响应型蠕虫状胶束 …………………………………………………………… (94)
6.4 氧化—还原响应型蠕虫状胶束 ………………………………………………… (101)
6.5 光响应型蠕虫状胶束 …………………………………………………………… (103)
6.6 CO_2 响应型蠕虫状胶束 ………………………………………………………… (108)
6.7 多重刺激响应型蠕虫状胶束 …………………………………………………… (116)
6.8 结论与展望 ……………………………………………………………………… (118)
致谢 …………………………………………………………………………………… (118)
参考文献 ……………………………………………………………………………… (118)

第7章 冷冻透射电镜对蠕虫状胶束的直接成像
7.1 冷冻透射电子显微镜基础 ……………………………………………………… (125)
7.2 利用 cryo-TEM 直接观察胶束 ………………………………………………… (128)
7.3 结论 ……………………………………………………………………………… (136)
致谢 …………………………………………………………………………………… (136)
参考文献 ……………………………………………………………………………… (137)

第8章 来自流变—小角中子散射联用装置的新认识
8.1 简介 ……………………………………………………………………………… (140)
8.2 Rheo-SANS 的样品环境 ………………………………………………………… (140)
8.3 利用小角中子散射分析微结构的重排 ………………………………………… (143)

8.4 Rheo–SANS 体系和文献总结 (145)
8.5 通过 Rheo–SANS 对稳定剪切、剪切启动和剪切停止的研究 (146)
8.6 Rheo–SANS (158)
8.7 非标准流动样品池的实验结果 (161)
8.8 展望 (162)
致谢 (163)
参考文献 (163)

第 9 章 蠕虫状胶束在微流控中的流动和限域 (170)
9.1 简介 (170)
9.2 蠕虫状胶束在微流控中的剪切流动 (171)
9.3 蠕虫状胶束在微流控中的拉伸流动 (177)
9.4 复杂混合流场中的蠕虫状胶束 (186)
9.5 展望及观点 (192)
参考文献 (192)

第 10 章 蠕虫状胶束流体计算机模拟的进展 (200)
10.1 简介 (200)
10.2 非常规表面活性剂 (201)
10.3 蠕虫状胶束的力学和流动特性 (205)
10.4 反胶束的机械和流变特性 (206)
10.5 蠕虫状胶束和纳米颗粒 (207)
10.6 蠕虫状胶束在微流控中的流动行为 (208)
10.7 结论 (210)
致谢 (211)
参考文献 (211)

第 11 章 蠕虫状胶束形成的新理解：动力学和热力学 (212)
11.1 简介 (212)
11.2 从分子角度看蠕虫状胶束 (213)
11.3 热力学因素 (220)
11.4 动力学因素 (228)
11.5 结论及观点 (231)
致谢 (231)
参考文献 (231)

第 12 章 蠕虫状胶束在油田工业中的应用 (234)
12.1 简介 (234)
12.2 蠕虫状胶束黏弹性流体 (234)
12.3 油田用代表性表面活性剂 (235)

12.4　黏弹性表面活性剂流体的特性与优点 ………………………………………………（237）
12.5　有效减阻 ………………………………………………………………………………（238）
12.6　在上游作业中的应用 …………………………………………………………………（240）
12.7　纳米添加剂与蠕虫状胶束的结合 ……………………………………………………（246）
12.8　结论 ……………………………………………………………………………………（248）
参考文献 ………………………………………………………………………………………（249）

第13章　表面活性剂溶液在湍流减阻中的应用 ………………………………………………（252）
13.1　简介 ……………………………………………………………………………………（252）
13.2　油田应用 ………………………………………………………………………………（254）
13.3　供暖和制冷系统 ………………………………………………………………………（258）
13.4　其他可能的应用 ………………………………………………………………………（265）
13.5　结论 ……………………………………………………………………………………（265）
参考文献 ………………………………………………………………………………………（265）

第14章　简单及复杂结构中蠕虫状胶束溶液的过程流动 ……………………………………（271）
14.1　简介 ……………………………………………………………………………………（271）
14.2　实验材料、性能和设备 ………………………………………………………………（272）
14.3　简单流动——基于速度剖面得出的黏度与旋转黏度计测量结果的比较 …………（276）
14.4　复杂流动——静态混合器流动模型 …………………………………………………（279）
14.5　结论 ……………………………………………………………………………………（283）
参考文献 ………………………………………………………………………………………（283）

第1章 概 述

Cécile A. Dreiss

本章将为读者,特别是那些新进入蠕虫状胶束(WLMs)领域的读者提供一些基础知识,以便为后续章节的理解打下基础。本章介绍了蠕虫状胶束的形成原理和基本术语,并总结了蠕虫状胶束的结构特征及其流变学特性。

1.1 蠕虫状胶束形成机理

两亲分子的极性部分和非极性部分之间的不相容性导致它们在选择性溶剂中分离:一个区域"好",另一个区域则"差"。在水中,极性(亲水性)部分被称为"头基",而非极性(疏水性)部分被称为"尾基"。表面活性剂自发地自组装成各种微观结构,这些结构的形貌由两亲分子的自发曲率或堆积参数 P 决定(图1.1)[1]。

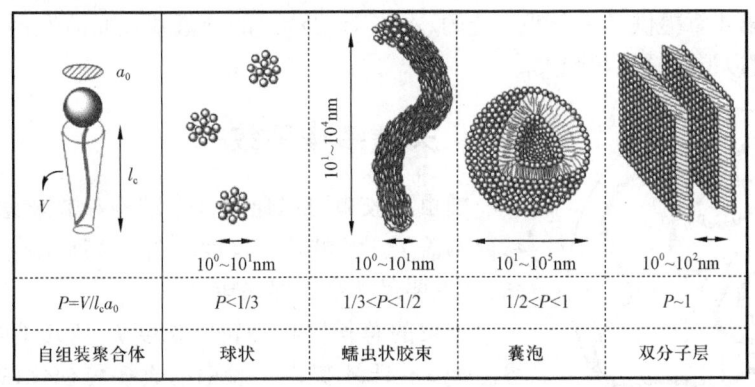

图1.1 堆积参数 P 与表面活性剂自组装聚集体形貌之间关系的示意图(据 Chu et al., 2013)
经英国皇家化学学会许可

组装体在溶液中的自发曲率仅仅反映了分子的不对称性,即分子的不同部分(亲溶剂和憎溶剂)的有效堆积面积的差异。因此,分子的堆积方式取决于这些相互抗衡部分的大小及其刚性,也取决于存在的相互作用(如氢键或静电力),这些相互作用可以通过温度、离子强度或 pH 值等参数进行调节(见第6章)。自发曲率越大,说明两亲分子越不对称,其组装成球形聚集体的趋势也越强;与此相反,聚集体曲率较低,则说明分子结构更对称,界面也越平坦。

Israelachvili[1]引入了临界堆积参数(P)的概念。这是一个定义为 $V/(l_c a_0)$ 的几何量,其中 V 是最大有效长度为 l_c 的疏水链的体积,a_0 是表面活性剂—水界面处每个分子的有效面积。如图1.1所示,如果 P 值居中(1/3~1/2),预计会形成圆柱形聚集体(即蠕虫状胶束);如果

P 值较低($\leqslant 1/3$),则会形成球形胶束(高自发曲率);在 $P > 1/2$ 时,会形成双层结构(低曲率);$P > 1$ 时,会形成反胶束,第 3 章对此会做详细介绍。

自发弯曲源于焓的贡献。熵效应通过如下两种方式发挥作用:(1)圆柱形胶束的弯曲(构象熵);(2)拓扑缺陷,如端盖(通过增加胶束的数量来增加熵)和支化点或连接点(增加构型熵)。与主圆柱体相比,端盖和支化共同形成具有不同曲率的区域,并产生了不同的能量损失[3-5]。Cates 等[6]和 Lequeux 等[7]的研究表明,胶束间出现连接是蠕虫状胶束溶液零剪切黏度(η_0)随表面活性剂、助表面活性剂或盐浓度上升而下降的原因,因为连接点可以沿着胶束自由滑动,从而提供了额外的弛豫机制。冷冻透射电镜(cryo - TEM)成像后来确认了胶束支化点的存在(第 7 章),这大约是迄今唯一能够直观识别胶束支化的技术。然而,最近,脉冲场梯度(PFG)NMR 测量作为一种新技术,也可以可靠地确定胶束之间的连接。关于这项技术的更多细节,以及它在蠕虫状反胶束中的应用,将在随后的第 3 章中涉及。

1.2 表面活性剂与蠕虫状胶束

最著名和研究最多的蠕虫状胶束体系是具有长疏水链的阳离子表面活性剂,如十六烷基三甲基溴化铵(CTAB)或十六烷基溴化吡啶(CPBr),在相对较高的表面活性剂浓度或盐存在的情况下,容易形成蠕虫状胶束(第 11 章列表给出了体系的构成,并讨论了抗衡离子结构的影响)。在对阳离子表面活性剂进行初步研究后,现已发现,在拥有较小头基的助表面活性剂、添加剂、盐存在的条件下,或使用适当的抗衡离子时,许多其他表面活性剂也可以形成蠕虫状胶束[8-9]。第 4 章提供了一个非正统的、不同于"经典"的碳氢基表面活性剂的两亲化合物目录,它们也可以形成蠕虫状胶束。

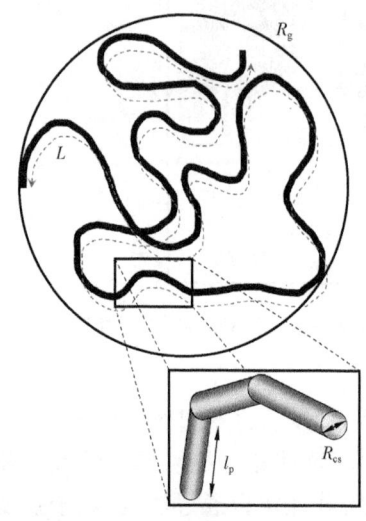

图 1.2 WLMs 的特征长度尺度
示意图(据 Dreiss,2007)
R_g—总回转半径;L—轮廓长度;
l_p—持续长度;R_{CS}—横截面直径
经英国皇家化学学会许可

1.3 关键结构参数

蠕虫状胶束可以通过许多结构参数来完全描述,这些参数涵盖了广泛的长度尺度。图 1.2 所示为 WLMs 的示意图,其主要尺寸令人感兴趣。

胶束的总长度称为轮廓长度 L,从几纳米到几微米不等。cryo - TEM 提供了胶束的直接可视化,并可用于估计轮廓长度;第 7 章讨论了蠕虫状胶束的直接成像技术。光散射和小角度中子和 X 射线散射(SANS/SAXS)也被广泛用于检查蠕虫状胶束的结构,并在其他地方进行了综述[10-11]。SAXS 和 SANS 还提供了一种选择技术来揭示动力学和形成途径[12],这将在第 11 章中讨论。

中性或高度筛选的胶束的生长过程的平均场处理给出了根据体积分数 Φ、温度和由于断棒而形成两个半球形端帽所需的端帽能量 E_c 的平均轮廓长度的预测[13],有:

$$\bar{L} \sim \Phi^{1/2} \exp(E_c/k_B T) \qquad (1.1)$$

对于不存在电解质的带电胶束,由于电荷沿着主链的排斥作用,断裂能具有一个额外的组分 E_e,这有利于更短的胶束。在这种情况下,轮廓长度 L 由式(1.2)给出:

$$L \sim \Phi^{1/2}\exp[(E_c - E_e)/2k_BT] \tag{1.2}$$

描述蠕虫状胶束的另一个重要结构参数是持续长度 l_p,即胶束被视为刚性时的长度,它提供了一种衡量柔韧性的标准(它与 Kuhn 长度 b 相关,即 $b = 2l_p$)。对于非离子表面活性剂形成的蠕虫状胶束,持续长度通常在 100~400Å 的范围内[14],同时,由于横截面直径远大于聚合物链,因此蠕虫状胶束比聚合物大得多(关于 WLMs 和聚合物溶液之间的流变学和结构差异的比较,请参见第 2 章)。对于带电胶束,持续长度值高度依赖于离子强度[15-17]。

了解表面活性剂几何形状如何影响蠕虫状胶束的结构特征,从而影响其溶液的流变性,以及如何通过适当的参数操纵自组装结构,是一个相当大的挑战,也是本书研究的核心内容。除了成像(第 7 章)和散射技术外,模拟技术还提供了预测结构—性能关系的途径;第 10 章回顾了这一领域的最新发展。

1.4 蠕虫状胶束的线性流变学

在临界浓度(也称重叠浓度,C^*)以上,蠕虫状胶束缠结成瞬态网络,该网络不断断裂和重构;因此,WLMs 被称为"活聚合物"或"平衡聚合物"[18-20]。蠕虫状胶束的缠结赋予其溶液显著的黏弹性,Cates 提出的模型对此进行了描述[21]。无论是在基础层面还是在技术应用中,蠕虫状胶束的动态行为是大家对其感兴趣的原因所在[22-25](见第 12 至第 14 章)。蠕虫状胶束的特殊流变特性源于表面活性剂自发组装成长胶束并发生缠结,这一事实意味着,构筑基元——表面活性剂——的几何形状或它们相互作用的任何变化都可能显著影响聚集体的微观结构,从而影响其本体性能。因此,流变响应对影响组装体结构的环境刺激特别敏感,因此,如第 6 章所述,蠕虫状胶束提供了一个由小分子中创建智能材料的理想平台。由于流变学是蠕虫状胶束的主要兴趣所在,因此本章简要介绍了主要概念,第 2 章对此也做了重点介绍。Rehage 等[26-27]、Hoffmann 等[28]、Shikata 等[29-32]、Cates[6,19,21,33-36]、Candau 等[37-38]在定量描述蠕虫状胶束流变行为方面开展了开创性的工作。关于线性流变学和非线性流变学的评论可以在参考文献[8][9][39][40]中找到。

在更高的浓度下,零剪切黏度(η_0)可以达到比溶剂的零剪切黏度高几个数量级的值(具体范例参见第 2 章和第 6 章),这取决于温度、盐度或助表面活性剂浓度等条件。流变行为通常在临界剪切速率($\dot{\gamma}_c$)以上表现出剪切变稀特性,这归因于剪切流中蠕虫链的排列。类似于在聚合物溶液中观察到的情况,黏弹性产生于蠕虫状胶束的缠结。除了在柔性聚合物的缠结溶液中发现的爬行作用(胶束沿着其自身轮廓的"爬行式"扩散,取决于拓扑约束和特征时间 t_{rep})外,蠕虫状胶束还显示出一种额外的应力松弛机制,该机制源于聚集体的不断断裂—复合,这体现在胶束破裂时间 t_b 的差异上。由此,可以形成两个区域:

(1) 如果 $t_b \geq t_{rep}$,主要的应力松弛机制是爬行,并且胶束表现类似于多分散的、不可破坏的聚合物的行为,其最终弛豫时间 $t_R = t_{rep}$。

(2) 如果 $t_b \leq t_{rep}$(快速破裂极限),则胶束在爬行时间尺度内经历若干个破裂和重构过程。该特性满足 Maxwell 方程,应力松弛的长时特性可以通过含有弛豫时间 t_R 的单指数衰减

来描述,即:

$$t_R = (t_b t_{rep})^{1/2}$$

弹性模量或储能模量(G')和黏性模量或损耗模量(G'')由 Maxwell 方程描述,有:

$$G'(\omega) = \frac{\omega^2 t_R^2}{1 + \omega^2 t_R^2} G_0 \tag{1.3}$$

$$G''(\omega) = \frac{\omega t_R}{1 + \omega^2 t_R^2} G_0 \tag{1.4}$$

式中,ω 为频率,G_0 为外推到 $t \to 0$(或无限频率)的弹性模量,t_R 为弛豫时间。

已经发现这种 Maxwell 模型适用于大多数的蠕虫状胶束溶液,因此,文献中经常将是否满足 Maxwell 流变特性作为判断是否存在蠕虫状胶束的判据。然而,在许多蠕虫状胶束体系中也报道了更接近"凝胶状"的行为,在流变仪可测量的标准频率范围内,储能模量和损耗模量值不依赖频率[43],稳态流变曲线上低剪切速率区也不存在黏度平台(第 2 章对此进行了讨论,第 6 章也给出了一些例子)。

通常,蠕虫状胶束在稳态剪切流下表现出低剪切牛顿平台,在高于临界剪切速率($\dot{\gamma}_c$)后表现出剪切变稀现象。从 $\dot{\gamma}_c$ 的倒数可以估计出胶束结构的最长弛豫时间 t_R。

在稀溶液区,黏度(η)遵循爱因斯坦黏度方程,随着表面活性剂体积分数(Φ)的增加而线性增加[44]:

$$\eta = \eta_s (1 + 2.5\Phi) \tag{1.5}$$

在亚浓溶液区,稳态零剪切黏度(η_0)和动态流变参数(G_0 和 t_R)都满足标度关系,标度指数分别为 3.5、2.25 和 1.25[15,45]。

除了外部参数(如温度、pH 值和光照)外,最近还发现纳米颗粒的加入会影响蠕虫状胶束网络的结构,从而影响其流变性。这一主题将在第 5 章中进行探讨。

1.5 结论及展望

自从半个多世纪前发现简单的表面活性剂可以增稠溶液以来,人们对蠕虫状胶束的兴趣已经发展到一系列应用中(有些在第 12 至第 14 章中进行了描述),并且构建了新的体系(第 2 至第 5 章),要么基于反胶束(第 3 章),涉及受生物启发的构建单元(第 4 章),要么表现出对外部刺激的反应性(第 6 章)。在取得这些进展的同时,在理解蠕虫状胶束的性质和结构方面也取得了相当大的进展。流变和种子散射技术——流变 SANS(第 8 章)、成像技术(第 7 章)、PGF–NMR(第 3 章)和计算机模拟(第 10 章)的结合,在相关长度尺度的整个范围内解析结构方面提供了巨大的前景,而复杂的流动模式现在可以在微流控设备中进行探究(第 9 章)。小尺度和大尺度的表征,以及对平衡性质和动力学途径的更好理解(第 11 章),最终可能形成从化学序列中预测并设计聚集结构和宏观行为的能力。

参 考 文 献

[1] J. N. Israelachvili, *Intermolecular and Surface Forces*, Academic Press, London, 1992.
[2] Z. Chu, C. A. Dreiss and Y. Feng, *Chem. Soc. Rev.*, 2013, 42, 7174 – 7203.
[3] N. Dan and S. A. Safran, *Adv. Colloid Interface Sci.*, 2006, 123 – 126, 323 – 331.
[4] T. Tlusty and S. A. Safran, *Science*, 2000, 290, 1328 – 1331.
[5] T. Tlusty and S. A. Safran, *Philos. Trans. R. Soc.*, A, 2001, 359, 879 – 881.
[6] T. J. Drye and M. E. Cates, *J. Chem. Phys.*, 1992, 96, 1367 – 1375.
[7] F. Lequeux, *Europhys. Lett.*, 1992, 19, 675.
[8] C. A. Dreiss, *Soft Matter*, 2007, 3, 956 – 970.
[9] J. F. Berret, *Molecular Gels: Materials with Self – assembled Fibrillar Net – works*, Springer, Dordrecht, 2006.
[10] J. S. Pedersen, L. Cannavacciuolo and P. Schurtenberger, *Surfactant Sci. Ser.*, 2007, 140, 179 – 222.
[11] C. Svaneborg and J. S. Pedersen, *Curr. Opin. Colloid Interface Sci.*, 2004, 8, 507 – 514.
[12] G. V. Jensen, R. Lund, J. Gummel, T. Narayanan and J. S. Pedersen, *Angew. Chem.*, *Int. Ed.*, 2014, 53, 11524 – 11528.
[13] P. Mukerjee, *J. Phys. Chem.*, 1972, 76, 565 – 570.
[14] L. Arleth, M. Bergström and J. S. Pedersen, *Langmuir*, 2002, 18, 5343 – 5353.
[15] L. J. Magid, Z. Li and P. D. Butler, *Langmuir*, 2000, 16, 10028 – 10036.
[16] L. J. Magid, Z. Han, Z. Li and P. D. Butler, *Langmuir*, 2000, 16, 149 – 156.
[17] W. - R. Chen, P. D. Butler and L. J. Magid, *Langmuir*, 2006, 22, 6539 – 6548.
[18] S. J. Candau, E. Hirsch and R. Zana, *J. Colloid Interface Sci.*, 1985, 105, 521 – 528.
[19] M. E. Cates and S. J. Candau, *J. Phys.: Condens. Matter*, 1990, 2, 6869.
[20] S. Candau, A. Khatory, F. Lequeux and F. Kern, *J. Phys. IV France*, 1993, 03, C1 – 197 – C1 – 209.
[21] M. E. Cates, *Macromolecules*, 1987, 20, 2289 – 2296.
[22] L. Zakin Jacques, B. Lu and H. - W. Bewersdorff, *Rev. Chem. Eng.*, 1998, 14, 253.
[23] Z. Lin, J. L. Zakin, Y. Zheng, H. T. Davis, L. E. Scriven and Y. Talmon, *J. Rheol.*, 2001, 45, 963 – 981.
[24] Y. Zhang, Y. Qi and J. L. Zakin, *Rheol. Acta*, 2005, 45, 42 – 58.
[25] J. Drappier, T. Divoux, Y. Amarouchene, F. Bertrand, S. Rodts, O. Cadot, J. Meunier and B. Daniel, *Europhys. Lett.*, 2006, 74, 362.
[26] H. Rehage and H. Hoffmann, *J. Phys. Chem.*, 1988, 92, 4712 – 4719.
[27] H. Rehage and H. Hoffmann, *Mol. Phys.*, 1991, 74, 933 – 973.
[28] H. Hoffmann, H. Lobl, H. Rehage and I. Wunderlich, *Tenside, Surfactants, Deterg.*, 1985, 22, 290 – 298.
[29] T. Shikata, H. Hirata and T. Kotaka, *Langmuir*, 1987, 3, 1081 – 1086.
[30] T. Shikata, H. Hirata and T. Kotaka, *Langmuir*, 1988, 4, 354 – 359.
[31] T. Shikata, H. Hirata and T. Kotaka, *Langmuir*, 1989, 5, 398 – 405.
[32] T. Shikata, H. Hirata and T. Kotaka, *J. Phys. Chem.*, 1990, 94, 3702 – 3706.
[33] M. E. Cates, *J. Phys. Chem.*, 1990, 94, 371 – 375.
[34] M. S. Turner and M. E. Cates, *Langmuir*, 1991, 7, 1590 – 1594.
[35] M. S. Turner and M. E. Cates, *J. Phys. II France*, 1992, 2, 503 – 519.
[36] R. Granek and M. E. Cates, *J. Chem. Phys.*, 1992, 96, 4758 – 4767.
[37] F. Kern, R. Zana and S. J. Candau, *Langmuir*, 1991, 7, 1344 – 1351.

[38] A. Khatory, F. Lequeux, F. Kern and S. J. Candau, *Langmuir*, 1993, 9, 1456 – 1464.
[39] L. J. Magid, *J. Phys. Chem. B*, 1998, 102, 4064 – 4074.
[40] S. Lerouge and J. – F. Berret, in *Polymer Characterization: Rheology, Laser Interferometry, Electrooptics*, ed. K. Dusek and J. – F. Joanny, Springer, Berlin Heidelberg, 2010, pp. 1 – 71.
[41] W. Richtering, *Curr. Opin. Colloid Interface Sci.*, 2001, 6, 446 – 450.
[42] J. F. Berret, R. Gamez – Corrales, Y. Serero, F. Molino and P. Lindner, *Europhys. Lett.*, 2001, 54, 605.
[43] S. R. Raghavan and E. W. Kaler, *Langmuir*, 2001, 17, 300 – 306.
[44] H. Hoffmann, *Structure – performance Relationships in Surfactants*, Marcel Dekker, New York, 1997.
[45] J. – F. Berret, in *Molecular Gels: Materials With Self – assembled Fibrillar Networks*, ed. R. G. Weiss and P. Terech, Springer, Dordrecht, 2006, p. 667.

第 2 章 蠕虫状胶束的黏弹性及流变特性

Srinivasa R. Raghavan,冯玉军

2.1 蠕虫状胶束的简史及黏弹性

蠕虫状胶束(wormlike micelles,WLMs)的历史至少可以追溯到 40 多年前,即 1976 年[1]。在那一年,一位名叫 Signe Gravsholt 的丹麦研究人员发表了一篇题目为《高度稀释的纯阳离子型表面活性剂水溶液的黏弹性》[2]的文章。报道称,疏水尾链为 C_{16} 并且含有一定芳香性反离子(如水杨酸盐)的阳离子表面活性剂的稀溶液会表现出黏弹性。虽然 Gravsholt 没有确证这些溶液中存在蠕虫状胶束,但他指出,"……这些溶液中的聚集体,一定与普通(球形或棒状)胶束存在本质的差异。"

我们现在知道,上述溶液中确实包含蠕虫状胶束。此外,有趣的是,自从 Gravsholt 的文章之后,这些胶束与"黏弹性"一词密切地联系起来。黏弹性这一术语与 19 世纪的科学家如 James Clerk Maxwell、Lord Kelvin 以及 Woldemar Voigt 有着紧密联系,他们发展了第一批黏弹性材料模型(Maxwell 模型和 Kelvin – Voigt 模型)[3-4]。黏弹性材料是一种既表现出黏性或类液体行为,又表现出弹性或类固体行为的材料。材料从弹性到黏性的转变与其被探测到的时间尺度存在函数关系,即材料在短时间尺度范围内是弹性的,在长时间尺度范围内是黏性的。

在 20 世纪中叶,黏弹性开始与聚合物溶液联系起来[4-5]。聚合物是大分子的,其中单体通过共价键连接成长链[图 2.1(a)]。表征聚合物的物理参数包括分子量 M,其决定了聚合物的头—尾或轮廓长度 L。此外,聚合物的持续长度 l_p 表征了聚合物链的柔性。当处于稀溶液中时,每条聚合物链与其相邻链完全分离。在这种状态下,每条链形成一个回转半径为 R_g 的线团。当溶液中聚合物的浓度增加到一个阈值浓度以上时,这些链与相邻的链重叠,形成一个相互缠结的网络,网格大小用筛网尺寸 ξ 来表征。

我们对聚合物理解的一个重大进步源于 20 世纪 70 年代 Pierre – Gilles de Gennes、Masao Doi 和 Sam Edwards 爵士发展起来的"爬行理论"[5-7]。该理论指出,溶液中的聚合物在一个假想的受限"管"内经历蛇形运动(注意,"reptation"与"爬行动物"一词有关),该管是由单个链与其相邻链的缠结形成的。爬行理论解释了为什么聚合物在溶液中形成的网络是瞬态的,即,应力松弛的寿命是有限的。在很短的时间内,这些链与它们的相邻链纠缠在一起,使网络具有弹性;在很长一段时间里,这些链会通过爬行使网络解缠结,最终使材料呈现出黏性特征。因此,链爬行的时间即为瞬态网络的"松弛时间",它与聚合物链长的标度关系如下:

$$t_{\text{rep}} \sim L^3 \tag{2.1}$$

基于式(2.1),对于非常长的聚合物(即高分子量聚合物)的亚浓溶液,t_R 可以达到非常高的值。图 2.1(c)给出了一个示例,下面将进行进一步讨论[8]。

回到蠕虫状胶束,继 1976 年的 Gravsholt 论文之后,在 20 世纪 80 年代和 90 年代初确实有大量的研究,特别是来自法国的 S. Candau 和德国的 H. Hoffmann 两个团队,他们坚实地证实了这些胶束溶液的黏弹性性质[9-13];更重要的是,他们发现这当中的许多溶液是"理想的"黏弹性流体,换言之,它们的流变学行为可以用一个具有单一弛豫时间的 Maxwell 流体模型来描述[13-14]。

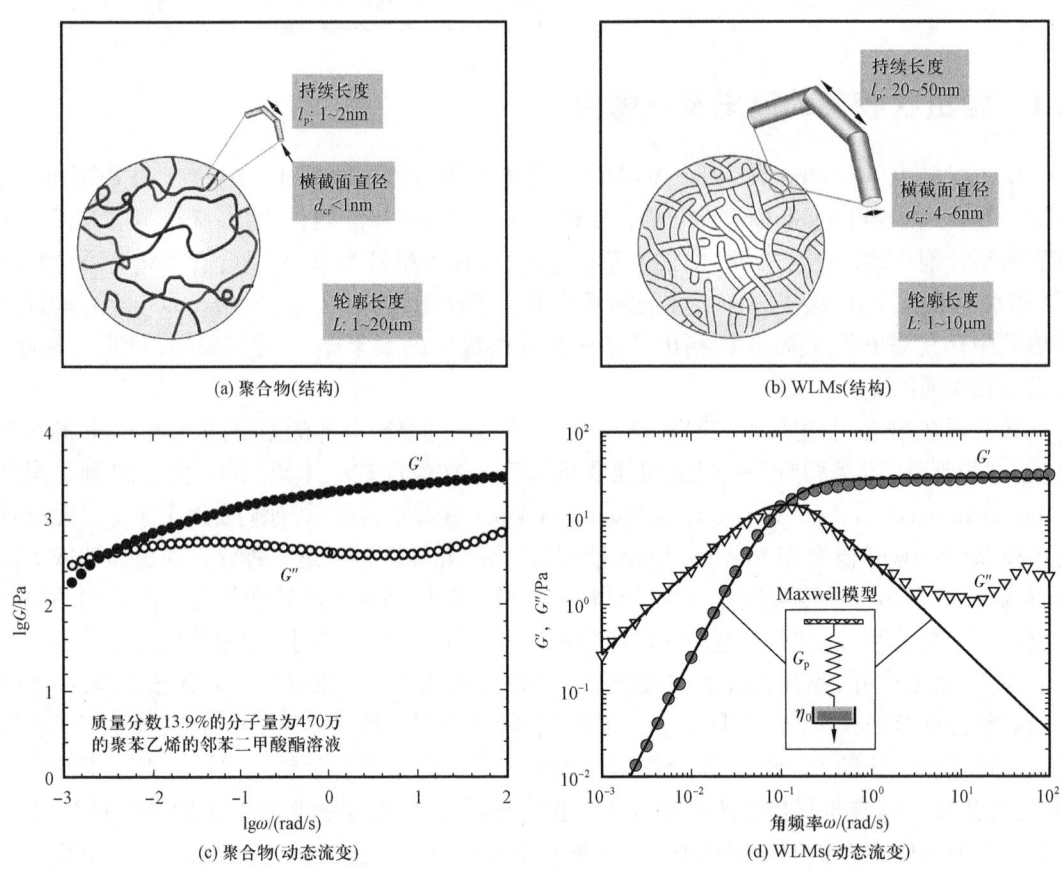

图 2.1 聚合物(在溶液中)和蠕虫状胶束的结构和流变性能对比

转载自 K. Almdal et al. ,1. Towards a phenomenological definition of the term 'gel',Polym. Gels Networks,1993,1,5-17. Elsevier (1993)版权所有[8]。根据作者的说法,这个样品可以被认为是一种凝胶。图(d)中的数据为物质的量浓度 100mM❶ 的 CPyCl 和 60mM 的 NaSal 在 20℃温度下形成的 WLMs;这些数据是根据 Rehage 和 Hoffmann[13]的文章重新绘制的,实线符合 Maxwell 模型[式(2.2)]。如插入图所示,Maxwell 模型将弹性弹簧和黏性阻尼器串联起来

图 2.1(d)给出了十六烷基氯化吡啶(CPyCl)的混合物数据,这是一种饱和的 C_{16} 尾阳离子型表面活性剂与一种芳香盐和水杨酸钠(NaSal)[13]的结合。Maxwell 模型将材料建模为带有黏性阻尼器的弹性弹簧[3-4]。弹簧具有弹性模量 G_p,阻尼器具有黏度 η_0;反过来说,弛豫时

---

❶ 1M = 1mol/L。

间为 $t_R = G_p/\eta_0$。Maxwell 小幅振荡剪切模型(动态流变学)的预测:

$$G'(\omega) = \frac{G_p \omega^2 t_R^2}{1 + \omega^2 t_R^2}$$

$$G''(\omega) = \frac{G_p \omega t_R}{1 + \omega^2 t_R^2} \quad (2.2)$$

式中,$G'(\omega)$ 为弹性模量或储能模量,$G''(\omega)$ 为黏性模量或损耗模量,模量是振荡频率 ω 的函数(ω 是时间的倒数)。

由图 2.1(d)可知,典型蠕虫状胶束溶液完全满足 Maxwell 模型。数据中的几个特征值得指出。第一,在高 ω(短时间尺度)时,样品表现出弹性行为,即 $G' = G_p = C$(常数),且 $G' > G''$。第二,在低 ω(长时间尺度)时,样品表现出黏性行为,即 $G' < G''$,两个模为频率的函数($G'' \sim \omega^1$,$G' \sim \omega^2$)。因此,响应确实是黏弹性的。第三,G'' 在其峰值附近是对称的,G' 在此峰值与 G'' 交叉,交叉处对应的频率为 ω_c。该频率定义了 Maxwell 流体的弛豫时间,$t_R = 1/\omega_c$。对于图 2.1(d)中的蠕虫状胶束,如果 $t_R = 10s$,则 $\omega_c = 0.1 s^{-1}$。文献中已报道了许多黏弹性蠕虫状胶束的例子,这些结果已经在一些综述文章[13-14]中进行了分类和总结。这些研究中有很大一部分是使用 C_{16} 尾的阳离子表面活性剂,如 CPyCl 或 CTAB 而开展的[9-13]。

2.2 蠕虫状胶束与聚合物的比较

图 2.1(c)中的动态流变数据来自分子量为 470×10^4 的聚苯乙烯(PS)的溶液[8]。实验室中常见的用于研究的合成聚合物分子量通常在 100×10^4 以下。因此,图 2.1(c)中 PS 具有很高的分子量,可以归类为超高分子量(UHMW)。此外,溶液中 PS 浓度也较高(质量分数 13.9%),实验温度为 25℃。在这些条件下,PS 溶液显示出与图 2.1(d)中蠕虫的响应定性相似的响应,即在高 ω 时,$G' > G''$;在低 ω 时,$G'' > G'$。然而,从 G' 和 G'' 曲线的形状来看,它的响应明显与 Maxwell 流体不同。也就是说,该样品没有一个单一的弛豫时间,而是有一系列的弛豫时间[3-4]。一般认为,在这种情况下,交叉频率 ω_c 定义了最长弛豫时间,对于 PS 溶液来说,这个时间的值为 $t_R = 1/\omega_c$ 为 200s。

现在,我们讨论如图 2.1(d)所示的 CPyCl/NaSal 典型蠕虫状胶束的物理参数。主要通过两种技术来估测这些参数:低温透射电子显微镜(cryo - Transmission Electronic,cryo - TEM)和小角度中子散射(Small - Angle Neutron Scatter,SANS)[15-16]。20 世纪 90 年代,随着人们对蠕虫状胶束的兴趣日益浓厚,这两项技术开始被广泛使用。图 2.2 展示了一些蠕虫状胶束的 cryo - TEM 图像[17]。值得注意的是,这些长链蠕虫状胶束中的一些相互缠绕,而另一些沿着特定的方向排列。呈特定排列是由于在样品制备过程中施加了剪切力。有趣的是,在图像中并没有看到这些链的末端,这表明这些链的轮廓(首—尾)长度为 L,L 可以一直延伸到几微米。利用 SANS 可较准确地测量这些柱状链的横截面直径 d_{cr},其直径为 $4 \sim 6nm$[14,16]。最后,还可以使用适当的模型和假设从 SANS 中得到链的持续长度 l_p,目前一致认为 l_p 的范围为 $20 \sim 50nm$[14,16]。

蠕虫状胶束的上述值[图 2.1(b)]与聚合物的值[图 2.1(a)]如何比较?以分子量为

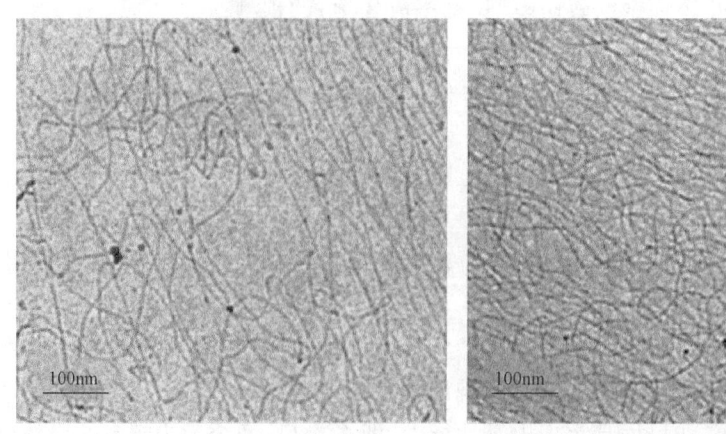

图 2.2 25℃时的蠕虫状胶束的 cryo – TEM 图像(据 Kumar et al. ,2007)
此 WLMs 是由 C_{22} 尾的两性离子表面活性剂 EDAB 在无盐条件下形成的。经美国化学学会授权许可(2007)

470×10^4 的 PS 为例来说,聚合物链的直径是原子尺度的,因此预期比蠕虫状胶束的直径小一个数量级(这就是为什么单个聚合物链不能通过 cryo – TEM 表征的原因)[5]。据报道,PS 的持续长度 l_p 为 1~2nm,这也比蠕虫状胶束的相应值小一个数量级。在稀溶液中,这个长链 PS 可以形成回转半径 R_g 为 110~120nm 的线团[18]。根据这些参数,估算上述 PS 的轮廓长度 L 约为 18μm。对比研究表明,蠕虫状胶束无疑比合成聚合物更粗、更硬。蠕虫状胶束的轮廓长度可能与 UHMW 合成聚合物相当。另外需要注意的是,如果 L 为 5μm、l_p 为 25nm 的蠕虫状胶束在稀溶液中形成线团,由于蠕虫状胶束的高刚性,根据 $(R_g \sim \sqrt{Ll_p})$ [5],线团的 R_g 将达到 500nm。(事实上,蠕虫状胶束在稀释溶液会随时改变它们的长度,因此这样假设的情况并不存在。)

现在我们来谈谈关键问题。如果图 2.1(d)中的蠕虫状胶束的尺寸与图 2.1(c)中的聚合物的尺度相当,为什么聚合物溶液的弛豫时间 t_R 要长 20 倍?为什么蠕虫状胶束只有一个 t_R 而聚合物溶液有一系列的 t_R?这些问题的答案在 20 世纪 80 年代产生了争议,Michael Cates 在 1987 年提出了一个令人信服的理论。蠕虫状胶束在一个关键的方面不同于聚合物,那就是它们是由非共价键(疏水相互作用)连接在一起的。因此,与球形胶束极为相似,表面活性剂分子可以从蠕虫状胶束体内逃逸,在水中扩散,并附着到另一个不同的蠕虫状胶束上。也就是说,表面活性剂可以在不同的蠕虫状胶束之间可逆地交换,这就是为什么它们也被称为"活性聚合物"或"平衡聚合物"[19]的原因。当大量的表面活性剂分子离开蠕虫状胶束时,蠕虫状胶束就会"分裂";而当新的表面活性剂加入时,分裂的蠕虫状胶束就会"重组"。Cates 等[12,19]考虑了这种断裂和重组迅速发生的情况,即破裂时间 t_{br} 远短于爬行时间 t_{rep} 时。在这种情况下,当每条蠕虫状胶束爬行时,它会多次断裂和重组,这将为应力松弛提供一个分离模式。当这两种模式都被考虑在内时,产生了令人惊讶的结果,体系将有一个单一的弛豫时间 t_R,即 t_{br} 和 t_{rep} 的几何平均值[19]:

$$t_R = \sqrt{t_{br}t_{rep}} \tag{2.3}$$

Gate 的理论解释了为什么尽管蠕虫状胶束的轮廓长度是多分散的,但蠕虫状胶束在"速断极限"(即 $t_{br} \ll t_{rep}$)时表现出一个单一的 t_R(Maxwell 行为)。相比之下,图 2.1(c)中的 PS 这样的聚合物仅通过爬行来松弛,并呈现出弛豫时间的分布。此外,图 2.1(d)所示的蠕虫状胶束的破裂时间 t_{br} 是通过实验测量得到的,据报道[20-22],该数据为 0.01~0.1s。这些值比图 2.1(d)中的 t_R(约为 10s)低得多,表明"Maxwell"蠕虫状胶束确实在"速断极限"范围内。为了进行说明,如果假定 t_{br} 为 0.1s,t_R = 10s 为 t_{br} 和 t_{rep} 的几何平均值[式(2.3)],然后在图 2.1(d)得到蠕虫状胶束的 t_{rep} = 1000s。这是一个非常高的 t_{rep} 值,它表明蠕虫状胶束比图 2.1(c)中 UHMW PS 需要更长的时间来爬行(可能是因为蠕虫状胶束近乎一样长并且刚性高)。通过不同方式来重申和强调这一点:如果爬行是唯一的应力松弛模式,那么蠕虫状胶束将有非常长的弛豫时间(>100s)。这只是因为蠕虫状胶束的分裂和重组使得他们的弛豫时间更短。

需要指出的是,蠕虫状胶束和聚合物之间还有一个更重要的区别,它同样来自前者的非共价键。关键是蠕虫状胶束的轮廓长度 L 不是一个固定的量,而是表面活性剂浓度、盐浓度和温度等体系变量的函数[12,14]。尤其是,L 预计会随着温度的升高呈指数下降[12,23]:

$$L \sim \Phi^{1/2} \exp[E_c / 2k_B T] \tag{2.4}$$

式中,E_c 为端盖(end-cap)能量(与蠕虫状胶束端部半球形盖相关联的额外能量),k_B 为玻尔兹曼常数,T 为绝对温度,Φ 为表面活性剂体积分数。实验结果表明,随着温度的升高,蠕虫状胶束的弛豫时间 t_R 呈指数下降趋势,零剪切黏度 η_0 也呈指数下降趋势[23]。

如何提高蠕虫状胶束在溶液中的弛豫时间 t_R 呢?基于式(2.3)和式(2.4),有几个策略可以考虑:第一,根据式(2.3)可以看出,蠕虫状胶束的破坏降低了它们的总体 t_R 值。因此,如果能设计出慢速断裂的蠕虫状胶束(即增加 t_{br}),有效地将它们从"活的"聚合物转化为"死的"聚合物,那么它们只有通过爬行才能使自己松弛,即具有更大的 t_R。第二,考虑温度的影响。如果把蠕虫状胶束溶液冷却到室温以下,基于式(2.4),它们的长度就会增加,从而增加 t_R。第三种选择是使用长尾的表面活性剂。众所周知,保持头基不变,只要增加两个碳原子,临界胶束浓度(CMC)就会降低 5 倍甚至更多[24-25]。当尾基较长时,端盖能量 E_c 预计会更高[12,23],从式(2.4)可知,这也会增加蠕虫状胶束的轮廓长度 L。但是,第二种和第三种方法有一个与表面活性剂 Krafft 温度 T_K 有关的问题[24-25]。温度低于 T_K 时,表面活性剂尾部被冻结,表面活性剂倾向于从溶液中结晶出来。因此,在平衡状态下,只有在温度高于 T_K 以时,才会形成胶束。对于饱和的 C_{16} 尾基,随头基的不同,T_K 的数值在 20~26℃之间[24]。这意味着,如果把由 C_{16} 尾阳离子(如 CPyCl)形成的蠕虫状胶束溶液冷却到比室温低几摄氏度的温度,溶液会降到 T_K 以下,并在给定时间将分为两相。同样地,如果表面活性剂的饱和尾基长于 C_{16}(如 C_{18}),其 T_K 约为 35℃,即室温以上[24]。

我们将在第 2.4 节中看到,确实存在一种可行的方法来增加 t_R,也就是使用尾部较长(如 C_{22})并且在尾基中部有顺式不饱和结构的表面活性剂。自然界中存在这样尾基的脂肪酸,例如,油酸(含油烯基,即 C_{18} 尾部)和芥酸(含芥酸基团,即 C_{22} 尾部)。这些脂肪酸可作为原料合成其他阳离子、阴离子或两性离子表面活性剂。尽管这些表面活性剂的尾部较长,但它们的 T_K 一般都低于室温[26]。这是因为顺式不饱和导致了尾部上的一个尖锐的扭结,所以尾部在它们的晶体状态下不会互相缠绕。因为它们离得更远,分子尾部之间的(范德华)相互作用没有那么强,这使得晶体可在较低的温度下熔化[24-25]。

马上就会讨论到,长尾的表面活性剂不仅会产生具有较长弛豫时间的蠕虫状胶束,而且在某些情况下,它们的样品会表现出凝胶的反应。在展示这些数据之前,我们首先定义术语"凝胶"。

2.3 凝胶的定义

一直以来,人们都常说,"凝胶态……识别容易定义难。"[8,27]据我们所知,对于"凝胶"这一术语最好的论述是 Ole Kramer 及其合作者在《聚合物凝胶与网络》杂志第一期上的介绍[8]。他们讨论了科学家们多年来提出的关于凝胶的各种定义[28-29]。大家一致认为,凝胶有别于其固态流变特性[3-4],通过动态和(或)稳态剪切流变试验(如下标准1和标准2),以及(或)可以通过肉眼观察的实际测试都可以得到证明(下面的标准3)。

(1)标准1。动态流变行为:当测定不同 ω 下的剪切模量为 G' 和 G'' 时,凝胶在低 ω 值(0.01~0.1rad/s)时 G' 曲线上出现一个平台区,在该范围内,$G' > G''$ 且差距为10倍或10倍以上。平台区(频率无关)意味着凝胶不松弛,即其弛豫时间 t_R(反过来,即零剪切黏度 η_0)为无穷大[3-4]。此外,G' 高于 G'' 意味着凝胶是一种弹性为主的材料。

(2)标准2。稳态剪切流变行为:当测定不同剪切应力或剪切速率下的表观黏度时,凝胶表现出屈服应力 σ_y,即:在应力小于屈服应力状态下,其黏度一般为无穷大[3-4]。这与无限的零剪切黏度 η_0 是一致的。

(3)标准3。倒置瓶实验:当凝胶被放置在一个小瓶(或类似的容器)中,并且小瓶被翻转时,即使在至少几分钟的时间尺度内观察,凝胶也不会沿着小瓶的侧壁流动。这基本上反映了该材料具有屈服应力 σ_y[30]。

凝胶的上述标准是唯象的,它们对根本结构只字未提。核心点是,不管时间尺度如何,凝胶总是表现为固体;而黏弹性材料却具有时间依赖性,同时具有固体和液体的特性。这种不随时间变化而变化的特性意味着弛豫不足,通常是由于凝胶内部存在相互连接的纳米结构,如交联链网络[4]。当受到小振幅振荡时,网络储存变形能量,并且这种能量几乎没有损耗,这就是为什么 $G' > G''$。

如图2.1(c)所示的缠结的超高分子量聚合物溶液又如何呢?Kramer 等[8]考虑了这个特定的例子,这就是将其放在图2.1(c)中的原因。他们从数据中发现,在 ω 为 $0.1s^{-1}$ 处,G' 远高于 G''。在 ω 的这一范围内,尽管 G' 曲线有一个小的斜率,而非一个平台,他们仍然建议,在实际应用中,将这种聚合物溶液视作"凝胶"。当然,一个专业的流变学家可能会质疑这种分类,特别是因为低 ω 处的数据出现了 G' 和 G'' 的交叉。但这又引发了两个问题:第一个问题,仅仅因为样品有很长的弛豫时间(>100s),它就能被认为是凝胶吗?第二个问题是关于结构的:图2.1(c)中的样品是长链聚合物的溶液,没有物理或化学交联,只有链的缠结。因此,长链是否可能仅通过缠结就能形成凝胶?

2.4 长尾表面活性剂蠕虫状胶束:类凝胶行为

第一个被系统研究的长尾表面活性剂是芥子酰胺二羟乙基甲基氯化铵(EHAC)。这种阳离子表面活性剂有一条22个碳长的芥酸基疏水尾链,在其第13个碳上有顺式不饱和结构。对 EHAC 蠕虫状胶束和其他长尾表面活性剂的兴趣最初来自于油田工业水力压裂作业[31-32]。

中,其作为"压裂液"可以取代交联聚合物凝胶。在压裂作业中,含有悬浮砂粒(称为支撑剂)的凝胶状液体被泵入地下岩体的裂缝中,在这种情况下,液体的温度会升高至80℃以上[32]。一旦支撑剂被凝胶带到了目标裂缝中,凝胶必须被降解,这样石油才能流回地面。以交联聚合物凝胶(主要基于瓜尔胶)为例,预先放置的氧化型或酶破胶剂用于降解凝胶。然而,这种聚合物体系最大的局限性是,降解的聚合物碎片继续堵塞裂缝中的孔隙,因此显著降低其导流能力。相反,当蠕虫状胶束压裂液与油接触时,蠕虫状胶束会自发分解成球形胶束,极少或无残留。因此,在水力压裂中,相对于聚合物,蠕虫状胶束更具优势,在高温下能保持相对高黏度的蠕虫状胶束在这些应用中尤其有利。这激发了对EHAC和类似表面活性剂的流变学行为的系统研究,并于2000年初首次发表[23,33-37]。一般来说,这些阳离子表面活性剂与水杨酸钠(NaSal)或氯化钾(KCl)等盐类结合,就能产生蠕虫状胶束。

2001年,Raghavan和Kaler[23]首次报道了含有EHAC的蠕虫状胶束体系的凝胶状行为。图2.3为该文数据,EHAC/NaSal蠕虫状胶束中EHAC的物质的量浓度固定为60mM(质量分数约为2.5%),变化NaSal的浓度,测试温度为25℃。对于18mM、24mM和30mM的NaSal,在动态流变学中可见类凝胶反应。也就是说,G'曲线图上在ω低至0.01rad/s的频率范围内出现平台,而在其他ω值下,G'比G''高10倍甚至更多。这显然是一种类似凝胶的弹性响应,符合2.3节中的标准1。这与通常见于蠕虫状胶束的黏弹性反应[例如图2.1(d)]有很大区别。上述研究并没有详细讨论类凝胶的流变行为;反而重点是EHAC/NaSal蠕虫状胶束在高温下的流变学行为。对于60/30 EHAC/NaSal体系,60℃以下都表现出类凝胶流变特性,但在此温度之上,则为传统的黏弹性反应。零剪切黏度η_0随温度下降,但即使在85℃,η_0仍高达10Pa·s,是水的黏度的1万倍。

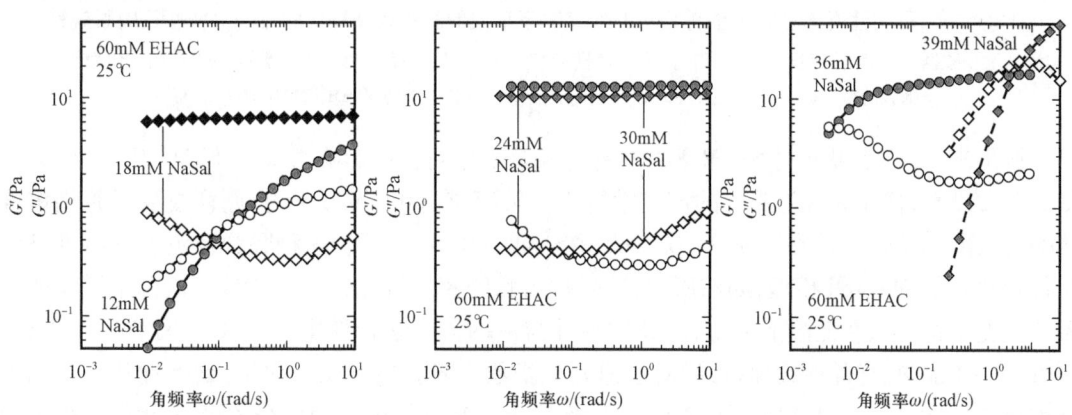

图2.3 具有凝胶状行为的蠕虫状胶束在25℃时的动态流变[23]

蠕虫状胶束由C_{22}尾的阳离子表面活性剂EHAC与芳香盐NaSal结合而成。图中显示了弹性模量G'(实心符号)和黏性模量G''(空心符号)作为频率的函数。数据是针对不同NaSal浓度的,EHAC在物质的量浓度60mM时保持不变;18mM、24mM和30mM时,样品表现处类似凝胶的流变学行为。经美国化学学会授权(2001)

随后,Raghavan等在2007年的一项研究中报道了两性离子表面活性剂——芥子基二甲基胺丙基甜菜碱(EDAB)的蠕虫状胶束的流变学行为[17]。这种表面活性剂也有与EHAC相同的芥酸尾基,但其头基既有阳离子部分,也有阴离子部分。由于头部的净电荷较低,即使没有盐,表面活性剂也能形成蠕虫状胶束。图2.4显示了25℃时EDAB蠕虫状胶束的流变学特性。图2.4(a)显示了EDAB物质的量浓度为2.5mM(质量分数0.2%)及更高时动态流变学中的凝胶样响应(即$G'>G''$,G'有平台区)。在2.5mM浓度下,G'和G''的比值仅为2,但是随着EDAB浓度的增加,该比值增大。接下来,稳态剪切流变数据[图2.4(b),表观黏度—剪切应力关系图]表明,在EDAB物质的量浓度为8mM和25mM时,出现了屈服应力,即在临界应力下,它们的黏度是无穷大的。25mM样品的σ_y为10Pa,而对于50mM EDAB样品(数据未显示),σ_y为50Pa。最后,50mM EDAB样品如图2.4(c)中倒置的小瓶所示,很明显,样品是可以在这些条件下负载其重量(表明有足够的屈服应力)。我们的结论是,EDAB样品满足2.3节讨论的凝胶的所有三个标准,即动态流变学行为、稳态剪切流变学行为和目测倒置瓶行为。

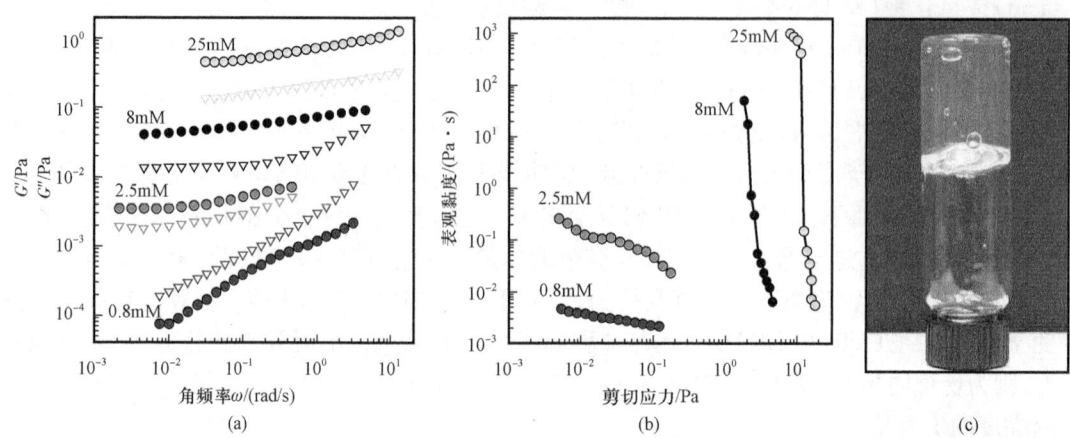

图2.4 C_{22}尾两性离子表面活性剂EDAB在25℃下形成的凝胶状WLMs的流变学特性及肉眼观察
(a)动态流变数据,显示弹性模量G'(实心符号)和黏性模量G''(空心三角形)作为频率的函数;(b)表观黏度作为剪切应力函数的稳态剪切流变数据;(c)在倒置的小瓶中保持其重量的50mM EDAB样品的照片

接下来,考察了温度对50mM EDAB样品的流变学行为的影响[17]。在低温[25℃和40℃,图2.5(a)]下,样品表现为凝胶的流变学行为。然而,在60℃及以上时,则恢复到黏弹性溶液的响应[图2.5(b)],即在高ω下,$G'>G''$;在较低ω下,$G'<G''$。这种黏弹性流变学特性被证明符合单t_R的Maxwell模型,如前所述,这是蠕虫状胶束的特征[13-14]。因此,这种不寻常的凝胶状流变学特性只在低温下出现,在高黏弹性溶液的流变学特性中在60℃左右有一个平台。随着进一步加热,样品继续保持黏弹性,但t_R呈指数下降。还要注意的是,黏弹性状态下的平台模量G_P(G'在高ω时的值)为10Pa,这与凝胶状态下与ω无关的模量G'大致相同。这表明这两种状态的纳米结构是相似的。

在某种程度上,EDAB蠕虫状胶束在结构上的不同是否可以解释它们的凝胶状行为? EDAB样品经SANS和cryo-TEM检测,未发现异常结构特征[17]。例如,SANS数据显示了低q处的散射强度I—q^{-1},其中q为散射矢量。这种幂律关系对应典型的圆柱形胶束。此外,EDAB蠕虫的胶束直径d_{cr}由SANS被确定为5.8nm,在C_{22}尾表面活性剂预期范围内。关于低温透射电镜,图2.2显示了早期的EDAB蠕虫状胶束图像。这幅图中的蠕虫状胶束与C_{16}尾表面活性剂中的蠕虫状胶束看起来一模一样[15]。在EDAB蠕虫状胶束中没有明显的不寻常特

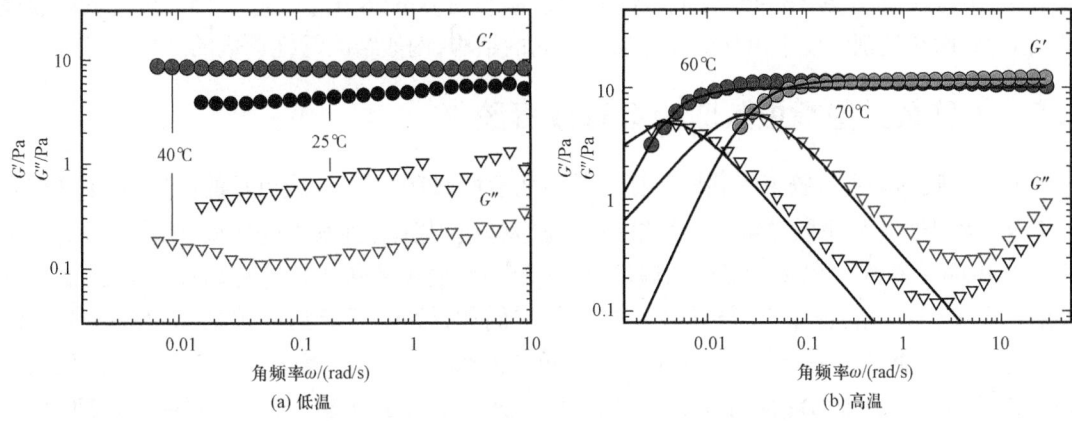

图 2.5　50mM 的 EDAB 样品在不同温度下的动态流变特性

实心圆圈表示弹性模量 G'，空心三角形表示黏性模量 G''。在低温下，样品表现为凝胶，而在高温下，样品表现为黏弹性流体。图(b)中的实线为 Maxwell 模型[式(2.2)]拟合

征在可能指向凝胶，比如连接点或区域。EDAB 蠕虫状胶束看起来就像长而缠绕的链条。最后，图 2.4(c)中的 EDAB 凝胶照片显示了均匀的透明凝胶。没有明显的结晶或分离相的证据。

在过去的几年里，已经有一系列的蠕虫状胶束体系产生类似凝胶特性的流变行为的研究[38-46]。所有这些体系的共同之处在于，它们都以长尾表面活性剂为特征，其总尾长度为 C_{22} 或更长。许多关于长尾表面活性剂的开创性工作是由 Feng 的团队完成的[26]，他们研发出了合成这些表面活性剂的新方法。据报道，形成凝胶的表面活性剂是具有与 EHAC 和 EDAB 相同的芥酸尾(C_{22}，不饱和)的两性离子表面活性剂，包括胺基磺酸甜菜碱表面活性剂[39-40]和氨基丙基氧化胺。此外，一种也带有芥酸尾基的阴离子羧酸盐表面活性剂芥酸钠也已经被证明，当它与像苄基三甲基溴化铵或胆碱这样的亲水基团结合时，会形成凝胶[41-42]。

在上述情况下，表面活性剂有一个单一的长尾巴，尾巴的不饱和确保 Krafft 点保持在较低水平[26]。一些"双子"表面活性剂的溶液中也发现了蠕虫状胶束的凝胶。这个术语指的是表面活性剂有两条尾巴和两个头，中间有一个间隔基。例如，Song 等[38]报道了一种含偶氮苯间隔的羧基化双子表面活性剂[$C_{14}(azo)C_{14}$]凝胶。这种表面活性剂有两个饱和的 C_{14} 尾端，加在一起，疏水尾基上碳原子的总数就是 C_{28}。Li 等[43]研究了丁烷-1,4-双(羟乙基甲基烷基)溴化铵(16-4-16MEA)，也发现了凝胶。同样的，这里有两个饱和的 C_{16} 尾，它们加起来就是分子中的 C_{32}。最后，Feng 等[44]介绍了"拟双子"的概念，它是由芥酸(C_{22})胺与马来酸以 2∶1 的物质的量之比组合而成，其中顺丁烯二酸酐作为桥接键，从而形成了 C_{44} 的双子结构，这种组合物也形成了具有凝胶流变学行为的蠕虫状胶束。

在上述对表现出凝胶状流变学特性的蠕虫状胶束的研究中，实验趋势与图 2.3 至图 2.5 中相似。也就是说，这样的流变学特性是在高表面活性剂浓度下和在低温(通常在室温左右)下观察到的。当凝胶被加热时，它们会回复到黏弹性溶液，类似于图 2.5 中的数据。此外，在获得 cryo-TEM 图像的研究中，这些蠕虫状胶束看起来与图 2.2 中的相似。在讨论中，我们着重于那些表面活性剂浓度适中(质量分数 2%~5%，或 10~100mM)，且有大量证据表明有蠕虫状胶束存在的体系。这方面的一个关键点是，如果凝胶是由蠕虫状胶束形成的(图 2.3 至

图 2.5),对于质量分数 2%~5% 的表面活性剂,凝胶的模量(G')应该是 10Pa。较高的凝胶模量(相同表面活性剂浓度下 1000Pa)意味着不同的结构,例如结晶纤维形成的结构[47]。

2.5 为什么某些蠕虫状胶束会形成凝胶

形成凝胶的蠕虫状胶束的共同特征是其表面活性剂有一个 C_{22} 或更长的尾部,在下文中我们把这些称为"C_{22} 蠕虫状胶束"。这些蠕虫状胶束与形成黏弹性溶液的典型"C_{16} 蠕虫"有何不同?由 Raghavan 等[17,48]首先提出的假设是,C_{22} 蠕虫状胶束的断裂时间 t_{br} 远远长于 C_{16} 蠕虫状胶束。尾长从 C_{16} 增加到 C_{22} 会影响许多性能。例如,CMC 下降到原来的 1/1000~1/200。CMC 也是与胶束处于平衡状态的表面活性剂单体的浓度[24-25]。因此,容易理解的是,较低的 CMC 意味着很少有表面活性剂分子存在于胶束之外(事实上,CMC 类似于表面活性剂的"溶解性"),因为与 C_{16} 的尾部相比,C_{22} 的尾部更长,所以更具疏水性。现在讨论一个胶束的断裂:单个表面活性剂分子必须离开胶束,其他分子必须取而代之。但是由于 C_{22} 的尾部是疏水性的,因此表面活性剂很难在水中扩散,无论是从一个胶束逸出还是进入到另一个胶束。这就解释了为什么 C_{22} 蠕虫状胶束的 t_{br} 要高得多。(据我们所知,没有测量 t_{br} 的方法,所以这个假设还有待验证。)

现在可以讨论高 t_{br} 的含义了。如果蠕虫状胶束像聚合物链一样是"不可破裂的"或"死的"(即完全不可破坏),则 $t_{br} \to \infty$。在这种情况下,蠕虫状胶束会纠缠在一起,而爬行是唯一的应力松弛模式,即 $t_R = t_{rep}$。然后,如 2.2 节所述,我们期望这些"牢不可破"的蠕虫状胶束有一个很长的 t_R。另一个需要考虑的因素是 C_{22} 蠕虫状胶束的轮廓长度 L 也可能大于 C_{16} 蠕虫状胶束。原因已经在 2.2 节中提到,并且 C_{22} 表面活性剂拥有较低的 CMC 和较高的端帽能 E_C[12,23]。根据式(2.1)t_{rep}—L^3,较大的轮廓长度意味着较长的爬行时间,并将进一步增加 t_R。

表 2.1 提供了一些数据来阐释 C_{16} 和 C_{22} 蠕虫状胶束在 25℃ 时的区别。对于 C_{16} 蠕虫状胶束,t_{rep}、t_{br} 和 t_R 的值来自第 2.2 节图 2.1 中的数据。注意,t_R 是从这个数据中提取的,而 t_{br} 和 t_{rep} 是估算值。这些估算值与 $t_{br} \ll t_{rep}$ 相一致,意味着蠕虫状胶束处于快速破裂极限。因此,净 t_R 遵循等式(2.3),蠕虫状胶束表现出 Maxwell 流变行为。相比之下,C_{22} 蠕虫状胶束因为具有更长的 L,因此 t_{rep} 的估测值至少高 10 倍以上。此外,它们的 t_{br} 也被假设要高几个数量级。这些值意味着 C_{22} 蠕虫状胶束不再落在快速破裂极限内,因此式(2.3)不再适用。在这种情况下,我们能对 t_R 做什么讨论呢?有两种可能性:一个是这些 C_{22} 蠕虫状胶束的 t_R 是无限的,下文将进一步考虑这种可能性;另一个是 t_R 是一个虽然很高但有限的值(>1000s,即使在 ω 为 0.001s^{-1} 下 G' 和 G'' 曲线也没有交叉)。在这种情况下,出于实用目的,根据 Kramer 等对凝胶的定义,样品可以被归类为"凝胶"(参见 2.3 节)。

高温下 C_{22} 蠕虫状胶束由凝胶向黏弹性溶液的转变情况是怎样的呢?表 2.1 给出了 C_{22} 蠕虫状胶束在 60℃ 时的一些估计值。在这种情况下,从图 2.5(b) 提取 t_R 为 200s 的数据。该温度下的流变学特性符合 Maxwell 模型,表明蠕虫状胶束现在处于速断极限($t_{br} \ll t_{rep}$),适用于式(2.3)。为了满足这些条件,我们估算了 t_{rep} 为 4000s 和 t_{br} 为 10s 的数值。在 60℃ 时,这两个数值都比 25℃ 时低得多。t_{rep} 的降低可结合式(2.4)和式(2.2)来解释,换言之,蠕虫状胶束的轮廓长度 L 预计随温度呈指数递减[式(2.4)];根据 t_{rep}—L^3[式(2.1)],L 的减小意味着 t_{rep}

显著减小。对于 t_{br}，表面活性剂分子在较高的温度下扩散速度更快，因此 C_{22} 表面活性剂能够在减少水与它们的长尾部接触时间的同时，从一个蠕虫移动到另一个蠕虫。这意味着破裂将进一步加强，即这两种效应的结合确保了 t_R 在 60℃ 时的值是有限的（但很大），在较低的温度下则是无限的。

表 2.1 不同蠕虫状胶束的参数

参数	25℃时 C_{16} 蠕虫状胶束：溶液	25℃时 C_{22} 蠕虫状胶束：凝胶	60℃时 C_{22} 蠕虫状胶束：溶液
t_{rep}/s	1000	>10000	4000
t_{br}/s	0.1	>1000	10
破裂机制	快速破裂 $t_{rep} \ll t_{br}$	慢断	快速破裂 $t_{br} \ll t_{rep}$
t_R/s	$(1000 \times 0.1)^{0.5}=10$	>1000（无限？）	$(4000 \times 10)^{0.5}=200$

图 2.5 所示为在 50mM EDAB 条件下，由低温的凝胶态（无限 t_R）到高温的黏弹态（t_R 高但有限）的连续平稳过渡。这种行为也是可逆的，即当热的黏弹性溶液冷却时，它会变成凝胶。在所有浓度的表面活性剂研究中都发现了同样的趋势，唯一的区别是在凝胶体系末端的温度界限值上。连续的转变和可逆性强烈表明，在低温和高温状态之间，结构上没有明显的差异。事实上，在所有研究由其他长尾表面活性剂形成的蠕虫状胶束的温度依赖性流变学的研究中，都观察到从凝胶到溶液的连续变化[38-46]。因此，文献的结果与假设是一致的，即在加热后，结构（即蠕虫状胶束的轮廓长度）和动力学特性（即蠕虫状胶束的破裂时间）都有平缓变化。这又把我们带回到 2.3 节最后提出的问题：凝胶只不过是一种高度黏弹性的溶液吗？或者说凝胶态有什么特别之处而使其区别于黏弹态？

2.6 凝胶可由"缠结"独自形成吗

我们已经注意到 C_{22} 蠕虫状胶束看起来只是长而线性但会产生凝胶的链条。链之间没有明显的交联（键）；这些链只是简单地相互"缠结"，与溶液中的聚合物链极为相似。仅凭这样的"缠结"就能产生凝胶吗？如第 2.1 节所讨论的那样，缠结是聚合物链之间具有 t_{rep}[式(2.1)]寿命的瞬态连接。相比之下，凝胶中聚合物链之间的交联应该是永久性的，也就是说，拥有无限的寿命。蠕虫状胶束之间的"缠结"是否可能与聚合物中的"缠结"有所不同？

在这种前提下，将 C_{22} 蠕虫状胶束和其他只由表现出凝胶状行为的长链构成的体系之间做了一个有用的类比[48]。第一类这样的体系通常被称为分子凝胶[27,49-50]，它们是通过在溶剂中加入一种小的有机分子（"胶凝剂"）而形成的，随后胶凝剂自组装成一个纤维网络（在文献中，许多类似术语被用于描述链状物体，包括纤维、原纤维和细丝）。这些纤维的直径通常在纳米级，长度通常在微米级。第二类体系是由肽[51-52]或诸如肌动蛋白或微管等蛋白形成的丝状凝胶（这些丝状蛋白存在于每个真核细胞的细胞质中）[53-54]。在这种情况下，构筑基元通常是球状蛋白（M 约 30kDa），它们折叠成紧凑的纳米级球体。这些球状物组装成纳米级直径和微米级长度的长丝。有明显的证据表明，上述体系确实是凝胶：它们满足 2.3 节中列出的所有标准，包括 G' 和 G'' 的频率无关性，以及样品在瓶子倒置情况下保持自身重量的能力。与此同时，这些凝胶的显微照片除了长纤维/长丝外，没有其他显示，即没有明显的交联[48]。

一般来说，分子凝胶中的纤维、蛋白凝胶中的细丝和表面活性剂蠕虫状胶束有什么共同之处？在所有情况下，这些链都具有纳米级尺度，即直径范围由 4~6nm 至 100nm 不等。由于它们的直径相对较大，其持续长度 l_p 从蠕虫状胶束的 25~50nm 到蛋白丝的 10mm 以上，这些链具有相当大的刚性。具有这种 l_p 值的链被归类为半柔性或蠕虫状[4,53]。相比之下，聚合物链 1~10nm 的 l_p 值要低得多（见 2.2 节），属于柔性链[5]。反之，刚性链的 l_p 超过其轮廓长度 L，而完美刚性链的 $l_p \to \infty$ [53]。

Raghavan 和 Douglas 提出半柔性（或刚性）链之间的"缠结"可能与柔性链之间的"缠结"有不同的性质，由此可以解释凝胶的形成[48]。半柔性或刚性链不太可能形成环和结，所以使用"缠结"这个术语是不恰当的（更合适的术语是"拓扑约束"）[55-56]。近年来，Douglas 及其同事的理论研究表明，当链条刚性更强时，链与链之间的拓扑相互作用将会变得更强烈[57-58]。通过这些研究可以预测，链弛豫时间 t_R 将随着链长 L 的变化而变化，其指数高于爬行理论预测的指数（即 $t_R \sim L^5$ 与 $t_{rep} \sim L^3$ 相比较）[59-60]。这些理论都预测弛豫时间会随着链长 L 的增加而发散。因此，如果超出了临界长度，t_R 可能会变得足够长，以致于拓扑约束就像永久性交联一样[48]。如果是这样，就可以解释在含有长半柔性链的多种体系中类凝胶行为的发生。用一个实际的类比，这些受拓扑约束的系统可以想象成一碗意大利面条！

为了结束本节，我们总结了从蠕虫状胶束或更一般地，从任何类型的线性链形成凝胶所应满足的合理要求[48]：

（1）条件 1：链必须很长。链长 L 必须比链直径 d_{cr} 大得多，长径比 $L/d_{cr} > 1000$。

（2）条件 2：链必须是刚性的（半柔性的）。持续长度 l_p 必须大于 10nm，这样才能将链条视为是半柔性或蠕虫状。这通常只需要通过确保链直径 d_{cr} 在纳米级范围内来实现。

（3）条件 3：链必须在时间上持久。链不能通过分子交换或断链而松弛，或者至少这种替代性弛豫过程的时间尺度必须非常长。

如果上述三个条件都满足，那么凝胶可以简单地通过链之间的拓扑约束（"缠结"）形成。在表面活性剂蠕虫状胶束的情况下，经常能满足条件 1 和条件 2，但很少满足条件 3。只有当我们在 C_{22} 蠕虫状胶束中，且仅在中低温度下进行，才能符合条件 3。

2.7 结论

历史上，蠕虫状胶束与它们的黏弹性密切相关，即它们的黏性与弹性流变学的结合。然而，最近的研究表明，一些蠕虫状胶束也可以表现出凝胶的流变特性，即，在任意 ω 值时，$G' > G''$，且 G' 在低 ω 下表现出平台区。类凝胶的蠕虫状胶束似乎都是由长尾的表面活性剂制成的，典型的有至少 22 个碳长，且尾中部有顺式不饱和结构。类凝胶流变行为只在低温下表现；随着温度升高，其表现恢复成高黏弹性溶液的流变学。

关于这些"C_{22} 蠕虫状胶束"的凝胶状流变学的起源，一个合理的假设是：（1）由于 C_{22} 表面活性剂的长尾巴，其形成的蠕虫状胶束的尺寸比典型的蠕虫状胶束长；（2）由于表面活性剂长尾部的疏水性，C_{22} 蠕虫状胶束将有很长的断裂时间。在这些条件下，假定蠕虫状胶束形成凝胶（即一个"永久"的网络），仅仅是由于链之间的拓扑相互作用（"缠结"）。

参 考 文 献

[1] *Giant Micelles*: *Properties and Applications*, ed. R. Zana and E. W. Kaler, CRC Press, Boca Raton, 2007.

[2] S. Gravsholt, Viscoelasticity in highly dilute aqueous – solutions of pure cationic detergents, *J. Colloid Interface Sci.*, 1976, 57, 575 – 577.

[3] C. W. Macosko, *Rheology*: *Principles, Measurements and Applications*, VCH Publishers, New York, 1994.

[4] R. G. Larson, *The Structure and Rheology of Complex Fluids*, Oxford University Press, New York, 1998.

[5] W. W. Graessley, *Polymeric Liquids & Networks*: *Dynamics and Rheology*, Taylor & Francis, New York, 2008.

[6] P. G. de Gennes, Reptation of a polymer chain in presence of fixed obstacles, *J. Chem. Phys.*, 1971, 55, 572.

[7] M. Doi and S. F. Edwards, *The Theory of Polymer Dynamics*, Clarendon Press, Oxford, 1988.

[8] K. Almdal, J. Dyre, S. Hvidt and O. Kramer, Towards a phenomeno – logical definition of the term 'gel', *Polym. Gels Networks*, 1993, 1, 5 – 17.

[9] S. J. Candau, E. Hirsch and R. Zana, Light – scattering investigations of the behavior of semidilute aqueous micellar solutions of cetyltrimethylammonium bromide – Analogy with semidilute polymer solutions, *J. Colloid Interface Sci.*, 1985, 105, 521 – 528.

[10] H. Thurn, M. Lobl and H. Hoffmann, Viscoelastic detergent solutions – A quantitative comparison between theory and experiment, *J. Phys. Chem.*, 1985, 89, 517 – 522.

[11] F. Kern, R. Zana and S. J. Candau, Rheological properties of semidilute and concentrated aqueous – solutions of cetyltrimethylammonium chloride in the presence of sodium – salicylate and sodium – chloride, *Langmuir*, 1991, 7, 1344 – 1351.

[12] M. E. Cates and S. J. Candau, Statics and dynamics of worm – like surfactant micelles, *J. Phys.*: *Condens. Matter*, 1990, 2, 6869 – 6892.

[13] H. Rehage and H. Hoffmann, Viscoelastic surfactant solutions – Model systems for rheological research, *Mol. Phys.*, 1991, 74, 933 – 973.

[14] C. A. Dreiss, Wormlike micelles: where do we stand? Recent develop – ments, linear rheology and scattering techniques, *Soft Matter*, 2007, 3, 956 – 970.

[15] Z. Lin, J. J. Cai, L. E. Scriven and H. T. Davis, Spherical – to – wormlike micelle transition in CTAB solutions, *J. Phys. Chem.*, 1994, 98, 5984 – 5993.

[16] G. Jerke, J. S. Pedersen, S. U. Egelhaaf and P. Schurtenberger, Static structure factor of polymerlike micelles: Overall dimension, flexibility, and local properties of lecithin reverse micelles in deuterated isooctane, *Phys. Rev. E*, 1997, 56, 5772 – 5788.

[17] R. Kumar, G. C. Kalur, L. Ziserman, D. Danino and S. R. Raghavan, Wormlike micelles of a C_{22} – tailed zwitterionic betaine surfactant: From viscoelastic solutions to elastic gels, *Langmuir*, 2007, 23, 12849 – 12856.

[18] L. J. Fetters, N. Hadjichristidis, J. S. Lindner and J. W. Mays, Molecular – weight dependence of hydrodynamic and thermodynamic properties for well – defined linear – polymers in solution, *J. Phys. Chem. Ref. Data*, 1994, 23, 619 – 640.

[19] M. E. Cates, Reptation of living polymers – Dynamics of entangled polymers in the presence of reversible chain – scission reactions, *Macro – molecules*, 1987, 20, 2289 – 2296.

[20] M. S. Turner and M. E. Cates, Linear viscoelasticity of living polymers – a quantitative probe of chemical relaxation – times, *Langmuir*, 1991, 7, 1590 – 1594.

[21] E. Faetibold and G. Waton, Dynamical properties of wormlike micelles in the vicinity of the crossover between

dilute and semidilute regimes, *Langmuir*, 1995, 11, 1972 – 1979.

[22] C. Oelschlaeger, G. Waton and S. J. Candau, Rheological behavior of locally cylindrical micelles in relation to their overall morphology, *Langmuir*, 2003, 19, 10495 – 10500.

[23] S. R. Raghavan and E. W. Kaler, Highly viscoelastic wormlike micellar solutions formed by cationic surfactants with long unsaturated tails, *Langmuir*, 2001, 17, 300 – 306.

[24] B. Jonsson, B. Lindman, K. Holmberg and B. Kronberg, *Surfactants and Polymers in Aqueous Solutions*, Wiley, New York, 1998.

[25] D. F. Evans and H. Wennerstrom, *The Colloidal Domain: Where Physics, Chemistry, Biology, and Technology Meet*, Wiley – VCH, New York, 2001.

[26] D. Feng, Y. M. Zhang, Q. S. Chen, J. Y. Wang, B. Li and Y. J. Feng, Synthesis and Surface Activities of Amidobetaine Surfactants with Ultra – long Unsaturated Hydrophobic Chains, *J. Surfactants Deterg.*, 2012, 15, 657 – 661.

[27] *Molecular Gels: Materials with Self – Assembled Fibrillar Networks*, ed. R. G. Weiss and P. Terech, Springer, Dordrecht, 2006.

[28] P. J. Flory, Gels and gelling processes: Introduction, *Faraday Discuss*, 1975, 57, 7 – 18.

[29] H. H. Winter, Gels, in *Encyclopedia of Polymer Science and Engineering*, ed. H. H. Mark, Wiley, New York, 1985; p. 343.

[30] S. R. Raghavan and B. H. Cipriano, Gel formation: Phase diagrams using tabletop rheology and calorimetry, in *Molecular Gels*, ed. R. G. Weiss and P. Terech, Springer, Dordrecht, 2005, pp. 233 – 244.

[31] J. Yang, Viscoelastic wormlike micelles and their applications, *Curr. Opin. Colloid Interface Sci.*, 2002, 7, 276 – 281.

[32] P. Sullivan, E. B. Nelson, V. Anderson and T. Hughes, Oilfield appli – cations of giant micelles, in *Giant Micelles: Properties and Applications*, ed. R. Zana and E. W. Kaler, CRC Press, Boca Raton, 2007, pp. 453 – 472.

[33] S. R. Raghavan, H. Edlund and E. W. Kaler, Cloud – point phenomena in wormlike micellar systems containing cationic surfactant and salt, *Langmuir*, 2002, 18, 1056 – 1064.

[34] V. Croce, T. Cosgrove, G. Maitland, T. Hughes and G. Karlsson, Rhe – ology, cryogenic transmission electron spectroscopy, and small – angle neutron scattering of highly viscoelastic wormlike micellar solutions, *Langmuir*, 2003, 19, 8536 – 8541.

[35] I. Couillet, T. Hughes, G. Maitland, F. Candau and S. J. Candau, Growth and scission energy of wormlike micelles formed by a cationic surfactant with long unsaturated tails, *Langmuir*, 2004, 20, 9541 – 9550.

[36] G. C. Kalur, B. D. Frounfelker, B. H. Cipriano, A. I. Norman and S. R. Raghavan, Viscosity increase with temperature in cationic sur – factant solutions due to the growth of wormlike micelles, *Langmuir*, 2005, 21, 10998 – 11004.

[37] B. Yesilata, C. Clasen and G. H. McKinley, Nonlinear shear and exten – sional flow dynamics of wormlike surfactant solutions, *J. Non – Newtonian Fluid Mech.*, 2006, 133, 73 – 90.

[38] B. L. Song, Y. F. Hu, Y. M. Song and J. X. Zhao, Alkyl chain length – dependent viscoelastic properties in aqueous wormlike micellar solu – tions of anionic gemini surfactants with an azobenzene spacer, *J. Colloid Interface Sci.*, 2010, 341, 94 – 100.

[39] Z. L. Chu and Y. J. Feng, Amidosulfobetaine surfactant gels with shear banding transitions, *Soft Matter*, 2010, 6, 6065 – 6067.

[40] Z. L. Chu, Y. J. Feng, X. Su and Y. X. Han, Wormlike micelles and solution properties of a C_{22} – tailed amidosulfobetaine surfactant, *Langmuir*, 2010, 26, 7783 – 7791.

[41] Y. X. Han, Y. J. Feng, H. Q. Sun, Z. Q. Li, Y. G. Han and H. Y. Wang, Wormlike micelles formed by sodium er-

ucate in the presence of a tetraalkylammonium hydrotrope, *J. Phys. Chem. B*, 2011, 115, 6893 – 6902.

[42] Y. X. Han, Z. L. Chu, H. Q. Sun, Z. Q. Li and Y. J. Feng, "Green" anionic wormlike micelles induced by choline, *RSC Adv.*, 2012, 2, 3396 – 3402.

[43] Q. T. Li, X. D. Wang, X. Yue and X. Chen, Wormlike micelles formed using Gemini surfactants with quaternary hydroxyethyl methylammo – nium headgroups, *Soft Matter*, 2013, 9, 9667 – 9674.

[44] Y. J. Feng and Z. L. Chu, pH – Tunable wormlike micelles based on an ultra – long – chain "pseudo" gemini surfactant, *Soft Matter*, 2015, 11, 4614 – 4620.

[45] Y. M. Zhang, P. Y. An and X. F. Liu, A "worm" – containing viscoelastic fluid based on single amine oxide surfactant with an unsaturated C – 22 – tail, *RSC Adv.*, 2015, 5, 19135 – 19144.

[46] Y. M. Zhang, D. P. Zhou, H. Y. Ran, H. Dai, P. Y. An and S. He, Rheology Behaviors of C – 22 – Tailed Carboxylbetaine in High – Salinity Solution, *J. Dispersion Sci. Technol.*, 2016, 37, 496 – 503.

[47] Y. Y. Lin, Y. Qiao, Y. Yan and J. B. Huang, Thermo – responsive viscoelastic wormlike micelle to elastic hydrogel transition in dual – component systems, *Soft Matter*, 2009, 5, 3047 – 3053.

[48] S. R. Raghavan and J. F. Douglas, The conundrum of gel formation by molecular nanofibers, wormlike micelles, and filamentous proteins: gelation without cross – links? *Soft Matter*, 2012, 8, 8539 – 8546.

[49] P. Terech and R. G. Weiss, Low molecular mass gelators of organic li – quids and the properties of their gels, *Chem. Rev.*, 1997, 97, 3133 – 3159.

[50] L. A. Estroff and A. D. Hamilton, Water gelation by small organic molecules, *Chem. Rev.*, 2004, 104, 1201 – 1217.

[51] I. W. Hamley, Peptide fibrillization, *Angew. Chem., Int. Ed.*, 2007, 46, 8128 – 8147.

[52] C. Q. Yan and D. J. Pochan, Rheological properties of peptide – based hydrogels for biomedical and other applications, *Chem. Soc. Rev.*, 2010, 39, 3528 – 3540.

[53] D. Boal, *Mechanics of the Cell*, Cambridge University Press, Cambridge, 2002.

[54] P. A. Janmey, S. Hvidt, J. Kas, D. Lerche, A. Maggs, E. Sackmann, M. Schliwa and T. P. Stossel, The mechanical properties of actin gels – Elastic modulus and filament motions, *J. Biol. Chem.*, 1994, 269, 32503 – 32513.

[55] J. F. Douglas and J. B. Hubbard, Semiempirical theory of relaxation – Concentrated polymer – solution dynamics, *Macromolecules*, 1991, 24, 3163 – 3177.

[56] J. F. Douglas, The localization model of rubber elasticity, *Macromol. Symp.*, 2010, 291 – 292, 230 – 238.

[57] E. B. Stukalin, J. F. Douglas and K. F. Freed, Multistep relaxation in equilibrium polymer solutions: A minimal model of relaxation in "complex" fluids, *J. Chem. Phys.*, 2008, 129.

[58] D. C. Lin, J. F. Douglas and F. Horkay, Development of minimal models of the elastic properties of flexible and stiff polymer networks with permanent and thermoreversible cross – links, *Soft Matter*, 2010, 6, 3548 – 3561.

[59] D. G. Baird and R. L. Ballman, Comparison of the rheological properties of concentrated solutions of a rodlike and a flexible chain polyamide, *J. Rheol.*, 1979, 23, 505 – 524.

[60] H. Enomoto, Y. Einaga and A. Teramoto, Viscosity of concentrated solutions of rodlike polymers, *Macromolecules*, 1985, 18, 2695 – 2702.

第3章 反向蠕虫状胶束核磁共振谱研究

Ruggero Angelico,Sergio Murgia,Gerardo Palazzo

3.1 简介

蠕虫状胶束(WLMs)所构成的体系特征是一个将表面活性剂科学、聚合物物理学和流变学紧密结合在一起的研究领域。鉴于水作为一种广泛存在、低成本且环保的溶剂的无可置疑的重要性,人们特别关注使用适当的表面活性剂在水中形成的WLMs(即直接蠕虫状胶束)在工业和技术应用方面的发展。关于这些被广泛研究的体系的概述,可以参考Berret[1]、Dan 和 Safran[2]以及Dreiss[3]的综述文章。

在水中形成圆柱形胶束,一般需要单尾表面活性剂在高离子浓度环境下满足特定的组装限制。不过,单体形态的单尾表面活性剂往往在水中仍然相对容易溶解,也就是说,它们的临界胶束浓度(CMC)并不小,这导致它们在胶束内的驻留时间非常短(微秒级或更短)。在这种情况下,那些基于较长时间尺度操作的技术只能探测到整个聚集体群体的平均性质。出于这个原因,核磁共振(NMR)技术在直接蠕虫状胶束的研究中不太常用。

在油相连续介质中加入表面活性剂形成的反向胶束情况则有所不同。在油中加入表面活性剂通常只会形成非常不稳定的聚集体(如果有的话)[4],而通过加入水分来促进自组装。这些反向胶束的增长机制与表面活性剂极性头部与水分子间形成氢键网络有关。值得注意的是,除了水之外,其他分子也被发现在非水环境中能有效促进胶束的增长(这在参考文献[5]中有总结阐述),但在此我们仅专注于加入水分和表面活性剂在油相连续介质中形成的传统反向胶束。

反向胶束并非仅通过将水与油进行交换的方式由表面活性剂的作用而形成的简单胶束。虽然直接胶束是在表面活性剂与水(或盐水)的(拟)二元混合物中形成的,而且许多关于它们的相互作用可以通过利用表面活性剂堆积参数的概念来从简单的几何基础上理解[6-7],但是反向胶束的形成至少需要一个三元体系:水—表面活性剂—油。因此,反向胶束严格来说是一种水包油型微乳液,要理解它们的属性就需要在热力学处理中纳入极性与非极性界面曲率弹性的考量[8-10]。

在一个纯粹的三元体系(水—表面活性剂—油)中,为了形成反向胶束,表面活性剂膜必须自发地向水相域弯曲。这通常意味着双尾表面活性剂,比如二(2-乙基己基)磺基琥珀酸钠(AOT)或二十二烷基二甲基溴化铵(DDAB),能形成低黏度的球形反向胶束。卵磷脂(1,2-二酰基-sn-甘油-3-磷酸胆碱)是天然磷脂的一个子类(图3.1)。卵磷脂是一种双尾表面活性剂,在芳香族和卤代溶剂中能形成低黏度的反向胶束溶液[11]。

在许多其他有机溶剂中的卵磷脂溶液中添加微量的水会诱导形成反向水包油微长链分子

WLMs。卵磷脂反向胶束的性质强烈依赖于水与表面活性剂的比率(W_0)以及油的性质。卵磷脂在多种溶剂中形成反向 WLMs,但在芳香族或卤代溶剂中则不会。水分子与带有两性离子的磷酸胆碱基团之间形成的多个氢键是胶束生长的驱动力,并导致卵磷脂在胶束中的驻留时间较长。因此,不足为奇的是,由卵磷脂形成的反向 WLMs 成为应用核磁共振(NMR)技术研究 WLMs 的试验对象。由于这个体系是油连续的,并且没有因电静力相互作用或盐效应而产生的复杂效应,卵磷脂反向 WLMs 代表了一个比较实验结果与理论模型通常最为简单和明确的体系。

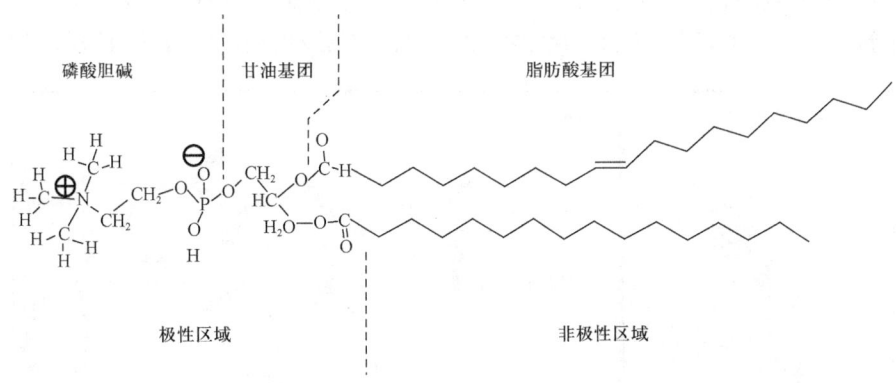

图 3.1 卵磷脂的结构式(据 Yu,2001)
经 Elsevier 许可

3.2 蠕虫状胶束和微乳液基础背景

在一个临界体积分数 Φ^* 以上,WLMs 会变得相互缠结,并形成类似于半稀溶液中聚合物网络的瞬态网络。

聚集驱动力是与两个胶束末端相关的自由能损失。平均场理论[6]对聚集过程的处理预测出一个具有指数形式的长度分布,其中平均轮廓长度($\bar{L}$)随着表面活性剂体积分数 Φ 的平方根而变化:

$$\bar{L} \sim \sqrt{\Phi} e^{\varepsilon_e} \tag{3.1}$$

式中,ε_e 为端帽能量(以 $k_B T$ 尺度),相对于中心部分。$\bar{L}$ 对 Φ 的依赖性可以纳入传统聚合物溶液的蠕动理论中,导致新的体积性质的标度律,例如零剪切黏度(η_0)、平台模量(G_0)和重叠浓度[13]。为了模拟整体的流变响应,必须考虑可逆融合和断裂的动力学特征。Cates 提出,胶束的断裂和重组事件为聚合物溶液提供了额外的机制来放松机械应力[14]。在快速断裂极限下,应力松弛是单指数的,其特征时间 t 由式(3.2)给出:

$$t \sim \sqrt{t_{break} t_{rep}} \tag{3.2}$$

式中,t_{break} 和 t_{rep} 分别为断裂/重组和蠕动的特征时间。这解释了一个引人注目的观察结果,即对于水溶性液晶 WLMs,尽管胶束大小的多分散性很高,但松弛通常以单一的弛豫时间为特征。

当允许存在分支或连接点[图3.2(a)]时,模型必须进行修正[15-17]。另一个长度尺度变得相关:连接点之间的典型距离 $\bar{L}_J$,其尺度关系为:

$$\bar{L} \sim \frac{e^{\varepsilon_j}}{\sqrt{\Phi}} \qquad (3.3)$$

式中,e^{ε_j} 为连接点能量。根据 ε_j 和 ε_e 的相对值,胶束可以是断开的圆柱形蠕虫状、分支胶束,或形成一个完全分支的活性网络[图3.2(b)]。此外,在没有任何特定胶束间相互作用的情况下,连接点会诱导一种有效的胶团间吸引力。这种由连接点诱导的吸引力可能足够强以驱动一个重新进入的相分离,形成一个完全分支的活性网络和一个稀薄的胶束相(即使在良好溶剂的情况下)。

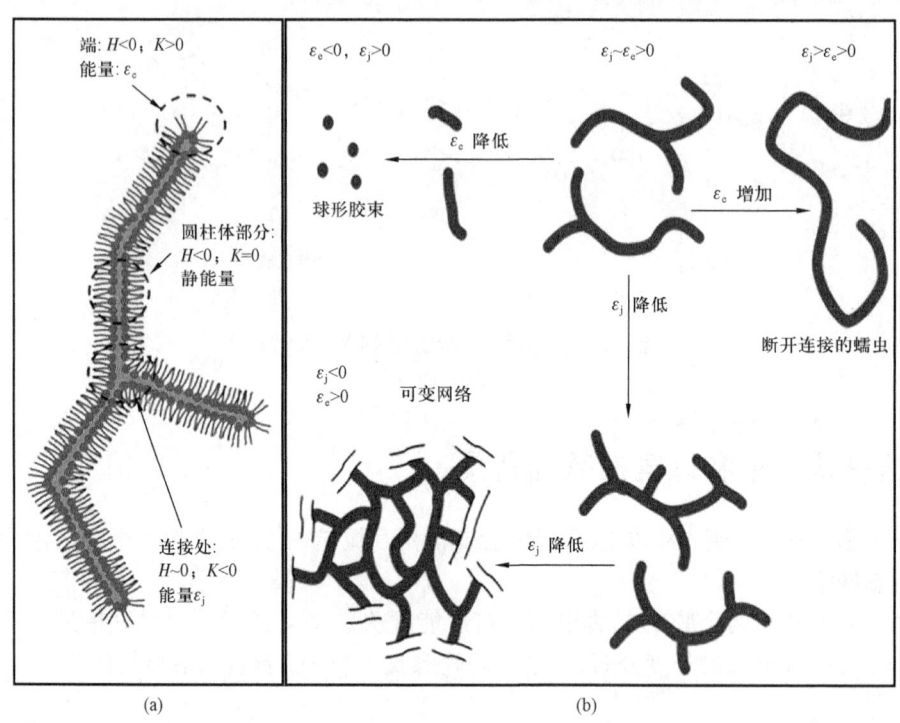

图3.2 (a)逆向蠕虫状胶束结构的示意图。中央圆柱体部分具有零高斯曲率(K),是曲率能量的参考状态。偏离(缺陷)这种几何形状意味着比圆柱几何形状高出几个 $k_B T$ 的能量。缺陷可以有 $K>0$,如球形端帽,或 $K<0$,如鞍状分支(连接点)。(b)改变端帽(ε_e)和分支(ε_j)的能量时,蠕虫状胶束结构演变的谱系转载自参考文献[5],经英国皇家化学学会许可

描述分支网络的模型在预测两个违反直觉的特点上达成了一致[15-17]:(1)对于足够高的浓度,相分离消失(即,系统在低浓度时分离,但在高浓度时稳定);(2)在流变学方面,胶束分支可能导致黏度降低,因为交联点可以沿着介入的链条自由滑动。

为了处理反向WLMs,需要对微乳液中表面活性剂膜形状的多样性及其相关成本进行描述,即所谓的灵活表面模型。这个模型关注极性—非极性界面的曲率弹性;根据赫尔弗里奇的理论,曲率自由能密度 g_c 可以写为[18]:

$$g_c = 2\kappa(H - H_0)^2 + \bar{\kappa}K \tag{3.4}$$

式中，κ 和 $\bar{\kappa}$ 分别为弯曲模量和鞍状弯曲模量。

式(3.4)表示当实际平均曲率增加时,曲率能量会呈二次方增长($\kappa>0$)。有：

$$H = \frac{1}{2}\left(\frac{1}{R_1} + \frac{1}{R_2}\right)$$

式中,R_1 和 R_2 为两个主曲率半径,偏离自发曲率 H_0。请注意,虽然 H_0 是界面膜的属性,但 H 依赖于体积/表面比率,因此也依赖于整体胶束的组成。式(3.4)中的第二项处理的是膜的拓扑结构: $K = (R_1R_2)^{-1}$ 是界面的高斯曲率,而鞍状弯曲常数 $\bar{\kappa}$ 可以是正数也可以是负数；倾向于采取各向同性形状($K>0$)的膜,如球体或圆柱体,将会有 $\bar{\kappa}<0$(R_1 和 R_2 符号相同),而偏好鞍形状($K<0$)的膜将会有 $\bar{\kappa}>0$(R_1 和 R_2 符号相反,因为它们位于界面的相对两侧)。

在水包油微乳液(反向胶束)的情况下,一旦极性头基完全水合,H_0 就被固定下来,而额外添加的水预计会形成一个独立的"水池"于反向胶束的内部。这个水核的体积/表面比率 H,是由水和表面活性剂之间的比率(W_0)所决定的。

在未分支的 WLMs(半柔性圆柱形胶束)的情况下,弯曲模量可以根据以下内容[19]与胶束的柔性(以持久长度 l_p 表示)进行几何相关：

$$k = \frac{l_p k_B T}{\pi R_{cyl}} \tag{3.5}$$

式中,R_{cyl} 为胶束的横截面半径。

3.3 核磁共振技术对微观结构与动力学特性的研究

为了验证上述理论模型的有效性,我们需要能够探测 WLMs 的结构和动力学特性的技术。除了本书其他章节描述的流变—小角中子散射(Rheo-SANS,第8章)和显微镜技术(第7章)之外,脉冲磁场梯度核磁共振(PFG-NMR)和流变—核磁共振(Rheo-NMR)技术也为反向蠕虫状系统的结构和动力学特性研究提供了相当大的帮助。这些技术的一个显著特点是它们能够在分子水平上提供有价值的信息,这些信息适用于半稀释和浓缩体系,这在处理直接蠕虫状胶束时也可以非常有用。

3.3.1 使用脉冲磁场梯度核磁共振探测分子运动

通过核磁共振(NMR)实验,能够成功地调查表面活性剂系统的纳米结构,这些实验允许确定自扩散系数(D)。在一个各向同性、均匀系统中,分子在时间 t 内经历位移 Z 的概率密度 P 是高斯分布的,并且由式(3.6)给出[20]：

$$P(Z,t) = (4\pi Dt)^{-\frac{3}{2}}\exp\left(-\frac{Z^2}{4Dt}\right) \tag{3.6}$$

这个概率密度被称为扩散传播函数(或简称为传播函数),它可由单一参数 D 来描述。

由于 D 对结构变化以及结合和聚合现象相当敏感,测量 D 可以提供关于几乎所有类型软物质系统内部结构的信息。此外,$P(Z,t)$ 不仅在以自由布朗运动为特征的系统中有用,它还能在如双连续微乳液[21-22]、乳液[23]、液晶[24-25]、多孔固体[26-27]和 WMLs 等系统中提供重要的结构信息。

基于脉冲磁梯度使用的 NMR 技术能够探测分子和聚集体的自扩散运动。它们被赋予了许多不同的缩写词，但在下文中，我们将统称它们为脉冲磁场梯度（PFG）技术。

PFG-NMR 具有几个优点：(1) 它给出了一个真正的自扩散系数，这可以通过其 NMR 信号轻松地与化学物质联系起来；(2) 它不受样品的光学外观影响，通常不需要任何标记步骤；(3) 除了测量大小，它还可以提供关于组分分布的信息；(4) 即使在分子扩散远非自由布朗运动的系统中，也能获得有用的信息。但也有一些显著的缺点：(1) 仪器设备昂贵（需要配备合适梯度单元的 NMR 谱仪）；(2) 可测量的 NMR 信号要求分子状如液体，因此这项技术不适用于固体颗粒的分散体。

PFG-NMR 背后的原理和机制在多篇综述和书籍中都有所描述[28-30]，在此仅概述基本概念。

在 PFG-NMR 实验中，可以通过测量在两个（或更多）磁场梯度作用下的自旋回波序列中的回波衰减来探测扩散过程。通过这些梯度，核自旋被标记上依赖于它们在空间中位置（通常是施加磁场 B_0 的 z 方向）的相位角。在梯度的影响下，自旋角频率 ω 变为 $\omega(z) = \gamma(B_0 + g_z z)$，其中 γ 是观察到的核的旋磁比，g_z 是沿 z 方向施加的磁场梯度[31]。

典型的脉冲梯度自旋回波（PGSE）序列，如图 3.3(a) 所示，是测定 D（扩散系数）的基本 NMR 序列。如人们容易识别的，该序列由经典的自旋回波序列组成，并且在 90°和 180°射频（RF）脉冲后分别添加了两个相同的场梯度。RF 脉冲和梯度之间的距离分别称为 τ 和 Δ，而 g 和 δ 代表场梯度的幅度和持续时间。波矢 $q = \gamma\delta g$ 取决于实验参数 g 和 δ，而在场梯度存在 [$I(q,t)$] 和不存在 (I_0) 时的回波强度之比是回波衰减，$E(q,t) = I(q,t)/I_0$，这是测量的参数。

在短脉冲极限内（即对于梯度脉冲足够窄以至于我们可以忽略它们持续时间内的分子运动），回波衰减 $E(q,t)$ 是平均扩散传播函数 $P(Z,t)$ 的傅里叶变换，可以写成：

$$E(q,t) = \int_{-\infty}^{+\infty} P(Z,t) e^{iq \cdot Z} dZ \qquad (3.7)$$

当传播函数是高斯分布 [式(3.6)] 时，回波衰减由 Stejskal-Tanner 方程给出：

$$E(q,t) = \exp\left(-2\frac{\tau}{T_2}\right)\exp(-q^2 Dt) \qquad (3.8)$$

在这里，T_2 是自旋—自旋弛豫时间，而 t 表示有效扩散时间，即 $t = (\Delta - \delta/3)$。

PGSE 对 T_2 的强依赖性在实验中是一个大问题，特别是在自旋—自旋弛豫时间非常短的系统中，例如高黏度蠕虫样样品，它们有极其缓慢的重定向运动。在这些情况下，更倾向于使用脉冲梯度刺激回波（PGSTE）序列，如图 3.3(b) 所示。对应的回波衰减（在无限制扩散的情况下）是：

$$E(q,t) = \exp\left(-2\frac{\tau_1}{T_2} - \frac{T}{T_1}\right)\exp(-q^2 Dt) \qquad (3.9)$$

其中，时间间隔 T 和 τ_1 在图 3.3(b) 中有定义。PGSTE 序列的优势在于横向磁化的时间演化可以被限制。当 $2\tau_1 \ll T$ 时,自旋弛豫主要依赖于 T_1 而非 T_2。

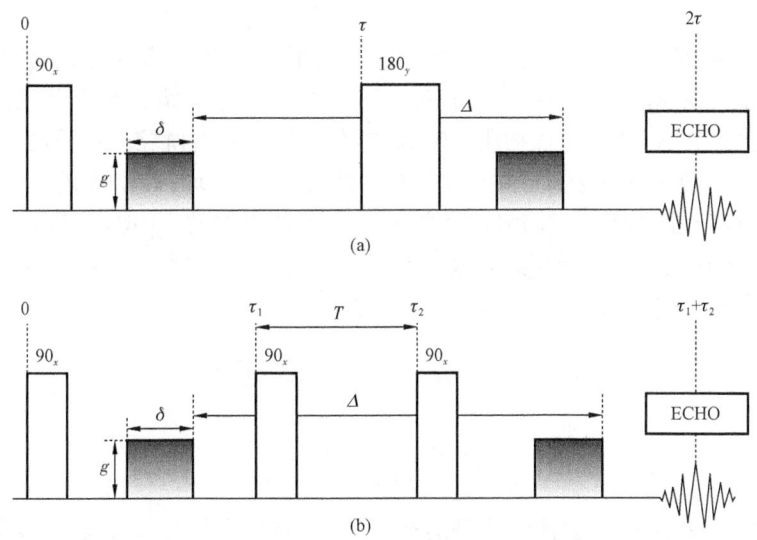

图 3.3　PGSE(a)和 PGSTE(b)的核磁共振序列示意图

由于 PGSE 和 PGSTE 实验的设计目的是为了保持 Δ 和 τ 恒定,因此式(3.8)和式(3.9)中的第一项可以被包含到一个常数(E_0)中,因此式(3.10)给出的回波衰减的一般形式适用于这两种类型的实验:

$$E(\boldsymbol{q},t) = E_0 \exp(-\boldsymbol{q}^2 Dt) = E_0 \exp[-(\gamma g \delta)^2 Dt] \tag{3.10}$$

这个方程在形式上等同于动态光散射(DLS)的自相关函数 $g^1(\tau)$,但实验条件不同。在 PFG – NMR 实验中,相关时间是固定的(Δ 是常数),且探测不同的长度($\boldsymbol{q}^{-1}$ 值)。在 DLS 实验中,长度尺度是固定的,并且探测不同的相关时间。

自扩散系数 D 是通过一系列实验获得的,在这些实验中,改变 g 值而保持 Δ 和 δ 恒定,并且一旦 γ 值已知,D 值可以通过所谓的 Stejskal – Tanner 图进行外推,即 E/A_0 对 $\boldsymbol{q}^2 t$ 的半对数拟合。

可用于 PFG – NMR 研究的位移有两个长度尺度:最小可观察位移取决于可实现的最大 $\boldsymbol{q}$ 值(q_{max}),等于 q_{max}^{-1}(在 10 ~ 100nm 范围内,取决于梯度强度 g),而探测到的最大扩散长度对应于在观察时间 $t = \Delta - \delta/3$ 期间经历的均方根位移 RMSD $= \sqrt{2Dt}$。

由于每个 NMR 信号产生一个不同的回波衰减,利用 PFG – NMR 可以测量同一系统中不同组分的扩散系数,这使得绑定或结合现象的分析变得简单:当两个物质具有相同的自扩散系数时,意味着它们是一起移动的。这是一种区分微乳液拓扑性质的有力工具[32]。

PFG – NMR 在强烈微观非均质样品的情况下也非常有用,这些样品中的扩散不能被描述为经典的布朗运动。

当式(3.7)中出现的平均扩散传播函数未知时,仍然可以通过评估 $E(\boldsymbol{q},t)$ 作为 $\boldsymbol{q}^2$ 函数绘制时的初始斜率来确定平均平方位移 MSD $= \langle Z^2 \rangle$。在小 g 的极限情况下,可得到[33]:

$$E(\boldsymbol{q},t) = \int_{-\infty}^{\infty} P(Z,t)\left[1 - \frac{(qZ)^2}{2}\right]dZ = 1 - \frac{Z^2 \boldsymbol{q}^2}{2} \tag{3.11}$$

在一个巨型 WLMs 系统中，表面活性剂分子与胶束有一个特定的寿命结合在一起，在这期间它们可以沿着胶束轮廓进行一维曲线扩散。对于纠缠的巨型蠕虫状胶束，胶束的扩散是可以忽略的，而这种侧向扩散是远程物质传输的主导模式。在这种情况下，平均扩散传播函数由（高斯）一维侧向扩散传播函数给出，通过分布函数 $\psi(z;l)$ 平均，该函数描述了侧向位移 l 沿梯度方向对应位移 z 的概率。我们将这样的条件称为曲线扩散，它类似于在爬行模型中的聚合物链段扩散，MSD（平均平方位移）随观察时间的平方根而变化：$\langle Z^2 \rangle = 2Dt^{1/2}$。对于高斯链统计（Flory 体制），相应的回波衰减由下式给出[33]：

$$E(\boldsymbol{q},t) = E_0 \exp\left(x\boldsymbol{q}^2\sqrt{t}\right)^2 \mathrm{erfc}(x\boldsymbol{q}^2\sqrt{t}) \tag{3.12a}$$

$$x = \left(\frac{4}{3\sqrt{\pi}}\right) D_c^{\frac{1}{2}} l_p \tag{3.12b}$$

式中，erfc 为补充误差函数，l_p 为曲线路径的持久长度，与胶束的持久长度相吻合，D_c 为曲线自扩散系数（指的是表面活性剂沿着胶束轮廓的侧向一维运动）。

我们注意到，对于 $\boldsymbol{q}$ 的小值，式 (3.12) 变得与式 (3.10) 不可区分，结果是一个表观扩散系数 $D = (2/3)l_p (D_c/\pi)^{1/2} t^{-1/2}$，这是时间依赖的。然而，通过绘制测量得到的回波衰减与 $\boldsymbol{q}^2 t^{1/2}$ 的关系，$E(\boldsymbol{q},t)$ 上的表观时间依赖性消失了，在不同的 t 值下衰减遵循一个独特的主曲线（我们将这种表示方法称为曲线图）。由于沿着"蠕虫"轮廓线的自旋带载分子探索的曲线扩散长度 L 取决于观察时间（$L = (2D_c t)^{1/2}$），在一个分支网络中，我们预期根据 t 和两个连接点之间的扩散时间会有不同的扩散行为 $\tau_J = \dfrac{\overline{L}_J^2}{2D_c}$，如图 3.4 所示。

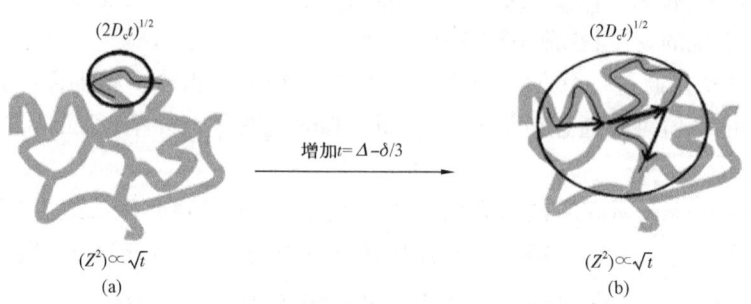

图 3.4 胶束网络中表面活性剂扩散的图解描述

(a) 短 NMR 时间尺度：实验空间分辨率 $\sqrt{2D_c t}$（粗圆圈的直径）允许直接测量两个连续分支点之间的曲线运动。
(b) 卵磷脂分子可以在空间分辨率内访问许多分支点，使得观察到的扩散通常是高斯分布的

在短时间 $t \leqslant \tau_J$ 内，只有两个连接点之间的曲线路径被探测到，分子体验到的是随着 $t^{1/2}$ 缩放的曲线扩散，以及由式 (3.12) 给出的回波衰减。随着 t 的增加，也增加了扩散长度，表面活性剂分子访问了几个分支，因此在极限 $\tau_J \ll t$ 时，整体的分子运动对应于分支间的随机游走，其中特征步长是 $2l_p \overline{L}_J$。这导致了由一个表观扩散系数所表征的高斯回波衰减。

$$D = \frac{2l_p \overline{L_J}}{6\tau_J} = \frac{2\lambda D_c}{3\overline{L_J}} \tag{3.13}$$

因此,在研究蠕虫状胶束(WLM)系统时,可以观察到随时间 t 的均方位移(MSD)有三种不同的变化规律[34]:(1)MSD 与 t 的二次方成正比,表明是纯曲线扩散,与未分支的胶束一致;(2)MSD 与 t 成正比,表明是高斯扩散,这在此类系统中表明了一个密集的分支网络,其连接点之间的平均距离可以使用式(3.13)从表观扩散系数中估算;(3)在短观察时间内,MSD 随着 $t^{1/2}$ 的变化而变化,而在较长的观察时间内,MSD 随着 t 的变化而改变。这种混合的规律特征于分支密度低的分支网络:当实验时间足够短时,表面活性剂分子无法穿过分支,因此体验到曲线扩散;而在足够长的实验时间下,表面活性剂分子可能会穿过许多分支点,扩散变为高斯扩散。

3.3.2 流变 – 核磁共振

流变 – 核磁共振(Rheo – NMR)这个术语指的是一类结合了流变学和核磁共振(NMR)方法的联合技术。在这些实验中,一个能够诱导稳定剪切的装置(通常是库埃特剪切槽或锥板系统)被安装在核磁共振谱仪的探头内部(参见图 3.5 作为示例)。这使得可以将样品的受控形变与实验观测到的局部应变率(测速)和分子排列(光谱学)相关联,覆盖整个体积(成像)。因此,通过使用各种流变—核磁共振技术,如测速、空间分辨光谱学和扩散测量学,可以观察到许多不同的流动和排列行为。

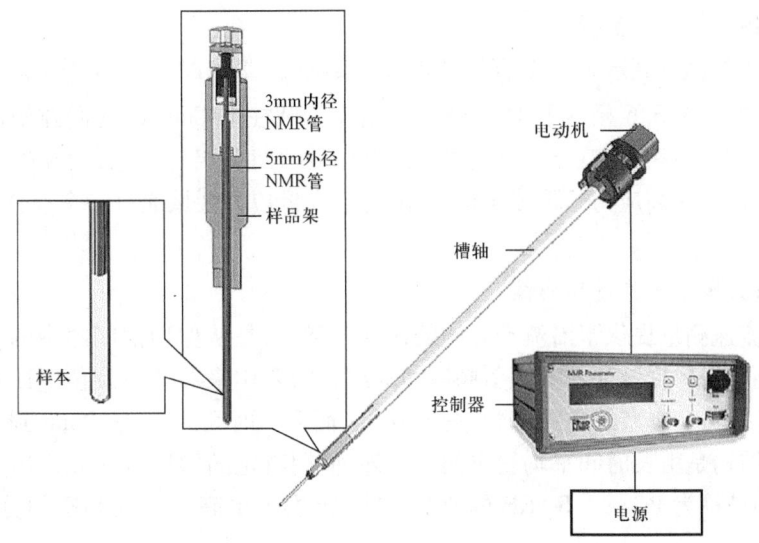

图 3.5 Rheo – NMR 的库埃特剪切槽示意图[71]

样品管集成到带有内管并连接到外部接头的旋转型外壳中,最终这个外壳连接到槽轴上,该轴可以被引入磁体孔中,并通过步进电动机驱动旋转。经美国物理学会授权许可(2010)

下面,我们大致总结了用于研究表面活性剂结构在剪切流下的复杂动态行为的主要流变—核磁共振技术。具体的技术细节和在剪切条件下使用核磁共振进行微观结构表征的参考文献,请读者参阅相关综述[35-37]。

3.3.2.1 氘的四极分裂

氘(^{2}H)是一个自旋 $I=1$ 的核,具有很大的电四极矩,这个属性可以在 NMR 实验中被利用。核的电四极矩与核所在位置的电场梯度相互作用,产生 ^{2}H 光谱的分裂。在通常情况下,含有 ^{2}H$_2$O(重水)的系统中,四极张量大致沿着 O—^{2}H 化学键分布,有一个大约为 250kHz 的相互作用常数 ν_Q。在沿着优选方向(导向剂)排列的胶束的情况下,氘核与局部电场的四极相互作用将 ^{2}H$_2$O 在 ^{2}H – NMR 光谱中的单一信号分裂为两个峰,这两个峰之间的频率分裂为[38]:

$$\Delta\nu = = \nu_Q P_2 \frac{3\cos^2\Omega - 1}{2} \tag{3.14}$$

式中,P_2 为电场梯度相对于导向的有序程度的度量,对于 WLMs 而言,与沿第二勒让德多项式 $P_2 = \langle(3\cos^2\beta - 1)/2\rangle$ 的集合平均成正比;β 为胶束片段与方向之间的角度;Ω 为导向与磁场方向 B_0 之间的角度。

各向同性的转动(如在简单液体中),会对 P_2 进行平均,因此也将四极分裂平均为零。

如果系统是排列的,运动平均将是不完全的,导致分子"继承"其周围环境的有序性,并在光谱中展现出一个双峰。这种排列可以是自发的,就像在溶致液晶中发现的那样,或者可以是外部场或机械变形的效果。因此,Rheo – ^{2}H – NMR 装置可以探测 WLMs 的流诱导排列。NMR 光谱可以是空间平均的(如果实验是在传统的 NMR 光谱仪上进行的),或者使用磁共振成像(MRI)设备进行空间解析。

后一种方法的例子展示了一个直接的 WLM 系统(20% CTAB/H$_2$O),在该系统中观察到了双折射带[39-40]。图 3.6 显示了 ^{2}H – NMR 光谱作为圆柱形 Couette 池间隙横向位置的函数绘制。在内壁,应力最高处,观察到了分裂,表明有限的四极相互作用,而在外壁观察到单一峰。这些数据表明,在高应力下形成了向列相,并且在低应力区域通过一个混合相区域向各向同性相过渡[39]。

3.3.2.2 核磁共振流速测量和成像

核磁共振流速测量提供了沿流动方向的速度分量,这是从剪切池间隙中的一维切片中取得的,而一系列磁场梯度脉冲和共振射频脉冲的组合需要用来对核自旋位置以及平移位移的 NMR 信号进行编码。典型的空间分辨率是 30μm,而采集时间通常从 30min 到 4h 不等,观察到的剪切诱导结构是由长时间平均得出的。此外,使用特定的编码方法允许确定逐点速度分布。最近,一种被称为 PGSE – RARE 的改进技术,提供了更高的时间和空间分辨率,也已经可用[41-42]。

Rheo – NMR 流速测量允许可视化流动,因此提供了对流场细微结构的洞察。最近,对环己烷中磷脂酰胆碱反相 WLMs 的流场结构进行了探索。Angelico 等在一个接近各向同性—向列相平衡相变浓度的样品上,使用 Couette 几何结构进行了 NMR 流速测量实验。对于高剪切支的应力平台区域研究的剪切率,作者们识别了内侧移动壁的壁滑现象,随后是靠近外圆筒的线性速度减小。接近移动内圆筒的几乎恒定的速度剖面被解释为是接近刚体转动的证据[43]。

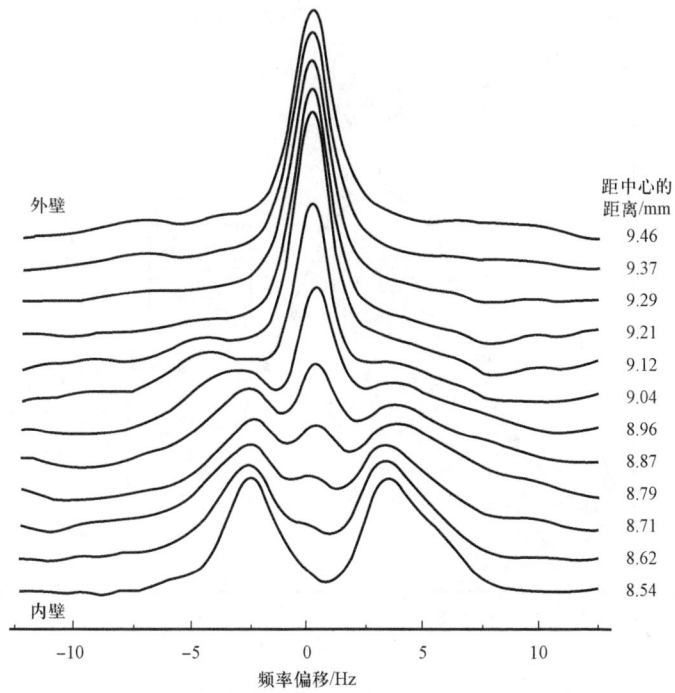

图 3.6　在表观剪切速率为 20s^{-1} 时,从圆柱形 Couette 池的环形间隙不同位置获得的 20% 重量比 CTAB/^{2}H$_2$O 的 ^{2}H – NMR 光谱[40]

在靠近内壁的地方,即应力最大的地方,观察到了四极分裂,与有序相一致,而在靠近外壁的地方,则看到了各向同性相的单一峰。在两者之间,存在一个混合相区域。经 Springer 授权许可

3.4　卵磷脂反向蠕虫状胶束的一般特性

逆胶束的物理参数通常依赖于水/表面活性剂比例(W_0),遵循一个钟形曲线趋势,如图 3.7 所示,卵磷脂(PC)在几种有机溶剂中形成的反向 WLMs 也遵循这一趋势,图中报告了两种代表性油品,异辛烷和环己烷的 η_0 作为 W_0 的函数的依赖性。η_0 与 W_0 的曲线在临界 W_0 处有一个明显的峰值,这个峰值依赖于油的性质,而不依赖于卵磷脂的浓度。在这种组成下的黏度比无水体系的高 4~6 个数量级。然而,尽管凝胶的外观相同,在最大 η_0 以上添加水后,体系的特性明显依赖于油的类型。

对于环己烷,超过最大值的水量添加会引起 η_0 的持续降低,最终会回到常见的球形逆胶束的低黏度状态(此后称为 L_2 相)[44]。继续增加水分将导致经典的 Winsor I 型相分离,即过量水和球形反向胶束的共存[45]。这种特性在其他具有较大 W_0 值的环烷烃在 L_2 + 水的边界行为是常见的。

相比之下,异辛烷在较低的 W_0 处达到 η_0 的最大值[46-47]。随着进一步增大水分含量,黏度略微降低,最终系统排出油,形成纯油和硬凝胶之间的共存(油 + 凝胶相分离)[47-48]。对于非常高的卵磷脂浓度(>35%),会发生层状相(L_α)和凝胶之间的相分离[48]。

上述对水分添加的不同反应表明,尽管在化学上相似,但基于不同油品的卵磷脂反向

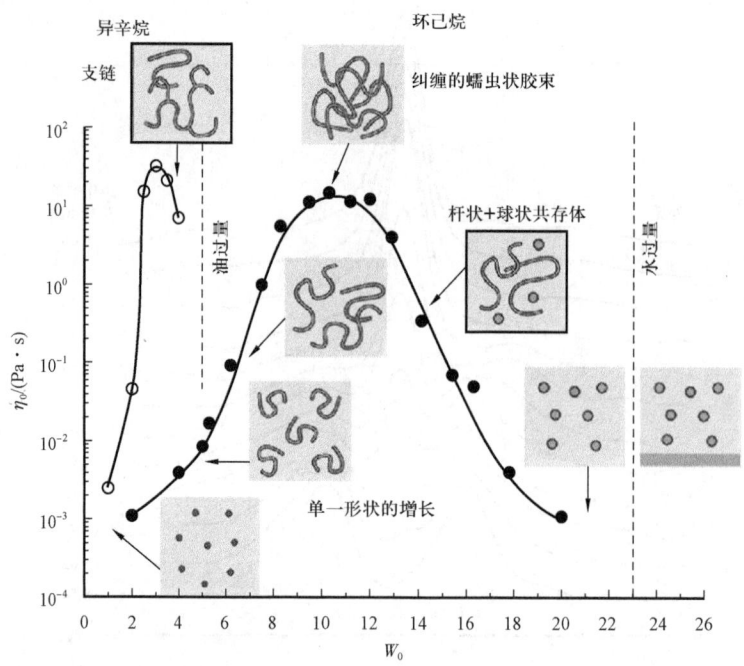

图 3.7 环己烷和异辛烷基卵磷脂反向胶束的黏度曲线随水含量呈现钟形变化[55]

示意图显示了从球形胶束到棒状胶束的结构转变,然后(在环己烷的情况下)到杆状+球状共存状态。在异辛烷的情况下,胶束的分支是黏度降低的原因,$W_0 = [H_2O]/[PC]$。经美国化学学会授权(2014)许可

WLMs 应该具有不同的结构。在下文中,将阐明不同的相行为如何反映胶束之间连接的程度。

请注意,由于三叉分支点可以被认为是由于两个链的融合,因此在这里将分支和连接点或连接这些词语互换使用。一个未连接的(或未分叉的)蠕虫状胶束因此是一个只有两个端帽的延长型胶束[图 3.2(b)]。

3.5 环己烷中的卵磷脂反向蠕虫状胶束:断裂的蠕虫

在环己烷中的卵磷脂反向胶束已经被广泛研究。在交缠阈值 Φ^* 下的浓度进行的仔细的 SANS 和光散射(LS)研究表明,水分子的加入诱导形成了反向 WLMs,其行为类似于经典聚合物溶液的行为[49-51]。在 $\Phi > \Phi^*$ 时,散射实验探测网络属性,因此散射技术不能被用来直接了解胶束结构。此外,分支的存在仍然是一个未解决的问题。

为了深入了解这些条件下反向胶束的结构,需要使用 3.3.1 小节中描述的 PFG – NMR 技术。在 $W_0 = 10$(对应于 η_0 的最大值)的环己烷中卵磷脂反向胶束案例中,已经收集了不同 t 值(从 0.020s 到 1.5s)下的卵磷脂信号的回波衰减。数据显示在图 3.8(a)中,并且按照通常的做法,使用半对数刻度作为 $E(q,t)$ 对 q^2t(Stejskal – Tanner 图)进行绘制。

可以看出,数据与简单的高斯扩散特性明显偏离。与式(3.10)的预测相反,在 Stejskal – Tanner 图中没有得到一条直线,而且,我们发现存在对 t 的显著依赖性。

如果将相同的数据对于 $q^2\sqrt{t}$ 作图,所有数据点都落在满足式(3.12)中曲线扩散的同一主

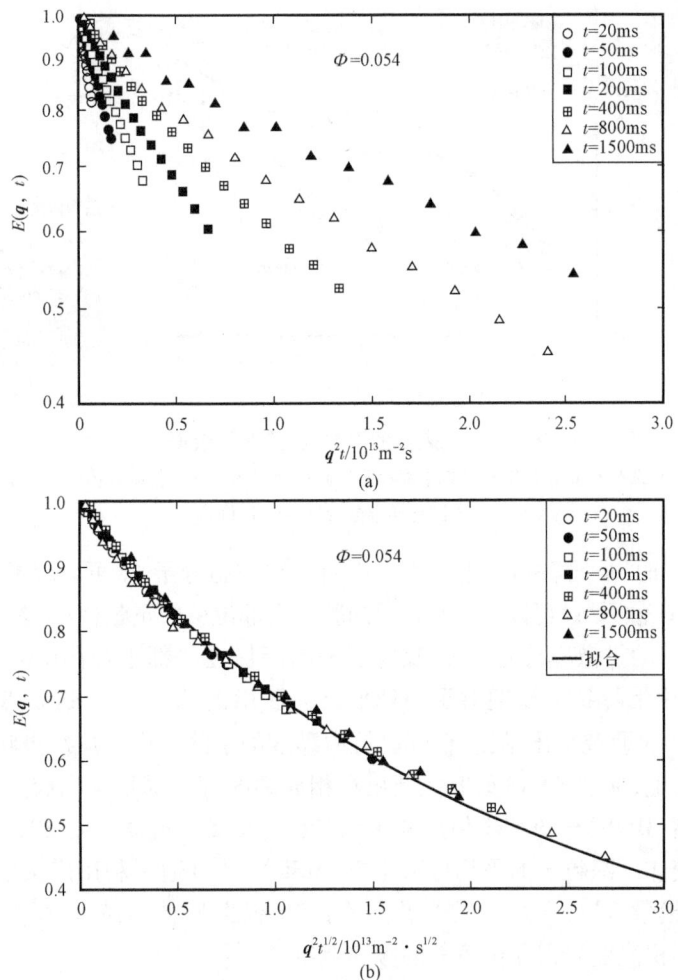

图 3.8 Stejskal – Tanner(a)和曲线(b)表示,环己烷中卵磷脂反向微胶囊在不同观测时间的图 3.8 所示数据(据 Angelico et al. ,1998)

经美国物理学会授权(1998)许可

曲线上[图 3.8(b)]。最佳拟合参数 $l_p D_c^{1/2} = 10^{-13} \text{m}^2 \cdot \text{s}^{-1/2}$ 对于 $\Phi \approx 0.1$。对卵磷脂侧向扩散的估计从在水合脂质双层中测量的 $2 \times 10^{-13} \text{m}^2 \cdot \text{s}^{-1}$,到在异辛烷中完全连接的反向胶束中测量的 $1 \times 10^{-11} \text{m}^2 \cdot \text{s}^{-1}$(详情见下一节),因此我们估计持久长度在 70~30nm 范围内。

从对纯曲线扩散的观察,到 1.5s 的观察时间,可以得出结论[33]:

(1)端部效应可以忽略不计,因此胶束的轮廓长度必须非常长。假设曲线扩散 D_c 接近层状相($10^{-12} \text{m}^2 \cdot \text{s}^{-1}$),胶束必须长于 $(2D_c t)^{1/2} = 2\mu m$。

(2)卵磷脂在胶束中的驻留时间以及胶束破裂的特征时间 τ_{break},必须超过 1.5s(否则预期会有布朗扩散)。

(3)至少在 $2\mu m$ 的曲线长度尺度上,胶束不会形成分支。

这些长寿命的蠕虫状胶束很好地解释了 η_0 的初始上升。通过 PFG – NMR 研究水的扩散

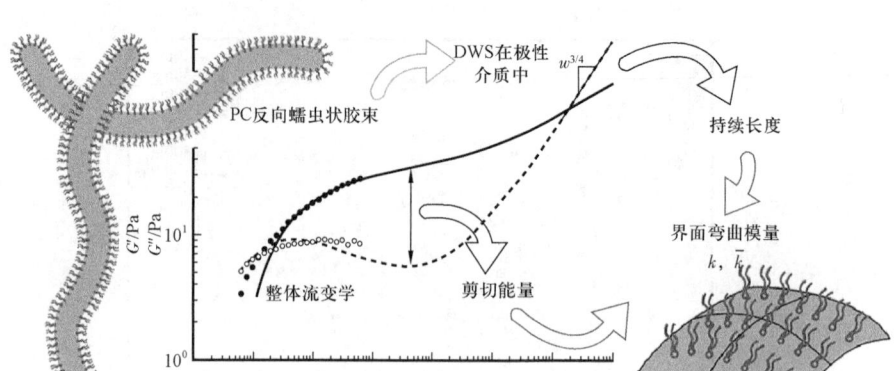

图 3.9 代表性的 DWS 微流变学数据[55]

分别以实线和虚线表示的 G' 和 G'' 是针对环己烷中卵磷脂反胶束获得的。来自传统大体积流变学的数据以点状表示。

经美国化学学会授权(2014)许可

已经揭示了 $W_0>15$ 时 η_0 下降的原因[52-53]。不同于卵磷脂分子,水可以轻易地从胶束中逃逸。从实验得出的水自扩散系数,可以得到水在反向胶束内部位移的贡献(详见参考文献[53])。随着水含量的增加,水的扩散率首先增加,反映了卵磷脂极性头部水合作用的增强。然而,对于 $W_0>15$,水的扩散率下降到了预期对于小球形反向胶束的值[52-53]。这一点完全得到了电介质谱测量的支持[52]。研究得出结论,在环己烷中黏度的下降是由于从蠕虫状胶束到球形反向胶束的转变。实际上,通过 SANS 研究推断出在相分离时存在球形反向胶束[54]。这些结论最近通过扩散波光谱(DWS)微流变学使用疏水示踪粒子得到了确认[55]。DWS 微流变学探测嵌入复杂流体中的胶体示踪粒子的平均位移平方(MSD),并且通过利用广义斯托克斯—爱因斯坦关系,提供复数模量 $G^*(\omega)$,从中提取出其实部和虚部,即储存模量(G')和损失模量(G''),用于覆盖传统大体积流变光谱无法覆盖的频率范围[56]。

在环己烷中的卵磷脂案例中,实验得到的储存模量 $G'(\omega)$ 和损失模量 $G''(\omega)$ 在较低频率下表现出 Maxwell 流体行为,在 G' 和 G'' 曲线的交叉点之后,它们表现出橡胶状的黏弹性行为。在中等频率下,G' 曲线呈现一个平台期,而 $G''(\ll G')$ 经过一个最小值,而在高频范围内,G'' 随着 ω 的三次方变化。从 $G'(\omega)$ 和 $G''(\omega)$ 曲线中,根据图 3.9 中示意性展示的策略,提取了如胶束断裂能量和持久长度等相关参数。

胶束断裂能是指破坏一个圆柱形胶束并创建两个半球形端帽(因此等于 $2\varepsilon_e$)所需的能量成本,并且是通过在 G'' 最小值处的 G''/G' 的比率来评估的[55]。其对 W_0 的依赖性在图 3.10(b) 中显示。数值 $2\varepsilon_e$ 首先增加然后在一个平台值上趋于稳定。由于胶束的轮廓长度直接通过式(3.1)与 ε_e 相关联,这确认了水引起的一维胶束生长发生在 $W_0<10$ 时。在更高的 W_0 下,虽然黏度下降,WLMs 的平均轮廓长度并没有减少。这与圆柱形胶束转变为不贡献黏弹性并因此对 DWS 微流变学"不可见"的小球形胶束的转变是一致的。

持续长度 l_p 是根据在 G'' 与频率的 $G'' \propto \omega^{3/4}$ 比例区域内的关系得出的,这一关系在参考文献[57]中提出。在 $W_0=10$ 时得出的 l_p 值是 46nm,与 PFG - NMR 估算值相当吻合。最后,使用 l_p 的值和 WLM 的横截面半径 R_{cyl},通过应用式(3.5)[图 3.10(a)]计算出弯曲模量 κ。

从圆柱形到球形的转变可以根据柔性表面模型来合理解释。忽略熵的贡献,可以最小化方程式(3.4)中的自由能,相对于胶束大小进行优化,考虑到球体半径 R_{sph} 的关系 $H = R_{sph}^{-1}$ 和 $K = R_{sph}^{-2}$,以及圆柱形胶束横截面半径 R_{cyl} 的关系 $H = (2R_{cyl})^{-1}$ 和 $K = 0$。

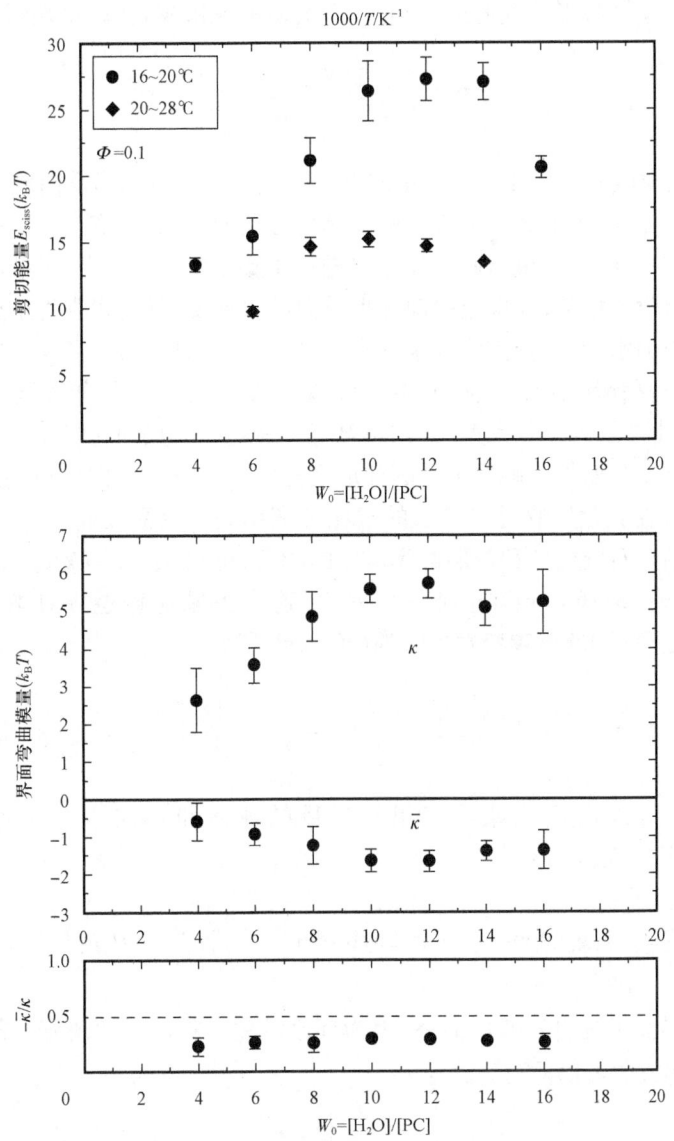

图3.10 根据 W_0 的变化,界面弯曲模量 κ 和 $\bar{\kappa}$ (a) 及其比值 $-\bar{\kappa}/\kappa$ (b)[55]

虚线显示了 $-\bar{\kappa}/\kappa = 0.5$ 的界限,在此之下,圆柱形胶束在热力学上是受青睐的。对于两个不同温度范围,作为 W_0 函数的断裂能量 $2\varepsilon_e$。条件:环己烷中的卵磷脂反向胶束,$\Phi = 0.1$。经美国化学学会授权(2014)许可

最优尺寸对于球体是 $R_{sph} = (1 + \bar{\kappa}/2\kappa)/H_0$,对于圆柱体是 $R_{wc,cyl} = 1/2H_0$[8-9]。对于球形反向胶束,水核半径 $R_{wc,sph}$ 是由表面活性剂和内部相的守恒决定的:

$$R_{\text{wc,sph}} = \frac{3(W_0 V_\text{w} + V_\text{hg})}{\alpha} \tag{3.15}$$

其中,$R_{\text{wc,sph}}$ 也包含了体积为 $V_{\text{hg}} \approx 204 \text{Å}^3$ 的脂质头部团,$V_\text{w} \approx 30 \text{Å}^3$ 是分子水的体积,α 是卵磷脂头部团的面积。对于圆柱形反向胶束,也有一个类似的关系成立(忽略端帽贡献):

$$R_{\text{wc,cyl}} = \frac{2(W_0 V_\text{w} + V_\text{hg})}{\alpha} \tag{3.16}$$

式中,$R_{\text{wc,cyl}}$ 为水核横截面的半径。对于小的 W_0(水油比),通过球形反向胶束能够达到的尺寸低于最优尺寸 $R_{\text{wc,sph}} \ll (1 + \bar{\kappa}/2\kappa)/H_0$,因此圆柱形反向胶束更稳定。一旦 W_0 达到最优横截面半径($R_{\text{wc,cyl}} = 1/2H_0$),蠕虫状圆柱体会对进一步膨胀变得不稳定,球形反向胶束更适合容纳水分。随着水含量的增加,胶束结构向球形反向胶束演变,最终膨胀直至达到球体的最优尺寸。随着进一步添加水分,系统排除多余的水,导致 Winsor II 平衡,即多余的水和最优尺寸的液滴之间的平衡,这种情况通常被称为"乳化失败"。在环己烷中的卵磷脂反向胶束紧密遵循这些预测。首先,水的加入诱导巨型反向 WLMs 的一维生长,直到它们在 W_0 约为 15 时达到最优横截面半径。进一步添加水触发了从圆柱形反向胶束向球形反向胶束的形状转变(因此黏度下降),最终系统在乳化失败时将多余的水相分离出去。灵活表面模型的预测可以与实验相图定量比较。结合对圆柱形和球形最优尺寸的约束,得到 $R_{\text{wc,sph}} = 2R_{\text{wc,cyl}}(1 + \bar{\kappa}/2\kappa)$,并且应用式(3.15)和式(3.16)可以得到一个关系,这个关系应该遵守在乳化失败时球体的 $[W_0(\text{sph})^{\text{EF}}]$ 以及杆状到球形转变发生时的 $(W_0(\text{cyl}))^{\text{RtS}}$。

$$W_0(\text{sph})^{\text{EF}} = W_0(\text{cyl})^{\text{RtS}} \frac{4}{3}\left(1 + \frac{\bar{\kappa}}{2\kappa}\right) + \frac{V_{\text{hg}}}{V_\text{w}}\left[\frac{4}{3}\left(1 + \frac{\bar{\kappa}}{2\kappa}\right) - 1\right] \tag{3.17}$$

另外,断裂能可以通过计算具有相同半径的球体和圆柱体之间的曲率能量差,如式(3.4),用 κ 和 $\bar{\kappa}$ 来表示[55]:

$$2\varepsilon_\text{e} = g_\text{c}(\text{sphere}) - g_\text{c}(\text{cylinder}) = \frac{2\kappa}{R_\text{c}^2}\left(\frac{3}{4} - H_0 R_\text{c}\right) + \frac{\bar{\kappa}}{R_\text{c}^2} \tag{3.18}$$

假设圆柱形界面呈现自发弯曲曲率,因为环己烷完全释放了卵磷脂尾部的挫折,使得 $H_0 R_\text{c} = 1/2$,并且上述方程可以重写为[55]:

$$2\varepsilon_\text{e} = 4\pi\left(\frac{\kappa}{2} + \bar{\kappa}\right) \tag{3.19}$$

这样就可以根据 ε_e 和 κ 的值来评估鞍面弹性模量。图3.10(a)中也标出了 κ 值。该比率 $\frac{\bar{\kappa}}{2\kappa}$ 基本恒定,$\frac{\bar{\kappa}}{2\kappa} \approx -0.13$,因此式(3.17)可写成:

$$W_0(\text{sph})\text{EF} = W_0(\text{cyl})^{\text{RtS}} 1.15 + 0.14\frac{V_{\text{hg}}}{V_\text{w}} \tag{3.20}$$

该预测对于 $W_0(\text{cyl})^{\text{RtS}}$ 约为 15 以及 $W_0(\text{cyl})^{\text{RtS}}$ 约为 18 时,会发生 $L_2 + H_2O$ 相分离,这与图 3.7 的数据在定量上是一致的。

上述讨论的 PFG-NMR 数据表明,卵磷脂在同一个胶束上的扩散至少持续了 1.5s,这为胶束断裂时间设定了一个上限:$t_{\text{break}} > 1.5\text{s}$。这比通常假定的直接水溶胶束的断裂时间要长得多。这些考虑使得环己烷中的卵磷脂反向胶束成为已知最佳模型之一,用于真正不连续的水溶胶束研究。实际上,由于它们的胶束寿命长,使得从剪切诱导的排列状态回到各向同性状态的结构松弛首次得到了直接研究。

对于接近与向列相 N_2 相边界的各向同性样品,适度的剪切就足以诱导胶束排列成向列态。当剪切移除后,系统会放松回到各向同性状态。这种放松的时间尺度大约是数分钟,并且已经通过 Rheo-SANS[58-59] 和 Rheo-NMR[60] 进行了研究。Rheo-SANS 研究表明,这种放松的特征是一个大约数分钟的时间尺度。

颇为有趣的是,这种放松过程并不涉及任何成核和生长机制。这一点已由图 3.11 中显示的 ^2H_2O 样品的 Rheo-NMR 实验所证实。正如 3.3.2.1 小节所解释的,一个单一的 ^2H-NMR 峰表示各向同性相,而双峰则是液晶态的特征。在图 3.11 中可以明显看到,没有任何单一峰出现在双峰的中心;相反,双峰逐渐坍塌,这证实了在放松过程中没有出现两相状态。

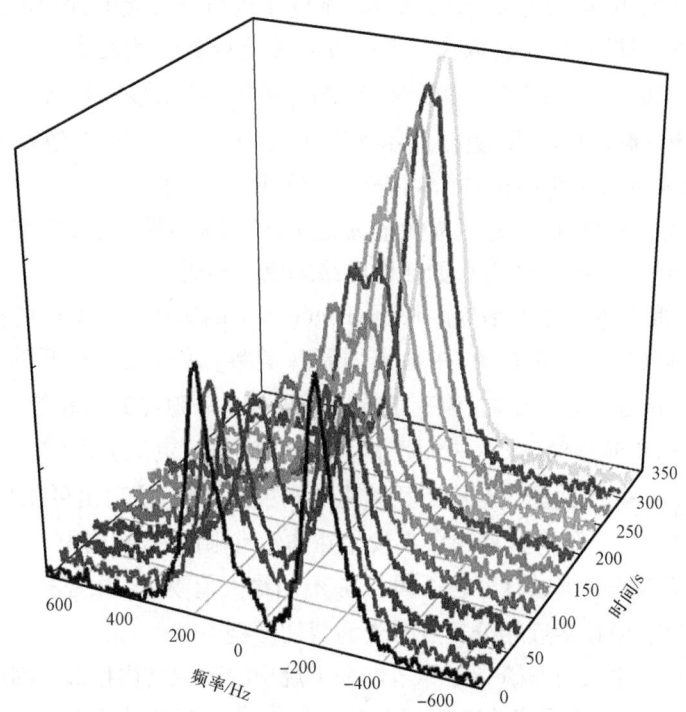

图 3.11 使用稳定剪切后停止剪切的 $\Phi = 30\%$ 和 $W_0 = 10$ 的卵磷脂/^2H_2O/环己烷样品,在 297K 下稳定剪切条件($\dot{\gamma} = 10\text{s}^{-1}$)下测量的时间分辨 NMR 光谱[60]

剪切诱导的双峰($t=0$ 时的第一个光谱)的连续合并在几乎 5min 内完成

经美国化学学会授权(2003)许可

3.6　卵磷脂在异辛烷中的蠕虫状胶束:活性网络

前一节回顾的研究展示了卵磷脂在环己烷中的反向胶束表现为断开的蠕虫状结构的理想典型。令人惊讶的是,将溶剂更换为异辛烷或线性烷烃会诱导形成分支网络结构。事实上,在卵磷脂存在于异辛烷和十烷中时,对于水含量高于零剪切黏度最大值的情况,反向胶束形成一个相互连接的动态网络,其交汇点可以不断地形成和消失,也可以沿着胶束的轮廓滑动,即一个活性网络。最初是基于介电谱学研究提出异辛烷中卵磷脂反向胶束存在分支的假设[61]。值得安心的是,同样的技术在环己烷中没有发现分支的证据[52]。决定性的分支形成证据是通过使用同样的 PFG-NMR 方法获得的,该方法已经排除了环己烷中存在分支的可能性[34,62]。在不同观察时间 t 值下进行的实验可以根据 3.3.1 小节中描述的指导原则,洞察分支网络的结构。

在异辛烷中进行的卵磷脂反向胶束实验中($W_0 \approx 2$ 附近, η_0 最大值),观察到亚扩散行为, $<Z^2> \propto t^{1/2}$,时间尺度为 250ms ,并且 $<Z^2>$ 随时间 t 的线性依赖关系在更长的时间尺度上显现(图 3.12)。对于更高的胶束体积分数,始终观察到高斯扩散和随着 W_0 增加的长时间 D 值,表明该体系是弱分支的($\bar{L}_J$ 约为 $1\mu m$)。从长时间 t 下进行的实验中,根据式(3.13)得到的表观扩散系数随着 Φ 增加而增加,这取决于两个交汇点之间的平均距离 $\bar{L}_J$。假设一个合理的曲线扩散值($D_c = 10^{-12} m^2 \cdot s^{-1}$),不同体积分数的胶束轮廓长度和持久长度之比 $N = \bar{L}_J/l_p$ (即库恩长度的数量)被计算出来,数据显示在图 3.13 中[34]。N 值[34]随着 Φ 的 -0.55 次方变化,这与预测指数为 0.5 的理论非常吻合[17]。在 $W_0 = 3$ 时,系统表现为完全分支的网络($\bar{L}_J \leq l_p$)。因此,在异辛烷中,W_0 超过最大值 η_0 之上,W_0 越高,系统分支越多,直到网络最终崩溃,几乎排除纯溶剂(油+凝胶分离),如活性网络理论所预测。

实验证实在十烷中存在分支结构。根据 Shchipunov 的综述[63],十烷的样本在 η_0 最大值时,η_0、τ 和平台模量(G_0)依赖于 Φ,并且遵循幂律关系,其指数与断开的 WLMs 的预测相符[64]。然而,当 W_0 接近相分离点时,流变学响应不再与单一弛豫时间相符。作者将数据解释为两个平行的 Maxwell 元素的共存,表明了两种"类别"的胶束的共存[65]。在这两个极端之间,关于 G_0、η_0 和 τ 与 Φ 的关系的幂律指数偏离了蠕虫状预测,呈现出可能与 Lequeux 模型中的活性网络相容的值[16]。所有这些现象都发生在非常有限的 W_0 范围内,即 2.7~3.2。此外,不同 W_0 值下对剪切流的响应也有显著不同。在 η_0 的最大值附近,系统表现为剪切变薄,这符合断开型胶束的预期,但在接近相分离点时变为剪切增稠[66]。

总的来说,这些结果表明卵磷脂在异辛烷和十烷中的微观结构相似。因此,卵磷脂—水—十烷和卵磷脂—水—异辛烷系统的完整相图非常相似[48]。特别有趣的是系统随着水添加的演变,首先经过凝胶相,然后是凝胶+油共存,这表明了一个收缩的分支网络,随着进一步添加水($W_0 > 6$),变成了三相共存的油、凝胶和层状相(凝胶+油+L_α)。层状相的出现反映了卵磷脂头基区域的增加,变得完全水合。这种凝胶+油+L_α 平衡在长时间的平衡后(几个月)才在宏观上明显,因为凝胶和层状物质有非常接近的密度;在接近相分离的十烷中观察到的特殊流变行为可能反映了这种共存的早期阶段。

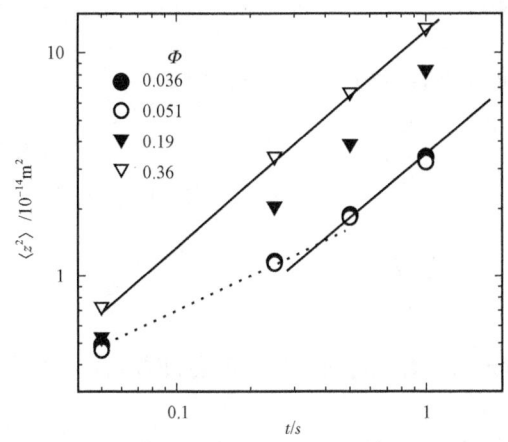 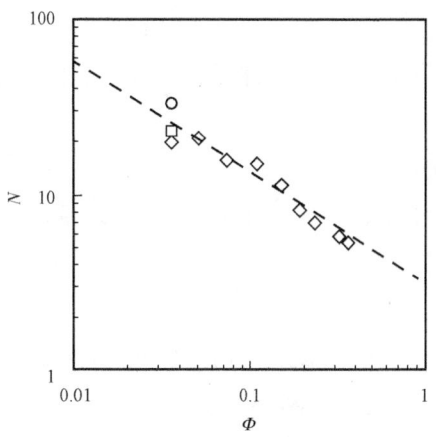

图 3.12 异辛烷中的卵磷脂蠕虫状胶束[34]

以对数坐标绘制的卵磷脂 MSD 与实验时间尺度 t 的图,选定了体积分数和 $W_0 = 2$。阴影线的斜率为 0.5,符合曲线扩散的正确指数,在此处只在低 Φ 值和 $t = 250 \text{ms}$ 时观察到。实线斜率为 1,标识了扩散为高斯型的区域

经美国化学学会授权(2001)许可

图 3.13 在 $W_0 = 2$ 的条件下异辛烷中的卵磷脂蠕虫状胶束 $N = \overline{L}_l / l_p$ 与 Φ 的对数—对数关系图[34]

其中 N 是胶束网络上连续两个分支点之间的蠕虫轮廓长度与持久长度的比值[根据式(3.13)计算得出]。阴影线是对幂律 $N \propto \Phi^\beta$ 的最佳拟合,得到 $\beta = -0.55 \pm 0.07$ 的结果

经美国化学学会授权(2001)许可

3.7 不相连与相连的反向蠕虫状胶束流变特性

在环己烷中的卵磷脂反向胶束的情况下,没有胶束分支的迹象。在这里,胶束融合只涉及胶束的末端,其浓度非常低。因此,切断和重组的动力学响应非常缓慢。

最近,研究人员详细研究了环己烷中 $W_0 = 10$ 和不同 Φ 值的卵磷脂蠕虫状胶束的流变学特性[67]。该体系展示出非常慢的应力松弛行为,证实在这个 W_0 下,胶束是"真实的"未分支的 WLMs。观察到指数应力松弛,除了在较低浓度下,t_{break} 似乎超过了 t_{rep}。然而,弛豫时间的数量级为 1h,即比通常被分类为线状胶束的系统观察到的要长 3~4 个数量级。该系统是剪切变稀的,而且在非常低的剪切速率下就观察到剪切带的转变,这与缓慢的动态一致。由于这种缓慢的动态,可以从小的快速剪切变形中获得线性弹性模量,对于这种变形,体系服从胡克定律。较大的变形导致在临界应变 $\gamma^* \sim \Phi^{-1}$ 处胶束网络的断裂。断裂中的基本过程被提出为均匀的胶束断裂,其中 t_{break} 取决于通过网络应变的胶束拉伸。首次将其外推到零变形,使得能够估计最高浓度($\Phi = 0.29$)下的 $t_{break} = 250\text{s}$。这比通常认为的直接线状胶束的 t_{break} 要长得多,对于后者,已推断出 $t_{break} < 1\text{s}$[1,3]。然而,对于真正的不相连的 WLMs,亚秒级的断裂时间是不符合物理实际的,正如下面的简单数量级计算所示[67]。

考虑两个末端 E 结合或融合形成我们在这里称之为 E_2 的单个蠕虫的平衡态,这与双分子反应类似:

$$2E \frac{k_+}{k_-} E_2 \tag{3.21}$$

这里提到的"二聚体",E_2,对应于胶束,其数密度可以表示为:

$$[E_2] = \frac{[E]}{2} = \frac{\Phi}{\pi R_{cyl}^2 \bar{L}} \tag{3.22}$$

在平衡状态下,可得到:

$$\frac{k_+}{k_-} = \frac{[E_2]}{[E]^2} = \frac{\pi R_{cyl}^2 \bar{L}}{4\Phi} \tag{3.23}$$

逆向("解离")反应,其中产生两个新的末端,对应于胶束的断裂,而解离速率常数 $k_- = t_{break}^{-1}$,是断裂速率。

假设正向(融合)反应是受扩散限制的。将端点近似为半径为 $R \approx R_{cyl}$ 的球体,因此受扩散限制的速率常数由下式给出:

$$k_+ = 8\pi R_{cyl} D \tag{3.24}$$

式中,D 为胶束末端的扩散系数。

结合式(3.22)至式(3.24),得到:

$$t_{break} = \frac{R_{cyl} \bar{L}}{32\Phi D} \tag{3.25}$$

考虑到典型 WLMs 的值,$R_{cyl} = 3nm$,$\bar{L} = 10\mu m$,$\Phi = 0.1$,得到作为下限的 $t_{break} \approx 10^{-14} m^2 D^{-1}$。考虑到蠕动缠结巨型胶束的扩散系数应该是 $D < 10^{-15} m^2/s$(参见参考文献[67]中的附录计算),得到的断裂时间至少超过 10s。如果存在激活障碍减慢 k_+,t_{break} 可以比这个估计值大几个数量级。

因此,在 $t_{break} \ll 1s$ 的情况下,重组过程更可能是通过暂时性分支的形成来进行的(一个末端与沿其轮廓长度的另一个胶束融合),系统应该被描述为一个分支胶束的活性网络,而不是一种由独立蠕虫状结构组成的溶液。

为了解释零剪切黏度的下降,在多个研究中,人们提出了胶束间连接点的影响。早在 Drye 和 Cates[15],以及 Lequeux[16] 首次提出的直觉反应的观点之后,就有人认为胶束的分支结构可能会导致黏度降低。

以前,主要通过冷冻透射电子显微镜(Cryo-TEM)成像来评估水样品中分支的存在情况(见第 7 章)。直到 2013 年,人们通过成像技术观察了异辛烷中卵磷脂反向胶束,发现了蠕虫状结构,但溶剂升华问题阻碍了分辨分支和纠缠的能力[68]。而现在,PFG-NMR 测量可以安全且准确地确定胶束之间的交联点。在最近的研究中,使用异辛烷和环己烷混合物作为连续相,制备了卵磷脂反向胶束[62]。在这个(伪)四元体系中,通过调节水/卵磷脂比例和两种油的相对含量,可以精细调控分支密度,同时保持胶束的体积分数恒定。胶束网络的连接密度通过 PGSE-NMR 技术实验探测,而系统对机械应力的响应通过流变学方法探索。这一策略首次实验性地将流变学性质与胶束系统中分支的存在相关联[62]。

PFG-NMR 与流变学结果的比较明确无误地显示,与完全断开的对照系统相比,分支的存在显著地降低了系统的零剪切黏度,高达 100 倍。从振荡流变学实验中获得的终端弛豫时间定性地与流动实验中的 η_0 成比例,这表明分支对黏度的主要影响是加速爬行过程,正如理论预测的那样。在这方面,本研究中呈现的结果表明,异辛烷促进了分裂—融合过程。

该机制在分支密度较低时非常有效,并且从弱连接到完全分支的活性网络的演变并没有显著改变 η_0,但流变学响应偏离了单一的 Maxwell 模型元素。

通过调整油相的组成获得的流变行为不仅取决于胶束的拓扑结构,还取决于它们的动力学特性。比较存在分离蠕虫的两种组成是很有启发性的。图 3.14 中的样品 a 和样品 c 在

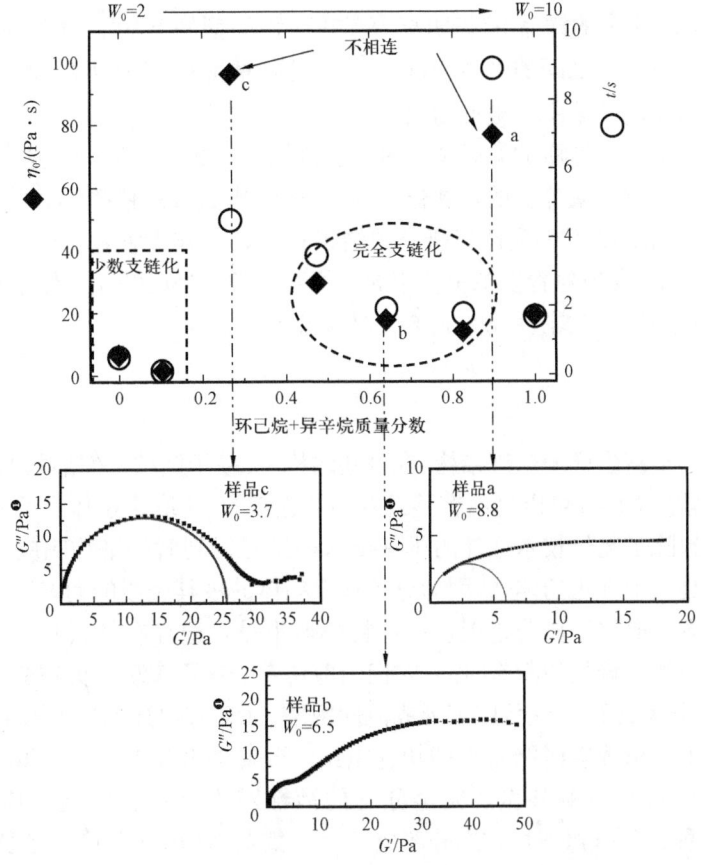

图 3.14 上部主图:零剪切黏度 η_0(闭合菱形,左纵坐标)和终端弛豫时间(开放圆圈,右纵坐标)作为油相中环己烷质量分数的函数,用于通过混合不同数量的卵磷脂在异辛烷中制备的样品,其中 $W_0=2$,在环己烷中 $W_0=10$。W_0 值的平行演变显示在顶部的横坐标上。同时,根据 PFG-NMR 确定的不同分支程度也在图中指明。在下面的三个小图中展示了 Cole-Cole 图,显示了所选组成的 G'' 与 G':(a) 样品 a,$W_0=8.8$,环己烷质量分数 90%;(b) 样品 b,$W_0=6.5$,环己烷质量分数 64%;(c) 样品 c,$W_0=3.7$,环己烷质量分数 27%。本图经许可后摘自参考文献[62]

经英国皇家化学学会授权许可

---

❶ 原书单位为 Pa·s,原书有误。——编者注

PFG-NMR 测量中表现相同,并且具有相似的 η_0 值。然而,它们的振荡流变学特性非常不同。样品 c 中的分离胶束(富含异辛烷)表现得像一个真正的 Maxwell 流体,而样品 a 中的分离胶束(富含环己烷)表现得像传统聚合物溶液。根据这种情况,由富含环己烷的油相构成的卵磷脂反向蠕虫状胶束(图 3.14 中的样品 a)的流变学响应与真正的聚分散聚合物溶液所归因的典型流变学响应一致。相反,富含异辛烷的油相(图 3.14 中的样品 c)即使在 PGSE-NMR 分析中胶束完全分离时,也表现出 Maxwellian 响应(半圆形的 Cole-Cole 图)。

另外,所有在 PGSE-NMR 分析中看起来完全分支的体系都显示出流变参数的异常高频响应,具有非常接近的储能模量 G' 和损耗模量 G'',并且与频率的平方根成比例变化。相应的 Cole-Cole 图(图 3.14 中的样品 b)表明至少存在两种类型的 WLMs,这与理论预测的活性网络与分离蠕虫状胶束溶液之间的平衡相符合[2,15],这种情况在 W_0 接近凝胶+油相分离时添加到十烷中的卵磷脂反向胶束中也被推断出来[63]。

上述结果展示了溶剂性质的微妙变化对体系机械响应的巨大影响。这可能是因为 WLMs 的流变学依赖于连接端盖或分支的轮廓长度,而这些量指数级地依赖于相关能量,见式(3.1)和式(3.3)。在这方面,最近一项计算研究的结果很有趣。作者使用分子动力学模拟了卵磷脂—水—环己烷体系,发现随着模拟中使用的力场对尾部—环己烷相互作用施加的微小变化,反向胶束的形状从圆柱形戏剧性地变成了类似圆盘形[69]。

3.8 总结

微乳液展示出丰富多样的微观结构:在这些结构中,基于圆柱几何形状的网络代表了一个具有挑战性的话题。WLMs 可以是纠缠的或者相互连接的,这取决于体系的配方。然而,微乳液的动态特性导致除了超快技术之外的所有技术都只能得到时间平均响应。在这方面,卵磷脂反向线状胶束是一个理想的体系,因为分子和聚集体的极其缓慢的动态特性。近年来,在合理化它们的结构方面取得了显著进展。一些特征似乎是普遍存在的:(1)不相连的反向蠕虫具有缓慢的应力松弛和较长的断裂时间;它们因剪切带变迁而表现出剪切变稀,而过多的水会导致 Winsor Ⅱ 相分离;(2)分支状胶束形成活性网络,其动态快速(快速应力松弛和短的断裂时间),这是由于通过形成瞬时结合点的快速重组。分支的开始与 η_0 的下降相关联,然而,进一步增加分支密度对其影响甚微。完全分支的活性网络有一种流变响应,不能用单一的 Maxwell 元素来解释,当水过量时,它们分离成一个密集网络(剪切和应变增稠)和一个稀溶液(通常几乎是纯油)。

从应用研究的角度来看,表面活性剂体系所展示的丰富相行为在药物输送领域非常有前景。与制备用于药物使用的微乳液相关的最显著问题是与辅料的可相容性。我们关于表面活性剂自组装的大部分知识与那些没有得到药品使用许可的表面活性剂体系有关。卵磷脂是一个显著的例外。为了对卵磷脂体系有更深入的理解,我们用于其他表面活性剂(如非离子型表面活性剂)的预测能力,也是构建智能药物递送系统中的关键一步。再者,卵磷脂微乳液(用生物相容的油制备)提供了非常有前景的系统,这一点通过在参考文献[70]中回顾的最近在药物输送方面的成就得到了证实。

致 谢

本章是作为"纳米结构软物质：从基础研究到新应用"（PRIN 2010—2011，项目编号 2010BJ23MN）项目活动的一部分而撰写的。

献给已故的 Gianfranco Giorgio（1987—2014）。

参 考 文 献

[1] J.-F. Berret, in *Molecular Gels. Materials with Self-Assembled Fibrillar Networks*, ed. R. G. Weiss and P. Terech, Springer, Netherlands, 2006, pp. 667-720.
[2] N. Dan and S. A. Safran, *Adv. Colloid Interface Sci.*, 2006, 123-126, 323.
[3] C. A. Dreiss, *Soft Matter*, 2007, 3, 956.
[4] P. Guilbaud and T. Zemb, *Curr Opin. Colloid Interface Sci.*, 2015, 20, 71.
[5] G. Palazzo, *Soft Matter*, 2013, 9, 10668.
[6] J. N. Israelachvili, *Intermolecular and Surface Forces*, Elsevier, Netherland, third edn, 2011, ch. 19, pp. 503-534.
[7] R. Nagarajan, *Langmuir*, 2002, 18, 31.
[8] S. A. Safran, *Statistical Thermodynamics of Surfaces, Interfaces and Membrane*, Addison-Wesley Publishing Company, New York, 1994, pp. 237-263.
[9] U. Olsson and H. Wennerstöm, *Adv. Colloid Interface Sci.*, 1994, 49, 113.
[10] U. Olsson, in *Colloidal Fundations of Nanoscience*, ed. D. Berti and G. Palazzo, Elsevier, Amsterdam, 2014, ch. 7, pp. 159-176 and references therein.
[11] P. Walde, A. M. Giuliani, C. A. Boicelli and P. L. Luisi, *Chem. Phys. Lipids*, 1990, 53, 265.
[12] P. L. Luisi, R. Scartazzini, G. Haering and P. Schurtenberger, *Colloid Polym. Sci.*, 1990, 268, 356.
[13] M. Cates and S. Fielding in *Giant Micelles*, ed. R. Zana and E. W. Kaler, CRC Press, Boca Raton, 2007, ch. 4, pp. 109-161.
[14] M. E. Cates, *Macromolecules*, 1987, 20, 2289.
[15] T. J. Drye and M. E. Cates, *J. Chem. Phys.*, 1992, 96, 1367.
[16] F. Lequeux, *Europhys. Lett.*, 1992, 19, 675.
[17] A. G. Zilman and S. A. Safran, *Phys. Rev. E: Stat., Nonlinear, Sofy Matter Phys.*, 2002, 66, 051107.
[18] W. Helfrich, *Z. Naturforsch.*, 1973, 28c, 693.
[19] S. May, Y. Bohbot and A. Ben-shaul, *J. Phys. Chem. B*, 1997, 101, 8648.
[20] G. Palazzo and D. Berti, in *Colloidal Fundations of Nanoscience*, ed. D. Berti and G. Palazzo, Elsevier, Amsterdam, 2014, ch. 9, pp. 199-231 and references therein.
[21] P. Lo Nostro, S. Murgia, M. Lagi, E. Fratini, G. Karlsson, M. Almgren, M. Monduzzi, B. W. Ninham and P. Baglioni, *J. Phys. Chem. B*, 2008, 112, 12625.
[22] S. Murgia, G. Palazzo, M. Mamusa, S. Lampis and M. Monduzzi, *Phys. Chem. Chem. Phys.*, 2011, 13, 9238.
[23] M. Mosca, S. Murgia, L. Ambrosone, A. Ceglie and M. Monduzzi, *J. Phys. Chem. B*, 2006, 110, 25994.
[24] S. Murgia, S. Lampis, R. Angius, D. Berti and M. Monduzzi, *J. Phys. Chem. B*, 2009, 113, 9205.
[25] S. Murgia, S. Lampis, P. Zucca, E. Sanjust and M. Monduzzi, *J. Am. Chem. Soc.*, 2010, 132, 16176.
[26] P. T. Callaghan, A. Coy, T. P. J. Halpin, D. MacGowan, K. J. Packer and F. O. Zelaya, *J. Chem. Phys.*, 1992, 97, 651.
[27] B. Håkansson, R. Pons and O. Söderman, *Langmuir*, 1999, 15, 988.

[28] C. S. Johnson Jr. ,*Prog. Nucl. Magn. Reson. Spectrosc.* ,1999,34,203.

[29] P. T. Callaghan,*Principles of Nuclear Magnetic Resonance Microscopy*,Oxford University Press,Oxford,1991.

[30] W. S. Price,*Annu. Rep. Prog. Chem.* ,Sect. C: *Phys. Chem.* ,2000,96,3.

[31] W. Price,*Concepts Magn. Reson.* ,1997,9,299.

[32] O. Söderman and U. Olsson,*Curr. Opin. Colloid Interface Sci.* ,1997,2,131.

[33] R. Angelico,U. Olsson,G. Palazzo and A. Ceglie,*Phys. Rev. Lett.* ,1998,81,2823.

[34] L. Ambrosone,R. Angelico,A. Ceglie,U. Olsson and G. Palazzo,*Lang-muir*,2001,17,6822.

[35] P. T. Callaghan,*Rep. Prog. Phys.* ,1999,62,599.

[36] P. T. Callaghan,in *Encyclopedia of Nuclear Magnetic Resonance*,ed. D. M. Grant and R. K. Harris,John Wiley & Sons,Chichester,2002,vol. 9,pp. 737 – 750.

[37] P. T. Callaghan,*Curr. Opin. Colloid Interface Sci.* ,2006,11,13.

[38] A. Abragam,*The Principles of Nuclear Magnetism*,Oxford University Press,Oxford,1961.

[39] E. Fischer and P. T. Callaghan,*Phys. Rev. E*: Stat. ,Nonlinear,Sofy Matter Phys. ,2001,64,011501.

[40] P. T. Callaghan,*Rheol. Acta*,2008,47,243.

[41] P. Galvosas and P. T. Callaghan,*J. Magn. Reson.* ,2006,181,119.

[42] J. R. Brown and P. T. Callaghan,*Soft Matter*,2011,7,10472.

[43] R. Angelico,L. Gentile,G. A. Ranieri and C. Oliviero Rossi,*RSC Adv.* ,2016,6,33339.

[44] P. Schurtenberger,L. J. Magid,P. Lindner and P. L. Luisi,*Prog. Colloid Polym. Sci.* ,1992,89,274.

[45] R. Angelico,A. Ceglie,U. Olsson and G. Palazzo,*Langmuir*,2000,16,2124.

[46] P. Schurtenberger,R. Scartazzini and P. L. Luisi,*Rheol. Acta*,1989,28,372.

[47] P. Schurtenberger,R. Scartazzini,L. J. Magid,M. E. Leser and P. L. Luisi,*J. Phys. Chem.* ,1990,94,3695.

[48] R. Angelico,A. Ceglie,G. Colafemmina,F. Delfine,U. Olsson and G. Palazzo,*Langmuir*,2004,20,619.

[49] P. Schurtenberger,L. J. Magid,S. M. King and P. Lindner,*J. Phys. Chem.* ,1991,95,4173.

[50] P. Schurtenberger and C. Cavaco,*Langmuir*,1994,10,100.

[51] P. Schurtenberger,G. Jerke and C. Cavaco,*Langmuir*,1996,12,2433.

[52] R. Angelico,A. Ceglie,P. A. Cirkel,G. Colafemmina,M. Giustini and G. Palazzo,*J. Phys. Chem. B*,1998,102,2883.

[53] R. Angelico,B. Balinov,A. Ceglie,U. Olsson,G. Palazzo and O. Soderman,*Langmuir*,1999,15,1679.

[54] J. Eastoe,K. J. Hetherington,D. Sharp,D. C. Steyler,S. Egelhaalf and R. K. Heenan,*Langmuir*,1997,13,2490.

[55] I. Martiel,L. Sagalowicz and R. Mezzenga,*Langmuir*,2014,30,10751 – 10759.

[56] F. Scheffold and P. Schurtenberger,*Soft Matter*,2003,1,37.

[57] F. Gittes and F. C. MacKintosh,*Phys. Rev. E*: Stat. Phys. ,Plasmas,Fluids,Relat. Interdiscip. Top. ,1998,58,R1241.

[58] R. Angelico,U. Olsson,K. Mortensen,L. Ambrosone,G. Palazzo and A. Ceglie,*J. Phys. Chem. B*,2002,106,2426.

[59] R. Angelico,C. O. Rossi,L. Ambrosone,G. Palazzo,K. Mortensen and U. Olsson,*Phys. Chem. Chem. Phys.* ,2010,12,8856.

[60] R. Angelico,D. Burgemeister,A. Ceglie,U. Olsson,G. Palazzo and C. Schmidt,*J. Phys. Chem. B*,2003,107,10325.

[61] P. – A. Cirkel,J. P. M. van der Ploeg and G. J. M. Koper,*Phys. Rev. E*: Stat. Phys. ,Plasmas,Fluids,Relat. Interdiscip. Top. ,1998,57,6875.

[62] R. Angelico,S. Amin,M. Monduzzi,S. Murgia,U. Olsson and G. Palazzo,*Soft Matter*,2012,8,10941.

[63] Yu. A. Shchipunov, *Colloids Surf. ,A* ,2001,183 – 185,541.
[64] Yu. A. Shchipunov and H. Hofmann, *Langmuir*, 1998,14,6350.
[65] Yu. A. Shchipunov, S. A. Mezzasalma, G. J. M. Koper and H. Hofmann, *J. Phys. Chem. B*, 2001,105,10484.
[66] Yu. A. Shchipunov and H. Hofmann, *Rheol. Acta*, 2000,39,542.
[67] U. Olsson, J. Börjesson, R. Angelico, A. Ceglie and G. Palazzo, *Soft Matter*, 2010,6,1769.
[68] N. Koifman, M. Schnabel – Lubovsky and Y. Talmon, *J. Phys. Chem. B*, 2013,117,9558.
[69] S. Vierros and M. Sammalkorpi, *J. Chem. Phys.* ,2015,142,094902.
[70] I. Martiel, L. Sagalowicz and R. Mezzenga, *Adv. Colloid Interface Sci.* ,2014,2009,127.
[71] C. Lepper, P. J. B. Edwards, E. Schuster, J. R. Brown, R. Dykstra, P. T. Callaghan and M. A. K. Williams, *Phys. Rev. E：Stat. ,Nonlinear ,Sofy Matter Phys.* ,2010,82,041712.

第4章 特种表面活性剂

Marcelo A. DA Silva, Cécile A. Dreiss

4.1 简介

蠕虫状胶束(WLMs)通常存在于阳离子表面活性剂与电解质的混合物中(参见第11章)。电解质会屏蔽头基之间的静电排斥力,导致堆积参数和聚集体曲率的变化。自从我们在2007年发布分类以来[1],可用于构建 WLMs 的表面活性剂已被进一步拓展,特别是受生物学启发的两亲分子。其中一些新出现的表面活性剂 WLMs 甚至脱离了传统蠕虫状胶束领域,事实上也没有被称为 WLMs(特别是在基于肽的表面活性剂领域中,更多的被称为"纤维",并且可能确实指其他类型的结构)。此外,基于两性表面活性剂的 WLMs 在10年前还不是很常见,但现在越来越受到关注,部分原因是它们能够承受更高的温度和盐度,这对于油田应用是有意义的(参见第12章)。虽然没有单独设置一节进行讨论,但在本章(例如在"超长链表面活性剂"部分)和第6章("响应性"WLMs),我们讨论了许多两性表面活性剂的例子。过去几十年,为了更好地探究模仿自然界中发现的自组装层次结构,包含生物结构的两亲分子领域蓬勃发展(参见4.2节)。在这个领域中,最大的竞争者是两亲性肽类(通常是由一个全氨基酸头基和一个烷基链组成)。然而,含有核酸碱基的两亲分子(称为脂核酸,nucleolipids)也有聚集形成蠕虫状胶束的倾向,但迄今为止研究较少。正如本章所讨论的,除了它们的医用前景外,由于它们能够形成有序的二级结构,这些定制的两亲分子通常能够有超出传统表面活性剂的额外组装途径。

4.2.1 小节研究了"受生物启发的"表面活性剂,以很少量完全由天然两亲分子构筑的蠕虫状胶束的报道结尾,这些天然两亲分子要么来自细菌(脂多糖,存在于革兰氏阴性细菌的外膜中,4.2.3 小节),要么来自植物(皂苷,4.2.4 小节)。4.3 节回顾了一类由于其结构而非化学或起源而不同寻常的表面活性剂:二聚表面活性剂或双子表面活性剂,它们为人们所知已经有一段时间了。头基要么通过化学键连接(更传统的选择),要么通过自组装形成("拟双子"),从而赋予组装体响应性(其中一些在第6章中讨论)。这一部分还涵盖了其他不常见的低聚表面活性剂,如三聚表面活性剂。由离子液体(熔点低于100℃的有机盐)制成的蠕虫状胶束在过去几年中广泛报道;有趣的是,离子液体也可以用作溶剂,而不是构筑单元,进而诱导形成一些棒状聚集体(4.4节)。4.5 节简要回顾了含氟表面活性剂构筑蠕虫状胶束的能力:与传统的碳氢化合物相比,含氟表面活性剂更容易组装成细长的聚集体,这是由于它们较大的疏水链体积更有利于形成曲率较低的聚集体。本章最后一节(4.6节)专门介绍了超长链表面活性剂(C_{22}),它们可诱导形成具有显著类固体性质的蠕虫状胶束(参见第2章)。

4.2 生物基构建模块

4.2.1 两亲性肽

本章介绍的第一个非传统的用于构建蠕虫状胶束的表面活性剂类别是基于氨基酸构建模块的表面活性剂家族。[4-8]此类别又可以分为以下三类:(1)真正的两亲性肽,由天然氨基酸组成;(2)疏水部分不是由氨基酸而是由长烷基链或磷脂构成,与肽头基相连的肽类,这类物质通常称为肽两亲分子或 PAs;(3)肽基嵌段共聚物。[4]鉴于本书专注于两亲小分子自组装构建 WLMs,而不是基于聚合物的蠕虫状胶束,因此本章集中讨论前两类肽分子。在这些类别中,研究者们关注 PAs 最多,PAs 由 Fields 等[9-10]、Tirrell[9]和 Stupp 等[11-12]研究小组首次提出。PAs 通常由亲水肽类头基与合成或天然脂质或烷基链、脂肪酸或疏水烷基尾链连接组成。[5,9-10,13-14]

研究两亲性肽有以下几个动机:首先,根本的动机是为了了解天然脂肽及其结构与活性的关系,因为其活性可能来源于特定的自组装结构。一个典型的天然脂肽例子是表面活性素,它是一种由革兰氏阳性细菌枯草芽孢杆菌产生的环状脂肽,具有抗菌、抗病毒、抗肿瘤和降胆固醇的特性。[4]"脂肽",如 Src(酪氨酸激酶)和 Ras(鸟嘌呤核苷酸构建蛋白)系列在控制生物信号转导通路中起重要作用。[4]阐明这些化合物及其合成衍生物是如何组装的,可能会引发对生物分子组装和生物活性的新见解。此外,一些 PAs 可用于治疗目的,例如用在护肤产品中[7];Matrixyl 是一种源自Ⅰ型胶原蛋白的 C16 - KTTKS 脂肽,可用于抗皱纹面霜中[15]。研究 PAs 的另一个动机是它们提供了不同于传统表面活性剂的其他组装途径,这是由于它们能够形成有序的二级结构(如 α - 螺旋或 β - 片层)。这些结构的组装可以通过触发(例如通过温度)而启动,从而引起组装体几何形状的变化,使其由球形转变为棒状。肽头基在例如细胞信号转导、细胞在细胞外基质(ECM)中的黏附、细胞生长和细胞迁移等生物过程中发挥了重要作用。因此,受到生命系统中复杂层次结构的启发以及肽合成进展的推动,[8]PAs 可用于以自下而上的方式构建各种功能材料。[5,11,16]在这种背景下,WLMs 被认为是构建功能性人工 ECM 的特别有用的聚集形态,其横截面在纳米尺寸范围内,适合与生物界面相互作用,而通过适当的活性肽可以赋予其胶束表面生物活性。[11,16-17]例如,含有异亮氨酸—赖氨酸—缬氨酸—丙氨酸—缬氨酸(IKVAV)的 PAs WLMs 已被证明可以指导神经细胞的分化。[17]

两亲性肽可以形成自组装丰富的聚集体结构,除了 WLMs 之外,还可组装形成球形胶束、囊泡、双层、纳米纤维、纳米管和带状结构等。除了传统的疏水作用驱动之外,分子间的氢键作用,特别是导致 β - 片层形成的作用,可以进一步诱导其形成肽双层、纳米带或扩展的纤维状网络。WLMs 只是这些化合物可以形成的纳米结构类型之一。尽管具有相同的疏水核/亲水壳和圆柱形胶束结构,文献中常用"纳米纤维"这一术语而不是"WLMs"来描述由两亲性肽形成的细长结构。然而,"纳米纤维"这一术语也可能指更高阶的结构,例如纤维平行组装;此外,这些细长的胶束的横截面可能不是核壳层而是双层结构。[18]一般来说,除了少数例外,由 PAs 自组装形成的结构更加刚性,但是其溶液的流变学数据非常少,这导致很难将其与传统表面活性剂进行严格比较。[16,19]尽管 PAs 中的二级结构(如 β - 片层)在驱动 WLMs 形成方面(除了传统的疏水相互作用)起着关键作用,但很少有研究确切描述最终组装体的结构[18]或跟踪其自组装过程和路径,[20]因此,虽然诸如粗粒化分子模拟等技术的出现为其研究提供了新的方法,但形成机制尚未完全清晰。[21-24]下面将重点关注几个明确提到 WLMs 或具有明显核壳排列的"圆柱形"结构的示例。有兴趣的读者可以查阅关于 PAs 自组装(特别是自下而上的组装和在生物技术和生物医学中的应用)的综述。[4,6-8,25-27]

Hartgerink 等[28]和 Stupp 等[11,26]报道了生物分子工程方法的典型案例。在参考文献[11]中,他们利用单链 PAs 的自组装构建了用于生物矿化的定制圆柱形胶束,并精心选择了构建模块:烷基链赋予分子疏水性,从而聚集成圆柱形形态;半胱氨酸稳定了聚集体;甘氨酸赋予了柔性;磷酸化的丝氨酸与钙离子强烈相互作用以指导矿化,最后,连接一个 RGD 序列以促进细胞黏附。

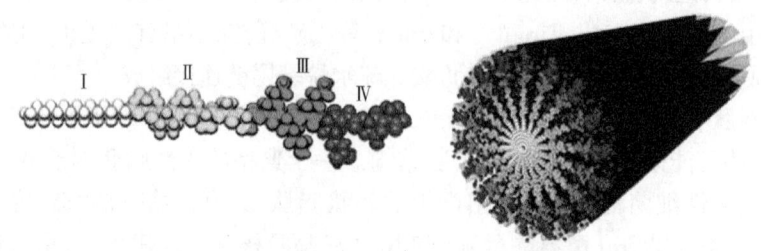

图 4.1 典型两亲性肽分子(PA)的结构示意图[30]
包含 4 个典型结构片段:Ⅰ—疏水尾,例如烷基;Ⅱ—形成 β-折叠的肽序列;Ⅲ—促进溶解的带电肽序列;
Ⅳ——种(可选的)生物活性肽序列

一般来说,两亲性 PAs 分子包含 4 个结构片段:(1)疏水尾,例如烷基;(2)形成 β-折叠的肽序列;(3)促进溶解的带电肽序列;(4)一种(可选的)生物活性肽序列(图 4.1)。许多研究遵循了这一原始工作,旨在通过调控系统变化的分子参数(例如研究烷基链长度、pH 值、二硫键的存在、氢键的作用或静电相互作用的影响),诱导 PAs 组装成特定的纳米结构,从而建立构效关系。[19,21,29]显然,肽中的二级 β-片层结构在诱导组装成纤维状结构方面起着至关重要的作用,这超出了简单的使疏水尾部与水隔离的驱动力。[12,19]例如,Hartgerink 等[28]通过对一系列 26 种具有不同分子参数的 PAs 的研究发现,最靠近纳米纤维核心的 4 个氨基酸沿 z 轴定向地形成 β-片层氢键,这对于形成细长的圆柱形结构是必需的,缺失则只形成球形结构,因而可用来调节纳米结构。

基于十六烷基尾链和肽 $WA_4KA_4KA_4KA$ 连接组成的 PAs,可组装形成 WLMs,这种结构具有形成 α-螺旋的倾向[图 4.2(a)]。研究发现这种构造的自组装过程较慢。这些分子最初溶解形成直径约为 10nm 的球形胶束,其二级结构由 α-螺旋和随机卷曲结构混合组成。然后,这些结构转变为 WLMs,同时头部肽的二级结构转变为 β-折叠结构[图 4.2(b)],13 天后形成了长纳米纤维[图 4.2(c)]。这项工作进一步证明了传统表面活性剂中不存在的相互作用,而肽类头基之间的相互作用可以触发和驱动从球形胶束到 WLMs 的组装过程。该过程的速率可以通过温度进行调节,例如在 50℃下可以将转换过程从 13 天(25℃)缩短到 100min。

Tirrell 的团队利用小角中子散射(SANS)技术进一步研究了同一 PAs(C16-W3K)形成 WLMs 的组装过程动力学机理,这是一个罕见的试图阐明形成途径的例子,对这类材料的应用和加工性能(如可注射性和凝胶化)非常有用[图 4.2(d)]。[20]利用 SANS 和原子力显微镜(AFM)的研究结果表明,早期阶段球形胶束短暂存在,随后通过将球形胶束连接到生长的圆柱形胶束的末端而延长[图 4.2(e)],这与最近 Pedersen 在十二烷基硫酸钠(SDS)胶束上通过使用小角 X 射线散射(SAXS)测试发现的动力学途径相似(参见第 11 章 11.4 节和参考文献[31])。

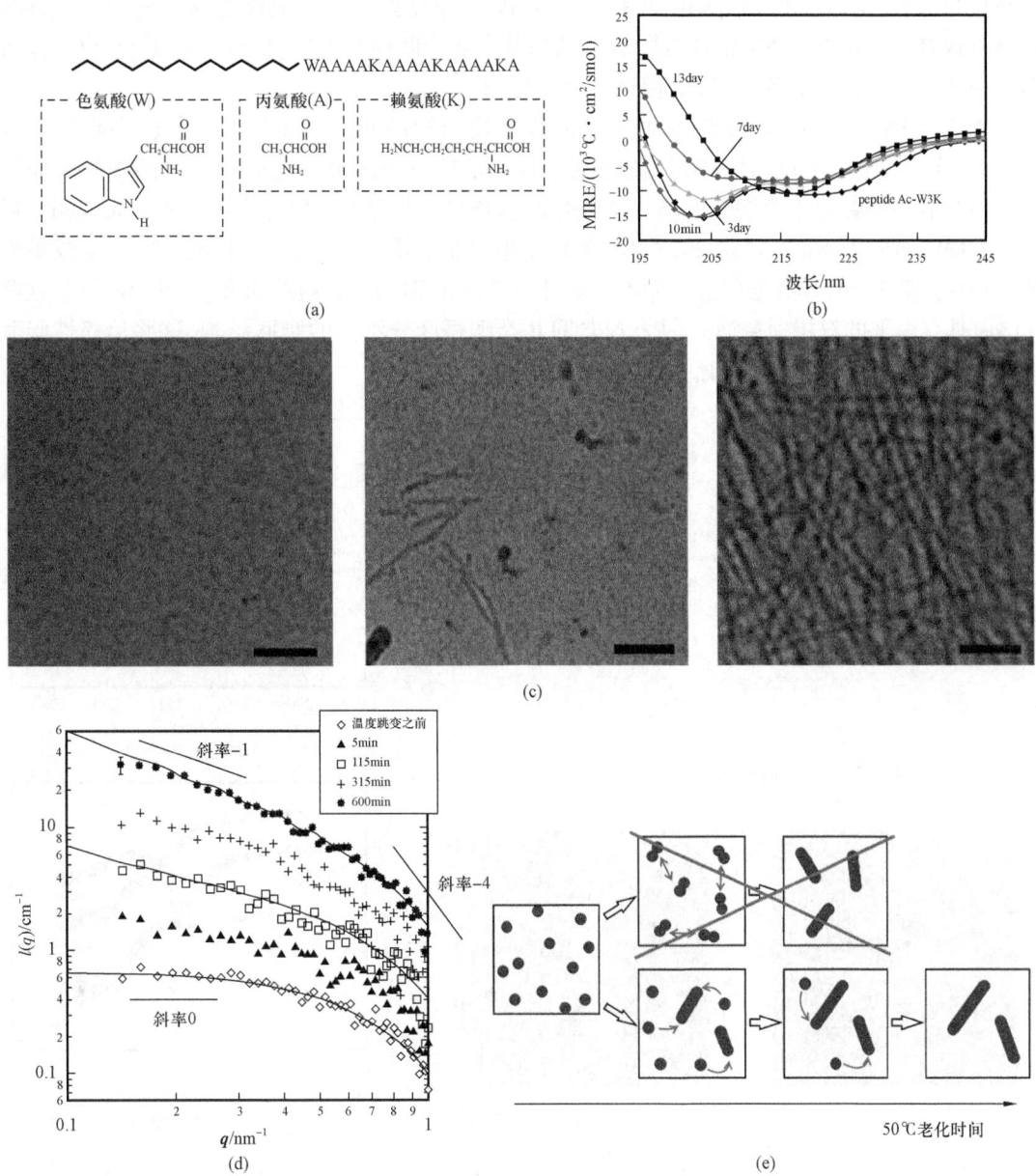

图 4.2 (a)两亲性肽分子 C16-W3K 的化学结构。(b)在 25℃制备后不同时间点的 C16-W3K 的圆二色(CD)光谱(平均积分残基椭圆度,MIRE)。随着时间的推移,CD 光谱从约 202nm(α-螺旋)和约 222nm(随机卷曲)的最小值演化到约 218nm(β-折叠)的单一最小值。(c)C16-W3K 溶液的冷冻透射电子显微镜图像(从左到右):制备后,3 天后和 13 天后,显示了从球形胶束到长纳米纤维的演变。(d)在温度由室温跳变至 44.8℃之前和之后的时间分辨小角中子散射(将曲线向上移动了 2 倍)。(e)C16-W3K 蠕虫状胶束的自组装过程。(a)(d)和(e)摘自参考文献[20];(b)和(c)摘自参考文献[32]

总的来说,似乎许多两亲性肽都有组装成细长结构的倾向,[25,29]尤其是具有β-折叠形成倾向的肽头基更倾向于驱动形成细长胶束,根据Israelachvili组装理论[33],这归因于氢键将肽头基拉得更近,从而降低了胶束的曲率[25]。然而,并不是所有可形成圆柱形结构的PAs都拥有可形成β-折叠的头部基团;因此,有人认为其他肽—肽相互作用,如两亲性螺旋,也可能有助于使头部基团接触更紧密,从而促进胶束的生长。[25]

最近,SAXS已被广泛用于系列合成脂肽组装结构的研究(图4.3)。[18]这些脂肽含有CSK4肽序列,是类Toll受体(TLR)激动剂。TLR是参与先天免疫反应第一线的细胞表面受体。由含有不同数量十六烷链的N-乙酰化脂肽连接到连接肽CSKKK的甘油单元得到。通过对PAMCSK4、PAM2CSK4和PAM3CSK4的溶液自组装研究,发现三脂链混合物可形成柔性的WLMs。基于SAXS数据(显示双层结构)和圆二色(CD)光谱证据(显示β-折叠结构,这些WLMs具有扁平的双层横截面。因为人类TLR类型可区分不同的脂肽结构,这些治疗性脂肽的独特组装模式可能对其生物活性产生重要影响。

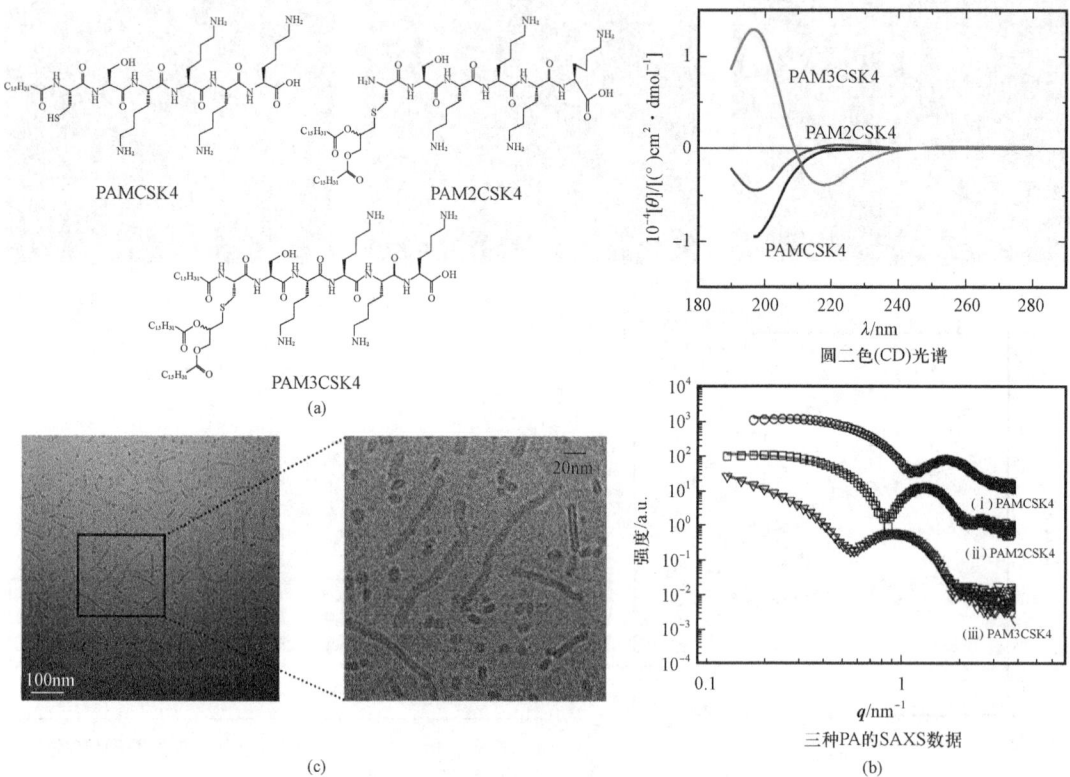

图4.3 (a)PAMCSK4、PAM2CSK4和PAM3CSK4的分子结构。(b)圆二色(CD)光谱。PAMCSK4和PAM2CSK4在200nm以下存在最小值,表明为无序构象;而PAM3CSK4显示出与β-折叠结构相关的特征(正极大值约200nm,负极小值在217nm)。三种PA的SAXS数据,PAMCSK4和PAM2CSK4主要为球形胶束较为吻合,PAM3CSK4为双层结构。(c)PAM3CSK4的冷冻透射电子显微镜图像,显示球形胶束与蠕虫状胶束共存。与其他脂肽观察到的纳米带和纳米带状物相比,蠕虫状胶束更柔软。部分内容摘自参考文献[18]

通过对 PA 结构体 C16-KTTKS 与 Pluronic 共聚物 P123 在溶液中的共组装行为研究,[34] 发现非离子嵌段共聚物会破坏 C16-KTTKS 纳米带的形成,诱导形成纳米纤维,类似于 WLMs。[34] 其中,KTTKS 序列来自 I 型胶原蛋白,这种脂肽已被纳入一系列商业护肤产品中,商品名为 Matrixyl。

日本的一些研究团队[35-42]最近使用氨基酸基表面活性剂与传统表面活性剂的复合物来驱动自组装形成 WLMs,虽然与上述分子稍有不同,但同样采用了协同策略。他们的主要动机是比使用传统表面活性剂更环保、可生物降解、毒性更低,并且在诱导 WLMs 的形成时无须添加盐。主要研究的表面活性剂是十二烷基谷氨酸[C_{12}Glu,图 4.4(a)],其头基仅由一个氨基酸组成。C_{12}Glu 具有较高的克拉夫特温度(约 58℃[42]),单独使用时在室温下不会自组装;然而,当其羧基被乙醇胺中和后,克拉夫特温度降低至室温以下。Aramaki 等[37]使用一系列阳离子表面活性剂驱动 WLMs 的形成,如十六烷基三甲基溴化铵(CTAB)或十四烷基三甲基溴化铵。Abe 等[43]使用相同的表面活性剂与烷基叔胺[十二烷基二甲基胺,C_{12}DMA,图 4.4(a)]或烷基仲胺[十二烷基甲基胺,C_{12}MA,图 4.4(a)]结合使用。烷基胺在中和 C_{12}Glu 的羧酸头基方面发挥有机反离子的作用(就像 Aramaki 工作中使用的乙醇胺一样),同时调控堆积参数以诱导 WLM 的形成[图 4.4(b)]。该策略基于 C_{12}Glu 与 C_{12}DMA 或 C_{12}MA 可 1:1 化学计量形成的类似双子型两亲分子的复合物(这一策略也应用于更传统的表面活性剂,详见 4.3.2 小节)。由于存在羧酸基团,这些体系呈 pH 值依赖性,因此仅在狭窄的 pH 值范围(5.5~6.2,与 C_{12}DMA)内形成 WLMs。

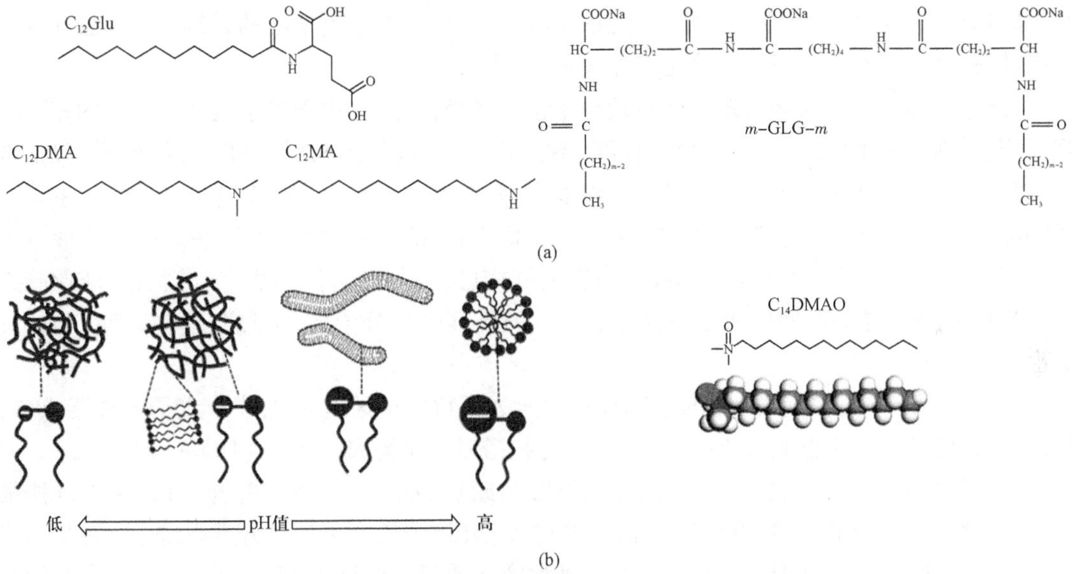

图 4.4 (a)十二烷基谷氨酸(C_{12}Glu)、十二烷基二甲基胺(C_{12}DMA)、十二烷基甲基胺(C_{12}MA)、以谷氨酸和赖氨酸为间隔基的肽基双子型两亲分子(酰基谷氨酰赖氨酰基谷氨酸,m-GLG-m)和十四烷基二甲基氨基氧化物(C_{14}DMAO)的分子结构。(b)氨基酸基表面活性剂(十二烷基谷氨酸,C_{12}Glu)与烷基叔胺(C_{12}DMA)或烷基仲胺(C_{12}MA)按照 1:1 的化学计量比混合,诱导形成的蠕虫状胶束。由于羧酸头基周围的酸度变化,其流变行为强烈依赖于 pH 值。因此,在狭窄的 pH 值范围内(C_{12}Glu—C_{12}DMA 为 5.5~6.2)形成蠕虫状胶束,而在较高的 pH 值下形成球形胶束。(a)和(b)摘自参考文献[43],(c)摘自参考文献[36]

Abe 等还报道了由原始的肽基双子型表面活性剂酰基谷氨酰赖氨酰基谷氨酸[m - GLG - m,其中 m = 12、14 和 16,如图 4.4(a)所示]与烷基三甲基溴化铵(C_nTAB)共组装形成的 WLMs。[36] 这种由相反电荷的表面活性剂组成的混合物表现出强协同作用,有利于诱导聚集体从球形到棒状到蠕虫状胶束的转变,其中 16 - GLG - 16 可在相对较低的浓度下形成 WLMs。该 WLMs 的流变学性质依赖于温度、两亲分子和 C_nTAB 的烷基链长度。这种 m - GLG - m 有助于保持头发和皮肤的光滑滋润。[36]

Hao 等[45]也报道了一系列具有不同几何形状的两亲性短肽与阳离子表面活性剂 C14DMAO[十四烷基二甲基氨基氧化物,如图 4.4(a)所示]结合诱导形成的 WLMs,这些 WLMs 均具有 pH 值响应性。

4.2.2 脂核酸

为了寻找生物仿生构建模块,科学家们开始利用另一类表面活性分子:脂核酸来构建多功能系统。脂核酸是一种混合分子,由核酸碱基、核苷、核苷酸或寡核苷酸与脂质共价连接组成。[46]与含有 20 种可能构建模块的两亲性肽相比,脂核酸的工具箱较小,只有 4 种碱基:A(RNA 中的 U)、T、G 和 C。然而,碱基互补性(氢键配对)为分子识别提供了额外的组装手段。天然脂核酸存在于真核细胞和原核细胞中,最常见的胞苷二磷酸二酰基甘油是糖脂和脂蛋白生物合成中的关键中间体;许多脂核酸具有抗菌、抗真菌、抗病毒或抗肿瘤活性,这些已有相关综述。[46]核苷类似物目前用作抗癌和抗病毒药物,其作用是抑制 DNA 或 RNA 的合成。然而,对于它们自组装特性所带来的功能性、层次结构,人们也表现出更根本的兴趣。核苷酸及其自组装性质、合成和作为前药的用途也有相关综述。[46-51]

与经典两亲性分子类似,核苷酸表现出丰富的多样性,这取决于疏水区和亲水区的相对横截面积,[33]脂质链的几何参数(数量、长度、不饱和度、与碱基的相对位置)以及头基(包括电荷的存在)。与 4.2.1 小节中描述的两亲性肽类似,头基之间的碱基—碱基相互作用(主要是氢键配对)为调节分子组装提供了额外的手段,此外还具有固有的治疗特性。由脂核酸自组装得到的与传统表面活性剂相同的经典自组装结构已得到鉴定,例如囊泡、层状相、球形胶束和 WLMs,以及有序的六面体或立方体相,[52-56]另外其生物分子的典型组装体如带状和螺旋链也有所发现。

Baglioni 等[57]通过将卵磷脂的胆碱头基替换为带负电的尿苷或腺苷合成了两种脂核酸:1,2 - 二月桂酰基—磷脂酰尿苷(DLPU)和二月桂酰基—磷酸基—腺苷(DLPA)(图 4.5)。根据烷基链的长度,二者均可形成球形、圆柱形胶束或双层膜。值得注意的是,1,2 - 二月桂酰基—磷脂酰尿苷(DLPU),随着浓度和盐度的增加,组装成长而灵活的蠕虫状结构,横截面半径约为 20Å,持久长度为 230Å,小角中子散射和冷冻透射电镜研究(图 4.5)显示它们会相互纠缠形成瞬态网络。[57]为了突出头基的生物性质产生的特定相互作用——超越传统的静电和排除体积相互作用——构建了类似的月桂酰基—磷酸基—腺苷(DLPA)。[58]这些碱基在 π - 堆积方面存在差异,尿苷是较差的同堆叠剂,而腺苷具有较高的堆积倾向。DLPA 也可形成 WLM,但这些会随着时间的推移转变成巨大螺旋状聚集体和较小的蠕虫。扭曲的超结构由腺苷较高的堆积倾向促成,并依赖于受热情况;这归因于在热刺激下,腺苷头基 syn - anti 构象的重新再分配,由于结构中的分子限制,这些构象被集体冻结。[59]

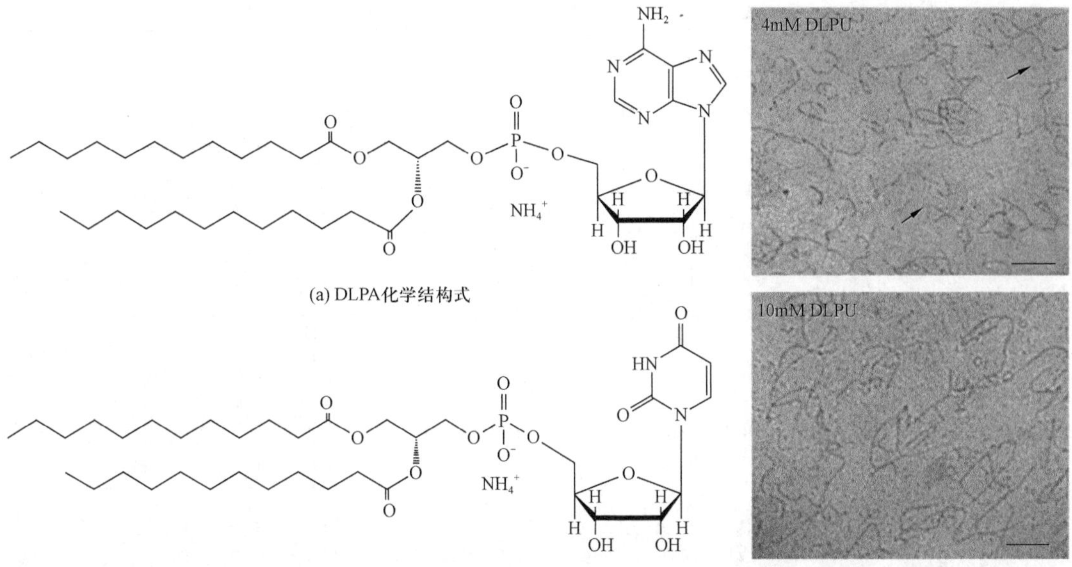

(a) DLPA化学结构式

(b) DLPU化学结构式

(c) cryo-TEM显微照片

图 4.5 二月桂酰基－磷酸基－腺苷（DLPA）和 1,2－二月桂酰基－磷脂酰尿苷（DLPU）的化学结构式及 4mM 和 10mM DLPU 在 0.1mol/L PBS（pH＝7.5）溶液中微观结构的 cryo－TEM 显微照片[58]

其中蠕虫状胶束清晰可见，箭头所指为三重缠绕点。标尺为 100nm

Barthelemy 等[60]使用“双重点击”化学合成了糖基核苷脂类家族。这类两亲性分子可自组装成纤维、囊泡、水凝胶和有机凝胶。有研究还报道了寡核苷酸进入人肝细胞的递送。[61]

总的来说，脂核酸提供了新的生物学组装模块，可用于构建具有生物活性的多层次结构。迄今，关于脂核酸组装形成的 WLMs 依然很少。[57-58]然而，基于脂核酸的 WLMs 凝胶可以提供一种捕获核酸的方便方法，可用于治疗目的。分子设计的多样性和头基间的碱基配对相互作用有利于形成较低曲率的分子，这表明具有形成柔性圆柱形结构倾向的脂核酸还有待发现。

4.2.3 脂多糖

由生物分子形成的 WLM 结构很少见。值得报道的一个有趣的例外是一个长而柔韧的脂多糖（LPS）结构。[62]脂多糖是革兰氏阴性细菌外膜的主要成分，由称为脂质 A（膜锚）的疏水部分和大型亲水多糖组成（图 4.6A）。它是一种强效的人类免疫系统刺激剂，有时会导致不受控制的炎症反应，然后导致严重的感染性休克综合征。调节温度与盐度，脂多糖可表现出丰富的多形性。[63-65]最近，冷冻透射电镜图像揭示了在 1mM $MgCl_2$溶液中平滑型 LPS 中存在细长和支化的胶束结构（图 4.6B）。[62]以前的研究（通过负染色透射电镜）也表明体系中存在长而分支的“细丝”。[66]这些结构不仅从基础角度来看很有趣，在寻找 LPS 分子靶标方面也很有用，因为内毒素与其靶向细胞的相互作用依赖于 LPS 聚集体的形态。[66-67]例如，某些粗糙的 LPS 化学类型形成了片层和胶束网络的混合物，[62]而添加抗内毒素抗菌肽会增加聚集体的正曲率，从而增加胶束网络。

4.2.4 皂苷

据报道，另一种可形成 WLMs 的天然表面活性剂是皂苷（图 4.7）。皂苷是一类典型的两

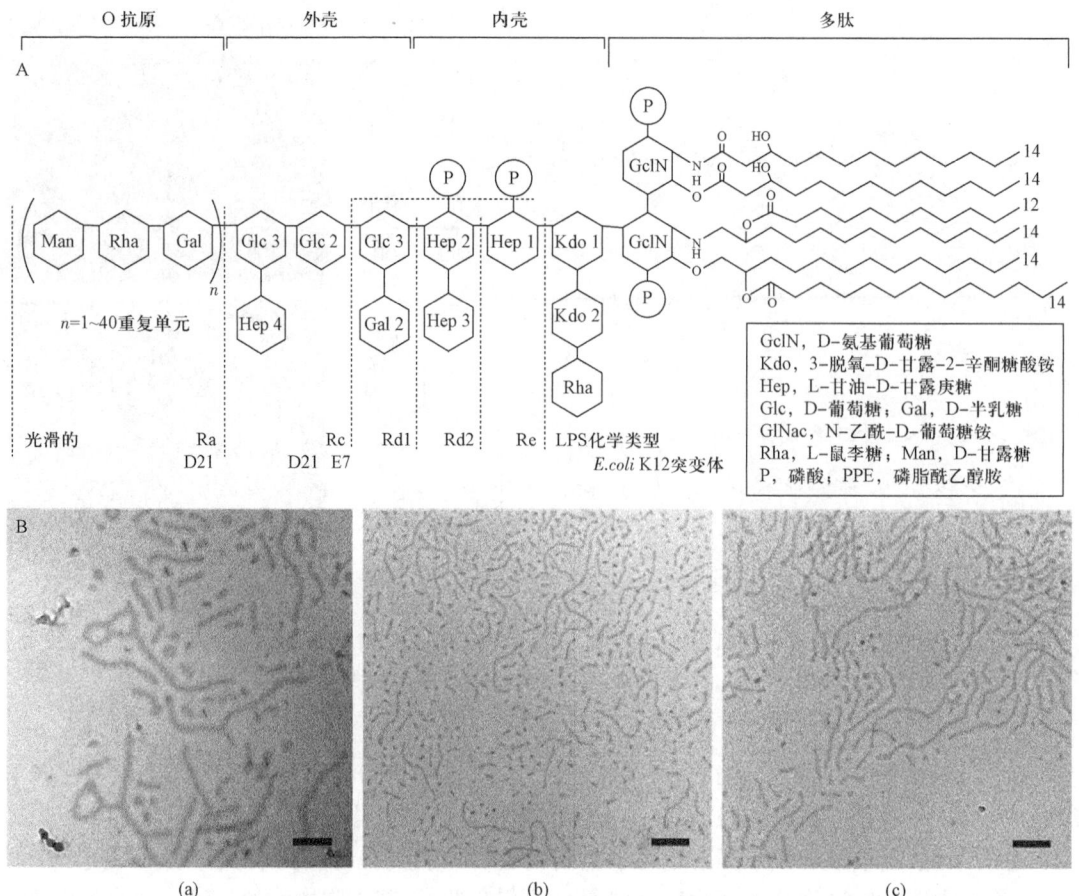

图4.6 A—不同(Ra至Re)LPS化学类型的大肠杆菌菌株表达的结构,显示K12突变体(D21和D21E7)。B—光滑LPS 0111B4(6mg/mL在1mM $MgCl_2$中)形成细长、分支的胶束和一些环状结构(a)。加入LL37(b)和LFb肽(c)在LPS:肽比为10:1时,形成更薄、更短、分支更少的细长结构。比例尺为100nm(据Bello等,2015)

经美国化学学会授权(2015)许可

亲性分子,主要存在于植物中,由一个或多个糖苷链连接疏水性三萜或甾体糖苷配基组成。糖苷配基结构和糖链的数量和性质的变化赋予皂苷广泛的结构多样性和不同的表面性质。[68-69] 皂苷已被证明具有生物活性,包括抗菌、抗真菌和抗病毒性质,[70-72] 并且有研究提出皂苷可作为吸收和溶解增强剂、免疫佐剂和免疫刺激剂。[73-74] Quil A(图4.7)[作为免疫刺激复合物(ISCOM)包括胆固醇、磷脂和抗原,形成开放笼形结构]在脂质疫苗传递系统中受到了特别关注。[75] Quil A作为胶体结构不可分割的一部分,具有强烈的免疫原性。[76] 在探索Quil A、磷脂酰胆碱(PC)和胆固醇(Chol)的相图时,发现Quil A和Chol的二元混合物中存在WLMs。[77] 当Chol:Quil A比率高于1:9时,WLMs与Chol晶体共存,表明Quil A对Chol的溶解不完整。[77] 据报道,从藜麦中提取的皂苷组分也可形成细长结构,且乙醇注射法制备的Quil A、PC和Chol混合物中WLMs和ISCOM矩阵共存。[78-79] 人参皂苷Ro与柴胡皂苷(SSa)的混合物中也观察到了WLM,这一现象也通过模拟仿真实验得到证实。[80]

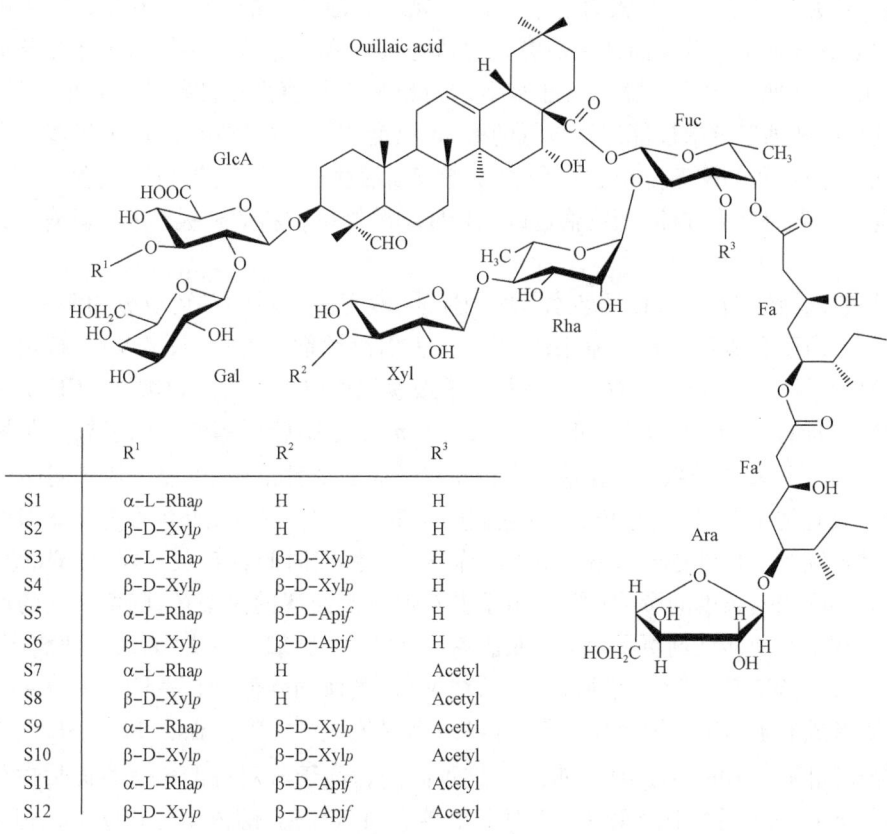

图 4.7 从皂皮树中提取的 Quillaja 皂苷(S1—S12)的常见基本结构[81]

4.3 双子表面活性剂

双子(或二聚/孪生)表面活性剂是一种有趣的"双头"表面活性剂家族,由连接基团连接两个单体分子的亲水头基组成(图4.8),与单链对应物相比,它们更倾向于形成 WLMs。1935 年双子型两亲分子首次出现在的专利文献中[82],并于1971年出现在科学文献中。[83] "双子"是由 Menger 提出的,[84] "一个简单问题的答案……这个问题以前在文献中从未被探讨过:当分子内的两条链通过大间隔基团(如二苯乙烯)隔开而不能并排排列时,双链表面活性剂的行为如何?"

图 4.8 Menger 提出的双子表面活性剂的结构示意图[85]

自那时以来,由于其优于单分子对应物(单链、单亲水基团表面活性剂)的特性[82,87]这些二聚表面活性剂得到了广泛的研究[82,85-89]:它们在溶液中和界面上自组装所需的浓度远低于常规表面活性剂(其 CMC 一般至少比相应的单分子表面活性剂低一个或两个数量级);[85]它们降低表面张力以及油水界面张力的效率是常规表面活性剂的 10~100 倍;[90]在相同浓度下,它们的溶液具有比单链表面活性剂更高的黏度和黏弹性,后者与其更倾向于生长成长形胶束的特性相关,即使在无盐环境下也是如此。[86]此外,双子表面活性剂还具有出色的增溶性、润湿性、发泡性和钙皂分散性能以及较低的 Kraft 温度。[82,91]这些性质均归因于双子表面活性剂形成胶束时头基间的距离分布。[82]因此,双子表面活性剂在个人护理产品、食品、催化剂、石油回收、基因转染的合成载体、药物输送以及合成纳米结构材料的模板等方面具有巨大的应用潜力。[92-99]

与传统表面活性剂一样,根据亲水基团的性质,双子表面活性剂可以分为阴离子、阳离子和非离子型。由于更易合成和提纯,阳离子二聚表面活性剂最常见(图 4.9)。特别是双季铵盐表面活性剂,烷二基 $-\alpha,\omega-$ 双十二烷基二甲铵溴化铵($C_mH_{2m+1}N(CH_3)_2(CH_2)_sN(CH_3)_2C_mH_{2m+1}Br_2$),简称为 $m-s-m$[图 4.9(a)],其中 m 是脂肪族尾部的碳原子数,s 是聚亚甲基间隔$(CH_2)_s$中亚甲基的个数。[86]在这些季铵盐双子表面活性剂中,由短连接基团($s\leqslant 3$)时平均最佳表面最有利于 WLM 的形成,并且它们的溶液在没有任何添加剂的情况下即可表现出非常强的黏弹性。[88]不同的研究小组使用冷冻透射电镜或时间分辨荧光猝灭(TRFQ)等技术系统地研究了间隔基长度的影响。[87,101]由于更易形成低曲率的聚集体,随着浓度的增加具有短间隔基的双子表面活性剂更易形成细长胶束。例如,对于 $12-s-12$ 表面活性剂,[101]当 $s=2$ 或 3 时,可形成 WLMs,随着 s 增加到 10,形成 WLM 的倾向降低,但是对于 $10-s-10$ 表面活性剂,WLM 形成的倾向随 s 增大而降低($s\leqslant 10$)后又增大[102-103]。而在 $12-EO_z-12$ 表面活性剂中,当短间隔 $z=1$ 时,可形成蠕虫。[104]这种倾向远高于其对应的单链表面活性剂。考虑到由 Israelachvili 引入的堆积参数 P:[33]对于单链表面活性剂,链体积与长度的比值 V/l 接近 $0.21nm^2$,[101]因此 P 基本上由头基的表面积 a(由其尺寸、电荷、形状等影响)决定。分子动力学模拟也证实了随着间隔的减小,双子表面活性剂形成 WLMs 的倾向增加[90],并预测了分支的产生,且通过冷冻透射电镜首先在 $12-2-12$ 表面活性剂中检测到。[105]

即使在无盐的情况下,双子表面活性剂在相对较低的浓度时也具有形成 WLMs 的强烈倾向,比其对应的单体要强烈得多,并且可以形成具有高黏弹性的溶液,由于其与含氟表面活性剂相似[107]的巨大端盖能量 E_c,WLMs 有时会产生巨大的剪切增稠效应[106]。

由季铵盐阳离子双子表面活性剂形成的 WLMs 已被广泛研究,[105,108]并进行了综述。[82,87-88]自那时以来,大量研究报道了双子表面活性剂构筑的 WLMs,包括阳离子[100,109-112]、阴离子[113-115]、两性离子[116]带有可裂解的间隔[118-119]的非离子[117]、或含有过渡金属离子的[120]、基于肽的[36]、和基于糖的[121]等。本节只介绍了选定的示例。

4.3.1 动态双子表面活性剂

各种研究已经探索了双子表面活性剂与单链状表面活性剂混合物的协同作用诱导 WLMs 形成:阳离子双子表面活性剂(四亚甲基 $-1,4-$ 双(十六烷基二甲基铵溴化铵)($16-4-16$),六亚甲基 $-1,6-$ 双(十六烷基二甲基铵溴化铵)($16-6-16$)与常规阳离子表面活性剂混合;[122]阳离子双子表面活性剂(2-羟基—丙二基 $-\alpha,\omega-$ 双(二甲基十二烷基铵溴化铵)[简称 $12-3(OH)-12$,图 4.9(b)]与阴离子单链表面活性剂混合;[112,123]阴离子双子表面活性剂(二月桂酰基半胱氨酸钠)与常规阳离子(十二烷基三甲基铵氯化铵)混合;[113]阳离子(2-羟

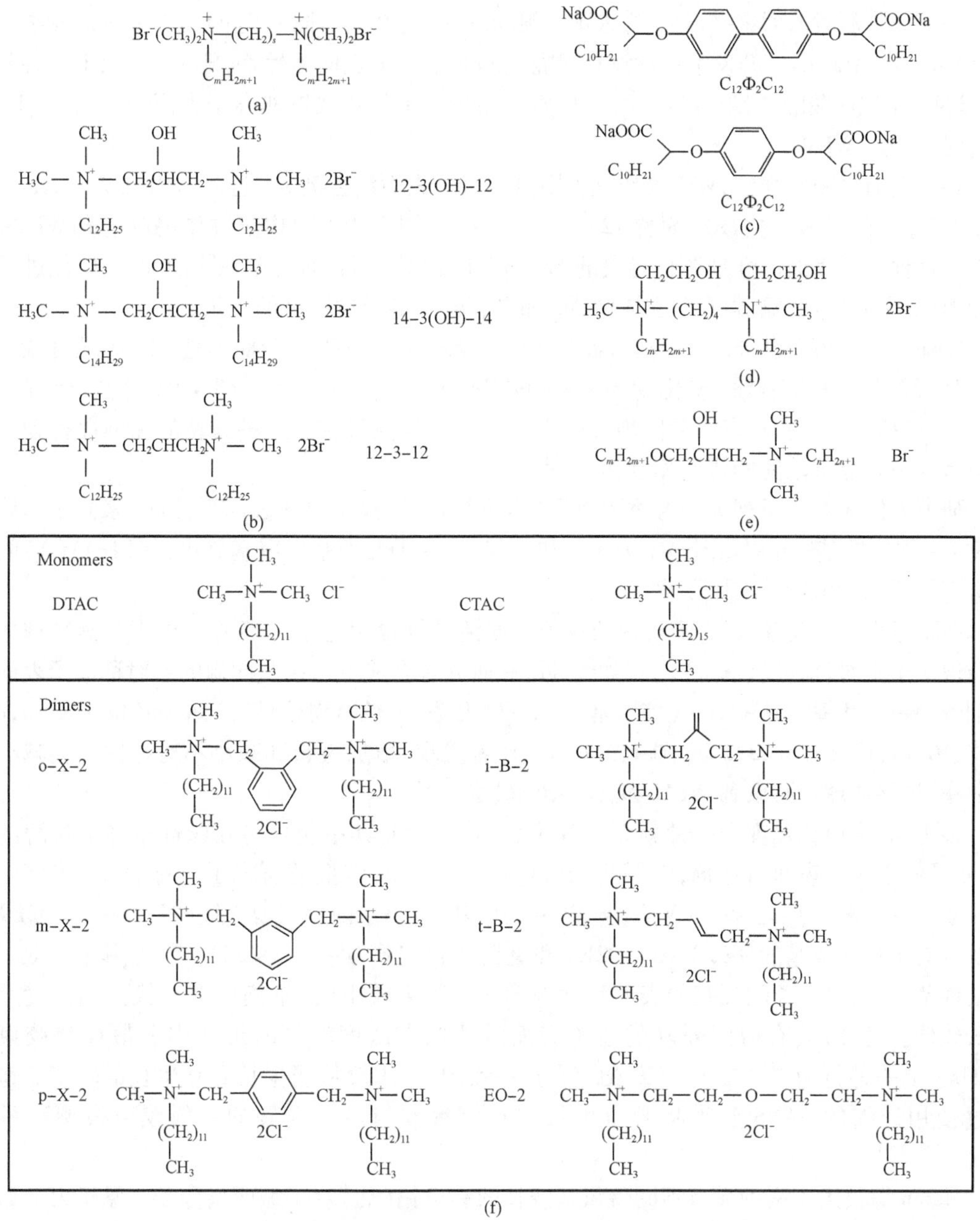

图 4.9 双子型两亲化合物的分子结构示意图[100]

(a)间隔基为烷基的双子型季铵盐表面活性剂($C_mH_{2m11}N(CH_3)_2(CH_2)sN(CH_3)_2C_mH_{2m11}Br_2$);(b)间隔基为 2 - 羟基丙基的双子型季铵盐,12 - 3(OH) - 12;(c)间隔基含苯环的羧酸盐型双子表面活性剂 $C_{12}f_2C_{12}$ 和 $C_{12}fC_{12}$;(d)丁烷 - 1,4 - 双(羟乙基甲烷基铵)溴化物 m - 4 - mMEA(其中 m = 12,14,16);(e)N,N - 二甲基 - N - [3 - (烷基—氧) - 2 - 羟丙基] - 烷基铵溴化物;(f)十二烷基三甲基铵氯化物(DTAC)和十六烷基三甲基铵氯化物(CTAC)Gemini 前体和衍生物

基—丙二基 - α,ω - 双[二甲基十二烷基铵溴化铵)(12 - 3(OH) - 12),图 4.9(b)]和阴离子双子表面活性剂[O,O - 双(2 - 十二烷基羧酸钠) - p - 苯二酚($C_{12}\Phi C_{12}$),图 4.9(c)]混合。

Zhao 等合成了后者的衍生物,具有更大苯二酚间隔的 $C_{12}\Phi_2C_{12}$[图4.9(c)],并通过流变学发现了 WLMs。[124] Aratani 等开发了一种没有间隔基的新型双子表面活性剂,即 2,3 - 双十二烷基 - 1,2,3,4 - 丁烷四羧酸二钠(GS),[125] 该物质仅在与短聚氧乙烯链非离子表面活性剂(C_mEO_n)混合时可形成 WLMs。

在最近的一项研究中,Wei 等研究了阳离子双子表面活性剂 2 - 羟基—丙二基 - α,ω - 双(二甲基十二烷基铵溴化铵)[简称 12 - 3(OH) - 12,图4.9(b)]中氢键作用对生成 WLMs 的影响。这种双子表面活性剂源自经典的 12 - 3 - 12 结构,因具有羟基取代的间隔基,促进了氢键的形成;研究发现,氢键可以促进 WLMs 和具有较高黏弹性网络的生长。[111]

Chen 及其同事们也研究了羟基的影响,但这些羟基位于头基部分而不是间隔基,即丁烷 - 1,4 - 双(羟乙基甲基烷基铵)溴化物 $m - 4 - m$ MEA($m = 12, 14, 16$)[图4.9(d)]。研究发现 14 - 4 - 14 和 16 - 4 - 16 表面活性剂可形成 WLMs 和弹性凝胶。这种独特的黏弹性行为归因于疏水吸引和氢键之间的协同相互作用。[109]

研究者们还对一系列大型芳香阴离子(增溶剂)对阳离子双子表面活性剂(来源于母体化合物 n - 十二烷基三甲基氯化铵(DTAC)和苄基 - n - 十二烷基二甲基氯化铵(BDDAC))的作用进行了研究[图4.9(f)]。[100,116]

Oda 等的工作报道以来,不对称的双子表面活性剂也引起了人们的注意。[126] 其物理化学性质取决于不对称程度(m/n)。[127-128] 最近,有研究者合成了一系列同源的不对称双子表面活性剂 N,N - 二甲基 - N - [3 - (烷氧基) - 2 - 羟丙基] - 烷基溴化铵,简称 CmOhpNCn($m, n = $ 10,8;10,14;12,8;12,10;12)[图4.9(e)]。作者发现,增加链长和减小不对称性都会减小自发曲率,诱导从球形胶束到 WLM 和管状物的转变。[110]

最近,有报道称发现了一种新型的双子表面活性剂,其中包含可在碱性条件下裂解的酯基:双子酯季铵盐表面活性剂,缩写为 mE2Q - s - Q2Em,该报道研究了三种表面活性剂:N, N' - 双(2 - (癸氧基)乙基) - N, N, N', N' - 四甲基 - 1,3 - 丙烷二溴二铵(9E2Q - 3 - Q2E9),以及具有更长间隔基的 9E2Q - 6 - Q2E9 和更长链的 11E2Q - 3 - Q2E11。[119] 与其他的双子表面活性剂一样,具有长间隔基的表面活性剂形成的胶束较小(三轴椭球形片状),随浓度增加生长较弱。另外,具有短间隔基的双子表面活性剂在浓度较高时形成多分散棒状胶束或 WLMs。后一种行为与第二个 CMC 的存在是一致的,标志着从弱生长到强生长的转变。作者通过使用详细的 SANS 建模将胶束生长的几何参数与最近发展的一般胶束模型联系了起来。[129-130]

Maran 等报道了两种具有不同烷氧基链长的有机铂(Ⅱ)双子型两亲分子。原子力显微镜图像揭示了转移 Langmuir - Schaefer 膜上 WLM 聚集物的自发形成。[120] 头基中包含一个或多个过渡金属原子的功能性两亲分子形成的胶束被称为金属胶束;它们在界面上的原位氧化还原、磁性和催化性质具有广泛的应用价值。

最近有报道使用动态共价键构建了一种新型结构(图4.10):[131] 由基于亚胺的双子表面活性剂(由互补的非表面活性前体混合而成)构筑的动态共价胶束。由于动态共价亚胺键在 pH 值或温度变化时是可逆的,WLMs 可以动态地切换到组装和拆卸状态。虽然体系中单链和双链表面活性剂的共存,但 WLMs 主要由双子型表面活性剂组装而成。

最近也有报道称,基于阳离子双子表面活性剂 1,4 - 双(十二烷基 - N, N - 二甲基溴化

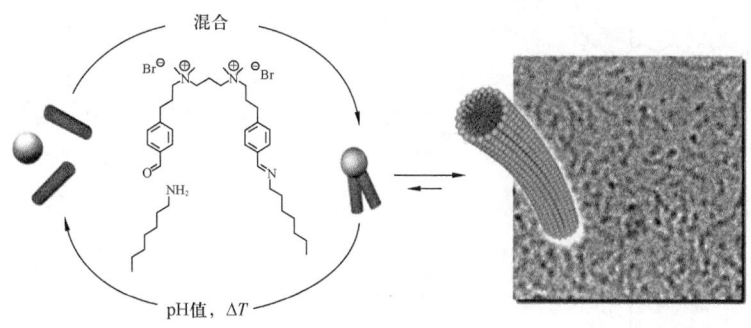

图4.10 动态共价双子表面活性剂随温度和pH值变化的动态形成及自组装[131]

铵)-2,3-丁二醇($C_{12}C_4(OH)_2C_{12}Br_2$)和阴离子氨基酸表面活性剂 N-十二烷基谷氨酸($C_{12}Glu$)构筑的 WLM 具有可逆性。这些混合物形成的聚集体会随浓度和混合比例的变化发生一系列形态转变,并且其形态可以通过温度进行可逆调控。[132]

4.3.2 拟双子表面活性剂

另一种制备响应性或"智能"型 WLMs 的方法是利用两个或更多分子的灵活结合构筑"拟双子"表面活性剂,[133-135]这也是在4.2.1小节中提到的用于构筑两亲性肽的方法。[35-36,43]"拟双子"由相同分子与较小的连接分子连接而成,2∶1的比例为二聚体,[133,136]3∶1的比例为三聚体,[110]或由两个不同的表面活性剂以1∶1的比例构筑得到不对称的"拟双子"。[35-36,43]这些表面活性剂通常对pH值、温度或其他触发因素具有响应性,[135]这是由于与真正的双子表面活性剂中的共价键相比,这种结合是可逆的,关于响应性 WLMs 在第6章中进行专门讨论。

例如,Feng 和 Chu 使用 N-芥酸酰胺-N,N-二甲基胺($UC_{22}AMPM$)与马来酸以2∶1的摩尔比混合构筑了 pH 值和温度响应的超长链拟双子(EAMA)。[133-134]马来酸和等量的盐酸可以将超长链叔胺 UC22AMPM 质子化为季铵盐表面活性剂,诱导了 WLMs 的形成;由于一个质子化的马来酸分子与两个季铵化的 $UC_{22}AMPM$ 发生络合,形成了特定的拟双子结构,因此获得了更具黏弹性的溶液[图4.11(a)]。此外,拟双子 WLMs 体系比常规 WLMs 体系对温度更敏感。

基于相同原理,该团队还开发了一种具有 CO_2 响应性的拟双子表面活性剂 WLM 体系,该体系由商业表面活性剂 SDS 与 N,N,N',N'-四甲基-1,3-丙二胺(TMPDA)构筑而成:[135]在通入 CO_2 时,TMPDA 被质子化为季铵盐;两个季铵盐被 SDS 桥连,形成"拟双子",该拟双子可组装成 WLMs。在移除 CO_2 时,TMPDA 去质子化,导致孪生结构解离,因此溶液黏度降低。

基于类似原理,Liu 等开发了一种基于拟三聚体表面活性剂[110](由两种非的表面活性化合物:由 N-(3-(二甲基氨基)丙基)棕榈酰胺(PMA)和柠檬酸(HCA)以3∶1的摩尔比构成[图4.11(b)])的 pH 值响应性流体。该体系随着 pH 值的增加表现出溶胶—凝胶—溶胶的钟形转变,反映了从球形胶束到蠕虫形胶束再到无组装体的转变。

4.3.3 三聚表面活性剂

由于合成难度很大,关于三聚表面活性剂的报道非常少,关于四聚表面活性剂的报道就更少了。[87,137-138]它们的一些性质通常优于对应的二聚体表面活性剂,例如降低表面张力和临界

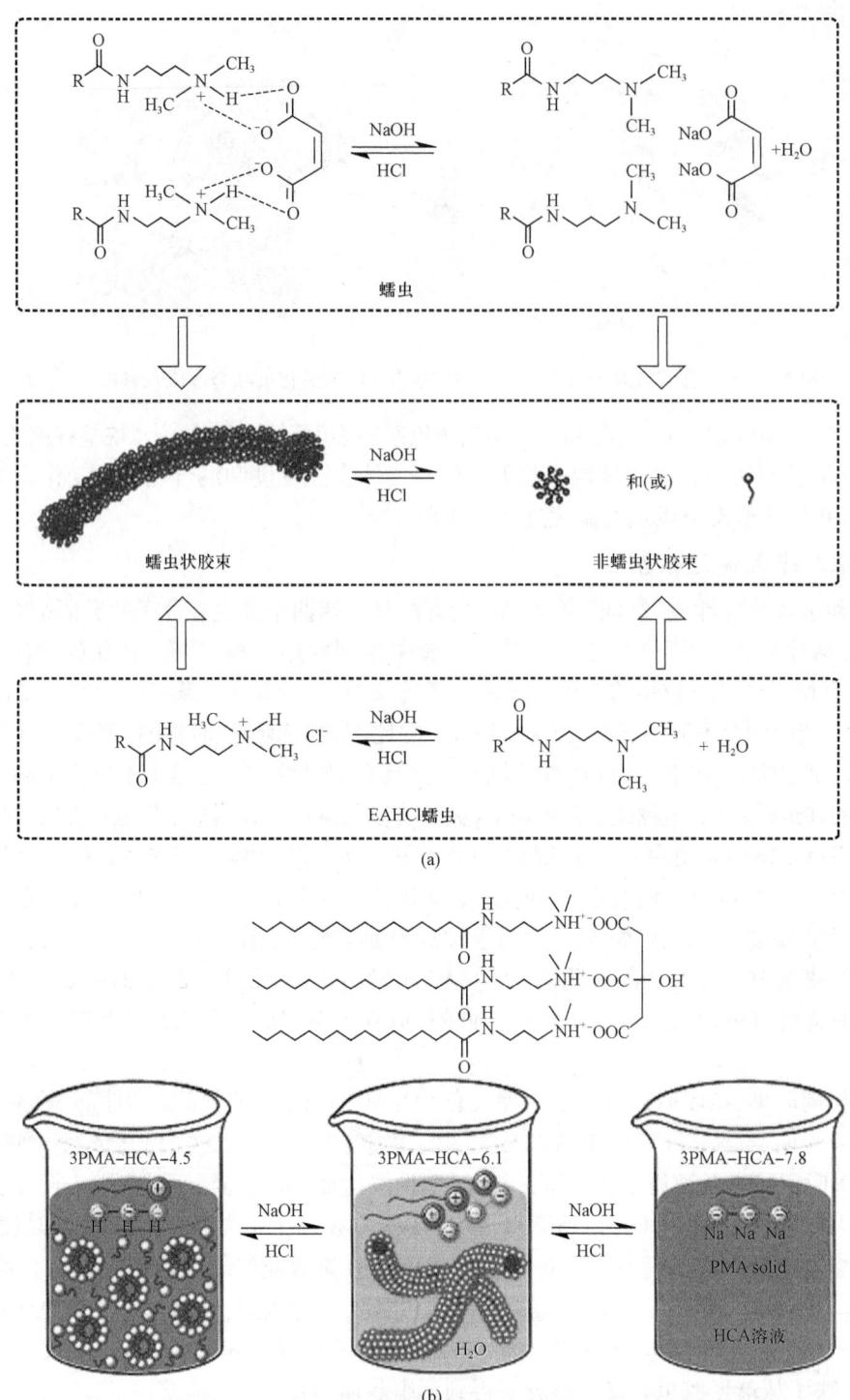

图 4.11 (a)基于 N-芥酰胺基丙基-N,N-二甲基叔胺(UC22AMPM)/马来酸组合物(物质的量之比 = 2∶1)构筑的 EAMA 蠕虫状胶束的开关机理示意图;[134] (b)基于 N-(3-(二甲基胺基)丙基)棕榈酰胺(PMA)/柠檬酸(HCA)组合物(物质的量之比 = 3∶1)构筑的 pH 值开关型蠕虫状胶束的智能调控机理[136]

胶束浓度(CMC)的能力。[87,139]关于它们形成 WLMs 的倾向性,研究发现,12-3-12-3-12 三聚表面活性剂[图 4.12(a)]倾向于聚集形成与二聚体相当的 WLMs,但强度优于 12-3-12,而 12-6-12-6-12 仅可形成球形胶束。[138]因此,寡聚程度的增加与上述间隔基长度的减小具有相似的规律。[140]第一个通过冷冻透射电子显微镜在没有任何添加剂的表面活性剂溶液中观察到支化的 WLMs 是由一种三聚季铵表面活性剂(12-3-12-3-12)实现的(参见第 7 章)。[141]有人推测,二聚体表面活性剂的疏水链在胶束分支之间的接缝处具有特殊方向(一个与一个分支相对径向,另一个与另一个分支相对径向),这有助于降低连接 WLMs 所需的自由能,与形成端帽相似;预期更高聚合度的低聚表面活性剂,如三聚物的这种作用会更强。[141]

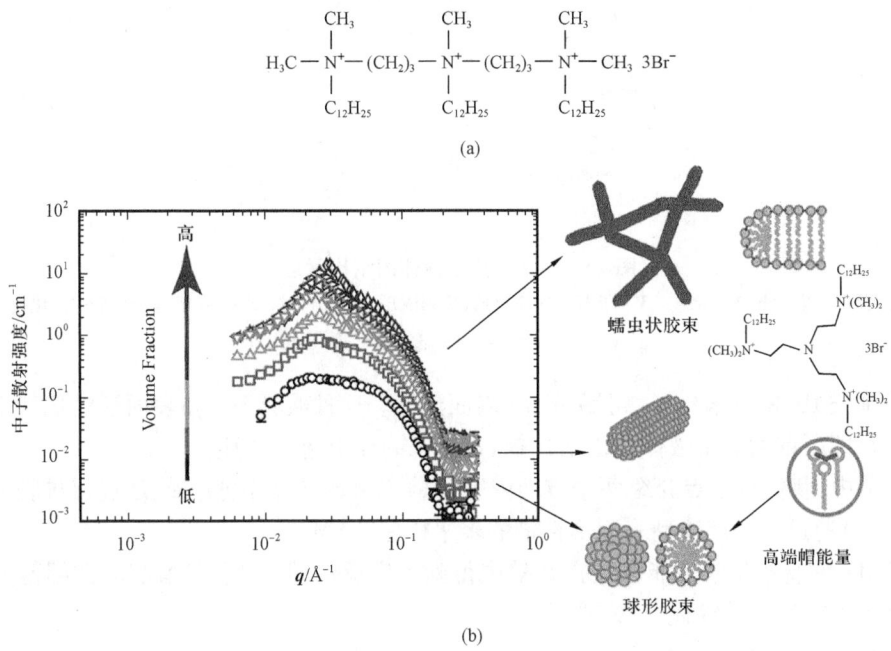

图 4.12 三聚表面活性剂 12-3-12-3-12 的分子结构(a)和基于星状三聚表面活性剂三(N-十二烷基-N,N-二甲基-2-铵乙基)胺溴化物(3C12trisQ)构筑的蠕虫状胶束(b)[142]

SANS 散射矢量数据显示随着 3C12trisQ 浓度的增大,发生了由球形胶束到蠕虫状胶束的转变,宽峰反映了表面活性剂头基之间的强静电作用

Shibayama 等对一种新型的星形三聚表面活性剂进行了详细研究,该表面活性剂为三聚(N-十二烷基-N,N-二甲基-2-乙基铵)胺溴化物($3C_{12}$trisQ)[139,142],旨在阐明端帽能量对胶束生长的影响[图 4.12(b)]。通过分析零剪切黏度对体积分数的依赖性,作者比较了三聚表面活性剂、二聚体参照物(12-2-12)和单体 DTAB 的端帽能量(E_c)。结果表明,由三聚表面活性剂形成的 WLMs 的端盖能量($50.2 ± 1.14 k_B T$)略高于二聚体表面活性剂($41.4 ± 1.3 k_B T$),远高于 DTAB($11.7 ± 1.24 k_B T$)。因此,与单体表面活性剂相比,三聚和二聚化合物更容易形成 WLMs。二聚和三聚表面活性剂之间的端帽能量差异主要与间隔链的数量有关,多间隔链限制了分子内的运动并促进了 WLMs 的生长。最后,与线性三聚体 12-3-12-3-12

相比,星形三聚体 $3C_{12}trisQ$ 具有更低的端帽能量,这归因于其能够呈现更圆润的形状。

4.4 离子液体

按照惯例,离子液体(ILs),有时也称为室温离子液体(RT-ILs),是一类熔融温度低于100℃的有机盐(图4.13)。因其较低的蒸气压、较宽的液体温度区间和优异的热稳定性而受到广泛关注)[143-144]。这些特性使得 ILs 成为一种极具潜力的溶剂,可以在水无法应用的温度下使用。

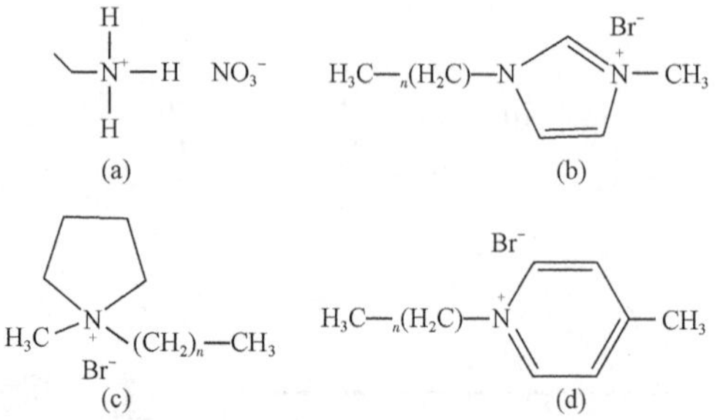

图 4.13 常见离子液体的结构示意图
(a)乙胺硝酸盐(EAN);(b)N-烷基-3-甲基咪唑溴化鎓(C_nMIMBr);(c)N-烷基-1-甲基—吡咯烷溴化鎓(C_nMPBr);
(d)N-烷基-4-甲基—吡啶溴化鎓(C_nMDBr)

通过延长 ILs 的碳氢链长,可赋予 ILs 表面活性。这种兼具 ILs 和表面活性剂特点的两亲分子化合物即所谓的离子液体表面活性剂,近年来同样引起了关注。

在本节中,我们将重点介绍两个方面内容:(1)以 ILs 作为溶剂介质,通过促进胶束聚集制备 WLM;(2)通过离子液体型表面活性剂的聚集构建 WLM。

有关 ILs 的基本化学性能已经在文献中得到了广泛的研究,不在本节的介绍范围。有兴趣的读者可以阅读相关综述)[143-146]。

4.4.1 离子液体作为溶剂

ILs 溶剂可分为两大类:非质子型(AIL)和质子型(PIL)[147]。20 世纪 80 年代,Evans 小组率先研究了表面活性剂在 ILs 中的胶束化行为,他们发现传统的阳离子表面活性剂(烷基三甲基溴化铵、烷基吡啶鎓溴化物)和非离子表面活性剂(Triton X-100)均可在质子型 ILs 硝酸乙胺(EAN)中自组装形成胶束[148-149]。后来,Armstrong 和同事在非质子型 ILs(1-丁基-3-甲基咪唑氯)中同样观察到了传统量两亲化合物的胶束化[150]。

两亲分子在离子液体中自组装是由所谓的疏溶剂效应所驱动的,类似于在水溶液体系中观察到的疏水缔合作用[146]。

然而,表面活性剂在 ILs 中的疏溶剂效应明显弱于在水中的疏水效应[151-152]。因此,与水溶液相比,表面活性剂在 ILs 中形成的胶束聚集体通常较小,发生聚集的临界胶束浓度更高[145,149-150,152-153]。例如,脂肪醇聚氧乙烯醚非离子表面活性剂(C_nE_m)可以在 EAN 中形成胶束。当 $C_{16}E_4$ 在水中形成长的圆柱形胶束时,却可以在 EAN 中形成球状胶束[154]。这意味着 ILs 不是形成 WLM 的理想介质,因为该介质不利于胶束生长。为了在 ILs 中形成 WLM,就需要更高的表面活性剂浓度,或是采用更高分子量的表面活性剂。例如,Lodge 等发现通过改变二嵌段聚合物中嵌段的大小,聚(1,2-丁二烯)-嵌段—环氧乙烷或聚苯乙烯—嵌段聚(甲基丙烯酸甲酯)均可在 1-丁基-3-甲基咪唑六氟磷酸盐[BMIM][PF6])中形成 WLM,以及其他常见的胶束结构(球形和双层囊泡)[图4.14(a)和图4.14(b)][155-156]。Lopez-Barron 小组也证实,PEO-PPO-PEO 三嵌段聚合物 Pluronic L121 同样可以在 EAN 中形成 WLM 157。

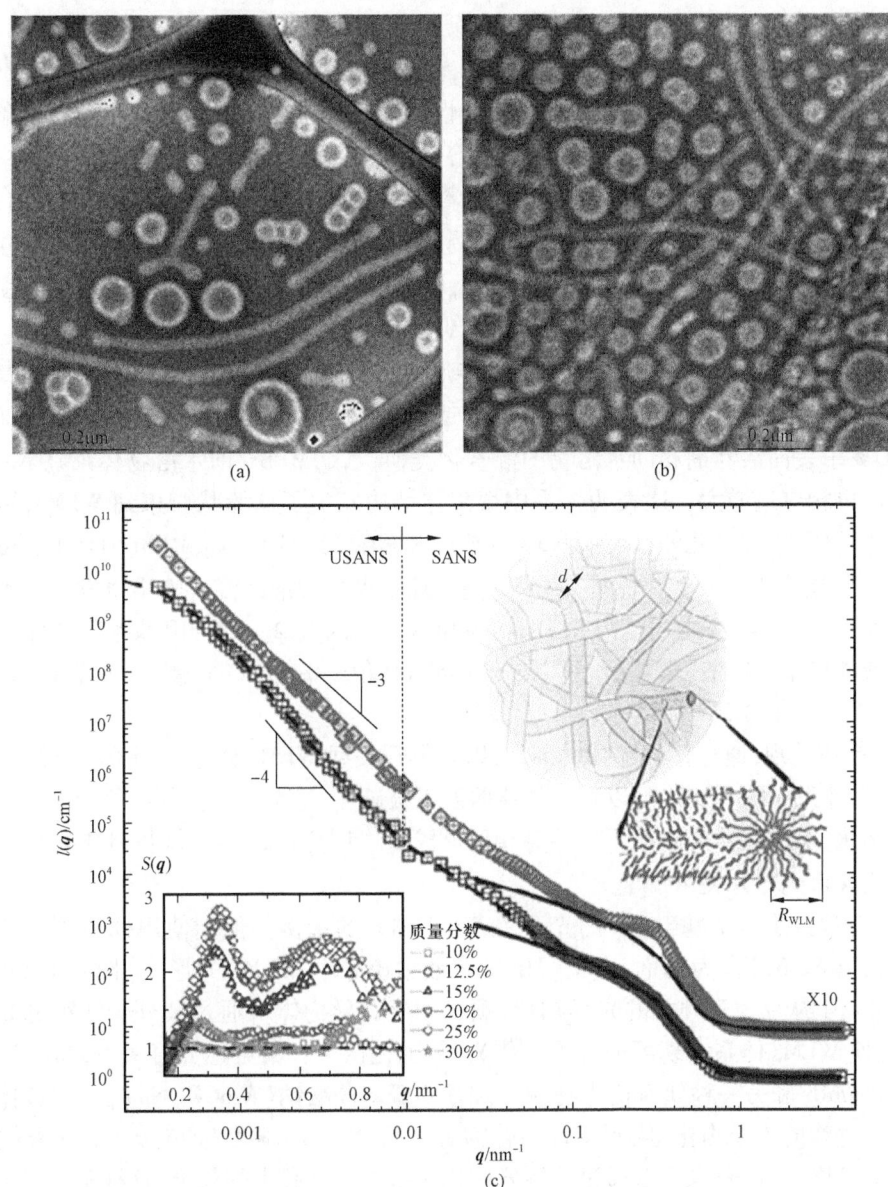

图4.14 (a)(b)质量分数1%聚(1,2-丁二烯-b-环氧乙烷)二嵌段共聚物在1-丁基-3-甲基咪唑鎓六氟磷酸盐中微观结构的 cryo-TEM 照片,显示出蠕虫状胶束和囊泡共存[155] (c)质量分数10%和25% L121 的氘代乙胺硝酸盐溶液的 SANS 和 USANS 散射矢量数据。拟合结果显示出柱状形状结构因子[157]

4.4.2 离子液体表面活性剂

作为一种有机盐,室温离子液体(RT-ILs)通常由有机离子和无机反离子构成。由离子和C_{8-20}烷基构成的有机离子部分具有内在的两亲性。[144,158-160]这些表面活性RT-ILs(SAILs)与离子型表面活性剂类似。[159-160]由于RT-ILs的"可定制性",即可以选择阳离子和阴离子、或离子和烷基部分,因此SAILs可以作为定制表面活性剂。[161]

据我们所知,SAILs形成胶束聚集体的性质最初是在2004年由Bowers等发现的,他们研究了一系列1-烷基-3-甲基咪唑阳离子($C_n$mim,n=4,8)的衍生物水溶液,并观察到了球形胶束。[162]SAILs与离子型表面活性剂的相似性还扩展到了在某些助水溶物存在的条件下形成WLMs的性质。Inoue等首先发现SAIL水溶液中可获得WLMs,该溶液由溴化1-十六烷基-3-甲基咪唑(C_{16}mimBr)和助水溶物对甲苯磺酸钠组成。[163]其他助水溶物的组合也可以诱导基于咪唑的SAILs的水溶液形成WLMs,例如C_{16}mimBr和水杨酸钠(NaSal)的溶液[164]或C_{14}mimBr和NaSal溶液[165]。Huang等发现,C_{16}mimBr/NaSal二元混合体系能够随温度变化发生溶液—凝胶转变,认为这是由于温度升高后WLMs的结晶化所致。[164]

吡咯烷型SAILs在有机助溶物存在下也能形成WLMs。Zheng等基于溴化N-烷基-N-甲基吡咯烷(C_nMPBr)和水杨酸钠(NaSal)[166]或对甲苯磺酸钠[167]构筑了黏弹性WLM体系。发现,与阳离子表面活性剂和助水溶物的混合物类似[1],C_nMPBr/助水溶物体系在NaSal浓度增加时黏度也相应地增大。这表明体系中聚集体结构发生了从棒状胶束到WLMs,再到支化网络结构的转变。[166-167]此外,调控NaSal的浓度和溶液的pH值,C_{16}MPBr/NaSal也可构筑得到凝胶相。[166]在溴化N-十六烷基-N-甲基哌啶和水杨酸钠的混合物中也发现了类似的行为[图4.15(a)和图4.15(b)]。[168]此外,将溴化N-十六烷基-N-甲基哌啶与邻苯二甲酸钾[169-170]或邻氨基苯甲酸[171]混合,可以构筑得到pH值开关的WLM体系,调节pH值可以破坏WLMs[图4.15(c)]。

Zheng等还发现,通过仔细选择助剂,可以获得开关型WLMs体系。当C_{16}MPBr与反式肉桂酸混合时,体系中的WLMs可以在紫外线照射下被破坏,这是由于肉桂酸经历了从反式到顺式的光异构化,而顺式异构体不可诱导WLMs形成。[172]同样地,2-甲氧基肉桂酸和C_{16}mimBr混合也可构筑得到光开关WLMs。[173]

Zheng等提供了一个基于ILs的光开关WLM体系的示例。他们使用(4-偶氮苯—苯氧基)-乙酸钠(AzoNa)作为助剂,在C_{16}MPBr溶液中诱导了WLMs的形成[图4.15(d)]。[174]AzoNa也可发生从反式到顺式的光异构化,顺式和反式异构体可通过紫外光或可见光照射来调控,从而使WLMs体系实现可逆开关。[174]Yu等也提供了一个可逆光开关WLMs的示例,使用的是C_{16}mimBr和另一种偶氮衍生物[4-羧基偶氮苯羧酸钠(AzoCOONa)]。[175]该体系也依赖于偶氮衍生物的光异构化,从而实现混合物可逆的WLMs—棒状胶束转变。光异构化影响胶束的轮廓长度,反过来也可以通过控制异构化比率来控制胶束的长度,这样不仅得到了一个可以可逆开关的体系,还得到了一个可调控强度的体系。[175]

同时,助表面活性剂也可用于在SAIL溶液中诱导WLMs的形成。Yan等通过将溴化N-十六烷基-N-甲基哌啶(C_{16}MDB)与阴离子表面活性剂月桂酸钠(SL)混合构筑得到了WLM。[176]

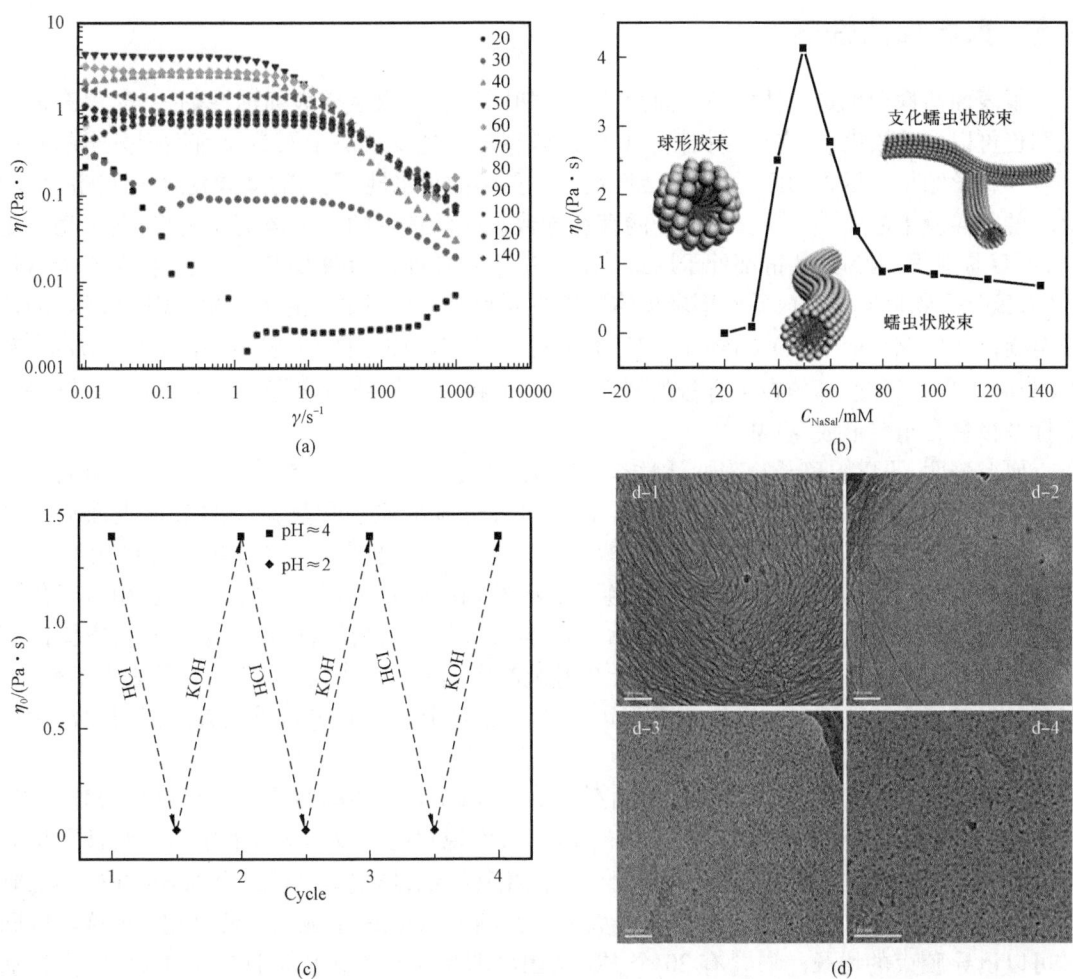

图 4.15 (a)80mM N-十六烷基-N-甲基吡啶溴化锡/不同浓度水杨酸钠组合物水溶液在 25℃的稳态流变曲线和(b)80mM N-十六烷基-N-甲基哌啶溴化物水溶液在 25℃的零剪切黏度随水杨酸钠浓度的变化曲线[168];(c)80mM N-十六烷基-N-甲基吡啶溴化锡/80mM 邻苯二甲酸钾组合物水溶液的零剪切黏度对 pH 值交替变化的可逆改变[169];(d)100mM N-甲基-N-十六烷基吡咯烷溴化物/50mM 偶氮苯酚基乙酸钠组合物水溶液在紫外光照射前(d-1,d-2)和后(d-3,d-4)微观结构的 cryo-TEM 显微照片[174]

Yu 等发现,在 NaCl 存在的情况下,将两性离子 SAIL N-烷基-N'-羧甲基咪唑阳离子内盐([N-C_{12},N'-CO_2-Im])与 SDS 混合,得到了 WLMs 溶液。[177] 与 C_{12} 甜菜碱/SDS 混合物相比,两性离子 SAIL 与 SDS 表现出更强的协同作用,这归因于更强的静电相互作用。

双尾 SAILs 也能够构筑 WLMs。Han 等研究了溴化 1-十六烷基-3-烷基咪唑(C_{16}im-C_nBr)溶液。他们将烷基链长度对水中 C_{16}im-C_nBr 相行为的影响进行了系统的研究,研究涵盖了从 2 到 16 个碳原子长度的烷基链。[178] 他们观察到,随着链长变化,体系发生了从六方相到 WLMs 再到凝胶相的转变。短链有利于获得六方相和 WLMs 相,而长链更有利于获得凝胶相。[178] 凝胶相是由具有很长弛豫时间的 WLMs 组成的缠结网络得到的。[178-179]

4.5 氟表面活性剂

氟表面活性剂也是一种特种表面活性剂。如同传统的碳氢链表面活性剂一样,氟表面活性剂也可以形成胶束、囊泡或层状相。具体的微观形貌主要取决于氟表面活性剂分子的几何形状和化学结构。尽管如此,氟表面活性剂具有更强的疏水性、更高的降低表面活性剂能力和更小的临界胶束浓度[180-181]。氟原子的存在导致表面活性剂的疏水链更硬更粗,电子密度更高,更容易堆积,因为这些链都处于反式状态。基于临界堆积参数 $CPP = V/a_s l$,相对于碳氢化合物,氟化合物倾向于形成低曲率聚集体。这主要是因为它们更大的链体积。CF_2 和 CF_3 的体积分别为 $0.041nm^3$ 和 $0.084nm^3$,而对应的 CH_2 和 CH_3 的体积分别为 $0.027nm^3$ 和 $0.037nm^3$[182]。因此,即使在没有盐的情况下,由于相对较低的与端帽相关的自由能,氟表面活性剂极易自组装形成 WLM[183]。

研究表明,不仅阳离子氟表面活性剂[184]和阴离子氟表面活性剂[185-188]可以自组装形成 WLM,即使它们的疏水碳链相对较短链,而且同时含有氟原子和氢原子的杂化表面活性剂中[189-195],以及在较小程度上杂化的非离子氟表面活性剂中[193-195],也可以自组装形成 WLMs。盐对氟表面活性剂和传统碳氢链表面活性剂的影响相似[184-185]。但是,相对于传统碳氢链表面活性剂,盐更易诱导氟表面活性剂蠕虫状胶束的增长,即使是结合不很牢固的离子,例如,在阳离子 1,1,2,2-四氢全氟十二基吡啶中加入 Cl^{-1}[184]。即使没有助表面活性剂,非离子型氟表面活性剂也可以形成 WLM[193,195]。这对于传统的非离子型碳氢链表面活性剂是极其少见的。

Aramaki 团队研究了非离子型氟表面活性剂,全氟辛烷基磺酰胺丙基乙氧基化合物 $C_8F_{17}SO_2N(C_3H_7)(CH_2-CH_2O)10H$(简称 $C_8F_{17}EO_{10}$),发现它们可以在水溶液中形成圆柱形聚集体,且随浓度增大,柱状胶束不断增长[193]。它们相互缠绕,形成了一种符合 Maxwell 模型的黏弹性流体。在更高浓度下,这些聚集体将失去它们的柔韧性,转变成六方液晶相。改变温度同样可以诱导胶束的增长。向含有 20 个 EO 基团的非离子型氟表面活性剂 $C_8F_{17}EO_{20}$ 中添加 $C_8F_{17}EO_{10}$,体系中将发生由球形胶束向棒状胶束的转变,并不断增长为 WLM,展现出比单独 $C_8F_{17}EO_{10}$ 水溶液更高的黏度。

Hoffmann 等通过对含有大量的四乙基铵反离子全氟表面活性剂 $C_8F_{17}SO_3N(C_2H_5)_4$ 的研究,发现氟表面活性剂可以通过形成小的封闭结构(环和圈)来避免能量不利的端帽[196]。有趣的是,人们在对四聚表面活性剂 12-3-12-4-12-3-12 的研究中,也发现了类似的封闭结构(详见 4.3.3 小节)[138]。在低浓度下,WLM 的刚性阻止了它们的弯曲。随着浓度的增加,胶束变长,因此能够弯曲成环;在更高浓度下,甚至可以观察到较大较缠绕体和支化[196]。

最近,全氟季铵盐表面活性剂自组装形成的 WLMs 被发现也具有热响应性[197]。由于 WLMs 的形成,氟表面活性剂水溶液表现出较高的黏弹性。增加氟表面活性剂或碳氢表面活性剂的疏水链长都可以进一步提升 WLMs 的黏弹性。

4.6 超长碳链(C_{22})表面活性剂

传统的 WLMs 主要由疏水碳链长度为 16 个碳原子的单尾阳离子表面活性剂和不同结构

的助溶物（通常是有机盐）通过协同效应制备而成[1,198]。最近的研究表明，基于超长疏水碳链表面活性剂构筑的 WLMs 具有更强的黏弹性。特别是疏水碳链为 22 个碳原子的表面活性剂，单独使用即可构筑 WLMs。这为传统的阳离子表面活性剂+助溶物或阴离子表面活性剂+助溶物的构建 WLMs 模式提供了一种新的替代方案。文献报道最多的 C_{22} 超长疏水碳链表面活性剂主要有两类：天然芥酸（一种含有单个不饱和键的脂肪酸）衍生的阳离子和两性离子表面活性剂。芥酸基两性离子表面活性剂的广泛研究主要归因于它们比芥酸基阳离子表面活性剂具有更低的环境伤害，更具商业应用潜力[199]。

利用 C_{22} 超长碳链阳离子表面活性剂构筑 WLMs 起初源于减阻剂研究[108]。相对于传统的 C_{16} 阳离子表面活性剂构筑的 WLMs，C_{22} 超长碳链表面活性剂构筑的 WLM 具有更低的温度敏感性，即更好的耐温性[200]。Raghavan 和 Kaler 系统研究了芥酸基二羟乙基甲基氯化铵（EHAC）和芥酸基三甲基氯化铵（ETAC）在水溶液中的自组装行为，发现对甲苯磺酸钠（NaTos）、水杨酸（NaSal）或氯化钠（NaCl）均可诱导 EHAC 或 ETAC 自组装形成黏弹性 WLMs，其中 NaSal 最为有效。即使升温至 90℃，所形成的的 WLM 依然可以维持它们的黏弹性[201-202]。Couillet 等研究了 EHAC 在 KCl 和 2-丙醇存在时的微观自组装结构和动态性能，发现该体系具有应用于流体压裂的潜力[203]。他们的研究结果表明，这些体系中可能形成了胶束环或是微凝胶。有别于上述阳离子 WLMs 体系，Kumar 等[204]发现单独使用 N,N-二甲基芥酰胺丙基羧基甜菜碱（EDAB），一种 C_{22} 超长疏水碳链的两性离子表面活性剂，即可形成黏弹性 WLMs，无需任何添加剂[图 4.16(a)]。在随后的研究中，Kumar 等[205]发现将 EDAB 与 ortho-methoxy-cinnamic acid（OMCA）按照一定比例混合，可获得一种具有光响应特性的 WLMs 体系。在紫外光辐射前，OCMA 主要为反式结构，不利于 WLMs 的形成，因此，导致了体系从棒状胶束向球形胶束的转变；经紫外光辐射后，OCMA 异构化为顺式构型，不再与 EDAB 之间发生显著作用，故 EDAB 基 WLMs 重新形成[图 4.16(b)]。

Chu 等[206]通过一条简便的合成路径制得了芥酸基磺基甜菜碱表面活性剂，N-芥酰胺基丙基-N,N-二甲基丙烷磺基甜菜碱（EDAS），拓展了 C_{22} 超长碳链两性离子表面活性剂的研究范畴。不同于传统的羧基甜菜碱，磺基甜菜碱具有更好的 pH 值和盐耐受性。进一步的研究发现 EDAS 在较低的浓度下即可形成黏弹性 WLMs，在较大的 pH 值范围内保持稳定，同时表现出剪切带行为（shear-banding）[207]。经高温老化后，EDAS 会在双键位置发生氧化。添加抗氧化剂（$Na_2S_2O_3$）可有效避免 EDAS 基 WLM 在长时间高温下的瓦解，确保其稳定[208]。为了寻找更加绿色的替代方案，Chu 和 Feng 也合成了其他芥酸衍生物，例如，3-(N,N-芥酸酰胺丙基)二甲基铵丁基磺酸盐，N-芥酸酰胺丙基-N,N,N-三甲基碘化铵，和 N-芥酸酰胺丙基-N,N-二甲基-N-(3-羟丙基)溴化铵。初步研究表明，这些芥酸基衍生物均可在盐水中形成黏弹性 WLMs[209]。正是芥酸衍生物的独特优势，目前，绝大多数利用 C_{22} 超长碳链表面活性剂构筑 WLMs 的研究均为单不饱和链的。Zhang 等[210]报道了一种 C_{22} 饱和碳链的表面活性剂，即二十二烷基二甲基羧基甜菜碱（DDCB），并基于 DDCB 构筑了一种黏弹性 WLMs[图 4.16(c)]。相对于含有一个不饱和键的芥酸基二甲基羧基甜菜碱，DDCB 具有更低的临界胶束浓度和临界交叠浓度，并且饱和碳链确保了 DDCB 较高的抗氧化能力。此外，芥酸衍生的氧化铵（芥酰胺丙基氧化铵）及芥酸钠同样可以形成黏弹性 WLMs[211-214]。

Chu 和 Feng[133]利用 N-芥酰胺丙基-N,N-二甲基叔胺（UC22AMPM）和马来酸构筑了

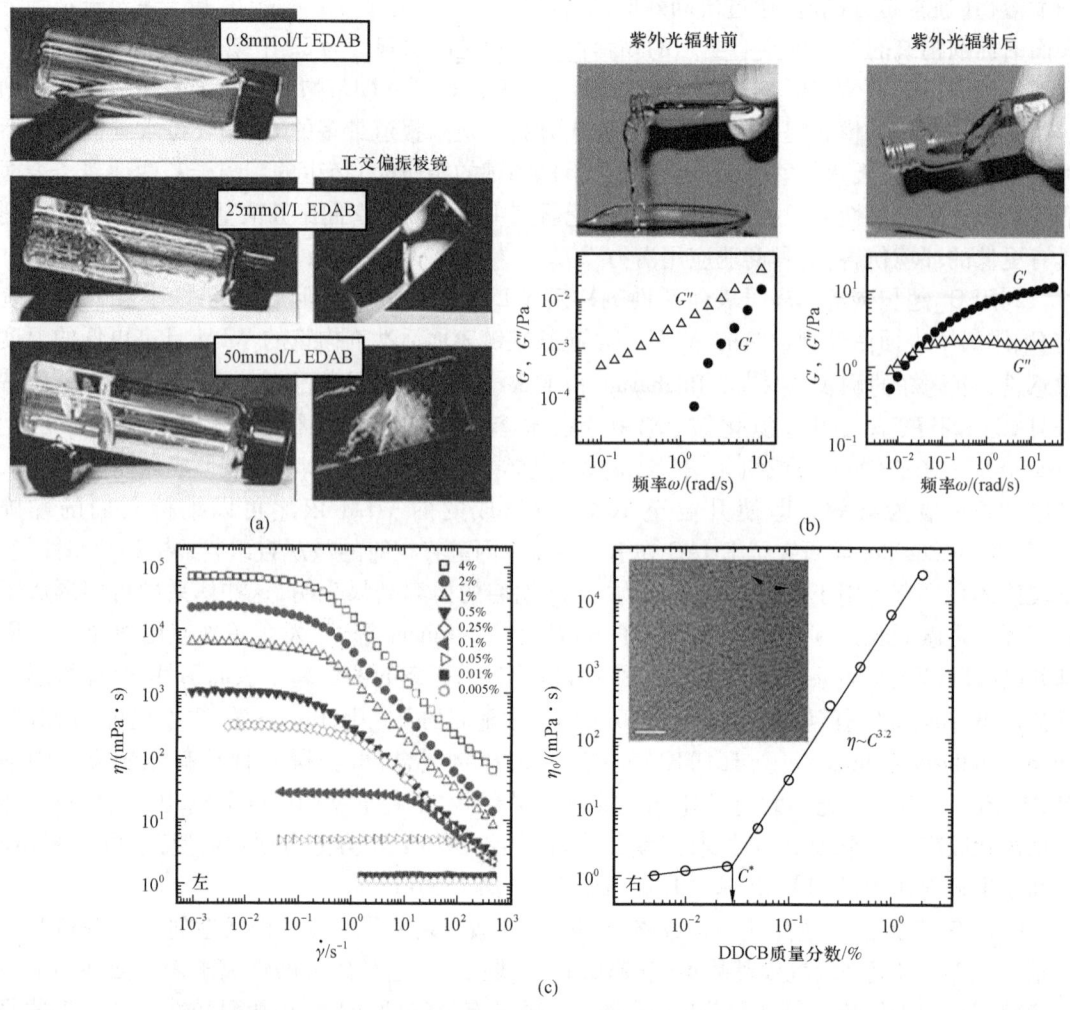

图4.16 (a)N,N-二甲基芥酰胺丙基羧基甜菜碱(EDAB)水溶液室温下的宏观照片:0.8mM时为各向同性的低黏度溶液;25mmol/L时为高黏弹性流体;50mmol/L时为弹性凝胶;25mmol/L和50mmol/L时均具有流体双折射特征[204]。(b)EDAB/反式2-甲氧基肉桂酸(50mmol/L/130mmol/L)二元混合体系的宏观照片和剪切振荡流变曲线:在紫外光下照射前,表现出黏性行为;经紫外光照射后,表现出强黏弹性行为[205]。(c)N,N-二甲基二十二烷基羧基甜菜碱(DDCB)浓度对(左)稳态流变曲线和(右)零剪切黏度的影响。插图为质量分数0.5%的N,N-二甲基二十二烷基羧基甜菜碱水溶液在70℃下的cryo-TEM显微结构照片,标尺为100nm[210]

一个有趣的pH开关型WLM。通过原位酸碱中和,UC22AMPM被质子化,以马来酸为间隔基,构建了一个具有拟双子结构的超分子复合物。这种拟双子分子可以自组装形成黏弹性WLM,详情参见4.3.2小节。在另一研究中,Zhang等[215]发现在合适的pH值下,单独的芥酸也能自组装形成黏弹性WLMs。不同的是在这个体系中,WLMs的形成并非由于拟双子结构的形成,而是由于亲水头基在不同质子化状态下的溶剂化效应不同所引起的。在随后的研究中,Chu和Feng[134]发现UC22AMPM不仅可以在马来酸存在下形成WLMs,在盐酸存在下也可以形成

WLMs,但马来酸诱导的拟双子结构赋予了 WLMs 更高的黏弹性。

4.7 结论与展望

自从人们发现可以通过向阳离子表面活性剂水溶液中引入电解质,进而诱导形成 WLMs 以来,人们对构筑 WLMs 的方式和表面活性剂类型已经有了较为深入的了解[1,216]。本章已经证明,除了之前报道的分类之外,许多特种表面活性剂也可以自组装形成柔韧、细长的聚集体结构。比如,受生物学启发的两亲化合物因其在医学上的巨大潜力而显示出前景,但基于生物表面活性剂构建 WLMs 的相关途径和设计规则才刚刚开始出现。利用从细菌膜等天然来源提取的生物表面活性剂构建 WLMs 依然鲜有报道,预计未来会逐渐增多;当然,基础研究对于阐明聚集体形态和生物活性之间的联系同样至关重要。虽然双子表面活性剂已经被发现很长时间了,并且显示出比单尾表面活性剂更优越的特性,但近年来出现的一些新型双子表面活性剂,它们可以自组装形成棒状胶束。总的来说,这个有趣的主题但并不意味着详尽无遗。我们希望它能激发一些思想碰撞的火花,并期望它能够随着时间和合成技术的提升,不断增长和扩展新的组装模块。

参 考 文 献

[1] C. A. Dreiss, *Soft Matter*, 2007, 3, 956–970.
[2] Z. Chu, Y. Feng, X. Su and Y. Han, *Langmuir*, 2010, 26, 7783–7791.
[3] D. Lopez-Diaz and R. Castillo, *J. Phys. Chem. B*, 2010, 114, 8917–8925.
[4] D. W. P. M. Lowik and J. C. M. van Hest, *Chem. Soc. Rev.*, 2004, 33, 234–245.
[5] R. S. Tu and M. Tirrell, *Adv. Drug Delivery Rev.*, 2004, 56, 1537–1563.
[6] I. W. Hamley, *Soft Matter*, 2011, 7, 4122–4138.
[7] A. Dehsorkhi, V. Castelletto and I. W. Hamley, *J. Pept. Sci.*, 2014, 20, 453–467.
[8] X. Zhao, F. Pan, H. Xu, M. Yaseen, H. Shan, C. A. E. Hauser, S. Zhang and J. R. Lu, *Chem. Soc. Rev.*, 2010, 39, 3480–3498.
[9] Y.-C. Yu, M. Tirrell and G. B. Fields, *J. Am. Chem. Soc.*, 1998, 120, 9979–9987.
[10] Y.-C. Yu, P. Berndt, M. Tirrell and G. B. Fields, *J. Am. Chem. Soc.*, 1996, 118, 12515–12520.
[11] J. D. Hartgerink, E. Beniash and S. I. Stupp, *Science*, 2001, 294, 1684–1688.
[12] H. A. Behanna, J. J. J. M. Donners, A. C. Gordon and S. I. Stupp, *J. Am. Chem. Soc.*, 2005, 127, 1193–1200.
[13] G. B. Fields, J. L. Lauer, Y. Dori, P. Forns, Y.-C. Yu and M. Tirrell, *Pept. Sci.*, 1998, 47, 143–151.
[14] R. Bitton, J. Schmidt, M. Biesalski, R. Tu, M. Tirrell and H. Bianco-Peled, *Langmuir*, 2005, 21, 11888–11895.
[15] M. P. Lupo and A. L. Cole, *Dermatol. Ther.*, 2007, 20, 343–349.
[16] H. W. Jun, V. Yuwono, S. E. Paramonov and J. D. Hartgerink, *Adv. Mater.*, 2005, 17, 2612–2617.
[17] G. A. Silva, C. Czeisler, K. L. Niece, E. Beniash, D. A. Harrington, J. A. Kessler and S. I. Stupp, *Science*, 2004, 303, 1352–1355.
[18] I. W. Hamley, S. Kirkham, A. Dehsorkhi, V. Castelletto, M. Reza and J. Ruokolainen, *Chem. Commun.*, 2014, 50, 15948–15951.
[19] J. C. Stendahl, M. S. Rao, M. O. Guler and S. I. Stupp, *Adv. Funct. Mater.*, 2006, 16, 499–508.
[20] T. Shimada, N. Sakamoto, R. Motokawa, S. Koizumi and M. Tirrell, *J. Phys. Chem. B*, 2012, 116, 240–243.

[21] S. Tsonchev, A. Troisi, G. C. Schatz and M. A. Ratner, *Nano Lett.*, 2004, 4, 427 – 431.
[22] Y. S. Velichko, S. I. Stupp and M. O. de la Cruz, *J. Phys. Chem. B*, 2008, 112, 2326 – 2334.
[23] I. W. Fu, C. B. Markegard, B. K. Chu and H. D. Nguyen, *Adv. Healthcare Mater.*, 2013, 2, 1388 – 1400.
[24] O. – S. Lee, S. I. Stupp and G. C. Schatz, *J. Am. Chem. Soc.*, 2011, 133, 3677 – 3683.
[25] A. Trent, R. Marullo, B. Lin, M. Black and M. Tirrell, *Soft Matter*, 2011, 7, 9572 – 9582.
[26] H. Cui, M. J. Webber and S. I. Stupp, *Pept. Sci.*, 2010, 94, 1 – 18.
[27] F. Versluis, H. R. Marsden and A. Kros, *Chem. Soc. Rev.*, 2010, 39, 3434 – 3444.
[28] S. E. Paramonov, H. – W. Jun and J. D. Hartgerink, *J. Am. Chem. Soc.*, 2006, 128, 7291 – 7298.
[29] J. D. Hartgerink, E. Beniash and S. I. Stupp, *Proc. Natl. Acad. Sci.*, 2002, 99, 5133 – 5138.
[30] S. I. Stupp, R. H. Zha, L. C. Palmer, H. Cui and R. Bitton, *Faraday Discuss.*, 2013, 166, 9 – 30.
[31] G. V. Jensen, R. Lund, J. Gummel, T. Narayanan and J. S. Pedersen, *Angew. Chem.*, *Int. Ed.*, 2014, 53, 11524 – 11528.
[32] T. Shimada, S. Lee, F. S. Bates, A. Hotta and M. Tirrell, *J. Phys. Chem. B*, 2009, 113, 13711 – 13714.
[33] J. N. Israelachvili, *Intermolecular and Surface Forces*, Academic Press, London, 1992.
[34] A. Dehsorkhi, V. Castelletto, I. W. Hamley and P. Lindner, *Soft Matter*, 2012, 8, 8608 – 8615.
[35] H. Sakai, Y. Okabe, K. Tsuchiya, K. Sakai and M. Abe, *J. Oleo Sci.*, 2011, 60, 549 – 555.
[36] R. G. Shrestha, K. Nomura, M. Yamamoto, Y. Yamawaki, Y. Tamura, K. Sakai, K. Sakamoto, H. Sakai and M. Abe, *Langmuir*, 2012, 28, 15472 – 15481.
[37] R. G. Shrestha, L. K. Shrestha and K. Aramaki, *J. Colloid Interface Sci.*, 2007, 311, 276 – 284.
[38] R. G. Shrestha, L. K. Shrestha and K. Aramaki, *J. Colloid Interface Sci.*, 2008, 322, 596 – 604.
[39] R. G. Shrestha, C. Rodriguez – Abreu and K. Aramaki, *J. Oleo Sci.*, 2009, 58, 243 – 254.
[40] R. G. Shrestha, L. K. Shrestha and K. Aramaki, *Colloid Polym. Sci.*, 2009, 287, 1305 – 1315.
[41] K. Aramaki, S. Iemoto, N. Ikeda and K. Saito, *J. Oleo Sci.*, 2010, 59, 203 – 212.
[42] R. G. Shrestha, L. K. Shrestha, T. Matsunaga, M. Shibayama and K. Aramaki, *Langmuir*, 2011, 27, 2229 – 2236.
[43] K. Sakai, K. Nomura, R. G. Shrestha, T. Endo, K. Sakamoto, H. Sakai and M. Abe, *Langmuir*, 2012, 28, 17617 – 17622.
[44] Y. Dou, H. Xu and J. Hao, *Soft Matter*, 2013, 9, 5572 – 5580.
[45] D. Wang, Y. Sun, M. Cao, J. Wang and J. Hao, *RSC Adv.*, 2015, 5, 95604 – 95612.
[46] H. Rosemeyer, *Chem. Biodiversity*, 2005, 2, 977 – 1063.
[47] P. Baglioni and D. Berti, *Curr. Opin. Colloid Interface Sci.*, 2003, 8, 55 – 61. 48. C. B. Reese, *Org. Biomol. Chem.*, 2005, 3, 3851 – 3868.
[49] J. R. Lu, X. B. Zhao and M. Yaseen, *Curr. Opin. Colloid Interface Sci.*, 2007, 12, 60 – 67.
[50] V. Allain, C. Bourgaux and P. Couvreur, *Nucleic Acids Res.*, 2012, 40, 1891 – 1903.
[51] D. Berti, C. Montis and P. Baglioni, *Soft Matter*, 2011, 7, 7150 – 7158.
[52] H. Yanagawa, Y. Ogawa, H. Furuta and K. Tsuno, *J. Am. Chem. Soc.*, 1989, 111, 4567 – 4570.
[53] Y. Itojima, Y. Ogawa, K. Tsuno, N. Handa and H. Yanagawa, *Bio – chemistry*, 1992, 31, 4757 – 4765.
[54] P. Couvreur, L. H. Reddy, S. Mangenot, J. H. Poupaert, D. Desmaële, S. Lepêtre – Mouelhi, B. Pili, C. Bourgaux, H. Amenitsch and M. Ollivon, *Small*, 2008, 4, 247 – 253.
[55] F. Bekkara – Aounallah, R. Gref, M. Othman, L. H. Reddy, B. Pili, I. Allain, C. Bourgaux, H. Hillaireau, S. Lepetre – Mouelhi, D. Desmaële, J. Nicolas, N. Chafi and P. Couvreur, *Adv. Funct. Mater.*, 2008, 18, 3715 – 3725.
[56] P. Barthélemy, *C. R. Chim.*, 2009, 12, 171 – 179.

[57] F. Baldelli Bombelli, D. Berti, U. Keiderling and P. Baglioni, *J. Phys. Chem. B*, 2002, 106, 11613 – 11621.
[58] F. B. Bombelli, D. Berti, M. Almgren, G. Karlsson and P. Baglioni, *J. Phys. Chem. B*, 2006, 110, 17627 – 17637.
[59] F. Baldelli Bombelli, D. Berti, S. Milani, M. Lagi, P. Barbaro, G. Karlsson, A. Brandt and P. Baglioni, *Soft Matter*, 2008, 4, 1102 – 1113.
[60] G. Godeau, J. Bernard, C. Staedel and P. Barthelemy, *Chem. Commun.*, 2009, 5127 – 5129.
[61] G. Godeau and P. Barthelemy, *Langmuir*, 2009, 25, 8447 – 8450.
[62] G. Bello, J. Eriksson, A. Terry, K. Edwards, M. J. Lawrence, D. Barlow and R. D. Harvey, *Langmuir*, 2015, 31, 741 – 751.
[63] R. T. Coughlin, A. Haug and E. J. McGroarty, *Biochemistry*, 1983, 22, 2007 – 2013.
[64] S. Singh, P. Papareddy, M. Kalle, A. Schmidtchen and M. Malmsten, *Biochim. Biophys. Acta*, 2013, 1828, 2709 – 2719.
[65] W. Richter, V. Vogel, J. Howe, F. Steiniger, A. Brauser, M. H. Koch, M. Roessle, T. Gutsmann, P. Garidel, W. Mäntele and K. Brandenburg, *Innate Immun.*, 2011, 17, 427 – 438.
[66] C. Risco, J. L. Carrascosa and M. A. Bosch, *J. Electron Microsc.*, 1993, 42, 202 – 204.
[67] K. Brandenburg, L. Hawkins, P. Garidel, J. Andrä, M. Müller, H. Heine, M. H. J. Koch and U. Seydel, *Biochemistry*, 2004, 43, 4039 – 4046.
[68] J. – P. Vincken, L. Heng, A. de Groot and H. Gruppen, *Phytochemistry*, 2007, 68, 275 – 297.
[69] Ö. Güçlü – Üstündağ and G. Mazza, *Crit. Rev. Food Sci. Nutr.*, 2007, 47, 231 – 258.
[70] M. Stuardo and R. San Martín, *Ind. Crops Prod.*, 2008, 27, 296 – 302.
[71] G. M. Woldemichael and M. Wink, *J. Agric. Food. Chem.*, 2001, 49, 2327 – 2332.
[72] A. Estrada, B. Li and B. Laarveld, *Comp. Immunol., Microbiol. Infect. Dis.*, 1998, 21, 225 – 236.
[73] D. J. Pillion, J. A. Amsden, C. R. Kensil and J. Recchia, *J. Pharm. Sci.*, 1996, 85, 518 – 524.
[74] H. – X. Sun, Y. Xie and Y. – P. Ye, *Vaccine*, 2009, 27, 1787 – 1796.
[75] S. Höglund, K. Dalsgaard, K. Lövgren, B. Sundquist, A. Osterhaus and B. Morein, *Subcell. Biochem.*, 1989, 15, 39 – 68.
[76] G. F. A. Kersten and D. J. A. Crommelin, *Biochim. Biophys. Acta, Biomembr.*, 1995, 1241, 117 – 138.
[77] P. H. Demana, N. M. Davies, U. Vosgerau and T. Rades, *Int. J. Pharm.*, 2004, 270, 229 – 239.
[78] D. G. Lendemans, J. Myschik, S. Hook and T. Rades, *J. Pharm. Pharmacol.*, 2005, 57, 729 – 733.
[79] M. P. G. Peixoto, J. Treter, P. E. de Resende, N. P. da Silveira, G. G. Ortega, M. J. Lawrence and C. A. Dreiss, *J. Pharm. Sci.*, 2011, 100, 536 – 546.
[80] X. Dai, X. Shi, Q. Yin, H. Ding and Y. Qiao, *J. Colloid Interface Sci.*, 2013, 396, 165 – 172.
[81] L. I. Nord and L. Kenne, *Carbohydr. Res.*, 2000, 329, 817 – 829.
[82] R. Zana, *Adv. Colloid Interface Sci.*, 2002, 97, 205 – 253.
[83] C. A. Bunton, L. B. Robinson, J. Schaak and M. F. Stam, *J. Org. Chem.*, 1971, 36, 2346 – 2350.
[84] F. M. Menger, *Angew. Chem., Int. Ed. Engl.*, 1991, 30, 1086 – 1099.
[85] F. M. Menger and C. A. Littau, *J. Am. Chem. Soc.*, 1991, 113, 1451 – 1452.
[86] R. Zana and Y. Talmon, *Nature*, 1993, 362, 228 – 230.
[87] R. Zana, *J. Colloid Interface Sci.*, 2002, 248, 203 – 220.
[88] R. Zana and J. Xia, *Gemini Surfactants: Synthesis, Interfacial and Solution – phase Behavior, and Applications*, Marcel Dekker, New York, 2004.
[89] R. Zana and E. W. Kaler, *Giant Micelles: Properties and Applications*, CRC Press, Boca Raton, 2007.
[90] S. Karaborni, K. Esselink, P. A. J. Hilbers, B. Smit, J. Karthauser, N. M. van Os and R. Zana, *Science*, 1994, 266,

254 – 256.
[91] M. J. Rosen and D. J. Tracy, *J. Surfactants Deterg.* ,1998,1,547 – 554.
[92] M. Macián, J. Seguer, M. R. Infante, C. Selve and M. P. Vinardell, *Toxicology*, 1996, 106, 1 – 9.
[93] C. Borde, V. Nardello, L. Wattebled, A. Laschewsky and J. – M. Aubry, *J. Phys. Org. Chem.* ,2008,21,652 – 658.
[94] A. B. Páhi, Z. Király, Á. Mastalir, J. Dudás, S. Puskás and Á. Vágó, *J. Phys. Chem. B*, 2008, 112, 15320 – 15326.
[95] A. J. Kirby, P. Camilleri, J. B. F. N. Engberts, M. C. Feiters, R. J. M. Nolte, O. Söderman, M. Bergsma, P. C. Bell, M. L. Fielden, C. L. García Rodríguez, P. Guedat, A. Kremer, C. McGregor, C. Perrin, G. Ronsin and M. C. P. van Eijk, *Angew. Chem.* ,*Int. Ed.* ,2003,42,1448 – 1457.
[96] C. Bombelli, G. Caracciolo, P. Di Profio, M. Diociaiuti, P. Luciani, G. Mancini, C. Mazzuca, M. Marra, A. Molinari, D. Monti, L. Toccacieli and M. Venanzi, *J. Med. Chem.* ,2005,48,4882 – 4891.
[97] L. Caillier, E. Taffin de Givenchy, R. Levy, Y. Vandenberghe, S. Geribaldi and F. Guittard, *J. Colloid Interface Sci.* ,2009,332,201 – 207.
[98] C. T. Kresge, M. E. Leonowicz, W. J. Roth, J. C. Vartuli and J. S. Beck, *Nature*, 1992, 359, 710 – 712.
[99] S. Bhattacharya and J. Biswas, *Nanoscale*, 2011, 3, 2924 – 2930.
[100] L. Wattebled and A. Laschewsky, *Langmuir*, 2007, 23, 10044 – 10052.
[101] D. Danino, Y. Talmon and R. Zana, *Langmuir*, 1995, 11, 1448 – 1456.
[102] N. Hattori, H. Hirata, H. Okabayashi, M. Furusaka, J. C. O'Connor and R. Zana, *Colloid. Polym. Sci.* ,1999, 277,95 – 100.
[103] M. In, G. G. Warr and R. Zana, *Phys. Rev. Lett.* ,1999,83,2278 – 2281.
[104] M. Dreja, W. Pyckhout – Hintzen, H. Mays and B. Tieke, *Langmuir*, 1999, 15, 391 – 399.
[105] A. Bernheim – Groswasser, R. Zana and Y. Talmon, *J. Phys. Chem. B*, 2000, 104, 4005 – 4009.
[106] H. Rehage and H. Hoffmann, *Mol. Phys.* ,1991,74,933 – 973.
[107] C. Oelschlaeger, G. Waton, S. J. Candau and M. E. Cates, *Langmuir*, 2002, 18, 7265 – 7271.
[108] Z. Lin, L. Chou, B. Lu, Y. Zheng, T. H. Davis, E. L. Scriven, Y. Talmon and L. J. Zakin, *Rheol. Acta*, 2000, 39, 354 – 359.
[109] Q. Li, X. Wang, X. Yue and X. Chen, *Soft Matter*, 2013, 9, 9667 – 9674.
[110] S. Liu, X. Wang, L. Chen, L. Hou and T. Zhou, *Soft Matter*, 2014, 10, 9177 – 9186.
[111] X. Pei, J. Zhao, Y. Ye, Y. You and X. Wei, *Soft Matter*, 2011, 7, 2953 – 2960.
[112] X. Pei, Y. You, J. Zhao, Y. Deng, E. Li and Z. Li, *J. Colloid Interface Sci.* ,2010,351,457 – 465.
[113] H. Fan, B. Li, Y. Yan, J. Huang and W. Kang, *Soft Matter*, 2014, 10, 4506 – 4512.
[114] X. Pei, J. Zhao and X. Wei, *J. Colloid Interface Sci.* ,2011,356,176 – 181.
[115] B. Song, Y. Hu, Y. Song and J. Zhao, *J. Colloid Interface Sci.* ,2010,341,94 – 100.
[116] P. Fischer, H. Rehage and B. Grüning, *J. Phys. Chem. B*, 2002, 106, 11041 – 11046.
[117] P. A. FitzGerald, T. W. Davey and G. G. Warr, *Langmuir*, 2005, 21, 7121 – 7128.
[118] J. Hoque, P. Kumar, V. K. Aswal and J. Haldar, *J. Phys. Chem. B*, 2012, 116, 9718 – 9726.
[119] L. M. Bergström, A. Tehrani – Bagha and G. Nagy, *Langmuir*, 2015, 31, 4644 – 4653.
[120] U. Maran, H. Conley, M. Frank, A. M. Arif, A. M. Orendt, D. Britt, V. Hlady, R. Davis and P. J. Stang, *Langmuir*, 2008, 24, 5400 – 5410.
[121] M. Scarzello, J. E. Klijn, A. Wagenaar, M. C. A. Stuart, R. Hulst and J. B. F. N. Engberts, *Langmuir*, 2006, 22, 2558 – 2568.

[122] N. Azum, A. Z. Naqvi, M. Akram and D. Kabir ud, *J. Colloid Interface Sci.* ,2008,328,429 – 435.
[123] X. Pei, Z. Xu, B. Song, Z. Cui and J. Zhao, *Colloids Surf.* ,A,2014,443,508 – 514.
[124] D. H. Xie and J. Zhao, *Langmuir*,2013,29,545 – 553.
[125] D. P. Acharya, H. Kunieda, Y. Shiba and K. – I. Aratani, *J. Phys. Chem. B*,2004,108,1790 – 1797.
[126] R. Oda, S. J. Candau, R. Oda and I. Huc, *Chem. Commun.* ,1997,2105 – 2106.
[127] X. Wang, J. Wang, Y. Wang, J. Ye, H. Yan and R. K. Thomas, *J. Phys. Chem. B*,2003,107,11428 – 11432.
[128] G. Bai, J. Wang, Y. Wang, H. Yan and R. K. Thomas, *J. Phys. Chem. B*,2002,106,6614 – 6616.
[129] L. M. Bergström, *J. Colloid Interface Sci.* ,2015,440,109 – 118.
[130] L. M. Bergström, *ChemPhysChem*,2007,8,462 – 472.
[131] C. B. Minkenberg, B. Homan, J. Boekhoven, B. Norder, G. J. M. Koper, R. Eelkema and J. H. van Esch, *Langmuir*,2012,28,13570 – 13576.
[132] X. Ji, M. Tian and Y. Wang, *Langmuir*,2016,32,972 – 981.
[133] Z. Chu and Y. Feng, *Chem. Commun.* ,2010,46,9028 – 9030.
[134] Y. Feng and Z. Chu, *Soft Matter*,2015,11,4614 – 4620.
[135] Y. Zhang, Y. Feng, Y. Wang and X. Li, *Langmuir*,2013,29,4187 – 4192.
[136] Y. Zhang, P. An and X. Liu, *Soft Matter*,2015,11,2080 – 2084.
[137] H. Hirata, N. Hattori, M. Ishida, H. Okabayashi, M. Frusaka and R. Zana, *J. Phys. Chem.* ,1995,99,17778 – 17784.
[138] M. In, V. Bec, O. Aguerre – Chariol and R. Zana, *Langmuir*,2000,16,141 – 148.
[139] T. Yoshimura, T. Kusano, H. Iwase, M. Shibayama, T. Ogawa and H. Kurata, *Langmuir*,2012,28,9322 – 9331.
[140] R. Zana, H. Levy, D. Papoutsi and G. Beinert, *Langmuir*,1995,11,3694 – 3698.
[141] D. Danino, Y. Talmon, H. Levy, G. Beinert and R. Zana, *Science*,1995,269,1420 – 1421.
[142] T. Kusano, H. Iwase, T. Yoshimura and M. Shibayama, *Langmuir*,2012,28,16798 – 16806.
[143] H. Weingärtner, *Angew. Chem.* ,Int. Ed. ,2008,47,654 – 670.
[144] N. A. Smirnova and E. A. Safonova, *Colloid J.* ,2012,74,254 – 265.
[145] T. L. Greaves and C. J. Drummond, *Chem. Soc. Rev.* ,2008,37,1709 – 1726.
[146] T. L. Greaves and C. J. Drummond, *Chem. Soc. Rev.* ,2013,42,1096 – 1120.
[147] C. A. Angell, N. Byrne and J. – P. Belieres, *Acc. Chem. Res.* ,2007,40,1228 – 1236.
[148] D. F. Evans, A. Yamauchi, R. Roman and E. Z. Casassa, *J. Colloid Interface Sci.* ,1982,88,89 – 96.
[149] D. F. Evans, A. Yamauchi, G. J. Wei and V. A. Bloomfield, *J. Phys. Chem.* ,1983,87,3537 – 3541.
[150] J. L. Anderson, V. Pino, E. C. Hagberg, V. V. Sheares and D. W. Armstrong, *Chem. Commun.* ,2003,2444 – 2445.
[151] C. R. López – Barrón and N. J. Wagner, *Langmuir*,2012,28,12722 – 12730.
[152] J. Hao and T. Zemb, *Curr. Opin. Colloid Interface Sci.* ,2007,12,129 – 137.
[153] C. Patrascu, F. Gauffre, F. Nallet, R. Bordes, J. Oberdisse, N. de Lauth – Viguerie and C. Mingotaud, *ChemPhysChem*,2006,7,99 – 101.
[154] M. U. Araos and G. G. Warr, *Langmuir*,2008,24,9354 – 9360.
[155] Y. He, Z. Li, P. Simone and T. P. Lodge, *J. Am. Chem. Soc.* ,2006,128,2745 – 2750.
[156] P. M. Simone and T. P. Lodge, *Macromol. Chem. Phys.* ,2007,208,339 – 348.
[157] C. R. López – Barrón, D. Li, N. J. Wagner and J. L. Caplan, *Macro – molecules*,2014,47,7484 – 7495.
[158] J. Łuczak, J. Hupka, J. Thöming and C. Jungnickel, *Colloids Surf.* ,A,2008,329,125 – 133.
[159] P. D. Galgano and O. A. El Seoud, *J. Colloid Interface Sci.* ,2010,345,1 – 11.

[160] O. A. El Seoud, P. A. R. Pires, T. Abdel-Moghny and E. L. Bastos, *J. Colloid Interface Sci.*, 2007, 313, 296–304.

[161] P. Brown, C. P. Butts, J. Eastoe, I. Grillo, C. James and A. Khan, *J. Colloid Interface Sci.*, 2013, 395, 185–189.

[162] J. Bowers, C. P. Butts, P. J. Martin, M. C. Vergara-Gutierrez and R. K. Heenan, *Langmuir*, 2004, 20, 2191–2198.

[163] B. Dong, J. Zhang, L. Zheng, S. Wang, X. Li and T. Inoue, *J. Colloid Interface Sci.*, 2008, 319, 338–343.

[164] Y. Lin, Y. Qiao, Y. Yan and J. Huang, *Soft Matter*, 2009, 5, 3047–3053.

[165] A. Ping, P. Geng, J. Zhang, J. Liu, D. Sun, X. Zhang, Q. Li, J. Liu and X. Wei, *Soft Materials*, 2014, 12, 326–333.

[166] H. Yan, M. Zhao and L. Zheng, *Colloids Surf.*, *A*, 2011, 392, 205–212.

[167] J. Li, M. Zhao and L. Zheng, *Colloids Surf.*, *A*, 2012, 396, 16–21.

[168] M. Zhao, Z. Yan, C. Dai, M. Du, H. Li, Y. Zhao, K. Wang and Q. Ding, *Colloid. Polym. Sci.*, 2015, 293, 1073–1082.

[169] Z. Yan, C. Dai, M. Zhao, G. Zhao, Y. Li, X. Wu, Y. Liu and M. Du, *J. Surfactants Deterg.*, 2015, 18, 739–746.

[170] Z. Yan, C. Dai, M. Zhao, Y. Li, M. Du and D. Peng, *Colloid. Polym. Sci.*, 2015, 293, 1759–1766.

[171] Q. You, Y. Zhang, H. Wang, H. Fan, J. Guo and M. Li, *Int. J. Mol. Sci.*, 2015, 16, 26096.

[172] J. Li, M. Zhao, H. Zhou, H. Gao and L. Zheng, *Soft Matter*, 2012, 8, 7858–7864.

[173] M. Du, C. Dai, A. Chen, X. Wu, Y. Li, Y. Liu, W. Li and M. Zhao, *RSC Adv.*, 2015, 5, 68369–68377.

[174] H. Yan, Y. Long, K. Song, C.-H. Tung and L. Zheng, *Soft Matter*, 2014, 10, 115–121.

[175] Y. Bi, H. Wei, Q. Hu, W. Xu, Y. Gong and L. Yu, *Langmuir*, 2015, 31, 3789–3798.

[176] Z. Yan, C. Dai, H. Feng, Y. Liu and S. Wang, *PLoS One*, 2014, 9, e110155.

[177] X. Wang, R. Wang, Y. Zheng, L. Sun, L. Yu, J. Jiao and R. Wang, *J. Phys. Chem. B*, 2013, 117, 1886–1895.

[178] Y. Hu, J. Han, L. Ge and R. Guo, *Langmuir*, 2015, 31, 12618–12627.

[179] Y. Hu, L. Ge, J. Han and R. Guo, *Soft Matter*, 2015, 11, 5624–5631.

[180] K. Shinoda, M. Hato and T. Hayashi, *J. Phys. Chem.*, 1972, 76, 909–914.

[181] H. Kunieda and K. Shinoda, *J. Phys. Chem.*, 1976, 80, 2468–2470.

[182] C. Tanford, *The Hydrophobic Effect: Formation of Micelles and Biological Membranes*, Wiley, New York, 1973.

[183] K. Trickett and J. Eastoe, *Adv. Colloid Interface Sci.*, 2008, 144, 66–74.

[184] K. Wang, G. Karlsson and M. Almgren, *J. Phys. Chem. B*, 1999, 103, 9237–9246.

[185] H. Hoffmann and J. Würtz, *J. Mol. Liq.*, 1997, 72, 191–230.

[186] D. P. Bossev, M. Matsumoto and M. Nakahara, *J. Phys. Chem. B*, 1999, 103, 8251–8258.

[187] A. Knoblich, M. Matsumoto, K. Murata and Y. Fujiyoshi, *Langmuir*, 1995, 11, 2361–2366.

[188] H. Watanabe, T. Sato, K. Osaki, M. Matsumoto, P. D. Bossev, E. C. McNamee and M. Nakahara, *Rheol. Acta*, 2000, 39, 110–121.

[189] M. Abe, K. Tobita, H. Sakai, Y. Kondo, N. Yoshino, Y. Kasahara, H. Matsuzawa, M. Iwahashi, N. Momozawa and K. Nishiyama, *Langmuir*, 1997, 13, 2932–2934.

[190] K. Tobita, H. Sakai, Y. Kondo, N. Yoshino, K. Kamogawa, N. Momozawa and M. Abe, *Langmuir*, 1998, 14, 4753–4757.

[191] D. Danino, D. Weihs, R. Zana, G. Orädd, G. Lindblom, M. Abe and Y. Talmon, *J. Colloid Interface Sci.*, 2003, 259, 382–390.

[192] K. Tobita, H. Sakai, Y. Kondo, N. Yoshino, M. Iwahashi, N. Momozawa and M. Abe, *Langmuir*, 1997, 13,

5054 – 5055.

[193] D. P. Acharya, S. C. Sharma, C. Rodriguez – Abreu and K. Aramaki, *J. Phys. Chem. B*, 2006, 110, 20224 – 20234.

[194] S. C. Sharma, C. Rodríguez – Abreu, L. K. Shrestha and K. Aramaki, *J. Colloid Interface Sci.*, 2007, 314, 223 – 229.

[195] J. Esquena, C. Rodríguez, C. Solans and H. Kunieda, *Microporous Mesoporous Mater.*, 2006, 92, 212 – 219.

[196] I. Ionita – Abutbul, L. Abezgauz, D. Danino and H. Hoffmann, *Colloids Surf.*, *A*, 2015, 483, 150 – 154.

[197] G. Padoan, E. Taffin de Givenchy, A. Zaggia, S. Amigoni, T. Darmanin, L. Conte and F. Guittard, *Soft Matter*, 2013, 9, 8992 – 8999.

[198] S. Ezrahi, E. Tuval and A. Aserin, *Adv. Colloid Interface Sci.*, 2006, 128 – 130, 77 – 102.

[199] J. Yang, *Curr. Opin. Colloid Interface Sci.*, 2002, 7, 276 – 281.

[200] R. K. Rodrigues, M. A. da Silva and E. Sabadini, *Langmuir*, 2008, 24, 13875 – 13879.

[201] S. R. Raghavan and E. W. Kaler, *Langmuir*, 2001, 17, 300 – 306.

[202] S. R. Raghavan, H. Edlund and E. W. Kaler, *Langmuir*, 2002, 18, 1056 – 1064.

[203] I. Couillet, T. Hughes, G. Maitland, F. Candau and S. J. Candau, *Langmuir*, 2004, 20, 9541 – 9550.

[204] R. Kumar, G. C. Kalur, L. Ziserman, D. Danino and S. R. Raghavan, *Langmuir*, 2007, 23, 12849 – 12856.

[205] R. Kumar and S. R. Raghavan, *Soft Matter*, 2009, 5, 797 – 803.

[206] Z. Chu and Y. Feng, *Synlett*, 2009, 2655 – 2658.

[207] Z. Chu and Y. Feng, *Soft Matter*, 2010, 6, 6065 – 6067.

[208] Z. Chu, Y. Feng, H. Sun, Z. Li, X. Song, Y. Han and H. Wang, *Soft Matter*, 2011, 7, 4485 – 4489.

[209] Z. Chu and Y. Feng, *ACS Sustainable Chem. Eng.*, 2013, 1, 75 – 79.

[210] Y. Zhang, Y. Luo, Y. Wang, J. Zhang and Y. Feng, *Colloids Surf.*, *A*, 2013, 436, 71 – 79.

[211] Y. Zhang, P. An and X. Liu, *RSC Adv.*, 2015, 5, 19135 – 19144.

[212] H. Yixiu, Z. Hong, W. Yongqiang, M. Yongjun and W. Hang, *J. Mol. Liq.*, 2015, 211, 481 – 486.

[213] Y. Han, Y. Feng, H. Sun, Z. Li, Y. Han and H. Wang, *J. Phys. Chem. B*, 2011, 115, 6893 – 6902.

[214] Y. Han, Z. Chu, H. Sun, Z. Li and Y. Feng, *RSC Adv.*, 2012, 2, 3396 – 3402.

[215] Y. Zhang, Y. Han, Z. Chu, S. He, J. Zhang and Y. Feng, *J. Colloid Interface Sci.*, 2013, 394, 319 – 328.

[216] J. – F. Berret, in *Molecular gels: Materials With Self – assembled Fibrillar Networks*, ed. R. G. Weiss and P. Terech, Springer, Dordrecht, 2006, p. 667.

第5章 蠕虫状胶束和纳米颗粒组成的自组装网络

Olga E. Philippova

5.1 简介

黏弹性表面活性剂能够形成非常长的蠕虫状胶束(WLMs),由于具有链状结构,其溶液表现出近似于常规聚合物的流变行为[1-12]。特别是胶束链可以相互缠绕形成短暂的网络结构,故而展示出明显的黏弹性。此外,利用胶束链重新组装形成的网络结构展示出流变特性变化幅度达到几个数量级[4-12]。

在构建新的自组装多组分材料领域,WLMs 是非常有利用潜力的构建模块。最近频频刊出利用 WLMs 和无机纳米颗粒构建这种材料的文献[13-24]。无机纳米颗粒要么能显著增强 WLMs 溶液的黏弹性,要么赋予 WLMs 溶液以新的性能,比如磁性[21]或等离子体[16-19]。"活的" WLMs 胶束链在结构上的极易修饰、胶束链与纳米颗粒间的相互作用以及 WLMs 与有些纳米颗粒间的反应能力,为调整这种自组装混合材料的特性开辟了多种途径。

本章首先描述了 WLMs 与纳米颗粒之间的相互作用机制及其相行为;然后探讨了纳米颗粒对 WLMs 溶液和凝胶流变学的影响;最后概述了嵌入纳米颗粒可赋予胶束溶液的功能特性。

5.2 蠕虫状胶束与纳米颗粒的相互作用

多种技术证明纳米颗粒可以与 WLMs 相互作用。动态光散射数据表明纳米颗粒在 WLMs 溶液中的扩散会受到严重阻碍:它在 WLMs 溶液中移动像是在有效黏度比 WLMs 溶液高得多的介质中一样困难[14]。稀溶液的流变学研究表明[14],体积分数 1% 的纳米颗粒可使 WLM 溶液的黏度增加 300%。因为在这种情况下,根据爱因斯坦关系式的预测,黏度只会增加 2.5%。胶束和微粒之间联系的直接证据是冷冻透射电子显微镜(cryo-TEM)[15,23]和冷冻断裂透射电子显微镜(FF-TEM)[20]。

根据目前掌握的实验数据,可以得到 WLMs 与纳米颗粒之间相互作用的分子图。当纳米颗粒浸入表面活性剂溶液中时,首先它们被一层吸附的表面活性剂分子覆盖(图 5.1)。该层的结构可能因表面活性剂的性质、疏水程度和电荷程度不同而不同[25]。表面活性剂分子在纳米颗粒表面形成的结构可分为三大类:双层、单层、离散胶束或半胶束。当颗粒表面的电荷与表面活性剂头基的电荷相反时,表面活性剂分子就会在颗粒表面形成双电层。当颗粒表面疏水时,表面活性剂分子会在颗粒表面形成双分子层。当颗粒表面疏水时,表面活性剂通过其疏水尾部与之相互作用,形成一个头基面向溶液的单层[27]。当纳米颗粒表面与表面活性剂头基的电荷相同时,表面活性剂仍可通过疏水作用吸附在表面的疏水位点上形成吸附层。

在下一阶段,被表面活性剂覆盖着的纳米颗粒与 WLMs 相互作用(图 5.1)。只有胶束链的端盖参与了该相互作用,因为它们代表了胶束中能量上不利的部分,从能量高低的角度看,表面活性剂分子形成半球形堆积构型不如与圆柱形更好。如果 WLM 的直径远小于纳米颗粒的表面积,则两个或更多胶束末端可连接单个纳米颗粒,从而导致其伸长或胶束交联。

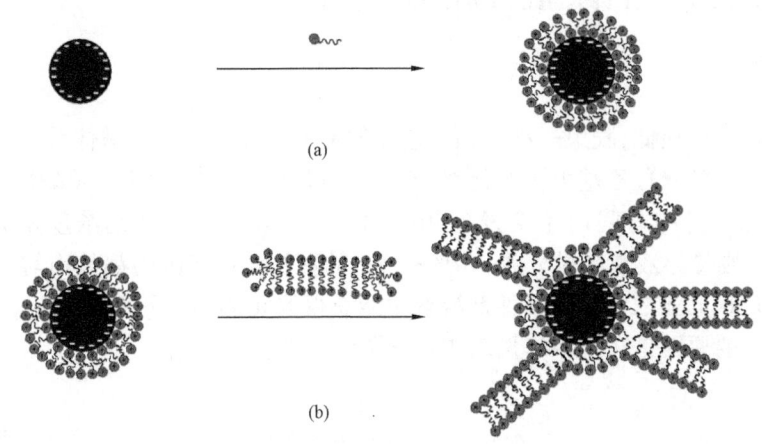

图 5.1　WLM—纳米颗粒相互作用的两个阶段示意图(据 Pletneva et al. ,2015)
(a)在颗粒表面形成表面活性剂吸附层;(b)能量不利的胶束端盖通过与颗粒融合而吸附在颗粒上

进行了基于自洽方法的理论研究以了解胶束—颗粒连接的形成机制及其稳定条件。连结点是通过胶束端盖通过表面活性剂层吸附在颗粒表面与颗粒融合形成的。由于 WLM 的端盖在能量上是不利的,因此融合应该有助于降低系统的总自由能。另外,融合也可能会扰乱颗粒表面的表面活性剂层,构型产生一些错位从而增加自由能。胶束—颗粒连接点的形成是由端盖能量和在端盖—颗粒表面吸附所需的胶束吸附能之间的平衡所控制。当吸附胶束端盖的自由能小于自由端盖的自由能时,交界处在热力学上是稳定的。计算机模拟预测[26],对于高疏水性或高亲水性粒子,这种情况都无法实现,因为它们被相当稳定的表面活性剂层所覆盖,这些表面活性剂层不容易被破坏以容纳端盖。但是,介于中间的状态下,当表面活性剂层不完美时,胶束与纳米粒子连接在热力学上是最有利的。

实验研究表明,在许多情况下都会出现这两种情况:(1)颗粒被带相同电荷的表面活性剂外层所覆盖[14-15];(2)颗粒被带相反电荷的表面活性剂双分子层所覆盖,该层因电荷密度低且不均匀,双电层呈现不完美。[21]

有学者进行了粗粒度分子动力学模拟以探究胶束端盖与表面活性剂覆盖的纳米颗粒之间形成连接点的分子机理(详见第 10 章)。[24]该研究是用非常短的棒状十六烷基三甲基氯化铵阳离子胶束和 3.5nm 尺寸的纳米颗粒共存的两种场景:亲水性、带负电荷的颗粒被表面活性剂双分子层覆盖;疏水的不带电荷的颗粒被表面活性剂单层覆盖。在这两种情况下,胶束端盖与颗粒表面的表面活性剂层的融合是通过打开端盖实现的。颗粒表面的表面活性剂层融合,分子从胶束转移到纳米颗粒。据估计,对于双层表面活性剂覆盖的带电荷的纳米颗粒来说,胶束—纳米颗粒接合点的形成能量约为 1050kJ/mol(约 $420k_BT$),对于而单层表面活性剂覆盖的不带电纳米颗粒来说,连接点的形成能量约为 565kJ/mol(约 $227k_BT$)。[24]这些高能量值表明,连结点是稳定的,不会因热波动而破裂。

总之,WLMs 能够与具有不同表面基团的纳米颗粒相互作用。同时,纳米颗粒的表面特性也极为重要,因为它们决定了吸附表面活性剂层的结构和稳定性。这些吸附表面活性剂层又与胶束的端帽相连。稳定的 WLMs—纳米颗粒连接点主要适用于纳米颗粒的吸附表面活性剂层相当不完美,可以在不耗费大量能量的情况下进行重组。

5.3 相行为

如果颗粒的比例很低,胶束—纳米颗粒连接的形成可促进胶体分散体系的稳定性。例如,在精心制备的芥子酰双羟乙基甲基氯化铵(EHAC)WLMs 溶液中,大尺寸(250nm)重磁铁矿颗粒的悬浮液在几个月的时间内不会发生相分离。[21]如果表面活性剂浓度略大于重叠浓度(C^*)(图5.2),则悬浮液在质量分数 0.4%～15% 的颗粒含量范围内都是均匀的。事实上,只有含有缠结 WLMs 的亚浓释表面活性剂溶液才能获得均相体系。研究者认为,该体系具有高胶体稳定性的主要原因是在 WLMs 网络中包含了纳米颗粒[21]。

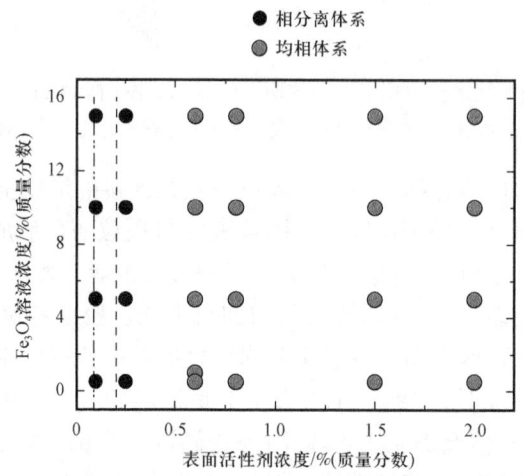

图 5.2　在 20℃ 和 pH 值 11 条件下质量分数 1%～3% KCl 溶液中 EHAC/磁铁体系的胶体稳定性图
(据 Pletneva et al. ,2015)

无磁铁粒子存在时,分别在质量分数 1% 和 3% HCl 溶液中 EHAC 溶液的 C^* 浓度分别用虚线和点虚线标出

由于胶束链能够与多种纳米颗粒(疏水、亲水、带电、不带电等)相互作用,因此 WLMs 溶液或凝胶可被视为一种"通用"介质,适用于稳定具有不同表面性质的纳米颗粒。特别是,WLMs 溶液可以制备同时含有几种不同性质、大小和形状的纳米颗粒的稳定悬浮液,最近的研究证明了这一点[16]。

然而,当颗粒的体积分数较高时,它们会相互聚集,并观察到形成固体沉淀的相分离现象。[14,29]参考文献[29]详细研究了由十六烷基三甲基溴化铵(CTAB)阳离子 WLMs 和带同种电荷的 14nm 二氧化硅纳米颗粒组成的体系的相行为。观察发现,相分离是完全热可逆的:加热两相体系后会将其转化为单相分散,放置数月后依然保持这样。这表明这是一种平衡胶体相分离。胶体稳定相图中的两相区域随着温度的降低、表面活性剂浓度和盐与表面活性剂比率的增加而扩大。[29]由于已知所有这些参数都会导致胶束长度的增加,因此可以得出结论:相分离对较长的WLMs更为有利。这种行为似乎与直觉相反,因为较长的WLMs具有较高的黏度,这应该会减缓颗粒的沉积[30]。这种行为可归因于耗竭相互作用。当颗粒接近的距离小于胶束的尺寸时,胶束链会从粒子之间的空隙中释放出来,以避免其构型熵的损失。在渗透力的作用下,颗粒之间产生吸引力。这种耗竭机制制约着许多聚合物—纳米粒子系统的相分离过程[30]。然而,人们注意到,与聚合物溶液相比,在WLMs溶液中纳米粒子开始聚集的体积分数较低。[14]这表明在WLMs—纳米颗粒溶液中,其他过程的参与会导致更大的相不稳定性。根据参考文献[14],这可能是由于颗粒与颗粒之间的吸引力是由WLMs内联到颗粒上而产生的颗粒间吸引力。

为了证实这一假设,我们利用对可逆断裂、末端吸附胶束链的简单统计力学描述,对WLMs介导的胶体相互作用进行了建模。[29]由此得出的相互作用势包含可通过实验确定的模型参数。这些参数包括:(1)库恩长度,可通过小角中子散射(SANS)或应力光学系数的流动双折射测量来估算;(2)胶束的体积分数;(3)胶束平均轮廓长度,可通过流变数据等提取;(4)颗粒半径;(5)胶束末端吸附能量,可通过等温滴定量热法测量。该模型预测,[29]胶束架桥引起的颗粒间吸引力比单分散普通聚合物的吸引力更强、范围更广,后者也是通过链端与颗粒相互作用。造成这种差异的原因是胶束的长度分布非常广泛,这是胶束可逆断裂造成的[29]。特别是,WLMs体系中的长程相互作用可以用一些很长的胶束链来解释,这些胶束链可以在较大的分隔距离上桥接纳米颗粒。研究表明,该模型可以准确预测某些实验体系在较宽溶液条件下的胶体稳定性,对于这些体系胶束桥接引起的颗粒间吸引力是造成相分离的主要原因。相反,在胶束—颗粒连接不稳定的体系中,可能会出现耗竭机制。需要强调的是,当颗粒之间的平均距离小于WLMs的尺寸时,纳米颗粒的耗竭和WLMs调节的吸引都会导致相分离。因此,要实现均相系统,必须使用中等体积分数的纳米颗粒或中等长度的WLMs。

WLMs纳米颗粒悬浮液显示出相当广泛的相容性,这是由于颗粒通过将能量上不利的胶束端盖与颗粒表面相连,从而融入了缠结的WLMs网络。因此,使用WLMs为稳定纳米颗粒分散体开辟了一条有趣的途径。

5.4 结构

WLMs纳米颗粒系统的结构已通过多种技术进行了研究,包括SANS、cryo-TEM和FF-TEM技术。对比度匹配的SANS测量结果表明,纳米颗粒不会在WLMs的胶束持续长度上下的尺寸大小上破坏WLMs的结构。[14,16] cryo-TEM和FF-TEM的数据表明,在WLMs网络中部分胶束与纳米颗粒相交,而与一个颗粒相连的胶束链数量很少[15,20,23]。在最近的一项研究中[21],估算处一个例子被接枝上去的胶束所占的最大表面积为1.6%,相当于每平方纳米的面积上有0.0008个链。同时,即使在这种情况下,胶束子链的未扰动尺寸(即两个相邻缠结之间的链)远大于颗粒表面上接枝之间的平均距离,表明接枝链被拉伸和(或)重叠。这种拉伸会限制胶束末端进一步附着到同一颗粒。

因此,对WLMs纳米颗粒系统的结构研究揭示了一种胶束链网络,其中纳米颗粒与两个或多个胶束相连。在后一种情况下,纳米颗粒是网络结构中的交联点。不过,总体而言,连接到一个颗粒上的胶束链的密度相当低。

5.5 纳米颗粒对流变性的调节

5.5.1 稀溶液

与 WLMs 相互作用的纳米颗粒对表面活性剂溶液的流变性有重大影响。当纳米颗粒被添加到接近重叠浓度 C^* 的 WLMs 的稀释溶液中时,其影响最为明显。在这种情况下,纳米颗粒可在牛顿流体中诱导出显著的凝胶状黏弹性。Nettesheim 等[14]首次在阳离子表面活性剂 CTAB 和带正电荷的 30nm SiO_2 纳米颗粒的 WLMs 溶液中证明了这种效应。颗粒浓度(体积分数)仅为 1%,溶液黏度增加了 25 倍。同样的表面活性剂 CTAB 和带负电荷的银纳米粒子的 WLMs 也有类似的效果。作者发现加入质量分数 0.2% 的纳米粒子后黏度增加了 60 倍。[17]脂肪酸甲酯磺酸钠(MES)$RCH(SO_3Na)COOCH_3$($R = C_{16}$—C_{18}烷基)和 $20 \sim 40nm$ 钛酸钡颗粒的阴离子 WLMs 的黏度增强更为明显。该体系,含有质量分数 0.9% 纳米颗粒的 WLMs 溶液的零剪切黏度比纯 WLMs 溶液的零剪切黏度高三个数量级。[20]因此,与母体成分相比,在 C^* 附近,WLMs 和纳米颗粒的混合物可以协同增大黏度。

5.5.2 亚浓溶液

在已经表现出黏弹性的亚浓释 WLMs 溶液中,纳米颗粒会引起平台模量 G_0、黏度和弛豫时间的增加(图 5.3)。[14-15,20-21,23]这些影响的原因是胶束和颗粒之间形成了连接,导致胶束链的有效伸长和(或)交联。对于亚浓释溶液,现有的大量实验数据[13-15,20-23]可以分析不同因素对 WLMs/纳米颗粒系统流变性的影响。

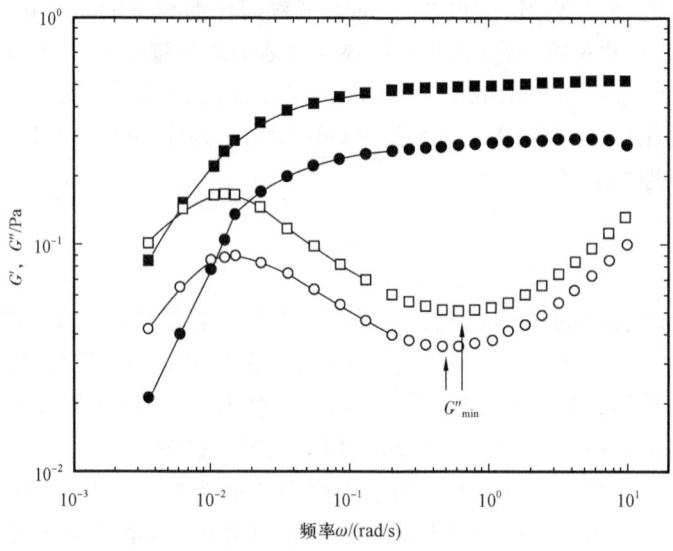

图 5.3 含有质量分数 1.5% 的磁铁纳米颗粒(方框)与不含纳米颗粒(圆圈)在 20℃环境下,质量分数 0.6% EHAC 溶液中储能模量 G'(实心符号)和损耗模量 G''(空心符号)的频率相关性(据 Pletneva et al. ,2015)

溶剂:质量分数 1.5% 氯化钾水溶液,pH 值为 11

5.5.2.1 纳米颗粒浓度的影响

在设计旨在研究颗粒浓度对选定流变参数影响的实验时,有必要考虑添加的颗粒会消耗一些表面活性剂来在其表面形成吸附层,减少了可用于形成 WLM 的表面活性剂量,从而降低溶液流变性。

首先考虑颗粒含量对平台模量 G_0 的影响。文献数据表明,G_0 要么随着颗粒添加量的增加而增加[15],要么先增大后达到恒定值(图5.4)[21]。G_0 的增加显然是由于胶束—颗粒连接的形成。G_0 趋于平稳的原因是系统中的所有胶束端盖都附着在颗粒上,从而导致网络结构饱和。进一步添加颗粒可能只会引起微粒间胶束端盖的重新分布,而不会影响弹性活性子链的数量。

可以认为,G_0 的增加和进一步趋于平稳代表了一般情况,而只有当颗粒的体积分数太低而无法达到"饱和"时,才会观察到 G_0 的单调增长。应该注意的是,纳米颗粒对平台模量的影响并不是很大。通常 G_0 只通过指数性增加 1.2~2。[20-21] 这种行为可大致解释如下,当引入纳米颗粒时,除了胶束链之间最初存在的缠结之外,它们还会诱导形成新的交联。最初的 WLM 参与形成了 n 个弹性活性子链(缠结作用),其两端与不同纳米颗粒的连接将产生 $(n+2)$ 个弹性活性子链,从而提供约 $(n+2)/n$ 倍的平台模量增长。胶束与胶束之间初始缠绕垫的数量越少,纳米颗粒对平台模量值增加的幅度越大。

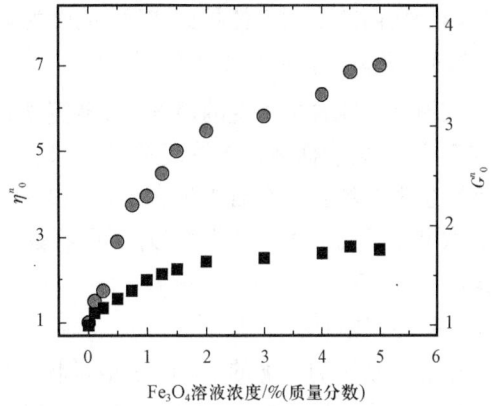

图 5.4 质量分数 0.6% EHAC 溶液中磁铁纳米颗粒浓度与零剪切黏度 η_0(圆圈)和平台模量 G_0''(正方形)的关系(据 Pletneva et al. ,2015)

为了更好地进行比较,η_0 和 G_0 的相应值进行了归一化处理。

溶剂:1.5%(质量分数)氯化钾水溶液,pH 值为 11

在所研究的大多数体系中,零剪切黏度 h_0 随着纳米颗粒含量的增加而单调增加,黏度的增强可达到 1~2 个数量级。[14-15,20-21,23] 与 G_0 相比,颗粒对零剪切黏度的影响更大,这可能与体系的弛豫时间 t_{rel} 的增加有关。这一点从 G' 和 G'' 之间交叉频率的变化可以看出(图5.3)。请注意,同时断裂时间 t_{br} 也会变快,表现为 G_{min}'' 所在的角频率增加。[14] 在纳米颗粒存在的情况下,断裂时间 t_{br} 变快的原因是代表"软区"的胶束—粒子连接的寿命较短。[15,21] 在有纳米颗粒存在的情况下,断裂时间 t_{br} 较快,弛豫过程减慢,这意味着爬行时间 t_{rep} 增加。这可归因于当胶束链的端盖与纳米颗粒相连时,胶束链的重排运动会受到阻碍。因此,观察到的黏度增加似乎主要是由于 WLMs 的爬行受阻造成的,在运动过程中遇到许多粘着点(即纳米粒子)。

对于某些体系,添加纳米颗粒后弛豫时间甚至会趋于无穷大,WLMs 溶液表现得像弹性凝胶。阴离子表面活性剂 MES 在质量分数 0.6% 20~40nm 钛酸钡纳米颗粒的存在下就出现了这种情况,其屈服应力为 3.6Pa。[20] 因此,增加纳米颗粒的含量不仅可以提高黏度和弹性模量,还能诱导黏弹性流体向弹性凝胶转化。黏弹性流体转变为弹性凝胶。

5.5.2.2 纳米颗粒尺寸大小的影响

据我们所知,仅有一篇文献报道了纳米颗粒尺寸对 WLMs 溶液流变特性的影响[23]。这项研究是针对油酸钠(NaOA)和辛基三甲基溴化铵(OTAB)作为共表面活性剂形成的阴离子WLMs,与35nm的阴离子纳米二氧化硅颗粒混合而成。研究表明,当纳米颗粒的大小从60nm降到15nm,零剪切黏度增加了5倍。因此,更小的纳米颗粒可能更有效地增加黏度,而更大的纳米颗粒则可能更有效地增加黏度。因此,较小的纳米颗粒在增加黏度方面可能更有效,这可能是由于它们的表面与体积比更高,从而为它们与WLMs的相互作用提供了更大的表面积。

5.5.2.3 表面活性剂浓度的影响

在纳米颗粒含量不变的情况下,零剪切黏度与表面活性剂浓度的关系被多次报道[20,23]。研究表明,随着表面活性剂浓度的增加,黏度会急剧上升并达到最大值,这表明胶束的长度和分支数量都在增长。在有纳米颗粒存在的情况下,纠缠浓度(此时检测到黏度急剧增加)和达到最大黏度所需的表面活性剂浓度都较低。因此,纳米颗粒有利于胶束长度的增长及其分支增多。

5.5.2.4 盐的影响

盐会明显影响带电的WLMs—纳米粒子体系的流变行为。对于带类似电荷的WLMs和纳米颗粒在盐浓度较高时,纳米颗粒诱导的黏度增加更为显著。[15]对于带同类电荷的WLMs和纳米颗粒斥力的屏蔽作用增强所致。相反,对于带相反电荷的WLMs和纳米颗粒,黏度和平台模量的增加在盐浓度较高时更为明显。[21]平台模量的增加在盐浓度较低时更为明显,因为:(1)它有利于成分之间的吸引;(2)它会导致与颗粒相互作用的胶束端帽数量增加。因此,盐对WLMs—纳米颗粒体系流变性的影响在很大程度上取决于带电基团的存在及其电荷的符号。

5.5.2.5 WLM和纳米颗粒电荷符号的影响

在大多数已报道的研究中[14-15,23],都使用了带同种电荷的WLMs和纳米颗粒,因为在这种情况下更容易避免相分离。然而,当静电斥力变得太强时,就会阻止胶束—颗粒接合点的形成,纳米颗粒对WLMs的流变性没有影响。[23]带相反电荷的WLMs和纳米颗粒的体系的研究较少[13,21],但它们还是很有前景的,因为它们能确保各组分之间更强的相互作用。

如上所述,盐对带相同和相反电荷的WLM和纳米粒子体系会产生截然不同的影响。有趣的是,在其他方面(即加入微粒后黏度、剪切模量和弛豫时间的增加),两种类型的WLMs和纳米微粒体系的数据并不一致[14-15,21]。这一事实相当令人惊讶,因为人们可能会认为表面活性剂与颗粒之间的相互作用是颗粒对WLMs溶液流变学影响的关键因素。事实上,WLMs颗粒连接的形成是通过胶束端帽与纳米颗粒表面的表面活性剂层融合,因此应在很大程度上取决于该层的状态,相同和相反电荷的表面活性剂与纳米颗粒体系会造成明显不同。不过,在接下来的阶段(胶束端帽与离子表面由相同的表面活性剂形成的层融合)时,两种体系相同电荷组成会与彼此发生相互作用。

当表面活性剂和助表面活性剂混合物形成WLMs时,情况则略有不同。在这种情况下,WLMs和纳米颗粒上的表面活性剂层可能带相反的电荷。[23]这将增强WLMs与纳米颗粒的相互作用。该体系由NaOA(表面活性剂)/OTAB(助表面活性剂)组成的阴离子胶束,其中带负电荷的表面活性剂含量较高,阴离子二氧化硅粒子含量较低。在该体系中,阳离子助表面活性剂吸附在纳米颗粒带相反电荷的表面上,从而将其符号由负变正。因此,胶束—颗粒连接的进一步形成通过带负电荷的 WLMs 与带相反电荷的纳米颗粒之间的相互作用,之间的静电吸引而进一步形成胶束—颗粒连接。

因此,WLMs 和纳米颗粒的电荷符号在这些成分相互作用的两个阶段都很重要:(1)表面活性剂在颗粒表面的吸附,决定了吸附层的结构和稳定性以及 WLM—纳米颗粒连接的稳定性;(2)胶束端帽与表面活性剂覆盖的纳米颗粒的融合。

5.5.2.6 温度的影响

在不含纳米颗粒的 WLMs 中,黏度通常会随着加热而降低,这是由于胶束链缩短所致[20]。以阴离子 MES—WLMs 和 20~40nm 的热释电钛酸钡(BaTiO$_3$)颗粒为例,研究表明在质量分数 4% 的表面活性剂溶液中加入质量分数 0.6% 的纳米颗粒后,在 30℃ 和 50℃ 时黏度分别提高了 1.2 倍和 4 倍(图 5.5)。

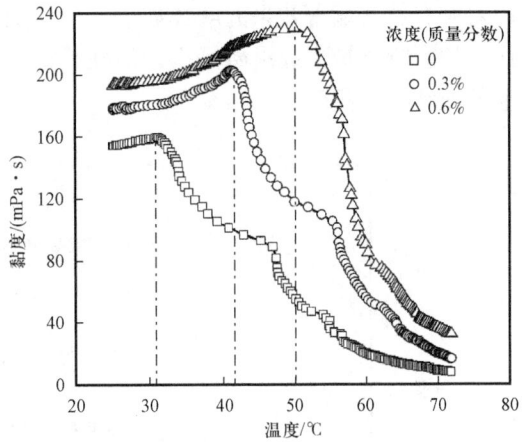

图 5.5 在 170s^{-1} 的剪切速率下,含有不同浓度 20~40nm 纳米钛酸钡的质量分数 4% MES 溶液样品的剪切黏度与温度的函数关系(M. Luo, Z. Jia, H. Sun, L. Liao, Q. Wen, Rheological behavior and microstructure of an anionic surfactant micelle solution with pyroelectric nanoparticle, Colloids Surf., A, 395, pp. 267–275.)

溶剂:质量分数 4% 氯化钠水溶液。

经 Elsevier(2012)授权许可

对于该系统,在一定温度范围内,黏度会随着加热而增加[20],这在无纳米颗粒的 WLMs 中通常是观察不到的。这种行为可归因于热释电效应(即晶体受热自发极化)导致纳米颗粒表面的静电荷在加热时增加。带电粒子与表面活性剂的相互作用更强,从而促进了 WLMs 更有效地伸长和交联。然而,当温度超过临界值时,黏度开始下降,因为加热会导致胶束网络破裂。

5.6 纳米颗粒赋予新的功能特性

纳米颗粒可控制形成各种功能特性[2],如强光吸收(例如金、银等金属颗粒)、荧光(例如半导体量子点:CdSe、CdTe 等)、磷光(例如掺杂氧化物材料,Y$_2$O$_3$)或磁矩(如氧化铁[27-28])。胶束凝胶中加入此类功能性纳米颗粒,可使生成的混合材料拥有新的特性。与此同时,凝胶还能为具有定制流变特性的颗粒提供基质,确保它们的适当分散,同时防止(或显著减缓)颗粒的沉积[32]。

5.6.1 磁性能

磁性颗粒可用于赋予 WLMs 流体磁致伸缩特性。Pletneva 等首次考虑了这种体系[21]。实验是在 EHAC 的阳离子 WLMs 和带相反电荷的磁铁矿(Fe$_3$O$_4$)颗粒上进行的。为了获得更强的磁响应,研究的重点是亚微米级(250nm)的大颗粒。研究表明,悬浮液可以整体移向磁体,这可用于将流体精确定位到所需位置[21]。磁场对流体的流变特性也有重要影响。施加 0.2T 的磁场后,液态混合体系转变为固态混合体系,在整个频率范围内显示出恒定的储能模量值(图 5.6)。同时,平台模量 G_0 的值增加了一个数量级以上。此外,在磁场中还出现了屈服应力。对所有这些显著效果的解释如下。在施加外部磁场时,颗粒获得磁偶极矩,并在磁偶极相互作用的影响下聚集成沿磁场排列的柱状结构。由于外加磁场与流动方向垂直,聚集体与悬浮液的流动方向相反。

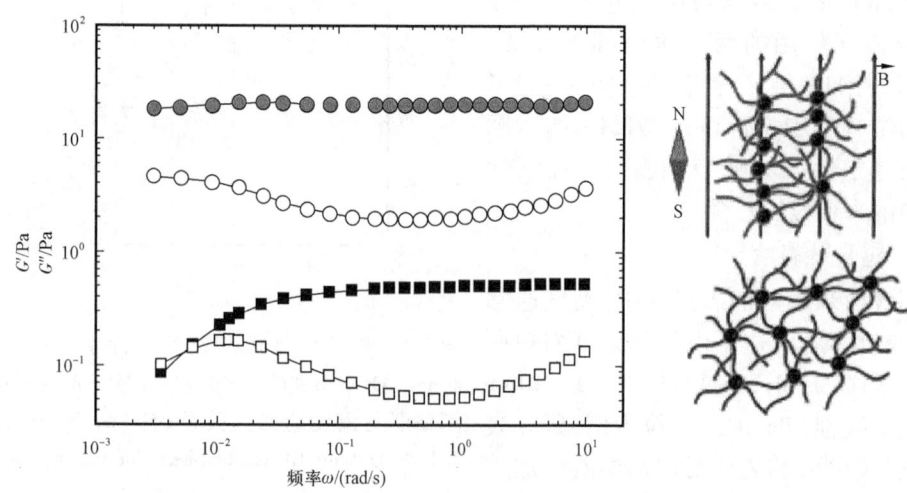

图 5.6　含有质量分数 1.5% 磁铁纳米粒子的质量分数 0.6% EHAC 水溶液在无磁场(正方形)和 0.2T 磁场
(圆形)条件下的储能模量 G'(实心符号)和损耗模量 G''(空心符号)随频率变化的变化趋势
(据 Pletneva et al. ,2015)
溶剂:质量分数 1.5% KCl 水溶液,pH 值为 11

因此,通过在 WLMs 溶液中加入磁铁矿颗粒,一种新型磁流变流体应运而生。两种反应成分(基质和填料)的独特组合以及显著的抗沉降稳定性使这种体系在各种实际应用中大有可为,例如在减震器装置中,可以利用 WLMs 网络结构在去除施加的高剪切应力或压力后完全恢复其流变特性的能力[21]。

5.6.2　等离子特性

为了赋予 WLMs 溶液等离子特性,我们在系统中引入了等离子纳米颗粒。在这种颗粒中,入射波长发生共振时,电磁场(如光)会激发局部表面质子,从而产生强烈的光吸收和散射。[33]对于由银和金等贵金属制成的等离子纳米颗粒,表面等离子体共振(SPR)发生在可见光区域。[17]可以通过改变纳米颗粒的类型(通常为金、银或铂)、大小和形状以及周围环境的介电性质来调整吸收最大值的频率或颜色[34-35]。

溶液中的金属纳米颗粒通常不稳定,容易聚集沉淀,从而失去其独特的电子和光学特性。将金属纳米颗粒加入 WLMs 网络中可以防止颗粒聚集,并确保其均匀分布,从而提供具有优异颜色均匀性的稳定等离子纳米凝胶。[16-17]在这些凝胶中,可以悬浮着几种不同大小和形状的纳米颗粒。不同纳米颗粒的混合物会产生与单个光谱的线性叠加相对应的消光光谱。利用这种方法,我们从阳离子表面活性剂 CTAB 和不同带负电荷的金属纳米颗粒(金和银)的 WLMs 中制备出了能够宽带吸收可见光的多组分凝胶[16-17]。选择了三种类型的颗粒作为基本颗粒:球形金纳米颗粒、球形银纳米颗粒和棒状金纳米颗粒,它们分别呈现出红色、黄色和蓝色[17]。通过混合显示这三种原色的纳米颗粒,还可以产生其他颜色。研究表明,通过改变纳米颗粒的类型、形状和(或)浓度,可以轻松调整 WLMs 纳米颗粒凝胶的光学特性(图 5.7)。此外,WLMs 基质还提供了通过温度改变光学特性的可能性[18],因为纳米颗粒组装过程中 SPR 产生的吸收取决于颗粒间的距离,而颗粒间的距离可以通过改变表面活性剂网络的网孔大小来调节。研究表明,各向同性(球状)和各向异性(棒状)纳米颗粒在加热/冷却时表面活性剂胶束溶液中颗粒间距离的可调节性是完全可逆的,从而为通过简单改变温度来调节光学特性开辟了道路。

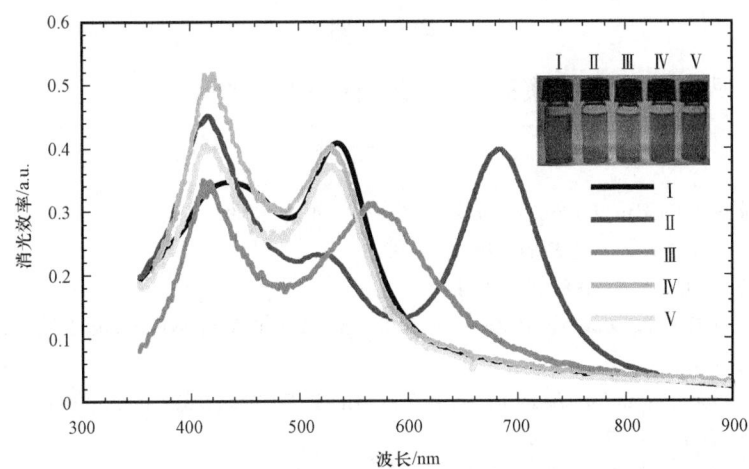

图 5.7 由 100mM CTAB 的 WLM 溶液和不同纳米颗粒形成的具有可调光学特性的纳米凝胶的等离子响应光谱(据 Cong et al. ,2011)

(Ⅰ)26.7ppm 35nm 银纳米颗粒 +21.3ppm 金纳米棒,长宽比为 1.4;(Ⅱ)26.7ppm 35nm 银纳米颗粒 +21.3ppm 金纳米棒,长宽比为 3;(Ⅲ)13.3ppm 35nm 银纳米颗粒 +21.3ppm 90nm 金纳米颗粒,(Ⅳ)26.7ppm 35nm 银纳米颗粒 +21.3ppm 30nm 金纳米颗粒,(Ⅴ)13.3ppm 35nm 银纳米颗粒 +21.3ppm 30nm 金纳米颗粒。经美国物理联合会期刊(AIP Publishing)授权许可

由于等离子凝胶具有相对较低的黏度(约 1Pa·s)和弹性模量,因此可将它们旋涂或浸涂到基底上或喷涂到基底上,以获得等离子薄膜和界面,这些薄膜和界面可用于各种应用,包括分子检测和光伏电池中的光捕获。[16-17,19]

因此,在胶束网络中加入纳米颗粒可以制备出具有不同功能特性和响应性的软纳米复合材料。与其他纳米复合材料相比,这些材料得益于 WLMs 的自组装特性,因此可以在外部触发器的作用下轻松调整系统的各种特性。

5.7 结论和展望

将纳米颗粒整合到 WLMs 溶液或凝胶中,是创造具有多种有趣特性的自组装材料的一种极具吸引力的方法。首先,WLMs 是稳定纳米颗粒的绝佳介质,因为纳米颗粒并不是简单地悬浮在黏性介质中,而是参与胶束网络的结构,因为它们与胶束端帽相连。其次,纳米颗粒能够调整 WLMs 的流变特性,为稀释胶束溶液赋予黏弹性,并提高亚浓释溶液的黏度。再次,纳米颗粒可为 WLMs 提供新的功能特性。

由 WLMs 和纳米颗粒组成的自组装网络的开发大约始于 10 年前。迄今,有关该主题的论文仅发表了几十篇,仍有许多问题有待解决。特别是,纳米颗粒的表面特性如何影响混合体系的流变学特性尚不清楚。目前还没有足够的数据来清楚地说明颗粒的大小、形状和温度等参数对流变学特性的影响。目前还不清楚不同表面化学性质的颗粒和不同结构的表面活性剂的交界处的稳定性如何,也不清楚它们的分子结构是怎样的。要进一步开发这些体系,就必须更好地了解 WLMs 与纳米颗粒之间相互作用的基本原理以及由此产生的材料的特性。但现有的数据已经清楚地表明,由于 WLMs 和纳米颗粒特性的独特结合,这些新材料在纳米技术、光伏和采油等众多领域的应用前景非常广阔(见第 12 章)。

致　谢

本研究由俄罗斯科学基金会资助(项目编号:15 - 13 - 00114)。

参 考 文 献

[1] M. E. Cates and S. J. Candau, *J. Phys.* : *Condens. Matter*, 1990, 2, 6869.
[2] H. Rehage and H. Hoffmann, *Mol. Phys.* , 1991, 74, 933.
[3] L. J. Magid, *J. Phys. Chem. B*, 1998, 102, 4064.
[4] J. A. Shashkina, O. E. Philippova, Yu. D. Zaroslov, A. R. Khokhlov, T. A. Pryakhina and I. V. Blagodatskikh, *Langmuir*, 2005, 21, 1524.
[5] *Giant Micelles*: *Properties and Applications*, ed. R. Zana and E. W. Kaler, CRC Press, Boca Raton, FL, 2007.
[6] C. A. Dreiss, *Soft Matter*, 2007, 3, 956.
[7] Z. Chu, C. A. Dreiss and Y. Feng, *Chem. Soc. Rev.* , 2013, 42, 7174.
[8] V. S. Molchanov, O. E. Philippova, A. R. Khokhlov, Yu. A. Kovalev and A. I. Kuklin, *Langmuir*, 2007, 23, 105.
[9] V. S. Molchanov and O. E. Philippova, *J. Colloid Interface Sci.* , 2013, 394, 353.
[10] A. V. Shibaev, M. V. Tamm, V. S. Molchanov, A. V. Rogachev, A. I. Kuklin, E. E. Dormidontova and O. E. Philippova, *Langmuir*, 2014, 30, 3705.
[11] Y. Feng, Z. Chu and C. A. Dreiss, *Smart Wormlike Micelles*: *Design*, *Characteristics and Applications*, Springler - Verlag, Berlin, 2015.
[12] A. V. Shibaev, V. S. Molchanov and O. E. Philippova, *J. Phys. Chem. B*, 2015, 119, 15938.
[13] R. Bandyopadhyay and A. K. Sood, *J. Colloid Interface Sci.* , 2005, 283, 585.
[14] F. Nettesheim, M. W. Liberatore, T. K. Hodgdon, N. J. Wagner, E. W. Kaler and M. Vethamuthu, *Langmuir*, 2008, 24, 7718.
[15] M. E. Helgeson, T. K. Hodgdon, E. W. Kaler, N. J. Wagner, M. Vethamuthu and K. P. Ananthapadmanabhan, *Langmuir*, 2010, 26, 8049.
[16] T. Cong, S. N. Wani, P. A. Paynter and R. Sureshkumar, *Appl. Phys. Lett.* , 2011, 99, 043112.
[17] T. Cong, S. N. Wani, G. Zhou, E. Baszczuk and R. Sureshkumar, *Proc. SPIE*, 2011, 8097, 80970L.
[18] T. Cong, Ph. D. Thesis, Syracuse University, 2013.
[19] R. Sureshkumar, T. Cong and S. Wani, *Pat.* EP2675750 A2, 2013.
[20] M. Luo, Z. Jia, H. Sun, L. Liao and Q. Wen, *Colloids Surf.* , *A*, 2012, 395, 267.
[21] V. A. Pletneva, V. S. Molchanov and O. E. Philippova, *Langmuir*, 2015, 31, 110.
[22] G. A. Gaynanova, A. R. Valiakhmetova, D. A. Kuryashov, N. Y. Bashkirtseva and L. Y. Zakharova, *J. Surfact. Deterg.* , 2015, 18, 965.
[23] Q. Fan, Y. Li, W. Fan, X. Li and J. Dong, *Colloid Polym. Sci.* , 2015, 293, 2507.
[24] A. Sambasivam, A. V. Sangwai and R. Sureshkumar, *Langmuir*, 2016, 32, 1214.

[25] R. Atkin, V. S. J. Craig, E. J. Wanless and S. Biggs, *Adv. Colloid Interface Sci.*, 2003, 103, 219.
[26] B. Nikoobakht and M. A. El-Sayed, *Langmuir*, 2001, 17, 6368.
[27] K. L. Mittal and D. O. Shah, *Adsorption and Aggregation of Surfactants in Solution*, Marcel Dekker, Inc., New York, Basel, 2003.
[28] A. B. Jódar-Reyes and F. A. M. Leermakers, *J. Phys. Chem. B*, 2006, 110, 18415.
[29] M. E. Helgeson and N. J. Wagner, *J. Chem. Phys.*, 2011, 135, 084901.
[30] G. Petekidis, L. A. Galloway, S. U. Egelhaaf, M. E. Cates and W. C. K. Poon, *Langmuir*, 2002, 18, 4248.
[31] S. R. Raghavan and E. W. Kaler, *Langmuir*, 2001, 17, 300.
[32] M. A. da Silva and C. A. Dreiss, *Polym. Int.*, 2016, 65, 268-279.
[33] C. F. Bohren and D. R. Huffman, *Absorption and Scattering of Light by Small Particles*, Wiley-VCH Verlag GmbH, Weinheim, Germany, 2008.
[34] D. Schaadt, B. Feng and E. Yu, *Appl. Phys. Lett.*, 2005, 86, 063106.
[35] S. A. Maier, M. L. Brongersma, P. G. Kik, S. Meltzer, A. A. G. Requicha and H. A. Atwater, *Adv. Mater.*, 2001, 13, 1501.

第6章 刺激响应型蠕虫状胶束

冯玉军,楚宗霖,Cecile A. Dreiss

6.1 简介

近年来,能够对外界环境的微小变化产生智能响应的新型材料引起了人们的极大关注。过去10年间,软物质领域面临的一大挑战就是如何基于自然的灵感,设计构筑刺激响应型"自适应"材料,使其按照需要,在外界环境变化的触发下动态地改变自身结构和功能[1-3]。在自然界普遍存在的超分子自组装为制备具有特定功能和响应的智能材料提供了无限的灵感源泉[4]。其中,刺激响应型或智能型蠕虫状胶束就是众多智能材料的一个代表。与刺激响应型聚合物相似,刺激响应型蠕虫状胶束可以从环境中接收信号,并通过宏观的物理或化学变化(形成黏弹性流体或是低黏度牛顿流体)对其做出响应[5-7]。蠕虫状胶束体系宏观流变性能的变化依赖于体系内部的表面活性剂堆集和胶束形貌:胶束的增长和缠绕导致黏度升高;相反,蠕虫状胶束的解聚、向球形胶束或其他组装结构的转变,导致黏弹性的衰减或消失,从而产生了宏观"溶液—凝胶"转变。

本章我们按照"体系组成—流变性能—微观结构"的框架详细回顾了智能蠕虫状胶束的研究进展。围绕着"(1)外界刺激对分子结构的影响;(2)分子结构变化对两亲分子的堆集及其微观聚集体形貌的影响和(3)聚集体结构变化如何导致体系的宏观流变响应"这一主线,对所选择的每一个体系的刺激响应行为进行了详细的阐述。根据环境刺激的类型,本章分成了温度响应型、pH响应型、氧化—还原响应型、光响应型、CO_2响应型及多重刺激响应型蠕虫状胶束等章节。

6.2 温度响应型蠕虫状胶束

所谓刺激响应性是指外界环境的微小波动所引发的体系物理化学性能变化。基于这一观点,无论是热诱导变稀(黏度随着温度升高而降低)还是热诱导增黏(黏度随着温度升高而增大)均可认为是一种温度响应行为。尽管如此,胶束的轮廓长度随温度升高通常呈指数减小,从而导致体系黏度降低。因此,热诱导变稀被认为是蠕虫状胶束体系普遍存在的特征。也正因为此,我们在本节中将专注于那些表现出独特的热诱导增黏行为以及发生类似溶液—凝胶转变(随着温度升高体系由低黏度流体或黏弹性流体转变为类凝胶态)的蠕虫状胶束体系,而不再去讨论蠕虫状胶束的热诱导变稀行为。需要指出的是,热诱导增黏行为通常发生在一个特定的温度范围内。换言之,体系的零剪切黏度(η_0)随温度的变化存在一个最大值。即当温度低于某一临界温度时,体系表现出热诱导增黏行为;当温度高于临界温度时,体系开始表现出热诱导变稀行为。根据蠕虫状胶束体系中表面活性剂的类型(非离子、阳离子、阴离子和两性离子),下面将分别讨论它们的热诱导增黏行为,分析其背后的响应机理。

6.2.1 热诱导增黏型非离子蠕虫状胶束

聚乙二醇是一种被广泛应用的温度敏感分子。因此,通过在表面活性剂分子结构中引入PEG片段可赋予蠕虫状胶束体系温度响应性。此类表面活性剂包括植物甾醇聚氧乙烯醚(PhyEO$_x$)[8-9]、胆甾醇聚氧乙烯醚(ChEO$_y$)[10]、烷基聚氧乙烯醚(C$_n$EO$_m$)[11-12]和全氟磺胺聚氧乙烯醚(perfluoroalkyl sulfonamide ethoxylate, C$_8$F$_{17}$EO$_{10}$)[13]。与含有PEG片段的大分子化合物相似,由含PEG片段的非离子表面活性剂构筑的蠕虫状胶束也展现出热诱导增黏特性。

研究发现基于PhyEO$_{30}$和C$_{12}$EO$_3$两种非离子表面活性剂构筑的混合型蠕虫状胶束体系(PhyEO$_{30}$/C$_{12}$EO$_3$),随着温度的变化,η_0呈现出典型的最大值现象[8]。将质量分数5% PhyEO$_{30}$/0.36% C$_{12}$EO$_3$溶液从15℃加热至30℃,体系η_0的增幅超过了一个数量级;进一步加热,η_0开始单调下降。动态流变试验发现,PhyEO$_{30}$/C$_{12}$EO$_3$蠕虫状胶束的平台模量和弛豫时间均在30℃达到最大值。这同样证实了PhyEO$_{30}$/C$_{12}$EO$_3$在低温(<30℃)下的热诱导增黏行为和在高温(>30℃)下的热诱导变稀行为。在助表面活性剂单乙醇胺存在下,ChEO$_{20}$自组装形成的蠕虫状胶束也展现出了相似的温度响应行为:小幅的升温即可导致体系黏度发生数量级的改变[9]。

Ahmed和Aramaki[10]详细地研究了PEG链长对ChEO$_x$基蠕虫状胶束温度敏感性的影响。通过对比ChEO$_{15}$/C$_{12}$EO$_3$和ChEO$_{30}$/C$_{12}$EO$_3$两个蠕虫状胶束体系黏度随温度的变化,发现较长的PEG片段由于带来了较大的亲水头基,降低了蠕虫状胶束的热敏感性。该研究团队还报道了另一个非离子蠕虫状胶束体系(C$_{14}$EO$_3$/Tween-80)的热诱导增黏行为。对于这些蠕虫状胶束体系而言,升温诱导的胶束增长通常是由聚氧乙烯链去水化所导致的。这主要是因为聚氧乙烯链在高温发生去水化后,表面活性剂分子在亲水—亲油界面上的截面面积将显著降低,导致胶束的自发曲率降低,从而促进了胶束的生长。

Constantin等[12]研究了在没有任何添加剂的条件下,由C$_{12}$EO$_6$单独自组装形成的蠕虫状胶束的热诱导增稠机理。发现当C$_{12}$EO$_6$的浓度(质量分数)介于5%~35%时,蠕虫状胶束的黏度随着温度的升高先逐渐增大,达到一个最大值后开始降低。随着C$_{12}$EO$_6$浓度的改变,蠕虫状胶束发生热诱导增黏行为的温度范围随之改变。当表面活性剂分子中的EO数由6增加至8,发生热诱导增黏行为的温度范围将向更高的温度迁移。基于此,可以发现通过改变PEG片段的链长可以调控蠕虫状胶束的热响应的临界温度。这与Ahmed和Aramaki[10]的研究发现是一致的。

除了上述由烷烃聚氧乙烯醚构筑的非离子蠕虫状胶束之外,由杂化的烷烃聚氧乙烯醚(比如:全氟烷烃磺胺聚氧乙烯醚,C$_8$F$_{17}$EO$_{10}$)构筑的非离子蠕虫状胶束即使在低浓度(质量分数1%)下同样表现出明显的热诱导增黏响应[13]。随着温度的升高,C$_8$F$_{17}$EO$_{10}$体系的黏度逐渐增大;当温度升至35℃时,黏度达到最大;继续升温,黏度开始降低;最终,发生相分离。SAXS实验显示随着温度升高,胶束逐渐增长,最终在45℃转变为层状结构。简言之,随着温度的升高,聚氧乙烯链不断发生去水化,促进了非离子表面活性剂(以PEG片段为亲水头基)胶束的增长,从而导致蠕虫状胶束的缠绕度增大,弛豫时间增长,因此,赋予了此类蠕虫状胶束独特的热诱导增黏行为。

6.2.2 热诱导增黏型阳离子蠕虫状胶束

第一个具有热诱导增黏特性的阳离子蠕虫状胶束由[十六烷基三甲基铵$^+$][3-羟基萘-

2-羧酸⁻]（CTAHNC）自组装而成[14]。其中，CTAHNC 通过将十六烷基三甲基溴化铵（CTAB）和3-羟基萘-2-羧酸钠（SHNC）混合，去除产生的无机盐 NaBr 后再重结晶制得。室温下，当浓度高于3%时，CTAHNC 样品是一种浑浊的、含有层状固体的分散体系。加热后，CTAHNC 样品开始逐渐变得透明，形成了一种由蠕虫状胶束构成黏的弹性流体。

在随后的研究中，作者发现在40℃时，低浓度的 CTAHNC 呈现出一种低黏度的囊泡相溶液；然而，当温度升高至50℃时，体系中形成了高度缠绕的蠕虫状胶束[15]。通过对 CTAHNC（12mM）/CTAB（≤2mM）混合体系的流变测试和光学观察，发现随着温度升高，体系中的微观结构发生从囊泡到蠕虫状胶束的转变。Oda 等[16]利用小角中子散射技术（SANS）对上述溶液进行了进一步的表征，再次证实了囊泡（37℃）到蠕虫状胶束（55℃）相转变的发生。通过差示扫描量热实验，Hoffmann 等[17]发现 CTAHNC 溶液在46℃时发生一个相转变过程，反映了由囊泡表面的熔化所引起的层状相转变。该转变温度与 CTAHNC 的浓度无关。电导率在相同的温度时发生了突增，说明大量离子从熔化后的囊泡表面被释放，即原先被吸附在囊泡表面的 HNC⁻ 及其反离子进入了水相。

图6.1(a)展示了一种囊泡向蠕虫状胶束转变的可能机理。在低温时，等物质的量的 HNC⁻ 通过静电作用吸附于聚集体—水界面上，从而导致了囊泡的形成。然而，由于 HNC⁻ 与聚集体—水界面之间弱的静电作用极易被热能克服，因此，加热导致 HNC⁻ 从界面相脱附，转移至体相。这种脱附行为降低了聚集体的界面曲率，进而影响了分子的几何结构，诱发了囊泡到蠕虫状胶束的转变。

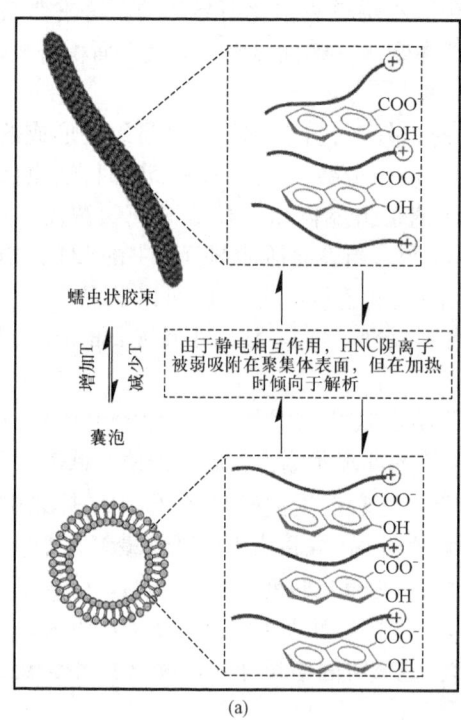 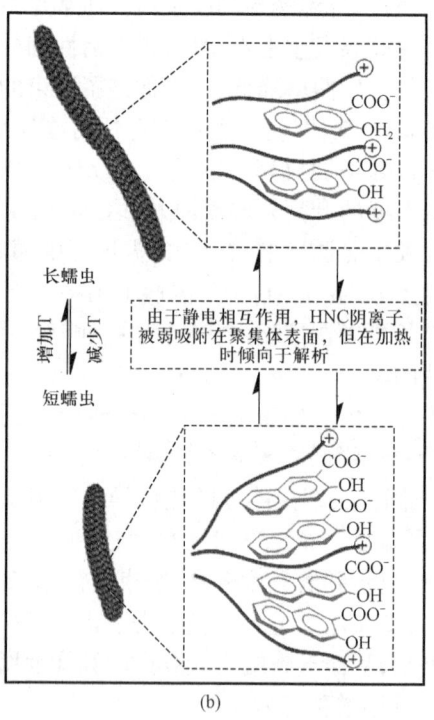

图6.1 热诱导机理示意图

(a)CTASHNC 体系的囊泡—蠕虫状胶束转变[15]；(b)EHAC/SHNC 体系的棒状胶束—蠕虫状胶束转变[18]

Raghavan 等[18]将芥酸基二羟乙基甲基氯化铵(EHAC)和 SHNC 简单混合,不需要去除产生的 NaBr,获得了另一种类型的热诱导增黏型阳离子蠕虫状胶束(EHAC/SHNC)。25℃时,EHAC/SHNC 是一个低黏度的、类似水一样的牛顿流体;然而,随着温度升高至45℃,表观黏度平稳增大;当温度达到60℃后,体系在高剪切速率下表现出剪切变稀行为。在特定的 SHNC 浓度下,EHAC/SHNC 的黏度在某一临界温度达到最大值,然后进一步升温黏度开始下降。SANS 实验证实在起始的升温阶段,胶束的轮廓长度不断增长。这正是 EHAC/SHNC 体系热诱导增黏行为的原因所在。胶束的增长主要归因于反离子在胶束—水界面上的吸附,而这种弱的相互作用高度依赖于体系的温度[图6.1(b)]。这与 CTAHNC 体系可能是不同的[图6.1(a)]。在 EHAC/SHNC 中,存在着过量的 SHNC。HNC^- 具有较强的疏水性,主要分布于胶束—水的界面附近,导致了较高的界面曲率。因此,在低温下,EHAC/SHNC 体系中形成的主要是短棒状胶束。通过加热,原先吸附在胶束—水界面的部分 HNC^- 受热能驱动,克服了静电作用的能垒,开始向体相迁移。这一过程与 CTAHNC 体系是相似的。尽管如此,所不同的是 HNC^- 的脱附降低了聚集体的界面曲率,导致了短棒状胶束向长的蠕虫状胶束的转变,而不是从囊泡向蠕虫状胶束的转变。

同一个研究小组利用 CTAB 和 5 - 甲基水杨酸(5 - mS)构筑了另一个热诱导增黏型阳离子蠕虫状胶束[19]。在48℃时,CTAB/5 - mS 是一个泛蓝光的低黏度溶液;当温度升至54℃后,则转变成一种无色且具有流动双折射特征的黏性流体。不同温度下12.5mM CTAB/20mM 5 - mS 体系 η_0 和光密度(500nm)的数据表明,加热可以诱导胶束结构从囊泡向蠕虫状胶束转变。SANS 数据进一步证实了这一解释。这种转变可随着温度的可逆变化而开关:通过加热瓦解的囊泡在体系冷却后可以重新形成。临界转变温度和热诱导增黏幅度都可以通过改变体系的组成进行调控。与 CTAHNC 体系相似,加热诱导囊泡转变为蠕虫状胶束主要归因于反离子与胶束—水界面间静电作用的温度依赖性。

遵循相同的原则,Sreejith 等[20]将 CTAB 与正辛醇(C_8OH)溶于 KBr 水溶液中制备了另一个温度响应型阳离子蠕虫状胶束体系($CTAB/C_8OH/KBr$)。流变、动态光散射(DLS)和冷冻透射电子显微镜(cryo - TEM)实验证实升温导致 $CTAB/C_8OH/KBr$ 的微观结构从囊泡转变为蠕虫状胶束,从而赋予体系宏观流变性能的温度响应行为。低温下,大量的 C_8OH 分子进入 CTAB 分子之间,促进了囊泡的形成。然而,加热升温后,大量原先吸附于聚集体界面的 Br^- 发生脱附,进入体相,导致了聚集体曲率的增大。因此,蠕虫状胶束开始形成。

总之,构筑热诱导增黏型阳离子蠕虫状胶束的基本原则是在长链阳离子表面活性剂溶液中添加强疏水性的助溶剂。通过加热诱导疏水性助溶剂从聚集体—水界面解离释放,促使聚集体曲率发生改变。因而,胶束形貌发生改变。

6.2.3 热诱导增黏型阴离子蠕虫状胶束

与基于 PEG 的温敏性构筑的热增黏非离子蠕虫状胶束相似,含 PEG 的阴离子表面活性剂同样可赋予阴离子蠕虫状胶束体系温度响应特性。例如,10mM 十八烷基酚聚氧乙烯醚磺酸盐($C_{18}\phi P_5 E_{11}S$)水溶液在温度低于45℃时呈现出类似水一样的牛顿流体特征,而在高温下则展现出蠕虫状胶束所特有的流变特征——剪切变稀[21]。这种升温诱导的黏度增大同样来源于 PEG 链在高温下的去水化及其导致的胶束增长。Abe 等发现特定结构的含氟表面活性剂也具有热响应[22-23]。例如,质量分数7%~15% 1-氧代-1-[4-全氟己基]苯基己烷-2-磺酸钠[sodium 1-[4-(tridecafluorohexyl)phenyl]-1-oxo-2-hexanesulfonate, FC_6-HC_4]溶液均表现出热增黏响应,且黏度最大值及其对应的临界温度均可通过改变表面活性剂的浓度进行调控。尽管如此,在单烷基链阴离子表面活性剂(如十二烷基硫酸钠SDS)、单氟碳链阴离子表面活性剂(如全氟庚酸盐)、氟杂化的单链阴离子表面活性剂[如1-氧代-1-[4-全氟己基]苯基丁烷-2-磺酸钠(FC_6-HC_2)、1-氧代-1-[4-全氟丁基]苯基辛烷-2-磺酸钠(FC_6-HC_6)]以及具有相同结构、但不含氟的1-氧代-1-[4-己基]苯基己烷-2-磺酸钠(HC_6-HC_4)溶液中均未观察到热增黏响应。因此,作者认为FC_6-HC_4胶束溶液的热响应与其独特的分子结构式密不可分的:两条疏水尾链分别由6个全氟取代的亚甲基和不含氟的丁基构成[22-23]。

6.2.4 热诱导增黏型两性离子蠕虫状胶束

相对于阴离子和阳离子表面活性剂,两性离子表面活性剂对皮肤更加温和,通常被认为是更加环境友好的。尽管如此,基于两性离子表面活性剂的热响应型蠕虫状胶束却鲜有报道。直到最近,Feng等基于N-棕榈酰基丙基磺基甜菜碱(PDAS)制备了第一个温度响应型两性离子蠕虫状胶束[24]。如图6.2(a)所示,在0.5M NaCl存在下,30℃时1.0M PDAS溶液是一种牛顿流体。在$10s^{-1}$的剪切速率下,表观黏度(η_{10})仅有0.05Pa·s。然而,当温度升高至40℃后,η_{10}增大了200倍。随着温度在30℃和40℃之间的循环变化,PDAS溶液的黏度可在低黏度和高黏度之间可逆开关[图6.2(b)]。cryo-TEM实验证实PDAS在30℃时的低黏度主要归因于球形或短棒状胶束的存在[图6.2(c)];而在40℃时的高黏度则是由于蠕虫状胶束的出现及其相互缠绕形成的网状结构[图6.2(d)]。最近,Zhang等在N-芥酸酰胺丙基羧基甜菜碱(EDAB)的高矿化度水溶液中同样观察到了这种热诱导增黏行为。

6.2.5 具有热诱导溶液—凝胶转变的蠕虫状胶束

蠕虫状胶束的典型流变行为符合Maxwellian流体模型:换言之,黏性流变行为与弹性流变行为并存,且只有一个单一的弛豫时间。尽管如此,部分蠕虫状胶束可能会偏离这一模型,展现出明显的刚性:在剪切振荡频率范围内,G'始终高于G'',且基本不随剪切振荡频率变化。这一流变特征与真凝胶(见第2章和第4章4.5节)十分相似。这类蠕虫状胶束对外界刺激的流变响应也可归为溶液—凝胶转变。

2009年,Raghavan等[26]研究了EDAB基蠕虫状胶束体系的溶液—凝胶转变。当温度低于40℃时,高浓度EDAB溶液(50mM和100mM)是一种凝胶状流体:在整个实验的剪切振荡频率范围(10^{-2}~10^1rad/s)内,G'始终高于G'',且两者都不随剪切振荡频率变化。但是,从G'与G''的变化趋势进行反向延长,可以发现G'与G''会在更低的剪切振荡频率发生相交,表明EDAB基蠕虫状胶束的弛豫时间非常高,达到了10^3s。cryo-TEM和SANS实验均证实了蠕虫状胶束的存在。升温至60℃以上,EDAB凝胶转变为Maxwellian流体。50mM EDAB流体在60℃和70℃时的弛豫时间分别为300s和40s;而100mM EDAB流体在65℃和75℃时的弛豫时间分别为100s和15s。高浓度EDAB溶液在低温下高达10^3s的弛豫时间主要归因于EDAB蠕虫状胶束极长的破坏时间,而这可能与表面活性剂超长的C_{22}疏水尾链相关的。

Huang等[27]基于1-十六烷基-3-甲基溴化咪唑(C_{16}mimBr)和水杨酸钠(NaSal)制备了

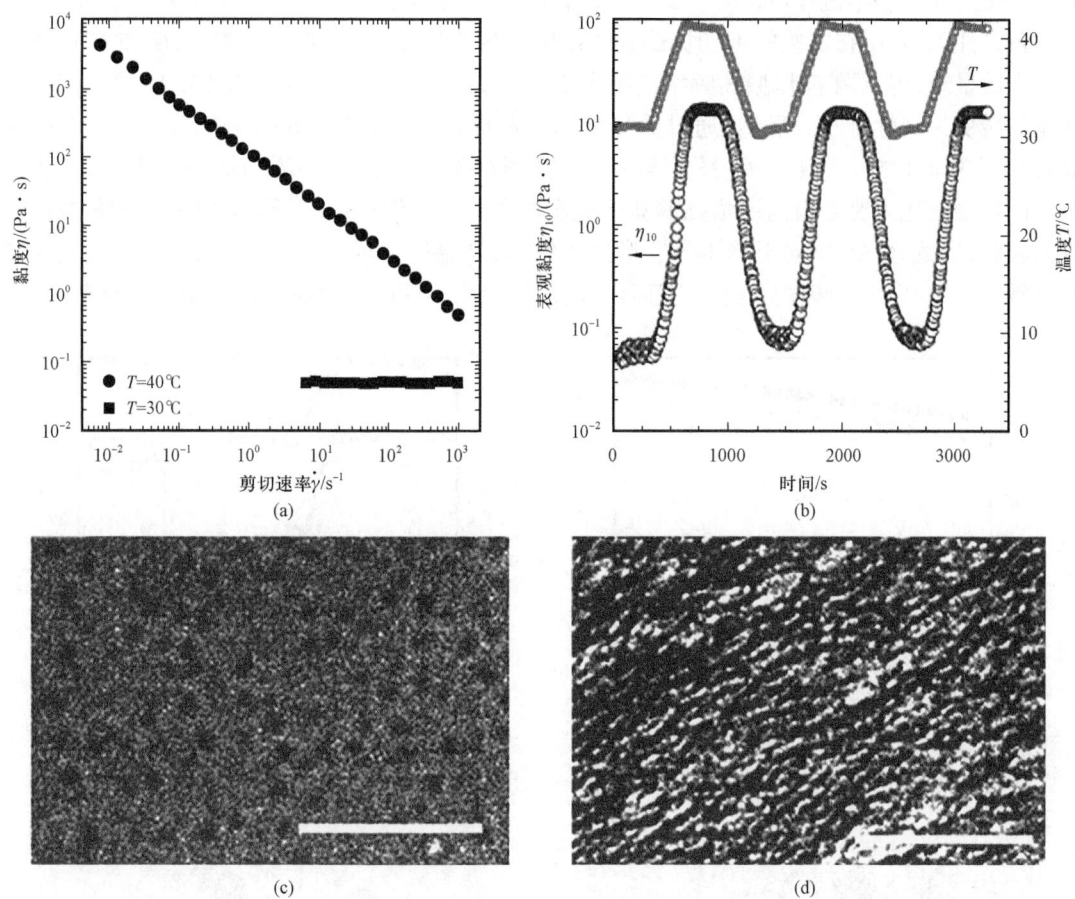

图 6.2 PDAS/NaCl 溶液的热刺激响应行为[24]

(a)表观剪切黏度曲线;(b)10s^{-1}下剪切黏度随温度的可逆变化;(c)30℃和(d)40℃下的 cryo-TEM 显微结构。标尺为100nm。经英国皇家化学学会版权(2011)许可

一个热响应型蠕虫状胶束基凝胶(C_{16}mimBr/NaSal)。21℃时,C_{16}mimBr/NaSal 表现出透明、低黏度特征;降温至20℃,立刻变成了乳白色、无法流动的凝胶;升温至21℃,又恢复到起始的透明、低黏度状态。简言之,仅仅1℃的变化即可实现 C_{16}mimBr/NaSal 在低黏度流体与凝胶之间的可逆开关。EDAB 基蠕虫状胶束无论是在溶液状态还是凝胶状态,测得的 G' 几乎没有改变;然而,当 C_{16}mimBr/NaSal 在两个状态间转变时,G' 则发生了超过两个数量级的跳跃。SEM 实验揭示在20℃时,体系中存在一个由直径为 1~2nm 的柱状聚集体构成的网络结构,导致大量的水分子被束缚于网络之中,从而形成了水凝胶。Hao 等[28]利用高分辨 TEM 对月桂酸钠/NaCl 形成的热响应型凝胶进行了研究,同样证实了网络结构的存在。该网络结构主要由多条平行的蠕虫状胶束捆绑在一起形成的纤维状聚集体构成。在上述两个体系中,降温导致表面活性剂头基与添加的盐之间的物理作用发生改变,因此,蠕虫状胶束发生了结晶化,形成了较大的柱状聚集体。大多数蠕虫状胶束基凝胶都是冷致凝胶化,但是 PDAS 体系却表现出相反的特征:热致凝胶化[24]。正如在6.2.4小节中所述,稳态流变测试显示浓的 PDAS/NaCl 溶液

是一种热诱导增黏型流体[图6.2(a)]。动态流变实验显示30℃时,1.0M PDAS/0.5M NaCl 是一种黏性流体,G'在实验的剪切振荡频率范围内始终低于G''。加热至40℃,G'和G''均增大了几个数量级,但G'在剪切振荡频率范围内始终高于G'',即1.0M PDAS/0.5M NaCl 已经由黏性流体转变为弹性凝胶。显然,通过简单的加热和冷却,1.0M PDAS/0.5M NaCl 即可在弹性凝胶和黏性流体之间可逆开关[图6.3(b)]。如图6.3(c)所示,1.0M PDAS/0.5M NaCl 体系的热诱导凝胶化主要是由高温增强的盐析效应所产生。低温(30℃)下,NaCl 对 PDAS 的盐析效应较弱,导致 PDAS 倾向于单体分散形式。然而,升温后,NaCl 对 PDAS 的盐析效应显著增强,降低了 PDAS 的溶解度,促进了胶束化,短棒状胶束逐渐增长为易缠绕的蠕虫状胶束。

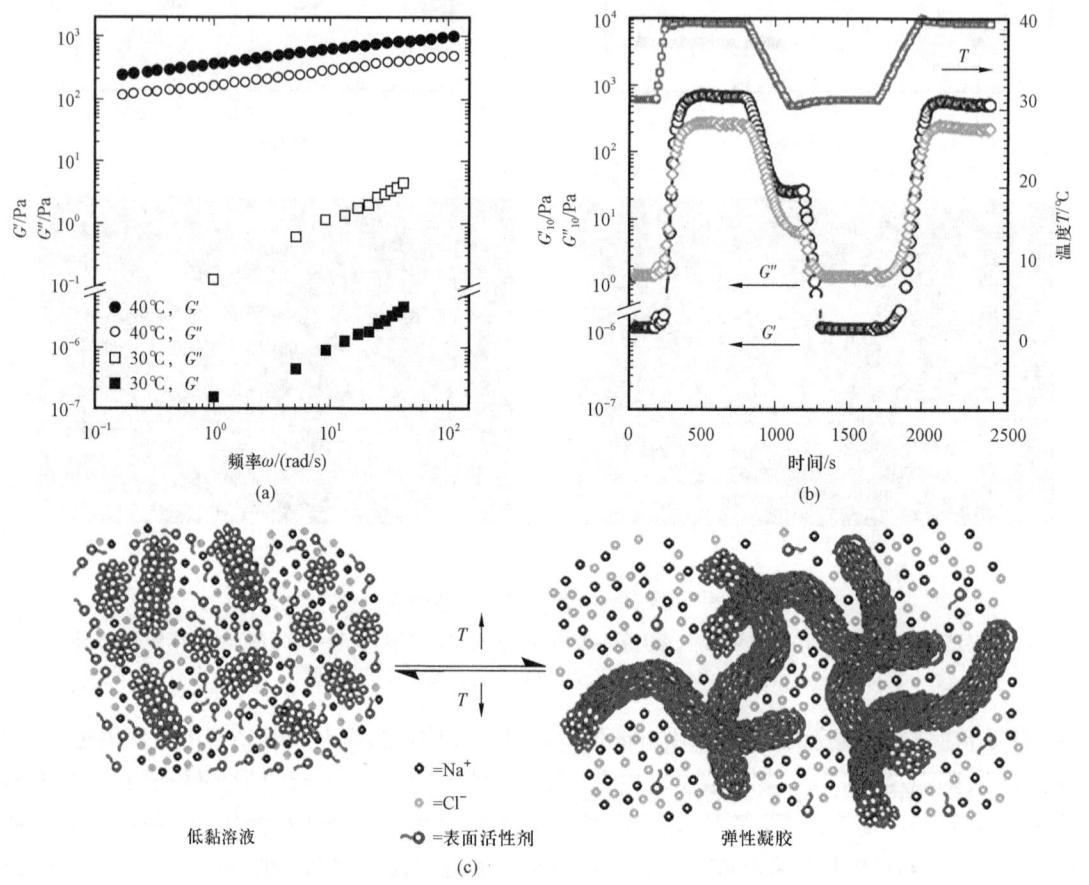

图6.3 PDAS/NaCl 溶液的温度刺激响应行为[24]
(a)不同温度下弹性模量(G')和黏性模量随剪切振荡频率的变化;(b)热诱导的可逆凝胶化过程;
(c)温度开关型凝胶化机理示意图。经英国皇家化学会版权(2011)许可

6.3 pH 响应型蠕虫状胶束

pH 是一种古老及应用广泛的环境刺激手段,具有操作简便、易实现的优点。通过 pH 值的变化调控表面活性剂分子的聚集状态,从而改变溶液的宏观性能。pH 响应型蠕虫状胶束的

构筑既可以基于商品化的两性离子表面活性剂(烷基二甲基氧化胺,C_nDMAO)或是阳离子表面活性剂(CTAB),也可以通过设计合成新型结构的表面活性剂实现。

6.3.1 基于两性离子表面活性剂构筑的 pH 响应型蠕虫状胶束

C_nDMAO 是一种典型的两性离子表面活性剂。在等电点时,C_nDMAO 不带电。因此,表面活性剂分子亲水头基间的静电斥力显著降低,导致在没有任何添加剂存在下也可自发形成长的、柔性的蠕虫状胶束。然而,当 pH 值低于等电点时,C_nDMAO 显正电,导致亲水头基间的静电斥力增大。所以,pH 值的变化可以显著改变表面活性剂之间的相互作用,影响它们的聚集行为及聚集结构,进而改变溶液的宏观性能。

Rathman 等[29]发现质子化和未质子化的 C_{12}DMAO 之间可通过氢键形成二聚体,降低了参与胶束组装的每一个表面活性剂分子的有效截面面积。与 gemini 表面活性剂(见第 4 章)相似,基于氢键作用的二聚体有利于聚集体表面曲率的降低,进而形成蠕虫状胶束。因此,在半离子化点(离子化度 $\alpha = 0.5$)附近,C_{12}DMAO 的聚集体达到最大尺寸,体相黏度也达到最大值,反映了球形胶束向蠕虫状胶束的转变。

与 C_{12}DMAO 相似,离子化对 C_{14}DMAO 的胶束长度和体系宏观黏弹性同样具有显著影响[30]。当离子化度 $\alpha = 0.5$ 时,C_{14}DMAO 通过氢键作用形成了双尾链二聚体或拟双子结构(见第 4 章)。此时,η_0 达到最大值,比当离子化度 $\alpha = 0$ 的非离子状态和 $\alpha = 1$ 的阳离子状态高两个数量级。油基二甲基氧化胺胶束溶液在蠕虫状胶束和囊泡之间的可逆转变也可通过增大 pH 值(质化度增大)实现。准确地说,在胶束向囊泡的转变过程中,依次发生了:蠕虫状胶束的增长($\alpha < 0.2$)、网络的溶合($\alpha = 0.3$)、蠕虫和囊泡的共存($\alpha = 0.4$)和囊泡和层状相的共存($\alpha = 0.5$)。

Hao 等[32]通过向 C_{14}DMAO 溶液中引入两亲性短链肽(ASPs)构筑了 pH 响应型蠕虫状胶束。研究发现,ASPs 分子可以在 C_{14}DMAO 溶液释放部分羧酸中的氢质子,导致 C_{14}DMAO 发生部分质子化。溶液中同时存在的阳离子态 C_{14}DMAO 和解离的 ASPs 阴离子相互作用,降低了表面活性剂在聚集体界面上的有效头基面积,导致了蠕虫状胶束的形成。此外,通过改变 ASPs 疏水部分的尺寸,可以实现对蠕虫状胶束长度的调控。当 pH 从 5.96 降至 3.23,蠕虫状胶束向纳米纤维网络转变;与之相反,在更高的 pH(约 9.0),蠕虫状胶束向球形胶束转变,溶液随之失去黏弹性。

Zhang 等[33]基于芥酸酰基丙基二甲基氧化胺(EMAO)构筑了一个蠕虫状胶束基黏弹性流体,探讨了疏水链长对 EMAO 基黏弹性流体 pH 响应性的影响。发现在室温下,EMAO 基黏弹性流体对 pH 的敏感性不如由它的短链同系物构筑的体系。然而,在高温下恰恰相反。研究者将其主要归因于 EMAO 分子中存在的多重氢键作用和浊点效应。像短链氧化胺表面活性剂一样,EMAO 的带电状态随体系的 pH 而改变。在 30℃ 时,50mM EMAO 溶液的 η_0 在 pH = 7.0 时最大,其次 pH = 1.7,在 pH = 12 时最小。尽管如此,η_0 的最大值(pH = 7.0)和最小值(pH = 12)之间只相差不到一个数量级,表明了一个微弱的 pH 响应行为。但是,随着温度从 25℃ 升至 35℃,EMAO 溶液(pH = 7.0)的 η_0 可从起始的 40000mPa·s 增大至 860000mPa·s(大概 21 倍),然后遵循阿伦尼乌斯定律开始下降。这种独特的 pH 控制的热增黏性能与 EMAO 分子结构随 pH 值的变化密不可分。在中性条件下,质子化的 EMAO 与非质子化的

EMAO 头基之间的短程吸引作用显著增强,导致 η_0 出现了最大值。

除了商品化氧化胺分子之外,结构特殊的合成氧化胺表面活性剂同样可用于制备 pH 响应型蠕虫状胶束。例如,利用 pH 可调控 4-十二烷基氧基—苯基二甲基氧化胺(pDOAO)溶液的胶束长度及其黏弹性[34]。Ghosh 团队通过荧光、DLS、TEM 等实验发现随着 pH 值或组成的变化,氨基酸型两性离子表面活性剂[$N-(n-dodecyl-2-aminoethanoyl)-glycine,C_{12}Gly$]与十二烷基硫酸钠 SDS 复配体系的聚集体结构可在囊泡、球形胶束和支化蠕虫状胶束之间转变[35]。

Shindo 小组[36]制备一种同时含有一个叔胺和两个羧基的两性离子型两亲化合物——3-[$(2-carboxy-ethyl)-hexadecyl-amino]-propionic\ acid(C_{16}CA)$。在不同 pH 值下,$C_{16}CA$ 溶液展现出三种不同状态:当 pH 值在大约 5 附近时,为低黏度的透明溶液(phase Ⅰ);当 pH 值在 2~5 之间时,沉淀与溶液共存(phase Ⅱ);当 pH 值低于 2 时,为高黏度溶液(phase Ⅲ)。显然,体系 pH 值的变化,将引起 $C_{16}CA$ 分子的质子化态改变,而这将影响到 $C_{16}CA$ 分子中亲水部分的静电作用或氢键作用。正是分子间范德华作用的变化导致了 $C_{16}CA$ 分子组装体的改变,从而导致了 $C_{16}CA$ 溶液随 pH 值发生的相转变。在高 pH 值条件下(phase Ⅰ),$C_{16}CA$ 端位的羧基发生解离,转变成羧酸根负离子,增大了亲水头基之间的静电斥力。因此,$C_{16}CA$ 自组装形成了小的球形胶束。在中间 pH 值(phase Ⅱ),氨基(酸度系数 $pK_a \approx 6.6$)将发生质子化。当 pH 值趋近于等电点(pH≈4)时,分子间静电斥力消失,$C_{16}CA$ 开始沉淀析出。XRD 和 FT-IR 实验发现除氨基与羧酸根离子之间的离子对作用外,$C_{16}CA$ 分子间还有强的疏水缔合作用。在二者的共同作用下,$C_{16}CA$ 发生层状堆集,形成了沉淀。相较而言,在低 pH 值(phase Ⅲ)下,羧酸根离子 $pK_a \approx 2.0,1.6$)发生质子化,$C_{16}CA$ 重新溶解,形成的高黏度溶液展现出了 Maxwell 流体的动态黏弹性,暗示了蠕虫状胶束网络的形成。FT-IR 揭示 $C_{16}CA$ 蠕虫状胶束是通过羧基基团在分子间的双轴堆集形成的。基于 $C_{16}CA$ 溶液,可通过调控 pH 值实现 AuNPs 的沉淀—再分散,不再需要加热、超声或搅拌。这与传统的凝聚方法是不同的。

6.3.2 基于"阳离子表面活性剂 + 酸"构筑 pH 响应型蠕虫状胶束

向阳离子表面活性剂溶液中引入酸性增溶物同样可以制备 pH 响应型蠕虫状胶束。Huang 小组率[37]先提出了这一简单而有效的构筑策略。他们以 CTAB 作为两亲分子,邻苯二甲酸(PPA)为响应分子,制备了一个 pH 响应型蠕虫状胶束(CTAB/PPA)。随着 pH 值变化(3.90~5.35),CTAB/PPA 可在蠕虫状胶束构成的凝胶状流体与短棒状胶束构筑的水状流体之间可逆转变。通过 NMR、UV/Vis 和荧光各向异性实验,研究者将 CTAB/PPA 的 pH 响应性归因于 pH 值对 PPA 与 CTAB 之间结合力的影响,以及进而产生的界面曲率变化。正是由于这一策略对其他阳离子表面活性剂和各种各样的增溶物具有广泛的普适性,许多 pH 响应型蠕虫状胶束随之被大量报道[38-40],在此不再赘述。

构筑 pH 响应型蠕虫状胶束的另一个简单策略是在合适比例混合不同类型表面活性剂。Lin 等[41]发现随着 pH 值的变化,CTAB 和十二烷基磷酸(DPA)等物质的量复配体系中聚集体结构可在球形胶束、蠕虫状胶束、囊泡和层状结构间转变。换言之,通过改变 pH 值,可调控 CTAB/DPA 的黏弹性。增大 pH 值后,由于 DPA 解离状态的改变,原先 1:1 的阴阳离子对变为 1:2。此时,较大的空间位阻和水化效应均不利于表面活性剂的自组装。该小组基于

100mM N-十六烷基-N,N-二羟乙基溴化铵(CDHEAB)制备了另一个pH响应型蠕虫状胶束[42]。在一个较窄的pH值范围(4.97~5.78),体系的黏度的改变可达106倍。研究者认为CDHEAB的独特分子结构既提供了较强的疏水缔合作用,又提供了有效的氢键作用,且后者可通过质子化调控。

Aswal小组对基于"阳离子+添加剂"方式制备pH响应型蠕虫状胶束进行了大量研究。该小组通过向CTAB或十六烷基氯化吡啶(CTPC)中引入添加剂[对甲苯甲酸、对甲苯酚、对甲苯胺、邻羟基肉桂酸(OCA)、邻苯二甲酸]制备了多个pH响应型蠕虫状胶束体系[43-45]。通过NMR、DLS和SANS实验,发现pH值可调控酸性或碱性添加剂的质子化或去质子化状态,改变极性基团的带电状态,从而实现对添加剂与CTAB之间相互作用的调控[43]。最终,胶束的形状和尺寸随之改变。其中,pH值不仅可以调控CTAB/OCA体系的黏弹性,而且可以调控其光学性质。随着pH值的改变,CTAB/OCA可在无色、凝胶状流体与荧光绿色、低黏度流体间可逆转变[44]。

Zakin团队[46]发现,烷基二羟乙基甲基氯化铵(EO_{12})与反式邻羟基肉桂酸(t-OCA)混合后可形成pH响应型蠕虫状胶束。与其他体系不同,该体系在高pH值和低pH值均表现出黏弹性,但在中间pH值下却展现出低黏度性质。cryo-TEM表征显示,当pH=3.5或9.8时,体系中形成了大量的蠕虫状胶束,具有显著的流体减阻能力。这种特殊的pH响应性是由t-OCA的双pK_a值引起的。

基于相似的策略,Silva等[47]通过添加PPA或是改变pH值实现了对十六烷基三甲基对甲苯磺酸铵(CTAT)水溶液流变性能和微观聚集结构的剪裁。通过对CTAT和CTAT/PPA的系统研究,以及与十六烷基三甲基氯化铵(CTAC)溶液对比,研究发现,PPA可以促进胶束柔性的增大和胶束间缠绕的发生。由于OH^-可以促进胶束的生长,所以,pH值的增大导致CTAT溶液在低剪切速率下的黏度发生了显著升高。与之相反,pH值的增大导致CTAT/PPA二元体系在低剪切速率下的黏度持续下降。

有趣的是,Krishnamoorti等[48]最近在经典的CTAB-NaSal蠕虫状胶束体系中发现了pH响应行为。DLS和SANS研究表明,随着NaSal的质子化,CTAB-NaSal体系中微观结构从中性时的刚性柱状胶束逐渐向球形胶束(pH=2)转变;然而,进一步降低pH值,微观结构发生了向柔性柱状胶束的惊奇反转。这种刚性柱状胶束(高pH值)—球形胶束(中间pH值)—柔性柱状胶束(低pH值)转变对温度高度敏感。该研究说明,除了前面阐释的静电作用和疏水缔合作用之外,阳离子表面活性剂—助溶物混合体系中pH诱导的微观结构变化可能受阳离子-π和氢键作用支配。

You等发现,随着pH值从2增至5,离子液体表面活性剂——N-十六烷基-N-甲基溴吡咯鎓盐(C_{16}MPBr),在邻氨基苯甲酸水溶液中的聚集结构发生了从球形胶束到蠕虫状胶束的转变[49]。Yan等通过在C_{16}MPBr中引入邻苯二酚或PPA同样获得了pH响应型蠕虫状胶束[50-51]。C_{16}MPBr/邻苯二酚体系在酸性或碱性条件均表现出高黏弹性,而在中性pH下则表现出水状流体的低黏度。cryo-TEM证实流变性能的可逆转变源于pH诱导球形胶束与蠕虫状胶束间的转变。这种微观结构的转变同样源自pH值变化对助溶物与C_{16}MPBr间结合能力的影响。

6.3.3 基于阴离子表面活性剂构筑 pH 响应型蠕虫状胶束

众所周知，羧酸是一种 pH 敏感基团。因此，绝大多数 pH 响应型阴离子蠕虫状胶束都是基于羧酸盐表面活性剂构筑而成。2013 年，基于超长碳链不饱和脂肪酸——芥酸，Zhang 等制备了一个 pH 开关型蠕虫状胶束[52]。60℃下，随着 pH 值从 8.03 增大至 12.35，该体系将从低黏度的乳液状分散液转变为黏弹性水凝胶。当 pH 值在 9.02~12.35 之间循环改变时，100mM 芥酸的黏度在 5 个数量级跨度（2mPa·s 和 200000mPa·s）间可逆变化。此外，当 pH 值在 9.02~12.35 之间时，随着温度降低，体系发生从溶液向高弹性的固态凝胶转变。无论是 pH 响应还是温度响应，它们都与芥酸分子中的羧酸基团密不可分。随着 pH 值增大，芥酸转变为阴离子表面活性剂——芥酸钠。在超长碳链的疏水作用驱动下，芥酸钠的聚集体极易由小的球形胶束增长为蠕虫状胶束，从而赋予体系较高的宏观黏弹性。当温度降低后，在芥酸钠超长碳链的结晶化效应下，体系中原先较为无序的蠕虫状胶束开始变得有序，从而形成了不透明的固态水凝胶。

Lu 等[53]发现，添加 200~350mM NaCl 可以诱导短碳链阴离子表面活性剂——油酸钠（NaOA）自发形成黏弹性蠕虫状胶束，从而导致 NaOA 溶液从一种低黏度流体转变为高黏弹性流体。在高 pH 值下，NaCl 可以屏蔽 NaOA 头基间的静电斥力，促使了蠕虫状胶束的形成；当 pH 值降低后，NaOA 质子化，生成油酸，蠕虫状胶束瓦解成了球形胶束，甚至乳液。因此，当 pH 值在一个较小的范围改变时，NaOA/NaCl 体系可在凝胶状流体与水状流体间可逆开关。

6.3.4 基于非共价键作用原位产生的表面活性剂构筑 pH 响应型蠕虫状胶束

除了"表面活性剂 + pH 响应分子"的构筑方式之外，最近，基于非共价键作用原位产生的"拟双子"结构构筑 pH 响应型蠕虫状胶束引起了研究者极大的兴趣。2010 年，Chu 等将油溶性的 N-芥酰胺丙基-N,N-二甲基叔胺（UC_{22}AMPM）与马来酸在水中以 2∶1 的物质的量之比简单混合，制备了一种新型的 pH 开关型蠕虫状胶束体系（EAMA）[54-55]。发现当体系的 pH 值从 6.20 升高到 7.29 时，体系的零剪切黏度 η_0 从 100000mPa·s 陡然下降到 1mPa·s；当 pH 值再次降低后，η_0 又陡然上升至起始值[图 6.4(a)]。这种 pH 响应主要源于叔胺基团的可逆质子化。pH 值升高，分子中的叔胺基团发生去质子化，生成了油溶性的 UC_{22}AMPM。起初，少量的 UC_{22}AMPM 被增溶于蠕虫状胶束的疏水内核，导致胶束结构向球形胶束转变，因此，体系黏度降低。随着 pH 值进一步升高（约 9.8），胶束对 UC_{22}AMPM 的增溶达到极限。因而，UC_{22}AMPM 开始以沉淀的形式从体相析出。这对于 UC_{22}AMPM 的循环利用是非常有利的。

进一步的研究证实马来酸和盐酸对 UC_{22}AMPM 聚集的影响是不同的。通过对比 EAMA 和 EAHCl 在 pH = 6.20 时的流变性能可以发现，EAMA 具有更强的增黏能力[55]。从图 6.4(b)中的插图可以看出，EAMA 在 pH 值低于 6.51 时是高黏度的蠕虫状胶束溶液；而在 pH 值在 7.29~9.45 时是一种低黏度的浑浊流体。在弱碱性下，油溶性的 UC_{22}AMPM 从水溶液中部分解离，形成了水色油（O/W）型乳液[图 6.4(b)]。继续增大 pH 值，所有的表面活性剂均发生解离，从体相析出，产生了 UC_{22}AMPM 固体。从图 6.4(c)可知，在酸性条件下，UC_{22}AMPM 被质子化，原位产生了超长碳链的表面活性剂，自组装形成了蠕虫状胶束，赋予了溶液高的黏弹性。滴加碱液后，部分原位产生的超长链表面活性剂发生去质子化，转变为油溶性的 UC_{22}AMPM，从胶束解离。蠕虫状胶束随之瓦解，导致了低黏度浑浊流体的产生。EAMA 较强的增稠能力

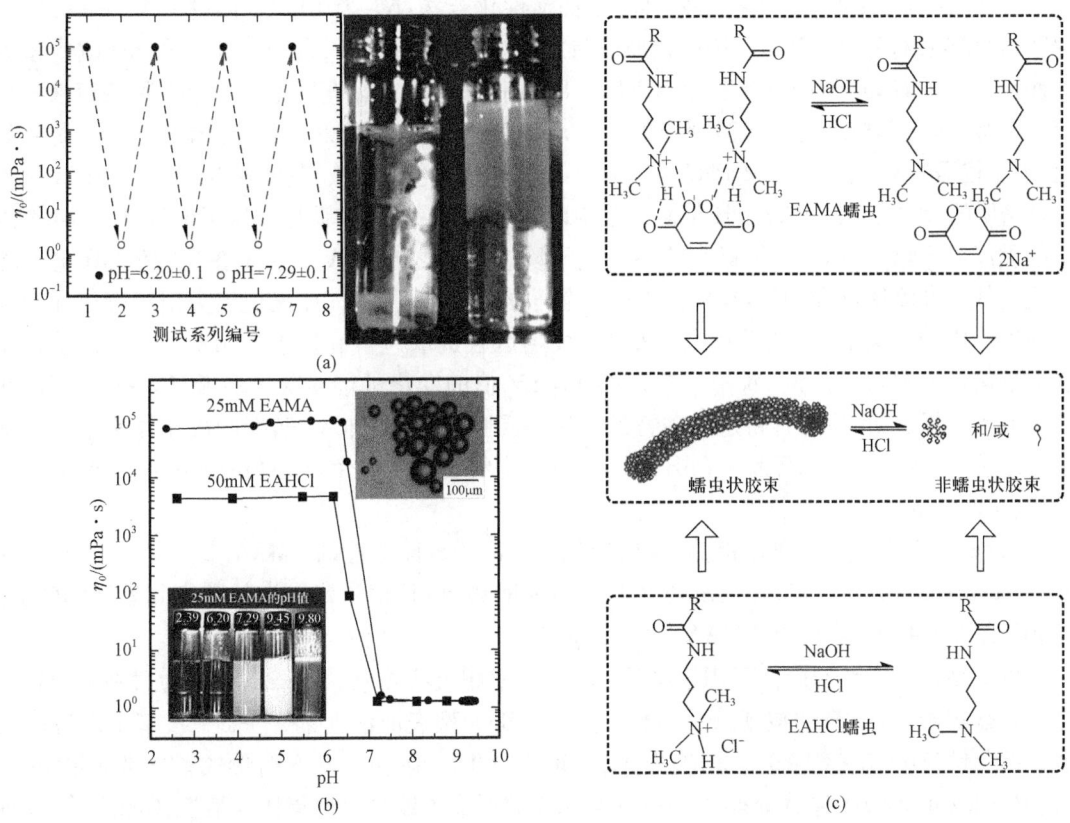

图 6.4 基于"芥酰胺丙基叔胺(UC22AMPM)+酸"组成的拟双子结构构筑的 pH 开关行蠕虫状胶束体系
(a) 25mM EAMA(UC$_{22}$AMPM/马来酸=2:1)体系零剪切黏度随 pH 值的可逆变化及宏观照片;(b) 50mM EAHCl(UC$_{22}$AMPM/盐酸=1:1)体系零剪切黏度随 pH 值的变化及宏观照片;(c) EAMA 和 EAHCl 的 pH 刺激响应开关机里示意图
经英国皇家化学学会授权许可

则源于其独特的"拟双子"结构:一个马来酸分子与两个 UC$_{22}$AMPM 相连,可以产生更强的疏水驱动力和氢键作用。

通过向 N-油酰基丙基-N,N-二甲基叔胺中引入助溶分子同样可以制备 pH 响应型蠕虫状胶束[56]。随着 HCl 的逐渐滴加,体系的微观结构逐渐从囊泡转向球形胶束,进而转向蠕虫状胶束。Rheology,Cryo-TEM 和 DLS 结果分析说明正是微观聚集体结构随 pH 值的转变,赋予了体系宏观流变性能的 pH 响应性。

除基于静电吸引构筑的"拟双子"结构外,Lu 等[57]设计合成了一系列含叔胺的双子表面活性剂(2,2'-(1,4-phenylenebis(oxy))bis(N-(3-(dimethylamino)-propyl)alkylamide(C_m-A-C_m,m=8,10,12,14))。当 pH 值在 2~12 之间变化时,35mM C_{12}-A-C_{12} 展现出 5 种不同的相态:透明的水状流体、黏性流体、凝胶状流体、浑浊流体和沉淀分散液。其中,当 pH 值在 2.50 和 6.81 二者之间可逆改变时,微观结构随之在球形胶束和蠕虫状胶束可逆转变,导致体系在水状流体和凝胶状流体间的可逆开关。在 C_8-A-C_8 和 C_{10}-A-C_{10} 体系也可观察到相似的胶束转变,但是,C_{14}-A-C_{14} 在酸性和中性附近则仅仅形成了蠕虫状胶束。

2015年,Zhang等[58]发现,将两种非表面活性化合物:N-棕榈酰基丙基-N,N-二甲基叔胺(PMA)和柠檬酸(HCA),按照物质的量之比3∶1室温混合,即可产生一种pH响应型黏弹性流体。随着pH值的单调变化,3PMA-HCA体系的宏观黏度发生了一个独特的溶液—凝胶—溶液"钟形"转变,暗示着微观聚集体从球形胶束—蠕虫状胶束—完全解聚的转变。尽管如此,由于较强的亲油性,300mM PMA是一种不透明的乳白色分散液,黏度较低;100mM HCA则是一种透明的、水状流体。随着pH值从3单调地增至9,或是从9单调地降低至3,3PMA-HCA体系的黏度显示增大,达到一个最大值后开始下降。换言之,3PMA-HCA在高或低pH值下均表现出低黏度流体行为,但是在中间的一个较小的pH值范围内,却展现出类似凝胶一样的高黏弹性。更为有趣的是,如果在高、中、低pH值区各选取一个pH值,3PMA-HCA体系在流变上的溶液—凝胶—溶液"钟形"转变可随着pH值的变化进行多次可逆循环。基于DLS和FF-TEM结果分析,研究者将这种独特的溶液—凝胶—溶液"钟形"转变归因于体系中微观聚集体形貌的连续转变:球形胶束(pH=4.5)—缠绕的蠕虫状胶束网络(pH=6.1)—聚集体的瓦解(pH=7.8)。

Yang等[59]合成了一种尾链为C_{22}的肌氨酸阴离子表面活性剂EMAA[2-(N-erucacyl-N-methyl amido)acetate],并且发现EMAA溶液能够随pH值变化发生从胶束到囊泡的转变。当pH值从6.43增至7.36,EMAA溶液的η_0可从3.8Pa·s增大至222.5Pa·s。

Bola型表面活性剂同样可用于构筑pH响应型蠕虫状胶束。Jaeger等[60]通过在CTAB的尾链末端嫁接pH敏感的羧基,设计合成了一种Bola型表面活性剂——ω-羧基十六烷基三甲基溴化铵(HOOC-CTAB)。研究发现,HOOC-CTAB在pH=6.8时形成了丝带状聚集体,在pH=2.2时形成了棒状聚集体,在pH=11.5时形成了蠕虫状聚集体。最近,Graf等[61]发现Bola型两亲分子$Me_2PE-C_{32}-Me_2PE$(dotriacotane-1,32-diyl-bis[2-(demethylammonio)ethylphosphate])的头基在不同pH值条件下,呈现出不同的质子化状态,导致其自组装结构随之改变。在低pH值下,头基表现出两性离子特征,$Me_2PE-C_{32}-Me_2PE$自组装形成了稳定的蠕虫状胶束基凝胶;然而,在高pH值下,头基带负电,静电斥力增大,蠕虫状胶束长度变短,凝胶网络的稳定性变差。

此外,糖基双子表面活性剂也具有pH响应性[62]。当pH>6.0时,糖基双子表面活性剂自组装形成囊泡。当pH<7.0时,所形成的囊泡带正电,且具有好的胶体稳定性。但是,当pH值靠近7.0时,囊泡开始变得不稳定,快速絮凝,最终从溶液中沉淀析出。当pH值从6.0降至5.6时,糖基双子表面活性剂的微观结构将从囊泡向蠕虫状胶束转变。继续降低pH值,蠕虫状胶束将转变为球形胶束。微观聚集体结构的转变主要源于叔胺基团的质子化对头基间静电斥力的影响,而非糖环和链接基的影响。

总之,pH响应型蠕虫状胶束有多种构筑策略,比如:直接利用商品化的烷基二甲基氧化胺,或是在商品化阳离子表面活性剂中引入不同结构的助溶物,或是将表面活性剂与pH敏感分子组合,或是定制合成特定结构表面活性剂。值得注意的是,虽然很多体系都具有pH响应性,但重要的是pH诱导的变化幅度。尽管pH响应可以随着酸/碱的加入进行多次重复循环,但是,每一次循环都不可避免地会有酸碱中和产物生成,积累于体系之中。

6.4 氧化—还原响应型蠕虫状胶束

2004年，Abe等利用阳离子二茂铁表面活性剂FTMA(11-二茂铁基-十一烷基三甲基溴化铵)制备了第一个氧化—还原响应型蠕虫状胶束[64]。还原态时，FTMA分子末端的二茂铁基团具有较强的疏水性。因此，在NaSal存在下，FTMA自组装形成了黏弹性蠕虫状胶束。流变实验显示FTMA/NaSal体系是一种非牛顿流体：η_0高达15000mPa·s，比纯水的η_0高4个数量级；在低剪切振荡频率，G'小于G''，而在高剪切振荡频率时，G'大于G''，且呈现出一个平台。这表明FTMA/NaSal体系的黏弹性是由于蠕虫状胶束相互缠绕形成了三维网络结构所造成的。在不断搅拌且鼓入N_2的条件下，将通电电极插入溶液，使其发生氧化反应。24h后，二茂铁由还原态转变为氧化态，形成了带正电荷的二茂铁离子，导致表面活性剂的亲水性显著提高。因此，缠绕的蠕虫状胶束网络逐渐解离，变成了小的聚集体结构，甚至游离态的单体，导致体系的黏度陡降，约2.5mPa·s，只有还原态时黏度的1/6000。

Li等[65]基于二茂铁阳离子FcMI(二茂铁基三甲基碘化铵)与阴离子表面活性剂AOT(二乙基己基琥珀酸酯磺酸钠)的等摩尔静电络合制备了一种蠕虫状纳米线聚集体。当FcMI被氧化后，疏水的Fc就变成了亲水的Fc^+。因此，还原态时形成的纳米线聚集体向囊泡转变。

通过电化学控制的氧化—还原反应来调控的蠕虫状胶束体系不仅可以作为电流变体应用于变速器的阀门、离合器，有望取代传统的固体颗粒分散液，而且可应用于时刻都在进行氧化—还原过程的生理环境[66]。病理学研究已经发现，相对于健康组织，发炎的细胞或肿瘤的局部氧化—还原电势往往较高。基于这一性能，可以实现氧化—还原响应型蠕虫状胶束在特定细胞的选择性开关，从而释放所运载的药物。

为了实现这一追求，Zhang等[67]基于硒原子的氧化—还原敏感性设计合成了一种新型氧化—还原响应型表面活性剂——3-(11-苄基硒基十一烷基)-二甲基丙磺酸铵(BSeUSBe)。通过BSeUSBe与SDS(物质的量之比为1∶1)在NaCl水溶液中的协同共组装，构筑了一个新型的氧化—还原响应型蠕虫状胶束体系[BSeUSBe-SDS，图6.5(a)][67]。如图6.5(b)所示，在室温下，将等物质的量的BSeUSBe与SDS混合于NaCl水溶液中。搅拌几分钟后即可获得一个透明、均质的胶束凝胶(BSeUSBe-SDS)。将装有BSeUSBe-SDS凝胶的小瓶子倒置，在相当长的一段时间内所形成的凝胶完全可以支撑自身的重量而不流动，表现出非常高的黏弹性。经稳态流变和动态流变实验可推断出这种黏弹性凝胶是由蠕虫状胶束相互缠绕形成的三维网络所产生的。随着氧化剂(H_2O_2)和还原剂(维生素C)的交替加入，BSeUSBe-SDS可以在黏弹性蠕虫状胶束凝胶与水状流体间可逆循环[图6.5(c)]。经多次循环后，体系的流变响应没有丝毫衰减。通过DLS、SAXS和FF-TEM实验进一步证实了BSeUSBe-SDS体系宏观流变性能与微观结构之间的关联[图6.5(d)]。单独的SDS或BSeUSBe在NaCl溶液中只能自组装形成小的圆球形胶束，显示出高流动性。然而，一旦二者混合在一起，BSeUSBe与SDS将通过非共价静电作用连接在一起，构成一种"拟衣架"型结构：一个亲水头基和两条疏水尾链[图6.5(a)]。因此，表面活性剂分子间的疏水缔合作用显著增强，BSeUSBe与SDS协同共组装形成了长的蠕虫状胶束，进而缠绕构成了致密的三维网络结构，赋予了溶液类凝胶性质。

首先，由于分子间强的疏水缔合作用，由BSeUSBe与SDS经非共价作用原位产生的"拟衣

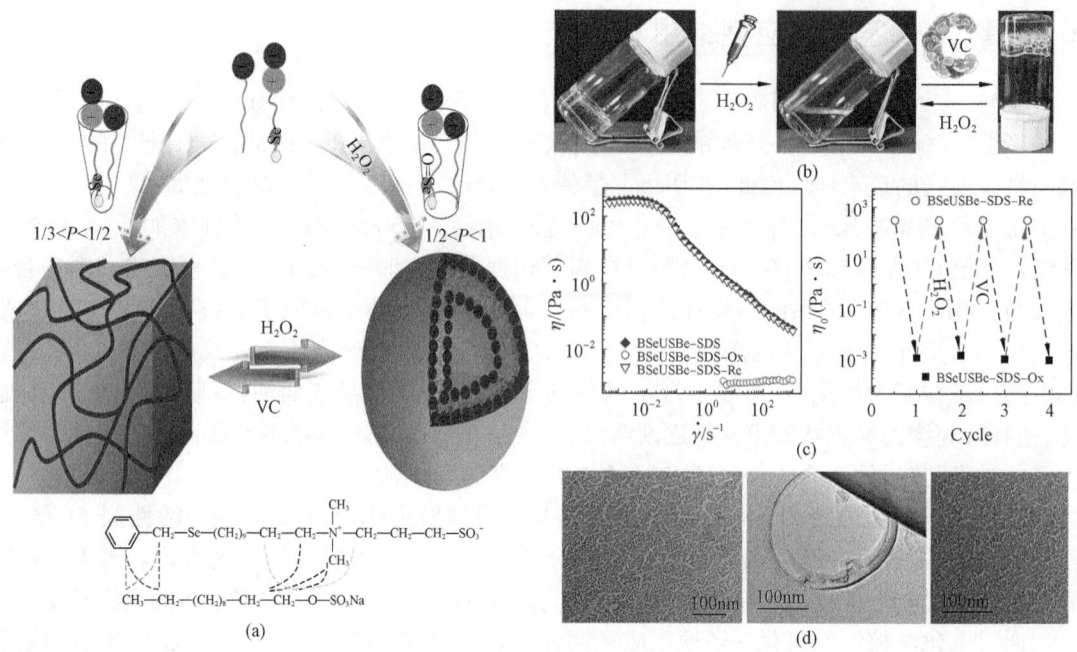

图6.5 基于含硒甜菜碱(BSeUSBe)/十二烷基硫酸钠(SDS)/NaCl构筑的氧化—还原刺激响应型蠕虫状束胶体系(BSeUSBe-SDS)[67]

其中 BSeUSBe 和 SDS 的物质的量之比为 1∶1。(a) BSeUSBe-SDS 体系氧化—还原开关的机理示意图;(b) 50mM BSeUSBe-SDS 在加入双氧水和维生素 C 前后的宏观照片;(c) 50mM BSeUSBe-SDS 溶液在氧化态和还原态下的稳态流变曲线以及零剪切黏度随双氧水和维生素 C 交替加入的可逆变化;(d) 样品在氧化前后以及再次还原后的 FF-TEM 显微照片

经英国皇家化学学会授权许可

架"型表面活性剂 BSeUSBe-SDS 的临界胶束浓度仅有 0.1mM,比 SDS 或 BSeUSBe(0.3mM) 的临界胶束浓度都要低。换言之,BSeUSBe-SDS 比 SDS 或 BSeUSBe 自组装能力强。其次,BSeUSBe-SDS 拥有一个较大的疏水尾链体积,但亲水头基和疏水尾链的长度基本保持不变,因而,BSeUSBe-SDS 的堆积参数更易向 1/3~1/2 区间靠拢,促使蠕虫状胶束的形成。实验结果很好地证实了这一点。然而,当 BSeUSBe-SDS 经等物质的量的 H_2O_2 氧化后,FT-IR,^{1}H NMR 和 ESI-MS 均证明原先疏水的硒醚结构转变成了更加亲水的硒亚砜结构。因此,临界胶束浓度增大至 0.45mM,约为 BSeUSBe-SDS 的 4 倍多,弱化了表面活性剂的自组装能力。虽然 Se=O 的氢键作用并不足以使 BSeUSBe-Ox 的疏水尾链逃离胶束的疏水内核,但是,相对于还原态,疏水尾链间的距离将有所增大,导致疏水尾链的体积将进一步溶胀。相对于 BSeUSBe-SDS,BSeUSBe-SDS-Ox 拥有更大的疏水尾链体积,使得堆积参数偏离了 1/3~1/2 区间,而进入了更易形成囊泡的 1/2~1 区间。FF-TEM 的结果很好地佐证了这一点。所以,氧化后,体系的黏度大幅度降低。当加入还原剂(维生素 C)后,硒亚砜被还原,硒醚再次生成,蠕虫状胶束网络重新恢复,故而宏观黏弹性再次出现。此外,研究发现 BSeUSBe-SDS 凝胶的谷胱甘肽过氧化物酶的催化活性非常低,但是氧化后形成的囊泡却展现出了极高的谷胱甘肽过氧化物酶的催化活性。

相对于基于二茂铁表面活性剂构筑的氧化—还原响应型蠕虫状胶束,基于含硒表面活性剂的蠕虫状胶束对局部过量的氧化剂(活性氧)具有更快、更灵敏的流变响应。这些独一无二的特征为利用硒原子为氧化—还原响应官能团去选择性地增稠、分离特定的流体,为氧化—还原响应型蠕虫状胶束凝胶在谷胱甘肽过氧化物酶模拟、生物活性组分的包埋等领域的应用,打开了广阔的应用前景。

6.5 光响应型蠕虫状胶束

相对于氧化—还原、pH和盐刺激,光是一种非侵入式刺激,所需仪器廉价易得,不会引起体系组成的改变,且可通过改变波长实现对刺激的调控。同时,光可以准确地作用于特定位点,精度可达微米尺度,对纳米科学、纳米技术及其在医学中的应用具有重要价值。基于这些优势,光刺激已经被广泛应用于制备各种智能材料。

基于光响应表面活性剂或含有合适生色团添加剂的光诱导异构化或光诱导二聚,表面活性剂分子在聚集体中的堆集将被改变,从而驱动胶束在蠕虫状胶束和其他形貌聚集体间转变,即可实现对体系流变性能的调控。构筑光响应型蠕虫状胶束有两种较为常用的策略:一个是向已存在蠕虫状胶束的体系中引入光响应功能分子;另一个是通过化学合成的方法在表面活性剂分子中引入光响应功能基团。具有光控流变特性的流体也被称为光流变体。由于光具有空间选择性,光流变体在微米或纳米器件(如:微米机器人、集成半导体芯片、微型图案化生物材料)设计领域具有特殊的应用价值。在许多应用中,可逆是非常关键的,即通过在不同波长光的辐射下,流体应可以在低黏度和高黏度状态间循环变化。

6.5.1 基于"表面活性剂+光响应分子"策略构筑光响应型蠕虫状胶束

6.5.1.1 响应分子的光诱导二聚

Wolff等[68]基于CTAB和9-甲基蒽率先制备了紫外/可见光刺激响应型蠕虫状胶束。其中,9-甲基蒽具有助溶物的作用,可诱导CTAB自组装形成蠕虫状胶束,从而提高溶液的黏度。在波长大于300nm的光照射下,9-甲基蒽发生二聚。相对于9-甲基蒽,其二聚体具有更强的疏水性和更加不利的几何结构,非常不利于诱导CTAB形成蠕虫状胶束。因此,光照后,蠕虫状胶束变短,体系黏度降低。当用波长为249nm的紫外照射后,二聚体解聚,体系黏度恢复。

在这之后,研究者将上述工作向9-烷基取代的非极性蒽衍生物进行拓展[69]。向250mM CTAB溶液中加入少量的非极性蒽衍生物,体系的黏度发生了1~10mPa·s不等的增大。不同取代基的增黏能力大小为:甲基>丙基>丁基。经紫外光照射后,添加了9-丁基蒽和9-戊基蒽的CTAB溶液仅仅发生了非常微小的黏度下降。进一步的研究发现,2,2,2-三氟-1-(9-蒽基)-乙醇通过在胶束中的增溶诱导CTAB形成棒状胶束,并且光诱导二聚后,胶束的尺寸减小,体系弹性降低[70]。

6.5.1.2 响应分子的光诱导异构化

众所周知,在紫外光照射下,偶氮苯可发生顺反异构,从而导致分子的几何结构和极性发生改变。通过添加偶氮苯类衍生物,原先光惰性的蠕虫状胶束可转变为光响应型蠕虫状胶束。

Abe等设计合成了一种含偶氮苯的阳离子表面活性剂——4-丁基—偶氮苯基-4'a-(氧乙基)-三甲基溴化铵(AZTMA)[71]。发现将AZTMA引入后,原先光惰性的CTAB/NaSal

体系具有了光响应功能。在 50mM CTAB/50mM NaSal 中加入 10mM AZMTA 后,体系的 η_0 从 60000mPa·s 增至 100000mPa·s,G' 和 G'' 随剪切振荡频率的变化依然具有蠕虫状胶束的典型特征。尽管如此,在紫外光下照射 2h 后,η_0 降低了 4 个数量级,G' 也有所减小。经可见光照射后,流变性能又可恢复。这一切正是由 AZMTA 分子的顺反异构[图 6.6(a)]引起的几何结构及界面性能变化所造成的。反式 AZMTA 具有线状结构,更易插入 CTAB/NaSal 蠕虫状胶束;而顺式 AZMTA 具有较大的空间位阻,破坏了胶束的自发组装。因而,体系的黏度下降。

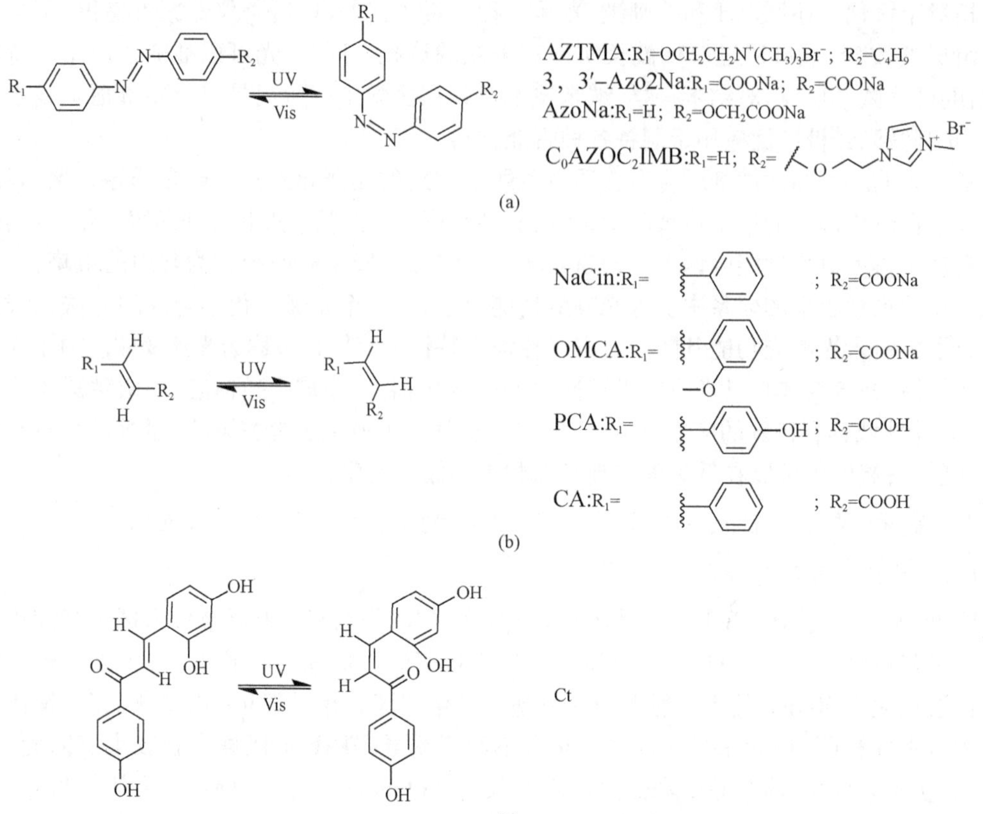

图 6.6 可用于光刺激响应型蠕虫状胶束构建的光响应基团及其异构化方程
(a)偶氮苯类化合物;(b)肉桂酸及其衍生物;(c)2,4,4′-三羟基查耳酮

该研究小组进一步研究了基于 3,3′-偶氮苯二甲酸钠[3,3′-Azo2Na,图 6.6(a)]对 CTAB/NaSal 体系黏弹性的光化学调控[72]。当三组分的等物质的量混合物经紫外光照射后,体系的 η_0 增大 7 倍。照射前,NaSal 和 3,3′-Azo2Na 均可通过静电作用与 CTAB 结合,形成复合物。然而,照射后,3,3′-Azo2Na 反式到顺式异构化,形成了具有空间排斥作用的排架结构。因此,部分顺式 3,3′-Azo2Na 从胶束界面解离,被 NaSal 取代,从而促进了蠕虫状胶束的增长和缠绕,即黏弹性增强。

Huang 等[73]通过在 CTAB 溶液中引入偶氮苯乙酸钠[AzoNa,图 6.6(a)]实现了对聚集体多尺度、多状态的光调控。依据体系在紫外光下曝光时间的长短,AzoNa 发生异构化的程度不同,可诱导微观聚集体在蠕虫状胶束、囊泡、平面层状相、柱状胶束和球形胶束间进行转变,从而导致溶液宏观性能发生显著改变。若在紫外光和可见光下交替曝光,聚集体结构可被可逆调控。研究认为光诱导异构化改变了分子的偶极矩和几何结构,影响了表面活性剂的堆积参数,从而改变了体系的宏观性能。Takashira 等[74]发现在紫外光诱导下 C_4AzoNa 发生了反式到顺式的异构化,导致 CTAB/C_4AzoNa[图 6.6(a),AzoNa 衍生物]从球形胶束向蠕虫状胶束的转变,体系的黏度陡增。

Zheng 等[75]将 AzoNa 与离子液体表面活性剂——N-甲基-N-十六烷基溴化吡啶(C_{16}MPBr)复配,同样获得了光响应型蠕虫状胶束。室温下,AzoNa 的加入诱导 C_{16}MPBr 自组装形成了蠕虫状胶束,体系的黏度高达 10Pa·s。然而,经紫外光照射后,AzoNa 由反式变为顺式,蠕虫状胶束向球形胶束转变,体系黏度随之降低至 0.1Pa·s。相似地,传统光敏感型芳环化合物——反式肉桂酸(trans-CA)[图 6.6(b)]的引入可诱导 1-十六烷基-3-甲基溴化咪唑(C_{16}mimBr)自组装形成黏弹性蠕虫状胶束;经合适波长光照射后,肉桂酸由反式变为顺式,体系随之转变成低黏度的球形胶束溶液[76]。

Yu 等[77]发现,偶氮苯甲酸钠(AzoCOONa)与 C_{16}mimBr 同样可以形成光响应蠕虫状胶束,黏度为 0.65Pa·s。与前面几个体系不同,经 365nm 紫外光照射后,C_{16}mimBr/AzoCOONa 变得更富黏弹性,而不是黏度降低。Du 等[78]基于间甲氧基肉桂酸(trans-OMCA)[图 6.6(b)]与 C_{16}mimBr 构筑了另一个光响应流体。发现 trans-OMCA 和 C_{16}mimBr 的浓度对体系的流变性能均具有显著影响。

Dong 等[79]利用光散射和流变技术研究了疏水链长对表面活性剂/AzoNa 光响应流体的影响。发现无论疏水尾链是 C_{12} 还是 C_{18},AzoNa 均可促进胶束的增长,且根据二组分间的化学计量比,可诱导发生球形胶束—蠕虫状胶束—囊泡的转变。固定比例下,η_0 随着表面活性剂浓度的增大逐渐降低。cryo-TEM 实验证实这主要是由于微观结构发生了由线状胶束缠绕的网络向多连接点的、饱和网络的转变所致。该团队还报道了另一个由油酸钠和阳离子偶氮苯染料分子(1-[2-(4-phenylazo-phenoxy)-ethyl]-3-methylimida-zolium bromide(C_0AzoC2IMB,图 6.6(a))构筑的光响应流体[80]。在一定的浓度条件下,油酸钠/C_0AzoC2IMB 组装形成了蠕虫状胶束,表现出凝胶状流体特征。基于 C_0AzoC2IMB 分子的光诱导异构化,流体的黏度可通过光刺激进行可逆调控。

Abe 等[81]基于 CTAB 与另一种光响应分子——肉桂酸钠[NaCin,图 6.6(b)]组合构筑了光响应型蠕虫状胶束体系。50mM CTAB/50mM NaCin 构成的二元体系的 η_0 高达 66Pa·s,且表现出典型的黏弹性响应。随着在紫外光下曝光时间的延长,G' 和 G'' 发生相交的剪切振荡频率越来越高。最终,黏弹性流体转变成了仅有黏性响应的低黏度牛顿流体,η_0 约为 0.0021Pa·s。如此明显的改变说明光照触发了 NaCin 由反式向顺式的异构化,从而导致了缠绕的蠕虫状胶束向小的分子聚集体的转变。通过对比光照前后的 ^{1}HNMR 波谱,可以确认,顺式构型中 NaCin 分子中的羧基处在一个更加亲水的环境,不能像反式异构体一样与胶束界面发生有效结合。

简言之,在紫外光照射下,增溶于 CTAB 胶束中的 NaCin 发生异构化,由反式结构变成了体积较大的顺式结构,增大了 CTA$^+$ 极性头之间距离;同时,由于更强的亲水性和更大的空间斥力,部分顺式 NaCin 从胶束表面解离。因此,蠕虫状胶束瓦解,球形胶束形成。值得注意的,该体系需要较长时间(15~20h)的光照才能达到反应平衡。

过去的10多年间，Raghavan等一直致力于光响应流体研究，包括水相体系[82-86]和有机相体系[87-88]。通过光刺激，可实现高达41000倍的流变性能变化。尽管如此，大多数光响应流体在紫外光诱导下仅能发生单向变化（高黏度变成低黏度，或者反之），即它们的光响应是不可逆的[82-84,87]。例如，将商品化光异构化试剂 trans-OMCA 分别与 CTAB 和 C_{22} 的两性离子表面活性剂——芥酸酰胺丙基二甲基羧基甜菜碱（EDAB）组合，分别制得了光诱导变稀流体[82]和光诱导增黏流体[83]。前者 trans-OMCA 由过量的 NaOH 中和，后者则被 pH=10 的 Na_2CO_3/$NaHCO_3$ 缓冲液中和。图6.7（a）（b）分别是 CTAB/trans-OMCA 和 EDAB/trans-OMCA 在紫外光照射前和后的 η_0 变化曲线。在合适的比例下，CTAB/trans-OMCA 展现出较强的黏弹性，意味着蠕虫状胶束网络结构的存在[82]。然而，经紫外光照射后，样品很快就转变成了低黏度牛顿流体。对于 60mM CTAB/40mM OMCA 体系，η_0 下降达4个数量级。通过对 5mM CTAB/OMCA 在紫外光照射前后的 SANS 表征，发现光照导致胶束长度从 3000Å 降到了 40Å。与之不同的是，EDAB/trans-OMCA 经紫外光照射后却展现出相反的变化趋势：黏度大幅度升高[83]。室温下，50mM EDAB/130mM trans-OMCA 是一种黏度仅有 1mPa·s 的流体；紫外光照射后，则变成了强黏弹性流体，η_0 增幅达到了光照前的41000倍。上述两个光响应流体的黏度不仅可以光照调控，而且也可通过改变组成调控。原则上，trans-OMCA 到 cis-OMCA 的光异构化应该是可逆的。但是，由于顺式异构体在绝大多数紫外及可见光波长范围内均比反式异构体的吸光度低，导致 cis-OMCA 很难转变为 trans-OMCA。因此，体系的黏度变化不可逆[82]。

显然，表面活性剂与 OMCA 之间的协同共组装对上述两个光响应流体的构筑是非常关键的。OMCA 在胶束界面的吸附或脱附改变了堆积参数的大小。相对于 trans-OMCA，由于不利的几何结构和较高的亲水性，cis-OMCA 无法有效吸附于胶束界面[82-83]。因此，紫外光照射后，越来越多的 OMC^- 从胶束界面脱附，分别对 CTAB 和 EDAB 的聚集行为产生了两种不同的影响［图6.7（c）和图6.7（d）］。单独的 CTAB 并不能形成蠕虫状胶束，但添加芳香类羧酸盐或磺酸盐后却可自发形成蠕虫状胶束[89]。与之相反，两性离子表面活性剂 EDAB 不需要任何添加剂，即可形成蠕虫状胶束［图6.7（b），[OMCA]=0mM）[83]。因此，trans-OMC 与 CTAB 的协同作用促进了胶束增长［图6.7（c）］，但 trans-OMC 的加入，增大了 EDAB 头基的负电荷，诱导其形成了球形或短棒状胶束。异构后，cis-OMC 从胶束界面的脱附，产生了相关的微观结构变化。

最近，有研究者基于偶氮苯羧酸（ACA）和芥酸基二羟乙基甲基氯化铵（EHAC）组合，构筑了另一种组成简单、成本低廉的光响应流体，在不同波长光照射下，流变性能可发生巨大的可逆变化[86]。在一定的比例下，EHAC/ACA 二元混合物溶液是一种低黏度流体；经紫外光照射后，体系的黏度陡增，增幅近106倍；经可见光照射后，黏度下降，体系又恢复到了起始的低黏度状态。光照前，EHAC/ACA 在溶液中自组装形成了单层囊泡，故黏度较低。紫外光照射后，ACA 发生反式到顺式的异构化，改变了 EHAC/ACA 静电复合物的几何结构，促进了蠕虫状胶束的形成。经紫外光和可见光交替循环照射，体系的黏度随之发生可逆变化。

Fang 等[90]利用可聚合阳离子表面活性剂——N-十六烷基二甲基烯丙基氯化铵（CDAAC）和 trans-ACA 制备了一个光刺激可逆响应型流体。将 14mmol/L CDAAC/10mmol/L trans-ACA 溶液暴露于 365nm 紫外光下，体系的相对黏度下降；然后，将其暴露于 460nm 可见光下，体系

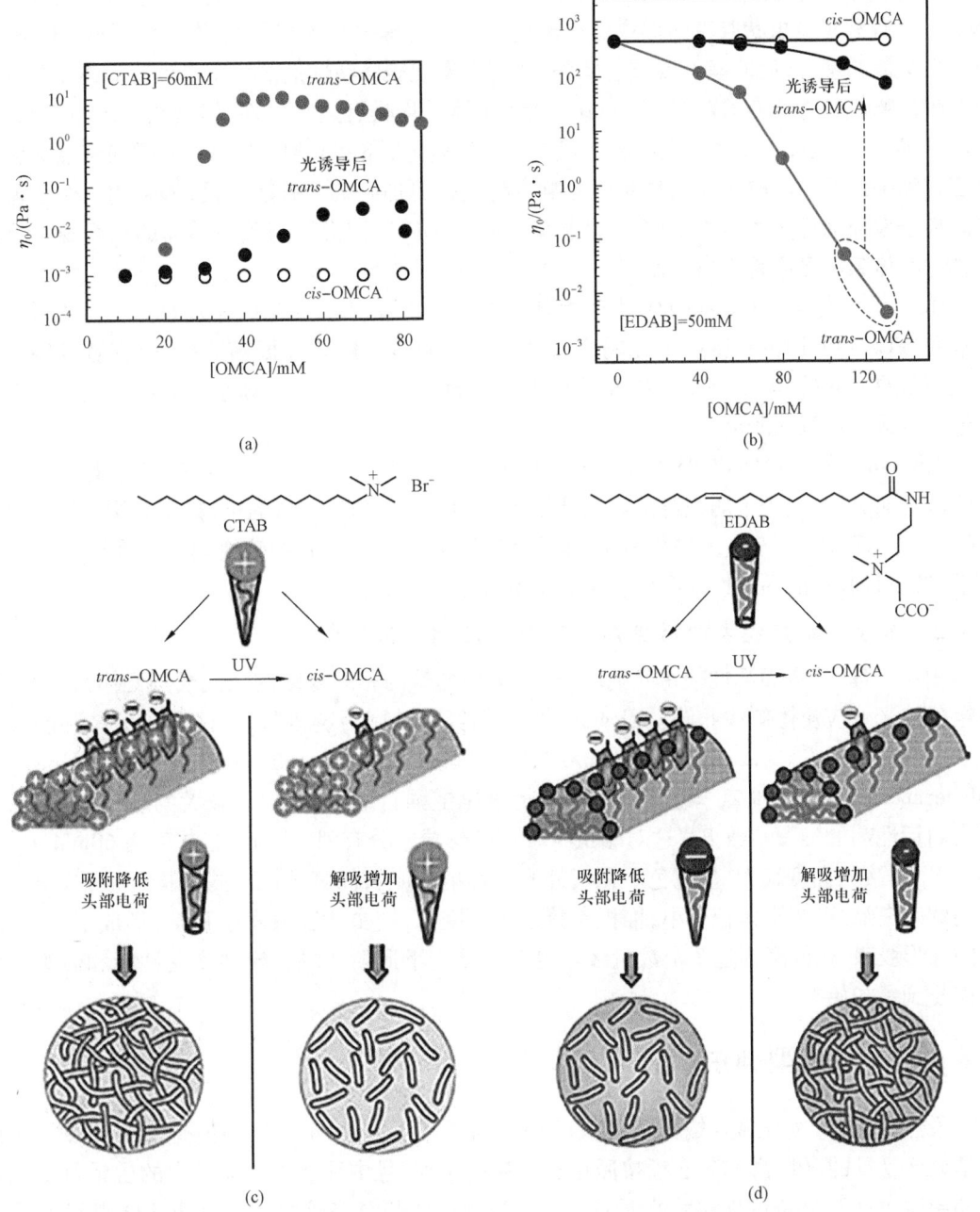

图 6.7　紫外光照射诱发的(a)CTAB/OMCA 和(b)EDAB/OMCA 体系黏度变化及
(c)CTAB/OMCA 体系的光诱导变稀机理和(d)EDAB/OMCA 体系的光诱导增黏机理[82-83]
经英国皇家化学学会授权许可

的相对黏度又可恢复到起始值。这一切都源于 ACA 的光诱导异构化。

Savelli 等[91]研究了表面活性剂结构对 $CTA^+X^-/trans$-OMCA 光流变体的影响。紫外光下,$trans$-OMCA 转变为 cis-OMCA,从而改变了分子的堆集,降低了蠕虫状胶束的长度。因而，体系黏度降低。通过对反离子作用和对头基尺寸影响的分析，研究者认为，"软"的反离子（如 Br^-）有利于蠕虫状胶束的形成。得出这一推论的理由是疏水作用驱动了 $trans$ – OMC 与胶束聚集体的缔合，而非静电效应。此外，研究者发现表面活性剂的反离子也会对体系的光响应产生影响。虽然所有 $CTA^+X^-/trans$ – OMCA 体系均具有光响应性，但是在 $(CTA)^{2-}SO^{2+}/trans$ – OMCA 体系，光刺激产生了较为显著的流变响应：黏度剧烈下降，G' 和 G'' 的交点大幅度改变。如果用 OMC^- 取代 X^-，体系的光响应将变得更加有效。有趣的是，如果用三个乙基取代阳离子表面活性剂季铵 N 原子上的甲基，$trans$ – OMC^- 阴离子与胶束界面的结合将受到限制，因此，体系的黏度将大幅降低。

Hao 等[92]发现在 150mmol/L 十四烷基二甲基氧化胺（$C_{14}DMAO$）加入 60mM 反式对羟基香豆酸（PCA）后，即可获得一个光响应流体。结合 cryo – TEM 和振荡流变，研究者发现经紫外光照射 60min 后，由于 $trans$ – PCA 转变为 cis – PCA[图 6.6(b)]，体系中的微观结构由双层囊泡转变成了蠕虫状胶束。

Scheven 等[93]通过向 CTAB/水杨酸（HSal）体系中添加 2,4,4′ – 三羟基查耳酮（Ct）作为光响应功能分子，赋予了弱缠绕的蠕虫状胶束光响应性。值得注意的是，只需要添加极少量的 Ct（[Ct]/[CTAB] = 1%），CTAB/HSal 即可展现出光致变色和光致流变响应。在弱缠绕的状态下，蠕虫状胶束的黏弹性主要依赖于有机反离子的浓度。

6.5.2 基于光响应型表面活性剂构筑光响应蠕虫状胶束

相对于基于"表面活性剂 + 光响应分子"策略构筑的相对复杂的二元或三元体系，基于单一组分的光响应流体鲜少报道。Zhao 等[94]以偶氮苯基团为链接基，设计合成了一种阴离子双子表面活性剂 C_{12} – azo – C_{12}（sodium – 2,2′ – [diazene – 1,2 – diylbis(4,1 – phenylene)] – didodecanoate）。刚性偶氮苯链接基将两条疏水尾链强行隔离，产生了较大的疏水体积，增大了表面活性剂的堆积参数 P。这对蠕虫状胶束的形成十分有利。因此，当浓度为 60mM，C_{12} – azo – C_{12} 溶液的黏度很大，呈橙色。在紫外光下照射 3h 后，偶氮苯从反式异构为顺式，离子头基间的距离缩短，疏水体积变小，堆积参数减小。因此，蠕虫状胶束发生瓦解，形成了小的、离散的球形胶束，η_0 的降幅达 5 个数量级。再在可见光下照射 2h 后，宏观流变性能和微观结构又恢复到了初始。

6.6 CO_2 响应型蠕虫状胶束

虽然利用 pH 变化调控蠕虫状胶束已经得到了广泛应用（6.3 节），但是，pH 刺激的缺点也是显而易见的：(1) 酸和碱必须按照化学计量比添加，且中和产物在体系中的含量每次循环后都会增大；(2) 制备过程和后处理都需要较高的环境和经济成本[95]。虽然 CO_2 刺激本质上也是一种 pH 调控手段，但与传统的酸/碱调控不同。CO_2 刺激更加环境友好，且可以在温和的条件下通过向溶液中鼓入惰性气体将其去除，使 CO_2 反应官能团返回到初始态。这种绿色、简便、无残留的开关特征使得 CO_2 诱导的变化可以重复循环许多次，而不需要担心副产物的累积。此外，CO_2 是一种内源性、无毒的细胞代谢产物，具有优异的生物相容性和膜渗透性，在生物治疗方面的应用潜力巨大。

过去的 10 多年间，在 Jessop 团队关于 CO_2 开关型溶剂[99]和 CO_2 开关型乳液[100]两项工作的引领下,作为一种环境刺激,CO_2 已经被广泛地用于制备开关型表面活性剂、溶质、聚合物[96-97]、离子液体、有机凝胶和纳米复合物[98]。

所有对 CO_2 敏感的化合物具有一个共同的特征:拥有至少一个可以与 CO_2 在水中发生反应的碱性基团,例如:脒基、胍基或胺基。其中,胍由于具有超强的碱性,致使它与 CO_2 反应后的关闭十分困难,故胍基很少被用作 CO_2 响应官能团[101]。虽然脒比胍的碱性弱,但脒基化合物通常较难合成,且易水解失稳[102-103]。胺基是一种应用最为广泛的 CO_2 响应官能团。胺的质子化产物,特别是叔胺与 CO_2 的产物,稳定性相对较差,即使在室温下也可释放 CO_2,使其返回初始分子态。

在本小节,我们将介绍三种构筑 CO_2 开关型蠕虫状胶束的策略。所利用的 CO_2 响应分子绝大多数是胺类化合物,也涉及一些长链羧酸盐阴离子表面活性剂。

6.6.1 基于"拟双子"表面活性剂构筑 CO_2 响应型蠕虫状胶束

如前文所述,将 C_{22} 尾链叔胺 $UC_{22}AMPM$ 与马来酸按 2∶1 的物质的量之比混合于水,原位形成了一个由两个 $UC_{22}AMPM$ 阳离子与一个马来酸根离子构成的"拟双子"表面活性剂,通过增大浓度即可形成 pH 响应型蠕虫状胶束[54-55]。基于"拟双子"概念,通过将一系列疏水尾链长度和亲水头基不同的商品化阴离子表面活性剂与 CO_2 敏感分子—N,N,N',N'-四甲基烷基二胺(TMDA,图 6.8)的相互组合,率先开展了 CO_2 开关型"拟双子表面活性剂"及蠕虫状胶束的研究[104]。研究发现,当 SDS 与 N,N,N',N'-四甲基丙二胺[TMPDA,图 6.8(a)]按照 2∶1 的固定物质的量之比混合后,所形成的二元混合物水溶液(SDS-TMPDA)在浓度为 250mM 时,黏度仅有 1.5mPa·s,表现出典型的牛顿流体特征。然而,向溶液中鼓入 CO_2 气体至饱和后,SDS-TMPDA-CO_2 体系黏度增大,表现出剪切诱导变稀行为,η_0 高达 4000mPa·s [图 6.8(b)][104]。鼓入 CO_2 前,随着浓度的增大,二元混合体系的 η_0 并不会发生突增,表明体系中聚集体主要是小的球形胶束;鼓入 CO_2 后,η_0 在稀溶液区依然呈现出缓慢的线性增长,基本符合 Einstein 稀溶液黏度方程,但是,进入亚浓溶液区后,η_0 开始呈指数增长,基本遵循 $\eta_0 \propto C^{2.8}$ 的标度定律,增幅达几个数量级,暗示着蠕虫状胶束及其三维网络结构的形成。动态流变结果显示,高浓度 SDS-TMPDA-CO_2 样品在高剪切振荡频率下表现出黏弹性响应($G' > G''$),而在低剪切振荡频率下表现出黏性响应($G' < G''$),再次表明了蠕虫状胶束及三网络结构的存在。随着 CO_2 的循环鼓入和去除,SDS-TMPDA 二元混合体系的 η_0 可以在 4000mPa·s 和 1.5mPa·s 间发生至少 4 次可逆开关[图 6.8(c)]。通过电导率和 NMR 分析证实 CO_2 的鼓入导致 TMPDA 发生了质子化,形成了带有两个正电荷的 bola 型小分子季铵盐。因此,一个 bola 型季铵盐小分子可与两个 SDS 分子通过静电吸引作用形成"拟双子"表面活性剂。经估算,SDS-TMPDA 的临界堆积参数为 0.11,有利于形成球形胶束;而"拟双子"结构 SDS-TMPDA-CO_2 的堆积参数为 0.45,有利于形成线状蠕虫状胶束。

利用惰性气体将 CO_2 驱除后,bola 型季铵盐发生去质子化,重新生成了中性 TMPDA。因此,两组分间的静电作用消失,"拟双子"表面活性剂瓦解。从而,蠕虫状胶束又转变成了球形胶束,体系的宏观性能也从黏弹性流体变回水状流体。这种 CO_2 开关响应可进一步拓展至其他的 TMDA 分子:N,N,N',N'-四甲基乙二胺(TMEDA)和 N,N,N',N'-四甲基己二胺(TMHDA)。鼓入 CO_2 后,它们的 η_0 可分别增至 100mPa·s 和 470mPa·s[105]。

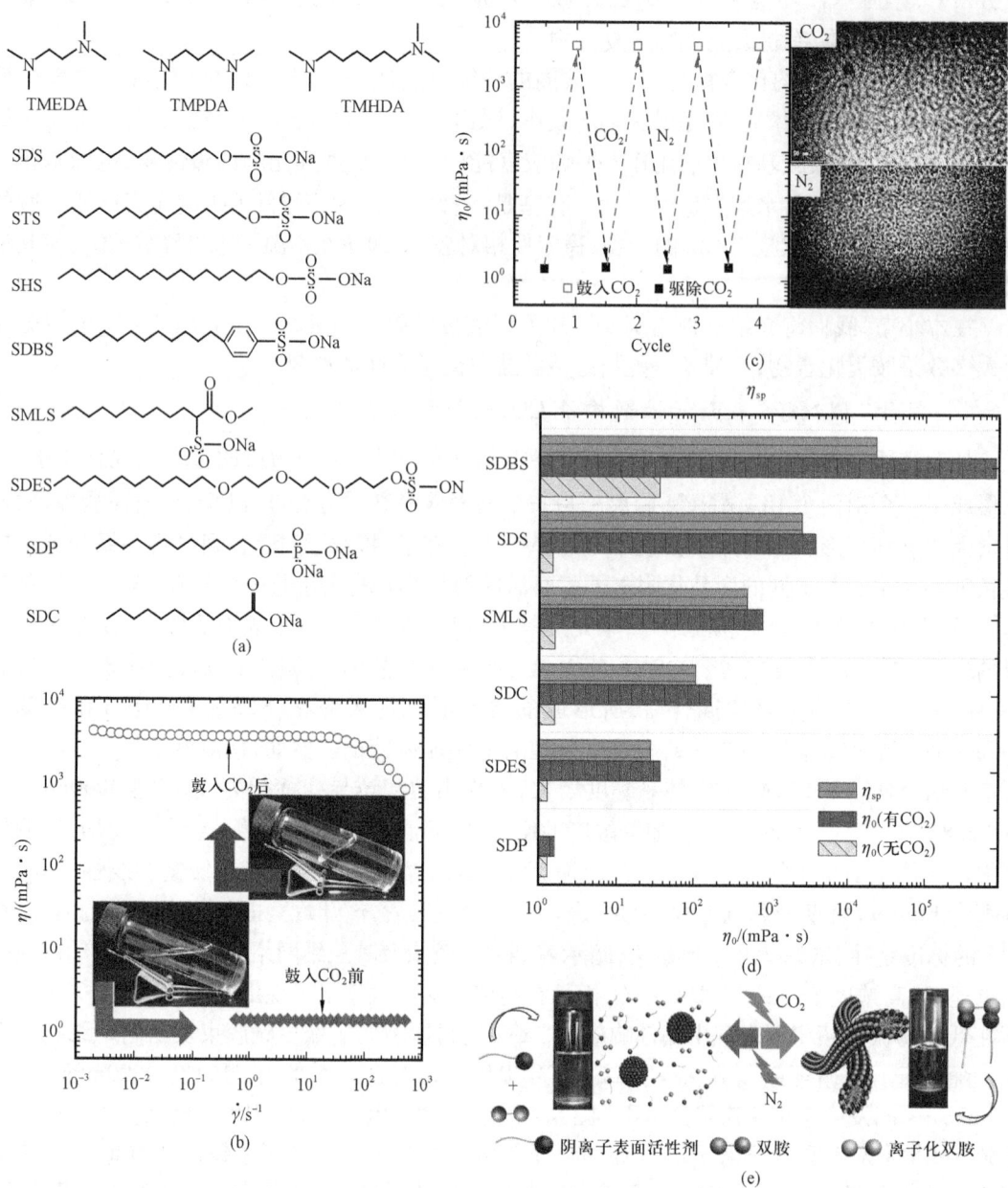

图 6.8 （a）用于构筑拟双子表面活性剂的 N,N,N',N' - 四甲基二胺和阴离子表面活性剂的分子结构；(b) 250mmol/L SDS - TMPDA 二元溶液在鼓入 CO_2 前后的稳态流变曲线；(c) 250mmol/L SDS - TMPDA 二元溶液零剪切黏度随 CO_2/N_2 交替鼓入的可逆变化及相应的 cryo - TEM 显微照片；(d) 鼓入 CO_2 前后，250mmol/L 不同阴离子表面活性剂与 TMPDA 构成的"拟双子"表面活性剂溶液的零剪切黏度和比黏度；(e) 基于"阴离子表面活性剂 + 二胺"形式原位制备的"拟双子"表面活性剂构筑 CO_2 开关型蠕虫状胶束的机理示意图[104-105]

经美国化学会版权(2013,2017)许可究其本质，可以发现，当 CO_2 被鼓入水溶液后，CO_2 分子首先与水分子结合，产生了较弱的碳酸，质子化了强碱性化合物。不同碱性化合物与碳酸的反应程度取决于碱性化合物的 pK_a 和溶液的平衡 pH 值。室温下，CO_2 的纯水饱和溶液的 pH = 5.6，而 TMEDA，TMPDA 和 TMHDA 的 pK_a 远高于此值。因此，理论上，CO_2 的纯水饱和溶液可以将三种 TMDA 分子中的叔胺基团完全质子化，形成带有两个正电荷的 Bola 型季铵盐（$TMDAH^{2+}$），从而与两个带负电荷的阴离子表面活性剂通过非共价键作用相连接，形成"拟双子"表面活性剂。与传统的共价型双子表面活性剂相似，"拟双子"表面活性剂也更易形成线状蠕虫状胶束[图 6.8(e)]。排除 CO_2 后，$TMDAH^{2+}$ 去质子化，变回叔胺，静电作用消失，"拟双子"表面活性剂瓦解。

构成"拟双子"表面活性剂的任一组成部分（链接基、疏水尾链、亲水头基）都可能影响体系的流变性能。对于传统的共价型双子表面活性剂，链接基大小对其增稠水能力至关重要（详见第 4 章）：链接基越短，分子的疏水体积越大，头基越小，增黏能力越强。然而，对于 SDS 与 $TMDAH^{2+}$ 形成的"拟双子"表面活性剂，增黏能力不仅受链接基大小影响，而且与 TMDA 的质子化度有关[105]。

需要指出的是，由于 TMDA 的存在，经 CO_2 饱和后，混合体系通常比纯水的平衡 pH 值高。SDS – TMEDA – CO_2 的 pH 值为 7.05，SDS – TMPDA – CO_2 的 pH 值为 7.45，而 SDS – TMHDA – CO_2 的 pH 值为 7.91。根据三种二胺分子的 pK_a 值，可知在三个体系中，叔胺基团的质子化度是不同的。仅有很少 TMEDA 的两个叔胺基团均发生了质子化，大部分 TMPDA 的两个叔胺基团都发生了质子化，TMHDA 则几乎全部被质子化。因此，TMEDA 体系中仅有较少的"拟双子"表面活性剂形成，而 TMPDA 和 TMHDA 体系则分别形成了大部分和全部的"拟双子"表面活性剂。正因为如此，"拟双子"表面活性剂中链接基对体系流变性能的影响与传统共价型双子表面活性剂不同。此外，当阴离子表面活性剂为羧酸盐或磷酸盐时，表面活性剂的解离情况也必须考虑。如果体系 pH 值低于表面活性剂的 pK_a，羧酸盐或磷酸盐将从离子态转变为中性态。此时，由于缺少游离的阴离子，即使叔胺完全被质子化，也不会形成"拟双子"表面活性剂。总之，只有在体系中同时存在带一个负电荷的长链阴离子和两个正电荷的 Bola 型阳离子，才可能形成"拟双子"结构表面活性剂。

疏水尾链长度对"拟双子"表面活性剂溶液增黏能力的影响与传统表面活性剂相似。疏水尾链越长，表面活性剂的增黏能力越强。然而，超出我们预期的是，亲水头基对增黏能力影响从大到小的顺序为：SDBS > SDS > SMLS > SDC > SDES > SDP[图 6.8(d)]，SDBS – TMPDA 的增比黏度最大，而 SDP – TMPDA 最小[105]。基于上述结果可知，与硫酸酯盐表面活性剂（SDS）相似，羧酸盐或磺酸盐表面活性剂均可与 $TMDAH^{2+}$ 形成"拟双子"表面活性剂，进而自组装形成棒状或蠕虫状胶束。但是，对于磷酸盐表面活性剂，情况比较复杂。SDP 有两个 pK_a 值：8.42 和 3.98。因此，SDP 在溶液的存在形式与 pH 值密切相关。强酸性环境，以十二烷基磷酸为主；中性，以磷酸单钠盐为主；碱性，以磷酸二钠盐为主。向 SDP – TMPDA 中鼓入 CO_2 至饱和，pH 值可降至 8.20，接近 pK_{a1}（8.42）。此时，溶液中同时存在单钠盐和二钠盐。相对于单钠盐，十二烷基磷酸二钠盐的头基更易水化，意味着二钠盐的组装需要更高的浓度。头基水化后，体积增大，产生了较大的空间位阻效应，使得异性电荷之间的距离进一步增大，$TMDAH^{2+}$ 与十二烷基磷酸阴离子之间的静电作用减小。因此，在 SDP – TMPDA – CO_2 体系中较难形成"拟双子"结构表面活性剂,仅能形成较小的聚集体(球形胶束)[105]。

最近,Zhang等将商品化的脂肪酸皂—硬质酸钠(NaOSA)与N^1,N^2-二苄基-N^1,N^2, N^2-四甲基-1,2-二溴化乙二铵(Bola2be)以2:1的物质的量之比混合于水中,一个CO_2/pH双响应的黏弹性蠕虫状胶束流体[106]。Bola2be的引入不仅可以改善NaOSA的溶解性,而且可以与NaOSA通过静电作用原位形成"拟双子"表面活性剂(2NaOSA-Bola2be),促进胶束的增长。当浓度高于1.05mM,长的柔性聚集体开始相互缠绕,形成了三维网络结构,导致体系的宏观黏度显著提高。由于羧基的存在,随着pH值的降低或是CO_2的鼓入,透明的黏弹性凝胶流体转变成了乳白色的低黏度分散液。同时,伴随着大量白色沉淀生成。其中,2NaOSA-Bola2be对传统的酸碱刺激具有可逆响应,而对CO_2刺激的响应是不可逆的。

6.6.2 基于"长链脂肪酸+CO_2响应小分子"构筑CO_2开关型蠕虫状胶束

众所周知,羧基对pH值是敏感的,而CO_2可以像酸碱一样改变体系的pH值。因此,可以利用CO_2开关调控"长链脂肪酸+CO_2响应分子"体系的微观聚集体结构和宏观流变性能。例如,在没有任何添加剂存在下,芥酸钠(NaOEr)在pH=11.34时形成了透明的黏弹性流体,可以在体系内束缚大量的气泡[107]。随着CO_2的鼓入,体系发生了一系列转变。鼓入CO_2气体10s后,在黏弹性流体上部开始出现乳状液相。继续鼓入CO_2,乳状液相逐渐扩展至整个体相。最终,大约1min后形成了乳白色的低黏度分散液。此处,对于黏弹性脂肪酸溶液,CO_2发挥了诱导变稀的功能。

Jessop等[108]利用硬质酸钠(C_{18}CNa)和$NaNO_3$制备了另一个CO_2诱导变稀流体。鼓入CO_2前,200mM C_{18}CNa溶液在80℃的η_0高达12400mPa·s;鼓入CO_2气体10min后,体系变成了一个牛奶状颗粒悬浮液,η_0仅有2.0mPa·s,其中颗粒的平均尺寸为946nm,Zeta电位为-23mV;鼓入N_2 40min后,黏度再次增大至12360mPa·s,仅比初始值降低了40mPa·s。研究者认为,最大黏度值的微小降低是由C_{18}CNa分子从质子化态到去质子化态的不完全转化所导致。将无机盐替换为有机盐—四丁基溴化铵(TBAB),同样可以通过CO_2的鼓入与去除实现体系黏度的可逆开关。但是,温度却可以降至C_{18}CNa的Krafft温度以下。

如果在脂肪酸溶液中引入一个CO_2敏感的阳离子助溶物,体系宏观性能对CO_2刺激的响应可能会变得更加多样化。2015年,Zhang和Feng发现,当向NaOEr和三乙胺(物质的量之比为3:10)二元混合溶液中通入CO_2时,随着体系pH值的逐渐降低,宏观黏度依次经历了5个不同的阶段:(1)pH>11.10,第一黏度平台区;(2)10.30<pH<11.10,黏度上升区;(3)9.50<pH<10.30,第二黏度平台区;(4)8.90<pH<9.50,黏度下降区;(5)pH<8.90,第三黏度平台区[109]。换言之,随着CO_2的不断鼓入,NaOEr-TEA体系的η_0起初基本保持不变(pH>11.10),然后在不足一个pH值单位(10.30~11.10)内陡然上升;紧接着,η_0再次趋于稳定,在一个较小的pH值范围(9.50~10.30)内保持凝胶态;pH值进入8.90~9.50后,η_0开始快速下降;最终,当pH<8.90后η_0第三次趋于恒定。η_0的变化表明,随着CO_2的单调、连续鼓入,NaOEr-TEA发生了从球形胶束—蠕虫状胶束形成—蠕虫状胶束瓦解—乳状液的不可逆转变。当体系pH>9.5时,CO_2的鼓入导致了pH值的降低,使得TEA发生质子化,转变为TEA^+。作为一种有机阳离子,TEA^+可通过取代NaOEr的反离子与芥酸阴离子结合,屏蔽亲水头基间的静电斥力,从而促使胶束增长,向蠕虫状胶束转变,体系黏度增大。去除CO_2后,

pH 值升高，TEA^+ 变回中性 TEA，从 NaOEr 的亲水头基解离，蠕虫状胶束重新转变成了球形胶束，体系黏度降低。然而，当体系的 pH 降低至 9.50 以下时，由于 NaOEr 发生了向芥酸的不可逆转变，体系形成了乳白色分散液。此时，即使鼓入惰性气体，也无法诱导黏弹性流体再次形成。

Zhang 等[110]通过小分子叔胺（TEA）的引入，赋予了 CTAB/NaSal 经典蠕虫状胶束 CO_2 响应性，研究了 TEA 及其质子化产物 $TEAH^+$ 对 CTAB 与 NaSal 结合能力的影响。随着 CO_2 和 N_2 的交替鼓入，体系可以在水状流体与黏弹性流体间可逆转变，反映了微观聚集体在球形胶束与蠕虫状胶束间的变化。如此循环 15 次后，体系的流变响应没有丝毫衰减，但是基于酸碱调控的流变响应在 15 次循环后明显衰弱。这种简单的策略可以拓展至其他的叔胺分子和表面活性剂。通过向十八烷基硫酸钠溶液中引入小分子叔胺（N,N－二甲基乙醇胺或 N,N,N',N'－四甲基丁二胺）[108]，或是向对甲苯磺酸钠溶液中引入长链叔胺（N,N－油酰基丙基叔胺）[111]，均可获得 CO_2 开关型蠕虫状胶束。最近，Lu 等研究了 CO_2 对 NaOA/N－(3－(二甲基氨基)丙基)辛酰胺（DPOA）水溶液的胶束聚集行为[112]。研究发现，随着 CO_2 的鼓入，体系经历了溶液—凝胶—乳液（伴随白色沉淀）的连续转变。Cryo－TEM 和流变实验证实，溶液—凝胶转变与体系中的球形胶束—蠕虫状胶束转变有关。利用 CO_2 降低 pH 值，滴加 NaOH 增大 pH 值，体系可在 9.56~10.91 的 pH 值范围内发生多次溶液—凝胶转变。这一切都与 DPOA 的质子化密不可分。鼓入 CO_2，DPOA 质子化，生成 $DPOAH^+$，表现出助表面活性剂的功能。同时，$DPOAH^+$ 可以屏蔽 NaOA 头基间的静电斥力。因此，发生了球形胶束—蠕虫状胶束的转变。滴加 NaOH 后，$DPOAH^+$ 发生去质子化，宏观性能和微观结构均发生了逆向转变。

6.6.3 基于单一超长链胺构筑 CO_2 开关型蠕虫状胶束

基于二元或三元混合体系构筑 CO_2 响应型流体的一个显著缺点是，当流体流经多孔介质时易发生色谱分离（如：石油的开采过程），从而导致其功能失效。因此，构筑单组分 CO_2 开关型蠕虫状胶束是非常必要的。2013 年，Feng 等[113]设计合成了一种长链多胺分子——十八烷基丙撑三胺[ODPTA，图 6.9(a)]，其中，氨基提供 CO_2 响应位点，长碳尾链驱动分子自组装形成蠕虫状胶束。这是文献报道的第一个单组分 CO_2 开关型黏弹性流体。通过交替鼓入 CO_2 和 N_2，质量分数 2.0% 的 ODPTA 循环经历着溶液—凝胶转变。然而，将 CO_2 和 N_2 分别换为 HCl 和 NaOH，体系的黏度基本保持不变。显然，CO_2 在此处并不仅仅是 pH 调节剂。

起初，质量分数 2.0% 的 ODPTA 为牛奶状分散液，具有微弱的剪切诱导变稀响应，最大黏度仅为 $5mPa·s$；室温下鼓入 CO_2 气体 2min 后，低黏度分散液迅速转变成了透明的黏弹性凝胶（ODPTA－CO_2），许多肉眼可见的微小气泡被困其中，η_0 高达 $20000mPa·s$；在 75℃ 下，鼓入 N_2 将 CO_2 驱除，45min 后，黏弹性流体返回到了起始状态。尽管如此，如果用 HCl 取代 CO_2 将 pH 调至与 ODPTA－CO_2 相同，ODPTA 分散液并不会转变成透明的黏弹性流体，而是形成了透明的水状溶液（ODPTA－HCl），表现出典型的牛顿流体特征，η_0 约为 $1mPa·s$，与纯水相近。振荡剪切流变实验同样证实 CO_2 鼓入诱导了蠕虫状胶束的形成，而 CO_2 的去除导致了蠕虫状胶束的瓦解。鼓入 CO_2 前，G' 和 G'' 与振荡剪切频率的关系揭示了一种液体的黏性响应；鼓入

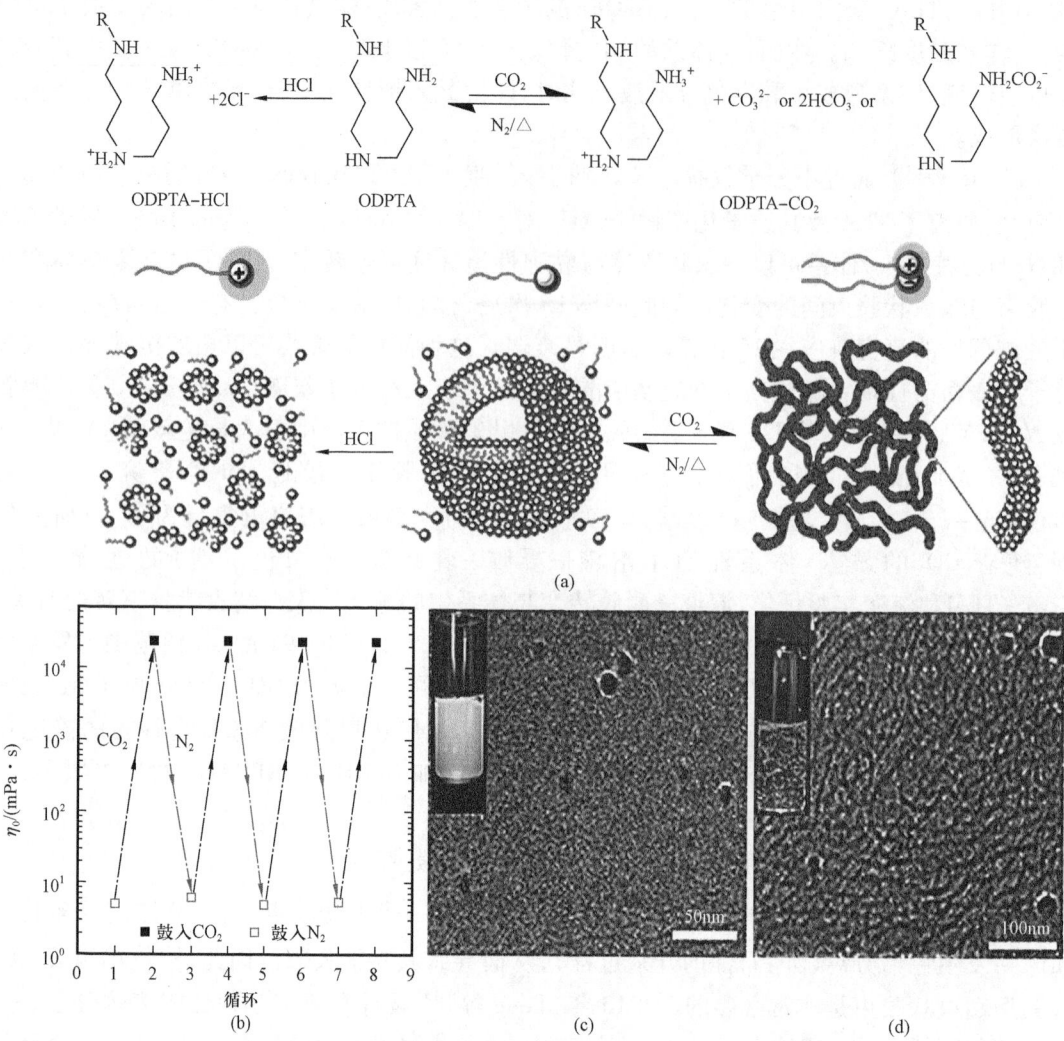

图 6.9 (a)CO_2 和 HCl 对 ODPTA 在溶液中胶束组装行为的调控机理及形貌;(b)质量分数 2.0% ODPTA 水溶液零剪切黏度随 CO_2/N_2 交替鼓入的可逆变化;(c)鼓入 CO_2 前质量分数 2.0% ODPTA 水溶液中胶束形貌的 cryo–TEM 显微照片;(d)鼓入 CO_2 后质量分数 2.0% ODPTA 水溶液中胶束形貌的 cryo–TEM 显微照片[113]

经英国皇家化学学会版权(2013)许可

CO_2 后,G' 在大部分剪切振荡频率下高于 G'',显示出显著的固体黏弹性响应。随着 CO_2 的鼓入和排除,黏弹性可随之开和关。重复 4 次循环后,依然可以恢复到起始额黏弹性,没有丝毫衰减[图 6.9(b)]。cryo–TEM 研究表明,在无 CO_2 存在时,体系中主要是球形的囊泡[图 6.9(c)];通入 CO_2 后,囊泡消失,直径为几纳米,长度几百纳米的蠕虫状胶束清晰可见,它们相互交叉形成的三维网络结构[图 6.9(d)];但是,在 ODPTA–HCl 样品中仅有一些球形胶束被观察到。

基于上述实验结果,研究认为,ODPTA 在中性条件下无法电离,表现出类似非离子表面活性剂的特性。在长碳链疏水缔合作用的驱动下,自组装形成了层状聚集体——囊泡。通入

CO_2 后，ODPTA 被质子化，生成了长链阳离子季铵盐，同时伴随产生了长链氨基甲酸酯、CO_3^{2-} 和 HCO_3^- 阴离子。其中，带正电的长链季铵盐与带负电荷的长链氨基甲酸酯通过静电吸引形成了阴阳离子对（疏水体积增大、亲水头基平均尺寸减小），这对蠕虫状胶束的形成是十分有利的。同时，CO_3^{2-} 和 HCO_3^- 两种反离子也可促进 ODPTA 胶束的生长。在阴阳离子对和无机反离子的共同作用，蠕虫状胶束开始形成，赋予了体系宏观黏弹性。当 CO_2 被 N_2 驱除后，质子化的氨基发生去质子化，恢复电中性，亲水头基的水化减弱，静电吸引力消失，驱动了从蠕虫状胶束向囊泡的转变。因此，低黏度流体形成。在 ODPTA-HCl 中主要为长链阳离子季铵盐和 Cl^-。由于较强的亲水性和较大的头基，长链阳离子季铵盐是不易形成蠕虫状胶束的，并且 Cl^- 促进胶束增长的能力远低于 CO_3^{2-} 或 HCO_3^-。所以，ODPTA-HCl 无法自组装形成黏弹性的蠕虫状胶束。显然，对于 ODPTA，CO_2 刺激与传统 pH 刺激的不同取决两种刺激所产生的反离子不同，而反离子往往是影响一个表面活性剂能否形成蠕虫状胶束的关键。

ODPTA 体系的"开"与"关"存在着严重的不对称性：鼓入 CO_2 在室温即可，而驱除 CO_2 则需要在加热状态下通入 N_2。这种"开"与"关"的不对称也是许多 CO_2 开关型黏弹性流体的共同特征。为了克服这一问题，Feng 团队基于超长链叔胺 $UC_{22}AMPM$ 构筑一种新型 CO_2 开关型蠕虫状胶束，首次实现了对称性"开"与"关"[114]。在室温下鼓入 CO_2 气体 10min，100mM $UC_{22}AMPM$ 立刻就变成了透明的、可束缚气泡的黏弹性流体（$UC_{22}AMPM-CO_2$）。稳态流变实验显示，鼓入 CO_2 导致 100mM $UC_{22}AMPM$ 分散液的黏度发生了 4 个数量级以上的跳跃，高达 280000mPa·s。在相同温度下，通入空气 30min，不需要加热或是惰性气体，凝胶状溶液即可完成向低黏度乳液状流体的转变。此外，将黏弹性凝胶简单地暴露于空气中，也可使其转变成低黏度乳状液，只是所需的时间较长（大概 4 天）。如果将 $UC_{22}AMPM-CO_2$ 密封于试剂瓶内，6 个月后，样品依然可以展现出典型的黏弹性流体特征，η_0 与新鲜制备黏弹性流体基本相同。cryo-TEM 实验表明，$UC_{22}AMPM-CO_2$ 的高黏弹性源于体系中形成的蠕虫状胶束及其缠绕构成的三维网络结构，而 $UC_{22}AMPM-air$ 的低黏度则源于小的球形胶束。

在此基础上，该团队从黏弹性流体在石油开采中应用的视角，进一步研究了压力和温度对 $UC_{22}AMPM-CO_2$ 增黏能力的影响[115]。研究发现，随着 CO_2 鼓入时间的延长，$UC_{22}AMPM-CO_2$ 的黏度展出两个增黏阶段，且与压力、剪切速率、温度无关。在高温高压下，体系的表观黏度可以像在室温下一样进行可逆开关。研究者认为，第一个增黏阶段主要是因为在 CO_2 诱导下，质子化的 $UC_{22}AMPM$ 自组装形成蠕虫状胶束，进而缠绕构成了三维网络结构；第二个增黏阶段则是由于捕获了大量 CO_2 的黏弹性流体的物理体积扩张效应。实验室 water-alternate-CO_2（WAG）岩心驱替实验显示，相对于单独的 CO_2-WAG，CO_2-$UC_{22}AMPM$-WAG 可以多采出 5% 油。这支持了研究者关于驱油过程中用通过 CO_2 增黏凝胶化盐水段塞的设想。基于这些基础研究的结果，研究者认为，长链 CO_2 响应型表面活性剂（$UC_{22}AMPM$）可以提高水段塞的黏度，阻断高渗透区，因此具有应用于表面活性剂—气体交替驱的巨大潜力。尽管如此，依然需要进一步研究在更高的压力（足以使 CO_2 与油互溶）下体系的黏度变化，而且也需要开展更为全面的岩心实验考察注入速率、段塞大小、WAG 比例对 $UC_{22}AMPM$ 分散液在多孔介质中 CO_2 诱导增黏能力和流变性能的影响。

6.7 多重刺激响应型蠕虫状胶束

相对而言,多重刺激响应型蠕虫状胶束的报道较少。这可能与大家更多地聚焦于一种刺激有关。根据前面的分析,可以预知,绝大多数蠕虫状胶束对温度、pH、离子强度是敏感的,只是幅度大小不一。

Graf 等[61]在研究 Bola 型两亲分子的聚集行为和流变性能时发现,由长的聚集体缠绕而成的网络赋予体系类凝胶性质,它的宏观黏弹性既对 pH 刺激具有可逆响应,又对盐度变化具有可逆响应。这可能是第一个多重刺激响应型黏弹性流体。

Huang 等通过引入胆酸钠(SC),赋予阴阳离子表面活性剂混合体系多重刺激响应性[116]。SC 分子含有三个温度敏感的羟基,一个 pH 敏感的羧基和一个疏水的甾醇骨架。相对于单一表面活性剂体系,阴阳离子表面活性剂混合体系进一步提高了响应的灵敏性。这一策略也适用于其他表面活性剂混合物。虽然,目前利用这一策略构筑的蠕虫状胶束未见报道,但从其在他形貌结构聚集体研究中应用可知,它可以规避比较困难的有机合成,且只要响应分子具有一定的疏水性就可以参与到胶束的聚集过程中。最近我们发现,基于芥酸钠的 pH 响应型蠕虫状胶束在温度降低时可形成固态凝胶;温度升高,又可恢复其流体性能[117]。据我们所知,这是第一个 pH/温度双响应型蠕虫状胶束。

Dong 和 Li 基于 N-十二烷基-$1,\omega$-二氨基乙烷($C_{12}N_nN, n=2,3,4$)构筑了一个三重刺激响应型蠕虫状胶束体系[118]。光散射、黏度和 cryo-TEM 实验揭示,随着体系 pH 从酸性逐渐变到碱性,微观聚集体发生了球形胶束—蠕虫状胶束—囊泡的转变。并且,蠕虫状胶束—囊泡的转变也可通过加热实现。当 $\omega=2$ 时,添加 NaCl 同样可诱导蠕虫状胶束向囊泡转变。最近,他们基于单链吡咯烷酮表面活性剂——N-甲基-2-吡咯烷酮-N-烷基胺(C_mNP,$m=10,12,14,16,18$)制备了另一个多重刺激响应型黏弹性流体[119]。由于氨基的存在,C_mNP 是 pH 敏感的。此外,C_mNP 的聚集体也是 CO_2 和 $CuCl_2$ 敏感的。流变、SLS、DLS、cryo-TEM 和 NMR 实验证实在不同的刺激下,聚集体的变化是相似的,均为囊泡—蠕虫状胶束转变。尽管如此,它们的机理是不尽相同的:pH 和 CO_2 响应主要归因于氨基的质子化度变化,而 $CuCl_2$ 响应则是由于 C_mNP 和 $CuCl_2$ 形成了配位化合物。基于含偶氮苯的表面活性剂(1-[2-(4-decylphenylazo)-phenoxy)-ethyl]-3-methylimidazolium bromide($C_{10}AZOC_2$IMB))与 4-(三氟甲基)水杨酸(4FS)组合,同样可制备多重刺激响应型蠕虫状胶束[图 6.10][120]。通过改变温度、光照和 pH 均可诱导囊泡向蠕虫状胶束转变。

此外,Dai 等[121]发现由 N-十六烷基-N-甲基溴化吡咯烷(C_{16}MDB)和邻苯二酚构成的表面活性离子液体溶液具有 pH 和温度双重刺激响应性。改变 pH,体系可以在液体流动态和凝胶态之间可逆转变。增高温度,表面活性剂分子的运动增加活跃,显示出温度响应。Hao 等[32]发现由 ASPs 和 C_{14}DMAO 构成的二元蠕虫状胶束体系不仅对 pH 刺激有响应,而且对金属离子也有响应。向 pH=5.96 的蠕虫状胶束溶液中添加金属盐,体系的黏度显著增大。这主要是由于金属离子与 C_{14}DMAO 之间发生了配位作用。相对而言,高价金属离子的诱导增黏效果更显著。Yang 等[59]在研究超长碳链肌氨酸阴离子表面活性剂(EMAA)时发现,在不同的 pH 值下,EMAA 可以自组装形成胶束、或是囊泡、或是蠕虫状胶束,表现出典型的 pH 响应行为。除此之外,EMAA 溶液的黏弹性也可通过改变温度和添加无机盐调控。

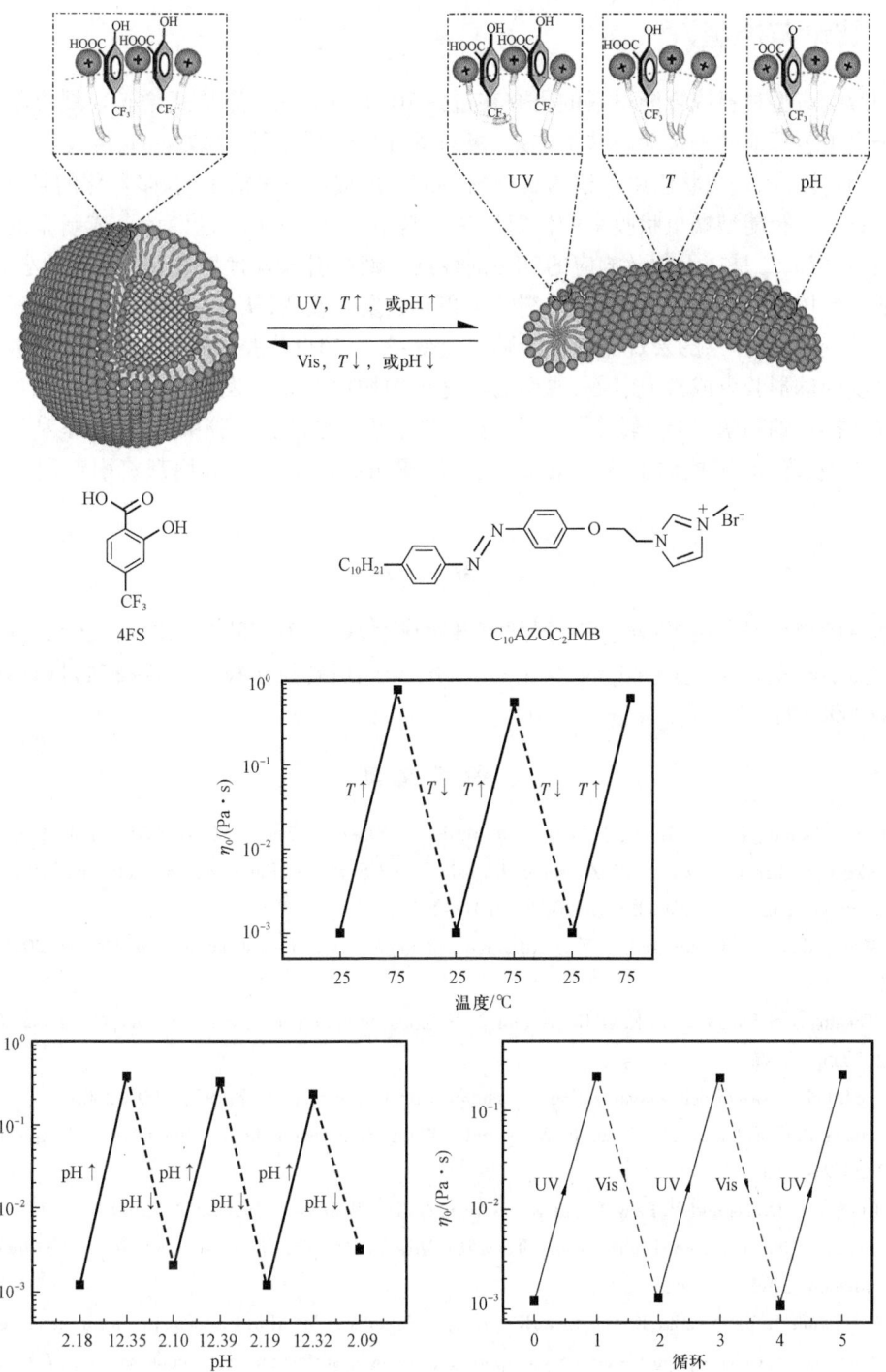

图6.10 C10AZOC2IMB/4FS 二元体系的热刺激、光刺激和 pH 刺激诱导的形貌转变及分子结构[120]

UV—紫外线；Vis—可见光；T—温度

经英国皇家化学学会授权许可

6.8 结论与展望

刺激响应型材料或智能材料的研究在过去10年中呈现出爆炸式增长。蠕虫状胶束是两亲分子自组装形成的一种动态共价体系,极易受外界环境条件(例如:pH、温度、离子强度)变化的影响。因此,蠕虫状胶束可以为智能材料的发展提供一种简单的、多样化的且具有无限可能的工具箱。智能型蠕虫状胶束的构筑有两个基本策略:一是通过设计合成新型的刺激响应型表面活性剂,二是在无刺激响应的表面活性剂溶液中引入具有刺激响应功能的小分子助剂。在合适的环境因素刺激下,表面活性剂的堆积参数发生改变,从而导致聚集体的微观形貌自发地发生转变,使得体系的宏观流变性能随之改变:从由蠕虫状胶束构成的黏弹性凝胶状流体变成低黏度的球形胶束或囊泡溶液,或反之。这个领域研究正在发生着从传统刺激(温度、pH)向更加多样化的刺激(CO_2)转变。未来,多重刺激响应型蠕虫状胶束构筑、或是利用新的刺激(超声、微波、磁场)调控蠕虫状胶束、或是智能蠕虫状胶束的新应用都将引起科学家的广泛关注。

致 谢

本章的部分研究结果得到了中国国家自然科学基金(21173207)、四川大学高分子材料工程家重点实验室开放基金(sklpme2014-2-06)和四川省科学技术厅科技项目(2010JQ0029,2012NZ0006)的支持。

参 考 文 献

[1] M. A. C. Stuart, W. T. S. Huck, J. Genzer, M. Müller, C. Ober, M. Stamm, G. B. Sukhorukov, I. Szleifer, V. V. Tsukruk, M. Urban, F. Winnik, S. Zauscher, I. Luzinov and S. Minko, Emerging applications of stimuli - responsive polymer materials, *Nat. Mater.* ,2010,9,101 - 113.

[2] A. Wang, W. Shi, J. Huang and Y. Yan, Adaptive soft molecular self - assemblies, *Soft Matter*, 2016, 12, 337 - 357.

[3] P. Theato, B. S. Sumerlin, R. K. O'Reilly and T. H. Epps, Stimuli responsive materials, *Chem. Soc. Rev.* ,2013, 42,7055 - 7056.

[4] J. - M. Lehn, Toward self - organization and complex matter, *Science*, 2002, 295, 2400 - 2403.

[5] Y. Zhang, Z. Guo, J. Zhang, Y. Feng, B. Wang and J. Wang, Smart wormlike micellar systems, *Prog. Chem.* ,2011, 23,2012 - 2020.

[6] Z. Chu, C. A. Dreiss and Y. Feng, Smart wormlike micelles, *Chem. Soc. Rev.* ,2013,42,7174 - 7203.

[7] Y. Feng, Z. Chu and C. A. Dreiss, *Smart Wormlike Micelles:Design, Characteristics and Applications*, Springer, Heidelberg, 2015.

[8] S. C. Sharma, L. K. Shrestha, K. Tsuchiya, K. Sakai, H. Sakai and M. Abe, Viscoelastic wormlike micelles of long polyoxyethylene chain phytos - terol with lipophilic nonionic surfactant in aqueous solution, *J. Phys. Chem. B*, 2009, 113, 3043 - 3050.

[9] R. G. Shrestha, K. Sakai, H. Sakai and M. Abe, Rheological properties of polyoxyethylene cholesteryl ether wormlike micelles in aqueous system, *J. Phys. Chem. B*, 2011, 115, 2937 - 2946.

[10] T. Ahmed and K. Aramaki, Temperature sensitivity of wormlike micelles in poly(oxyethylene) surfactant solu-

tion: importance of hydrophobic – group size, *J. Colloid Interface Sci.* ,2009,336,335 – 344.

[11] D. Varade, K. Ushiyama, L. K. Shrestha and K. Aramaki, Wormlike micelles in Tween – 80/CmEO$_3$ mixed nonionic surfactant systems in aqueous media, *J. Colloid Interface Sci.* ,2007,312,489 – 497.

[12] D. Constantin, É. Freyssingeas, J. – F. Palierne and P. Oswald, Structural transition in the isotropic phase of the $C_{12}EO_6/H_2O$ lyotropic mixture: a rheological investigation, *Langmuir*, 2003, 19, 2554 – 2559.

[13] D. A. Acharya, S. J. Sharma, C. Rodriguez – Abreu and K. Aramaki, Viscoelastic micellar solutions in nonionic fluorinated surfactant systems, *J. Phys. Chem. B* ,2006,110,20224 – 20234.

[14] R. A. Salkar, P. A. Hassan, S. D. Samant, B. S. Valaulikar, V. V. Kumar, F. Kern, S. J. Candau and C. Manohar, A thermally reversible vesicle to micelle transition driven by a surface solid – fluid transition, *Chem. Commun.* , 1996, 10, 1223 – 1224.

[15] P. A. Hassan, B. S. Valaulikar, C. Manohar, F. Kern, L. Bourdieu and S. J. Candau, Vesicle to micelle transition: rheological investigations, *Langmuir*, 1996, 12, 4350 – 4357.

[16] E. Mendes, R. Oda, C. Manohar and J. Narayanan, A small – angle neutron scattering study of a shear – induced vesicle to micelle transition in surfactant mixtures, *J. Phys. Chem. B* ,1998,102,338 – 343.

[17] K. Horbaschek, H. Hoffmann and C. Thunig, Formation and properties of lamellar phases in systems of cationic surfactants and hydroxy – naphthoate, *J. Colloid Interface Sci.* ,1998,206,439 – 456.

[18] G. C. Kalur, B. D. Frounfelker, B. H. Cipriano, A. I. Norman and S. R. Raghavan, Viscosity increase with temperature in cationic sur – factant solutions due to the growth of wormlike micelles, *Langmuir*, 2005, 21, 10998 – 11004.

[19] T. S. Davies, A. M. Ketner and S. R. Raghavan, Self – assembly of surfactant vesicles that transform into viscoelastic wormlike micelles upon heating, *J. Am. Chem. Soc.* ,2006,128,6669 – 6675.

[20] L. Sreejith, S. Parathakkat, S. M. Nair, S. Kumar, G. Varma, P. A. Hassan and Y. Talmon, Octanol – triggered self – assemblies of the CTAB/KBr system: a microstructural study, *J. Phys. Chem. B* ,2011,115,464 – 470.

[21] M. J. Greenhill – Hooper, T. P. O'Sullivan and P. A. Wheeler, The aggregation behavior of octadecylphenylalkoxysulfonates 1. temperature – dependence of the solution behavior, *J. Colloid Interface Sci.* ,1988,124,77 – 87.

[22] M. Abe, K. Tobita, H. Sakai, K. Kamogawa, N. Momozawa, Y. Kondo and N. Yoshino, Thermoresponsive viscoelasticity of concentrated solutions with a fluorinated hybrid surfactant, *Colloids Surf. A*, 2000, 167, 47 – 60.

[23] K. Tobita, H. Sakai, Y. Kondo, N. Yoshino, K. Kamogawa, N. Momozawa and M. Abe, Temperature – induced critical phenomenon of hybrid surfactant as revealed by viscosity measurements, *Langmuir*, 1998, 14, 4753 – 4757.

[24] Z. Chu and Y. Feng, Thermo – switchable surfactant gel, *Chem. Commun.* ,2011,47,7191 – 7193.

[25] Y. Zhang, D. Zhou, H. Ran, H. Dai, P. An and S. He, Rheology behaviors of C_{22} – tailed carboxylbetaine in high – salinity solution, *J. Dispersion Sci. Technol.* ,2016,37,496 – 503.

[26] S. R. Raghavan, Distinct character of surfactant gels: a smooth progression from micelles to fibrillar networks, *Langmuir*, 2009, 25, 8382 – 8385.

[27] Y. Lin, Y. Qiao, Y. Yan and J. Huang, Thermo – responsive viscoelastic wormlike micelle to elastic hydrogel transition in dual – component systems, *Soft Matter*, 2009, 5, 3047 – 3053.

[28] Z. Yuan, W. Lu, W. Liu and J. Hao, Gel phase originating from molecular quasi – crystallization and nanofiber growth of sodium laurate – water system, *Soft Matter*, 2008, 4, 1639 – 1644.

[29] J. F. Rathman and S. D. Christian, Determination of surfactant activities in micellar solutions of dimethyldodecylamine oxide, *Langmuir*, 1990, 6, 391 – 395.

[30] H. Maeda, A. Yamamoto, M. Souda, H. Kawasaki, K. S. Hossain, N. Nemoto and M. Almgren, Effects of protona-

tion on the viscoelastic properties of tetradecyldimethylamine oxide micelles, *J. Phys. Chem. B*, 2001, 105, 5411 – 5418.

[31] H. Maeda, S. Tanaka, Y. Ono, M. Miyahara, H. Kawasaki, N. Nemoto and M. Almgren, Reversible micelle – vesicle conversion of oleyldi – methylamine oxide by pH changes, *J. Phys. Chem. B*, 2006, 110, 12451 – 12458.

[32] D. Wang, Y. W. Sun, M. W. Cao, J. Q. Wang and J. C. Hao, Amphiphilic short peptide modulated wormlike micelle formation with pH and metal ion dual – responsive properties, *RSC Adv.*, 2015, 5, 95604 – 95612.

[33] Y. Zhang, P. An and X. Liu, A "worm" – containing viscoelastic fluid based on single amine oxide surfactant with an unsaturated C_{22} – tail, *RSC Adv.*, 2015, 5, 19135 – 19144.

[34] L. Brinchi, R. Germani, P. D. Profio, L. Marte, G. Savelli, R. Oda and D. Berti, Viscoelastic solutions formed by worm – like micelles of amine oxide surfactant, *J. Colloid Interface Sci.*, 2010, 346, 100 – 106.

[35] S. Ghosh, D. Khatua and J. Dey, Interaction between zwitterionic and anionic surfactants: spontaneous formation of zwitanionic vesicles, *Langmuir*, 2011, 27, 5184 – 5192.

[36] C. Morita – Imura, Y. Imura, T. Kawai and H. Shindo, Recovery and redispersion of gold nanoparticles using the self – assembly of a pH sensitive zwitterionic amphiphile, *Chem. Commun.*, 2014, 50, 12933 – 12936.

[37] Y. Lin, X. Han, J. Huang, H. Fu and C. Yu, A facile route to design pH – responsive viscoelastic wormlike micelles: smart use of hydro – tropes, *J. Colloid Interface Sci.*, 2009, 330, 449 – 455.

[38] H. Yan, M. Zhao and L. Zheng, A hydrogel formed by cetylpyrrolidinium bromide and sodium salicylate, *Colloids Surf.*, *A*, 2011, 392, 205 – 212.

[39] G. Verma, V. K. Aswal and P. Hassan, pH – Responsive self – assembly in an aqueous mixture of surfactant and hydrophobic amino acid mimic, *Soft Matter*, 2009, 5, 2919 – 2927.

[40] M. Ali, M. Jha, S. K. Das and S. K. Saha, Hydrogen – bond – induced microstructural transition of ionic micelles in the presence of neutral naphthols: pH dependent morphology and location of surface activity, *J. Phys. Chem. B*, 2009, 113, 15563 – 15571.

[41] Y. Lin, X. Han, X. Cheng, J. Huang, D. Liang and C. Yu, pH – Regulated molecular self – assemblies in a cationic – anionic surfactant system: from a "1 – 2" surfactant pair to a "1 – 1" surfactant pair, *Langmuir*, 2008, 24, 13918 – 13924.

[42] L. Zhao, K. Wang, L. M. Xu, Y. Liu, S. Zhang, Z. B. Li, Y. Yan and J. B. Huang, Extremely pH – sensitive fluids based on a rationally designed simple amphiphile, *Soft Matter*, 2012, 8, 9079 – 9085.

[43] V. Patel, N. Dharaiya, D. Ray, V. K. Aswal and P. Bahadur, pH controlled size/shape in CTAB micelles with solubilized polar additives: a viscometry, scattering and spectral evaluation, *Colloids Surf.*, *A*, 2014, 455, 67 – 75.

[44] J. L. Rose, B. V. R. Tata, Y. Talmon, V. K. Aswal, P. A. Hassan and L. Sreejith, Micellar solution with pH responsive viscoelasticity and colour switching property, *RSC Adv.*, 2015, 5, 11397 – 11404.

[45] J. L. Rose, B. V. R. Tata, V. K. Aswal, P. A. Hassan, Y. Talmon and L. Sreejith, pH – switchable structural evolution in aqueous surfactant – aromatic dibasic acid system, *Eur. Phys. J. E: Soft Matter Biol. Phys.*, 2015, 38, 4.

[46] H. F. Shi, W. Ge, Y. Wang, B. Fang, J. T. Huggins, T. A. Russell, Y. Talmon, D. J. Hart and J. L. Zakin, A drag reducing surfactant threadlike micelle system with unusual rheological responses to pH, *J. Colloid Interface Sci.*, 2014, 418, 95 – 102.

[47] K. N. Silva, R. Novoa – Carballal, M. Drechsler, A. H. E. Muller, E. K. Penott – Chang and A. J. Muller, The influence of concentration and pH on the structure and rheology of cationic surfactant/hydrotrope structured fluids, *Colloids Surf.*, *A*, 2016, 489, 311 – 321.

[48] C. D. Umeasiegbu, V. Balakotaiah and R. Krishnamoorti, pH – Induced re – entrant microstructural transitions in cationic surfactant – hydrotrope mixtures, *Langmuir*, 2016, 32, 655 – 663.

[49] Q. You, Y. Zhang, H. Wang, H. F. Fan, J. P. Guo and M. Li, The formation of pH – sensitive wormlike micelles in ionic liquids driven by the binding ability of anthranilic acid, *Int. J. Mol. Sci.*, 2015, 16, 28146 – 28155.

[50] Z. H. Yan, C. L. Dai, M. W. Zhao, G. Zhao, Y. Y. Li, X. P. Wu, M. Y. Du and Y. F. Liu, pH – switchable wormlike micelle formation by N – alkyl – N – methylpyrrolidinium bromide – based cationic surfactant, *Colloids Surf., A*, 2015, 482, 283 – 289.

[51] Z. H. Yan, C. L. Dai, M. W. Zhao, Y. Y. Li, M. Y. Du and D. X. Peng, Study of pH – responsive surface active ionic liquids: the formation of spherical and wormlike micelles, *Colloid Polym. Sci.*, 2015, 293, 1759 – 1766.

[52] Y. M. Zhang, Y. X. Han, Z. L. Chu, S. He, J. C. Zhang and Y. J. Feng, Thermally induced structural transitions from fluids to hydrogels with pH – switchable anionic wormlike micelles, *J. Colloid Interface Sci.*, 2013, 394, 319 – 328.

[53] H. S. Lu, Q. P. Shi and Z. Y. Huang, pH – Responsive anionic wormlike micelle based on sodium oleate induced by NaCl, *J. Phys. Chem. B*, 2014, 118, 12511 – 12517.

[54] Z. Chu and Y. Feng, pH – Switchable wormlike micelles, *Chem. Commun.*, 2010, 46, 9028 – 9030.

[55] Y. Feng and Z. Chu, pH – Tunable wormlike micelles based on an ultra – long – chain "pseudo" gemini surfactant, *Soft Matter*, 2015, 11, 4614 – 4620.

[56] H. S. Lu, L. Wang and Z. Y. Huang, Unusual pH – responsive fluid based on a simple tertiary amine surfactant: the formation of vesicles and wormlike micelles, *RSC Adv.*, 2014, 4, 51519 – 51527.

[57] H. S. Lu, M. Xue, B. G. Wang and Z. Y. Huang, pH – Regulated surface property and pH – reversible micelle transition of a tertiary amine – based gemini surfactant in aqueous solution, *Soft Matter*, 2015, 11, 9135 – 9143.

[58] Y. Zhang, P. An and X. Liu, Bell – shaped sol – gel – sol conversions in pH – responsive worm – based nanostructured fluid, *Soft Matter*, 2015, 11, 2080 – 2084.

[59] R. Yao, J. Qian, H. Li, A. Yasin, Y. Xie and H. Yang, Synthesis and high – performance of a new sarcosinate anionic surfactant with a long unsaturated tail, *RSC Adv.*, 2014, 4, 2865 – 2872.

[60] D. A. Jaeger, G. Li, W. Subotkowski and K. T. Carron, Fibers and other aggregates of omega – substituted surfactants, *Langmuir*, 1997, 13, 5563 – 5569.

[61] G. Graf, S. Drescher, A. Meister, B. Dobner and A. Blume, Self – assembled bolaamphiphile fibers have intermediate properties between crystalline nanofibers and wormlike micelles: formation of viscoelastic hydrogels switchable by changes in pH and salinity, *J. Phys. Chem. B*, 2011, 115, 10478 – 10487.

[62] M. Johnsson, A. Wagenaar and J. B. F. N. Engberts, Sugar – based gemini surfactant with a vesicle – to – micelle transition at acidic pH and areversible vesicle flocculation near neutral pH, *J. Am. Chem. Soc.*, 2003, 125, 757 – 760.

[63] M. Johnsson, A. Wagenaar, M. C. A. Stuart and J. B. F. N. Engberts, Sugar – based gemini surfactants with pH – dependent aggregation behavior: vesicle – to – micelle transition, critical micelle concentration, and vesicle surface charge reversal, *Langmuir*, 2003, 19, 4609 – 4618.

[64] K. Tsuchiya, Y. Orihara, Y. Kondo, N. Yoshino, T. Ohkubo, H. Sakai and M. Abe, Control of viscoelasticity using redox reaction, *J. Am. Chem. Soc.*, 2004, 126, 12282 – 12283.

[65] Q. Li and A. Li, Ionic self – assembled wormlike nanowires and redox induced transition, *Asian J. Chem.*, 2012, 24, 851 – 853.

[66] H. Xu, W. Cao and X. Zhang, Selenium – containing polymers: promising biomaterials for controlled release and enzyme mimics, *Acc. Chem. Res.*, 2013, 46, 1647 – 1658.

[67] Y. Zhang, W. Kong, C. Wang, P. An, Y. Fang, Y. Feng, Z. Qin and X. Liu, Switching wormlike micelles of selenium – containing surfactant using redox reaction, *Soft Matter*, 2015, 11, 7469 – 7473.

[68] N. Müller, T. Wolff and G. von Bünau, Light – induced viscosity changes of aqueous solutions containig 9 – substituted anthracenes solubilized in cetyltrimethylammonium micelles, J. Photochem. ,1984,24,37 – 43.

[69] T. Wolff, C. – S. Emming, T. A. Suck and G. von Bünau, Photorheological effects in micellar solutions containing anthracene – derivatives – a rheological and static low – angle light scattering study, J. Phys. Chem. ,1989,93, 4894 – 4898.

[70] T. Wolff and K. J. Kerperin, Influence of solubilized 2,2,2 – trifluoro – 1 – (9 – anthryl) – ethanol and its photodimerization on viscoelasticity in dilute aqueous cetyltrimethylammonium bromide solutions, J. Colloid Interface Sci. ,1993,157,185 – 195.

[71] H. Sakai, Y. Orihara, H. Kodashima, A. Matsumura, T. Ohkubo, K. Tsuchiya and M. Abe, Photoinduced reversible change of fluid viscosity, J. Am. Chem. Soc. ,2005,127,13454 – 13455.

[72] A. Matsumura, K. Sakai, H. Sakai and M. Abe, Photoinduced increase in surfactant solution viscosity using azobenzene dicarboxylate for molecular switching, J. Oleo Sci. ,2011,60,203 – 207.

[73] Y. Lin, X. Cheng, Y. Qiao, C. Yu, Z. Li, Y. Yan and J. Huang, Creation of photo – modulated multi – state and multi – scale molecular assemblies via binary – state molecular switch, Soft Matter,2010,6,902 – 908.

[74] Y. Takahashi, Y. Yamamoto, S. Hata and Y. Kondo, Unusual viscoelasticity behaviour in aqueous solutions containing a photo – responsive amphiphile, J. Colloid Interface Sci. ,2013,407,370 – 374.

[75] H. Yan, Y. Long, K. Song, C. – H. Tung and L. Zheng, Photo – induced transformation from wormlike to spherical micelles based on pyrroli – dinium ionic liquids, Soft Matter,2014,10,115 – 121.

[76] J. Li, M. W. Zhao, H. T. Zhou, H. J. Gao and L. Q. Zheng, Photo – induced transformation of wormlike micelles to spherical micelles in aqueous solution, Soft Matter,2012,8,7858 – 7864.

[77] Y. H. Bi, H. T. Wei, Q. Z. Hu, W. W. Xu, Y. J. Gong and L. Yu, Wormlike micelles with photoresponsive viscoelastic behavior formed by surface activei liquid/azobenzene derivative mixed solution, Langmuir,2015,31,3789 – 3798.

[78] M. Y. Du, C. L. Dai, A. Chen, X. P. Wu, Y. Y. Li, Y. F. Liu, W. T. Li and M. W. Zhao, Investigation on the aggregation behavior of photo – responsive system composed of 1 – hexadecyl – 3 – methylimidazolium bromide and 2 – methoxycinnamic acid, RSC Adv. ,2015,5,68369 – 68377.

[79] Y. Yang, J. Dong and X. Li, Novel viscoelastic systems from azobenzene dye and cationic surfactant binary mixtures: effect of surfactant chain length, J. Dispersion Sci. Technol. ,2013,34,47 – 54.

[80] Y. Lu, T. Zhou, Q. Fan, J. Dong and X. Li, Light – responsive viscoelastic fluids based on anionic wormlike micelles, J. Colloid Interface Sci. ,2013,412,107 – 111.

[81] H. Sakai, S. Taki, K. Tsuchiya, A. Matsumura, K. Sakai and M. Abe, Photochemical control of viscosity using sodium cinnamate as a photoswitchable molecule, Chem. Lett. ,2012,41,247 – 248.

[82] A. M. Ketner, R. Kumar, T. S. Davies, P. W. Elder and S. R. Raghavan, A simple class of photorheological fluids: surfactant solutions with viscosity tunable by light, J. Am. Chem. Soc. ,2007,129,1553 – 1559.

[83] R. Kumar and S. R. Raghavan, Photogelling fluids based on light – activated growth of zwitterionic wormlike micelles, Soft Matter,2009,5,797 – 803.

[84] K. S. Sun, R. Kumar, D. E. Falvey and S. R. Raghavan, Photogelling colloidal dispersions based on light – activated assembly of nano – particles, J. Am. Chem. Soc. ,2009,131,7135 – 7141.

[85] V. Javvaji, A. G. Baradwaj, G. F. Payne and S. R. Raghavan, Light – activated ionic gelation of common biopolymers, Langmuir,2011,27,12591 – 12596.

[86] H. Oh, A. M. Ketner, R. Heymann, E. Kesselman, D. Danino, D. E. Falvey and S. R. Raghavan, A simple route to fluids with photo – switchable viscosities based on a reversible transition between vesicles and wormlike mi-

celles, *Soft Matter*, 2013, 9, 5025 – 5033.

[87] R. Kumar, A. M. Ketner and S. R. Raghavan, Nonaqueous photo – rheological fluids based on light – responsive reverse wormlike micelles, *Langmuir*, 2010, 26, 5405 – 5411.

[88] H. Y. Lee, K. K. Diehn, K. S. Sun, T. H. Chen and S. R. Raghavan, Reversible photorheological fluids based on spiropyran – doped reverse micelles, *J. Am. Chem. Soc.*, 2011, 133, 8461 – 8463.

[89] C. A. Dreiss, Wormlike micelles: where do we stand? Recent develop – ments, linear rheology and scattering techniques, *Soft Matter*, 2007, 3, 956 – 970.

[90] J. Chen, B. Fang, L. C. Yu, K. J. Li, M. Yang and M. Ma, Interfacial rheological property and rheokinetics of a novel photoreversible micellar system, *J. Dispersion Sci. Technol.*, 2016, 37, 183 – 189.

[91] P. Baglioni, E. Braccalenti, E. Carretti, R. Germani, L. Goracci, G. Savelli and M. Tiecco, Surfactant – based photorheological fluids: effect of the surfactant structure, *Langmuir*, 2009, 25, 5467 – 5475.

[92] D. Wang, R. Dong, P. Long and J. Hao, Photo – induced phase transition from multilamellar vesicles to wormlike micelles, *Soft Matter*, 2011, 7, 10713 – 10719.

[93] M. Pereira, C. R. Leal, A. J. Parola and U. M. Scheven, Reversible photo – rheology in solutions of cetyltrimethylammonium bromide, salicylic acid, and trans – 2, 4, 40 – trihydroxychalcone, *Langmuir*, 2010, 26, 16715 – 16721.

[94] B. L. Song, Y. F. Hu and J. X. Zhao, A single – component photo – responsive fluid based on a gemini surfactant with an azobenzene spacer, *J. Colloid Interface Sci.*, 2009, 333, 820 – 822.

[95] P. G. Jessop, S. M. Mercer and D. J. Heldebrant, CO_2 – triggered switchable solvents, surfactants, and other materials, *Energy Environ. Sci.*, 2012, 5, 7240 – 7253.

[96] Z. Guo, Y. Feng, Y. Wang, J. Wang, Y. Wu and Y. Zhang, A novel smart polymer responsive to CO_2, *Chem. Commun.*, 2011, 47, 9348 – 9350.

[97] Q. Yan and Y. Zhao, Block copolymer self – assembly controlled by the "green" gas stimulus of carbon dioxide, *Chem. Commun.*, 2014, 50, 11631 – 11641.

[98] Z. Guo, Y. Feng, S. He, M. Qu, H. Chen, H. Liu, Y. Wu and Y. Wang, CO_2 – responsive "smart" single – walled carbon nanotubes, *Adv. Mater.*, 2013, 25, 584 – 590.

[99] P. G. Jessop, D. J. Heldebrant, X. W. Li, C. A. Eckert and C. L. Liotta, Reversible nonpolar – to – polar solvent, *Nature*, 2005, 436, 1102.

[100] Y. X. Liu, P. G. Jessop, M. Cunningham, C. A. Eckert and C. L. Liotta, Switchable surfactants, *Science*, 2006, 313, 958 – 960.

[101] L. M. Scott, T. Robert, J. R. Harjani and P. G. Jessop, Designing the head group of CO_2 – triggered switchable surfactants, *RSC Adv.*, 2012, 2, 4925 – 4931.

[102] J. R. Harjani, C. Liang and P. G. Jessop, A synthesis of acetamidines, *J. Org. Chem.*, 2011, 76, 1683 – 1691.

[103] Y. Q. Jing, P. D. Thomas and B. L. Andrew, Amidine functionality as a stimulus – responsive building block, *Chem. Soc. Rev.*, 2013, 42, 7326 – 7334.

[104] Y. Zhang, Y. Feng, Y. Wang and X. Li, CO_2 – switchable viscoelastic fluids based on a pseudogemini surfactant, *Langmuir*, 2013, 29, 4187 – 4192.

[105] Y. Feng, Y. Zhang, Y. Zhao, Y. Zhang and C. Li, A facile and general strategy for developing CO_2 – responsive vis – coelastic fluids based on pseudo – gemini surfactants, 2017, submitted, under review.

[106] Y. Zhang, W. Kong, P. An, S. He and X. Liu, CO_2/pH – Controllable viscoelastic nanostructured fluid based on stearic acid soap and bola – type quaternary ammonium salt, *Langmuir*, 2016, 32, 2311 – 2320.

[107] Y. Zhang, H. Yin and Y. Feng, CO_2 – responsive anionic wormlike micelles based on natural erucic acid, *Green*

Mater. ,2014,2,95 – 103.

[108] X. Su, M. F. Cunningham and P. G. Jessop, Switchable viscosity triggered by CO_2 using smart worm – like micelles, *Chem. Commun.* ,2013,49,2655 – 2657.

[109] Y. Zhang and Y. Feng, CO_2 – induced smart viscoelastic fluids based on the mixture of sodium erucate and triethylamine, *J. Colloid Interface Sci.* ,2015,447,173 – 181.

[110] Y. Zhang, P. An, X. Liu, Y. Fang and X. Hu, Smart use of tertiary amine to design CO_2 – triggered viscoelastic fluids, *Colloid Polym. Sci.* ,2015,293,357 – 367.

[111] H. Lu, Z. Huang, L. Yang and S. Dai, CO_2 – /N_2 – triggered viscoelastic fluid with N, N – dimethyl oleoaminde – propylamine and sodium p – toluene – sulfonate, *J. Dispersion Sci. Technol.* ,2015,36,252 – 258.

[112] H. S. Lu, L. L. Yang, B. G. Wang and Z. Y. Huang, Switchable spherical – wormlike micelle transition in sodium oleate/N – (3 – (dimethylamino) – propyl) – octanamide aqueous system induced by carbon dioxide stimuli and pH regulation, *J. Dispersion Sci. Technol.* ,2016,37,159 – 165.

[113] Y. Zhang, Y. Feng, J. Wang, S. He, Z. Guo, Z. Chu and C. A. Dreiss, CO_2 – switchable wormlike micelles, *Chem. Commun.* ,2013,49,4902 – 4904.

[114] Y. Zhang, Z. Chu, C. A. Dreiss, Y. Wang, C. Fei and Y. Feng, Smart wormlike micelles switched by CO_2 and air, *Soft Matter*, 2013, 7, 6217 – 6221.

[115] Z. Xu, Y. Feng, Y. Zhang, H. Liu and P. Han, CO_2 – switchable viscoelastic fluids based on a C_{22} – tailed tertiary amine: effect of pressure and temperature, unpublished results.

[116] L. X. Jiang, K. Wang, F. Y. Ke, D. H. Liang and J. B. Huang, Endowing catanionic surfactant vesicles with dual responsive abilities *via* a noncovalent strategy: introduction of a responser, sodium cholate, *Soft Matter*, 2009, 5, 599 – 606.

[117] Y. Zhang, Y. Han, Z. Chu, S. He, J. Zhang and Y. Feng, Thermally – induced structural transitions from fluids to hydrogels with pH – switchable anionic wormlike micelles, *J. Colloid Interface Sci.* ,2013,394,319 – 328.

[118] Y. Yang, J. F. Dong and X. F. Li, Micelle to vesicle transitions of N – dodecyl – 1, omega – diaminoalkanes: effects of pH, temperature and salt, *J. Colloid Interface Sci.* ,2012,380,83 – 89.

[119] Z. Jiang, K. L. Jia, X. Liu, J. F. Dong and X. F. Li, Multiple responsive fluids based on vesicle to wormlike micelle transitions by single – tailed pyrrolidone surfactants, *Langmuir*, 2015, 31, 11760 – 11768.

[120] K. L. Jia, Y. M. Cheng, X. Liu, X. F. Li and J. F. Dong, Thermal, light and pH triple stimulated changes in self – assembly of a novel small molecular weight amphiphile binary system, *RSC Adv.* ,2015,5,640 – 642.

[121] Z. H. Yan, C. L. Dai, M. W. Zhao, G. Zhao, Y. Y. Li, X. P. Wu, Y. F. Liu and M. Y. Du, Thermal and pH dual stimulated wormlike micelle in aqueous N – cetyl – N – methylpyrrolidinium bromide cationic surfactant – aromatic dibasic acid system, *Colloid Polym. Sci.* ,2015,293,2617 – 2624.

第7章 冷冻透射电镜对蠕虫状胶束的直接成像

Ellina Kesselman, Dganit Danino

7.1 冷冻透射电子显微镜基础

冷冻透射电子显微镜(cryo-TEM)无疑是揭示胶束结构的最强大的技术之一。cryo-TEM图像可轻易揭示胶束的形态、尺寸和多分散性,并展现其丰富的结构特征。本文总结了该技术的主要原理以及 cryo-TEM 在理解蠕虫状胶束溶液方面的重要贡献。

7.1.1 热固定和玻璃化

TEM 操作是在高真空条件下进行的,因此,用 TEM 分析软物质体系一个基本要求是降低它们的蒸气压并冻结超分子运动[1]。原则上,这可以通过化学或物理方法来实现,但是,正如本书所阐述的,物理法更适合于像胶束这样的纳米结构液体。

化学固定,也称为负染(Negative Staining,NS),流程包括将样品滴到覆盖有碳支撑膜的网格上,去除多余的溶液,化学剂固定,干燥,最后进行 TEM 观察。常见的固定剂是重金属盐溶液,包括乙酸铀酰、甲酸铀酰、钼铵[2],以及磷钨酸钠(或磷钨酸钾)(PTA)。负染法可以有效提高成像对比度,具有简单、快速、廉价的优势,适用于各种稳定的聚合物及生物大分子体系。待测体系具有稳定的结构是成功实施 NS 法的关键。NS 法制样过程中涉及对样品的干燥,会改变样品的成分,pH 和温度的扰动也会导致纳米结构形态和相态的改变,因此,该方法难以用于软物质形成或胶束自组装等动态过程或动态结构的研究[3]。此外,该方法还具有分辨率低,组装体不受控迁移等缺点,这些缺点均可能导致分析误差。

替代方法是在冷冻透射电子显微镜(cryo-TEM)中使用的热固定。在这项技术中,首先在多孔碳膜上涂附一层待测样品的薄液膜,然后将其迅速浸入低温制冷剂中,形成一个玻璃化的、非晶态的、低蒸气压的样品[1,4],并在低温下用 cryo-TEM 进行观察(图 7.1)。玻璃化样品的制备可有效保留纳米结构的内部信息,前提是水分子在固定过程中没有重结晶。

7.1.2 玻璃化样品的制备

cryo-TEM 样品最好是在封闭制样腔体中在一定温度和饱和的溶剂气氛下制备,以防止挥发性成分的蒸发。淬冷过程中需避免结晶,以确保维持原有结构或仅受最小的影响。因此,需要高冷却速率(10^2℃/ms)[5-6],这可以通过选用适当的冷冻剂来实现,也可以通过制备足够薄的样品膜使样品的比表面积最大化来实现。

7.1.2.1 冷冻剂

最常用的冷冻剂是由液氮冷却到 77K 的液态乙烷。烷烃混合物(例如乙烷/丙烷)是一种替代方法,其优点是在 77K 时仍能保持液态。液态烷烃能有效地使水溶液玻璃化,但不适用于有机溶剂,因为它会和有机溶剂互溶。液氮(LN_2)虽然具有惰性、易获取、价廉的优点,但被认为是 cryo – TEM 制样的不良冷冻剂。这是因为,液氮的冰点(63K)和沸点(77K)之间的狭窄温度范围会导致样品周围产生气体层,大大减少了热量传递,这将有利于结晶而不利于玻璃体的形成。然而,重要的是,我们已经证明 LN_2 可以玻璃化一些有机溶剂,例如支链烃、甘油酯和芳香族化合物。无定形冰和结晶冰的例子以及有关玻璃化的进一步讨论,如图 7.1 所示。

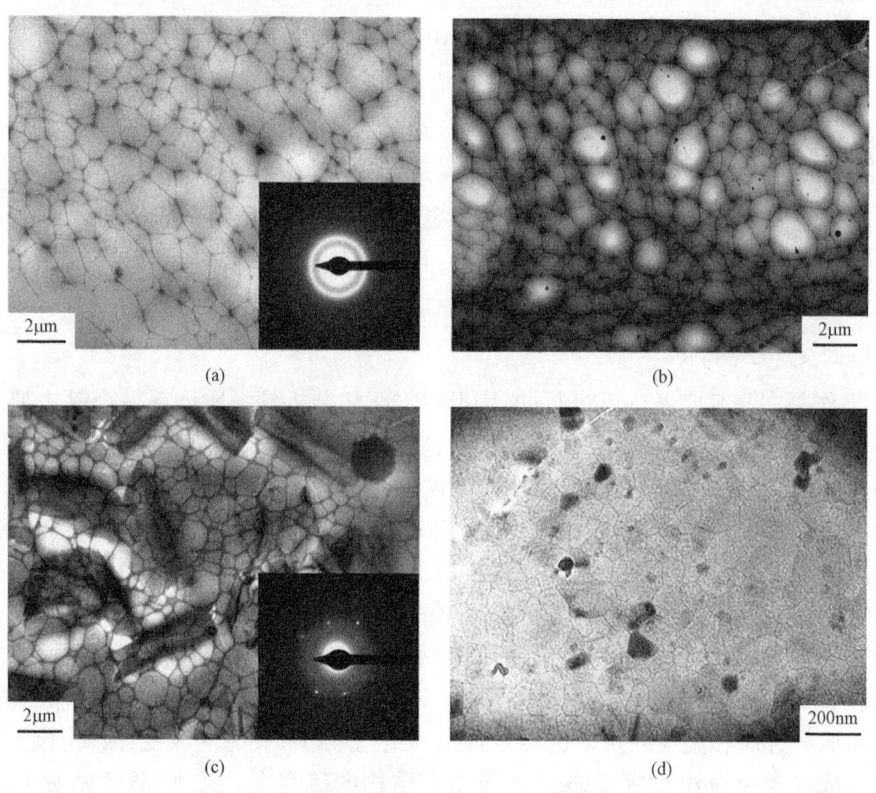

图 7.1 无定形冰(a)(b)和晶态冰(c)(d)的 cryo – TEM 图像

图(a)展示的是一个相对均匀的薄样品;图(b)展示的是一个有薄区(亮区)和厚区(暗区)的异质试样。需注意孔洞的尺寸分布(用样品层填充)。图(a)(b)(c)中的黑色网络是支撑膜。在如此低的放大倍率下无法看到纳米结构,但可以从典型的纹理以及电子衍射(插图)来评估样品状态。(a)玻璃化冰的特征环,主要的扩散环位于 3.65Å 左右。(c)六角形冰晶的特征图案。(d)放大 10 倍的图像,显示存在立方体冰(不规则蜂窝状结构)。本图中的暗线是冰晶体之间的晶界。图(a)(c)(d)转载自 D. Danino, cryo – TEM of Soft Molecular Assemblies, Curr. Colloid Interface Sci. 17, 316 – 329.

经 Elsevier 版权(2012)许可

7.1.2.2 制样室

良好的制样室可以使待测液中的挥发性成分在腔体中形成饱和气氛,还能在预设温度下对待测液进行预平衡,温度通常介于 0~75℃ 之间。在制样过程中,首先将几微升待测液滴在载网上,然后用滤纸吸去多余的液体(吸去多余液体前最好使液体在载网上停留几秒以克服剪切效应),从而产生跨越网孔的双凹流体液膜。最后,将载网放入腔体下方的低温槽中进行玻璃化。较好的试样厚度为 100~200nm,纳米结构将被保留在一层洁净的无定形冰中。冷冻后的试样品储存在液氮中,并使用液氮冷却的传输站进行运输,放于低温支架上进行检测。试样应保存在108K(-165℃)以下,以防止玻璃体样品结晶。图像记录是由慢扫描电荷耦合器件(CCD)相机或直接探测器(在现代显微镜中)完成,尽量减少光敏样品在电子束中的暴露(也称为低剂量操作),以避免辐射损伤。

7.1.2.3 样品膜的制备

制样过程中吸除多余的样品液并得到足够薄的样品膜是后续成功进行cryo-TEM分析的关键。使用自制的微量吸头(类似受控环境下的玻璃化系统,CEVS[10])吸液在很大程度上取决于实验人的操作技能。如图7.1(b)所示,手动吸液通常会导致样品膜薄厚不均。由于孔径和样品膜厚度不均,以及涂覆过程中伴随的流动,通常会观察到结构按尺寸大小迁移和排列,大的结构位于较厚的区域(更靠近孔的边界),而小的结构位于较薄的区域(更靠近孔的中心)。当待测体系包含多种结构/形状/长度尺度时[1],或者是浓悬浮液或黏性胶束体系时,这是非常有利的,但在研究均匀的纳米结构(如病毒)时却很不利。手动涂覆进一步方便了动态实验,例如,直接在载网上混合悬浮液,然后快速冷冻。这一过程被称为"载网上处理"(on-the-grid-processing,OTGP),是一种捕获短寿命中间产物的有效方法。在现代商用制样室中,涂覆是由计算机控制的,这大大简化了制样过程。自动涂样可制备出如图7.1(a)所示的有重现性的均质样品膜,这在分析均质复合物、自动成像和三维成像时是非常有利的。此外,自动涂样的重现性也非常有利于松弛实验。

无论是从碳网的正面、背面或双面,一次或多次,都可以将样品制备成期望的厚度。此外,还可以通过改变接触强度和角度以及控制松弛时间来调控样品厚度,这些操作都可通过编程,在自动制样腔体中实现。因此,具体的涂覆模式和涂覆量必须根据待测样品的性质来确定。稀释最适用于低黏度悬浮液,尽管它也可以成功地应用于剪切变稀的高黏弹性流体,例如长线形胶束。重要的是,涂覆操作大多涉及对流体的剪切,这在某些胶束和其他系统中可能会导致剪切诱导的结构产生(大多是可逆的)。图7.2展示了WLMs体系中常见的形态,如取向、单元和结构的重组以及相变等。

7.1.3 直接成像和低剂量

在对玻璃化样品进行成像时,需要考虑几个关键因素。首先,包含纳米结构的液体通常由轻元素组成,因此结构与溶剂之间的对比度通常很低,有些结构(如Pluronic F127胶束[20])可能几乎看不见。对于胶束体系,一般的成像条件是使用120keV的六硼化镧(LaB6)或200keV的场发射器(FEG)时,标称放大倍率达到约5×10^4倍[21-23]。考虑到分辨率和电子束穿透力随加速电压的增加而增加,而对比度在较低的电压下会有所提高。在对胶束体系进行成像时,通常会用到几微米欠焦的相衬。欠焦成像的显著优势是增强了胶束结构与周围玻璃化冰层的对比度[24],使胶束结构特征更清晰,但代价是可能会损失分辨率和出现光学伪影。现代显微镜配备了相位板,当散射电子和非散射电子在图像平面上重新结合时,对比度会得到显著提高[25-29]。能量滤波器(柱内[30]或柱后[21,31])可滤除非弹性散射电子,从而有效提高对比度,特别是在厚样品的低温电子断层扫描应用中[21,30-31]。第二个需要考虑的因素是样品对电子束的敏感性以及由此产生的辐射损伤。如前所述,这需要低辐照剂量。经验法则是将曝光时间设定为1s,并将光束曝光控制在10个电子/$Å^2$以下。然而,大部分胶束体系的敏感度较低,即使使用高剂量辐照(高达10倍)也能安全成像。一般来说,电子剂量校准在某一区域进行,

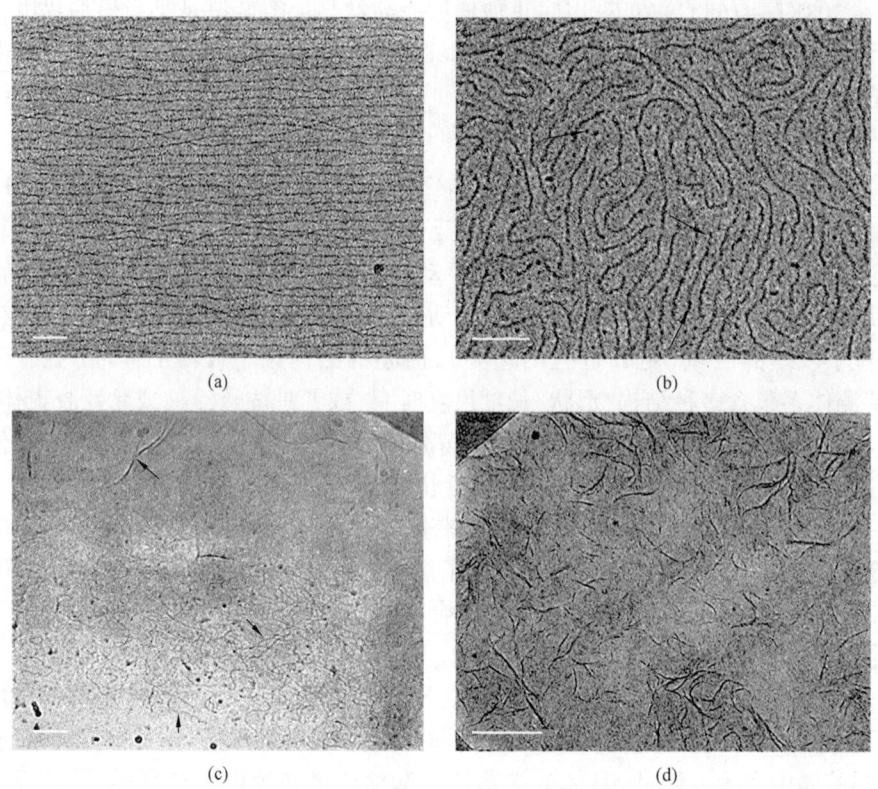

图 7.2 与制样过程有关的常见图像

(a) 阳离子双子表面活性剂蠕虫状胶束 (WLMs) 的剪切取向[1], 这种情况可以通过松弛来解决。(b) 结构之间强斥力导致的球形胶束 (黑色箭头所指) 和 WLMs 的重组,这种重组是不可逆的。(c)(d) 长链阳离子表面活性剂胶束在高盐环境下由剪切诱导的球形向层状结构转变[17]。图 (c) 中,在厚膜区观察到膜与 WLMs 共存。而在图 (d) 中,即使在涂覆和冷冻之间经历了 60s 的松弛,整个视野中都能观察到折叠的层状结构。图中比例尺为 100nm。图 (a) 摘自 D. Danino, Cryo – TEM of Soft Molecular Assemblies, Curr. Opin Colloid Interface Sci., 17, 316 – 329. 经 Elsevier 版权 (2012) 许可。图 (c)(d) 摘自 Danino et al., Cryo – TEM of thread – like micelles: on – the – grid microstructural transformations induced during specimen preparation, Colloids Surf., A, 169, 67 – 73. 经 Elsevier 版权 (2000) 许可

然后在附近未接触电子束的区域进行成像。然而,先进的成像程序可实现在选定的区域精确设置所有成像参数并在不移动光束的情况下对同一区域进行成像,同时还能避免电子辐照造成的损伤。我们发现这些程序在研究多种类型的自组装纳米结构[15,32-35],包括胶束和黏性胶束溶液[11,36],以及捕捉短寿命中间产物时可发挥重要作用。还应注意的是,由于 TEM 的高景深,试样中的所有结构都会被平面地投射到图像中,因此无法确定每个结构在体积中的位置。这在一定程度上限制了对胶束图像的分析 (见以下章节的进一步讨论)。然而,正如我们将要证明的,对比度的微小差异也会带来好处,这将有助于数据分析。

7.2 利用 cryo – TEM 直接观察胶束

通过直观的冷冻透射电镜研究,我们对胶束体系和胶束化过程的理解得到了极大的提高。本节将介绍几个实例,说明使用这种方法的好处,并解释某些相关的问题。

在某些嵌段聚合物体系中,球形胶束和 WLMs 的一个主要特性——核壳结构[12,37],可以被 cryo-TEM 直接观察到。为什么只在某些体系中出现?要分析核和冠状结构,至少要满足两个条件。首先任何图像的形成,都需要在不同区块/环境之间存在对比度差异阈值。这一点在 7.1.3 小节中关于 Pluronic F127(PEO-PPO-PEO)胶束已有简单的讨论。水相和聚合物嵌段之间,以及 PEO 和 PPO 嵌段之间缺乏足够的对比度差异,使得胶束在许多条件下都不可见[20]。因此,以 PEO 冠为例,对某些两亲化合物来说是可见的,而对另一些两亲化合物来说则是不可见的。另外,在球形和蠕虫状嵌段聚合物胶束中加入微量的非离子表面活性剂,就足以使致密(可见)的 PEO 冠变得不可见[12]。第二个要求是足够的分辨率,这有时与结构的大小有关;这解释了为什么核和冠在小分子胶束中不能清晰地分辨,但可以在更大的嵌段共聚物胶束中看到。

核壳结构可通过多种方法(如散射法)进行分析,但胶束的某些特性是无法间接测量或确认的。其中两个主要特性是 WLMs 的膨胀末端和与之相关的第二临界胶束浓度("second cmc"),这是由 May 和 Ben-Shaul[38] 通过两亲化合物的堆积理论和热力学分析预测的。嵌段共聚物和表面活性剂蠕虫状胶束的膨胀末端已由 cryo-TEM 证实(图 7.3)[9,12,37],最近,带状表面活性剂胶束的这一特性也得到了证实[36]。在许多 WLMs 体系中,cryo-TEM 也直接证明了数值计算所发现的第二临界胶束浓度[38],即球形胶束和 WLMs 之间转变相关的胶束尺寸分布。图 7.2(b)清晰地反映了球形胶束和 WLMs 的共存以及胶束长度的分布。

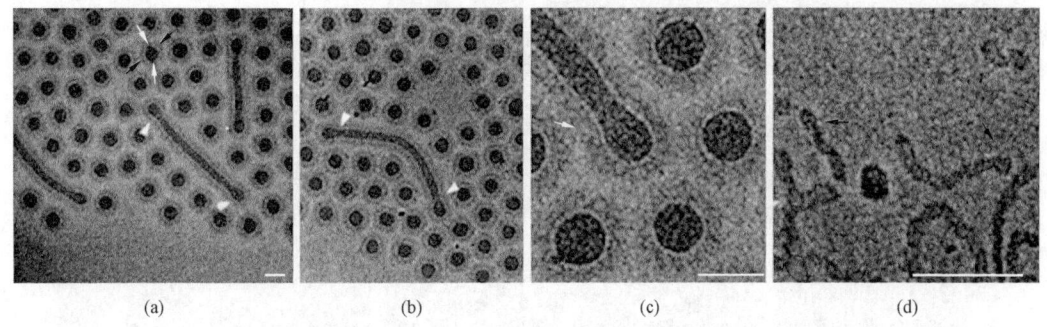

(a)　　　　　　　(b)　　　　　　　(c)　　　　　　　(d)

图 7.3　cryo-TEM 图像展现两个主要的胶束结构特征:核/冠结构和膨胀的胶束末端

图(a)、图(b)、图(c)图像显示嵌段共聚物的球形胶束和一些短柱胶束的均匀分布[12]。图(a)、图(b)、图(c)摘自 D. Danino,cryo-TEM of Soft Molecular Assemblies, Curr. Opin. Colloid Interface Sci. ,17,316-329. 经 Elsevier 版权(2012)许可。箭头指出了核和冠结构,以及膨胀的末端和胶束圆柱体之间的过渡区域。图(d)cryo-TEM 拍摄到的非离子表面活性剂聚(氧乙烯)胆固醇醚(ChEO10,D)的更薄带状组件的肿胀末端图像[36]。图(d)据 Danino et al. ,2016。经美国化学学会版权(2016)许可。图中比例尺为 50nm

7.2.1　支化胶束的 cryo-TEM 观察及黏度峰的成因

近 20 年来,WLMs 溶液中黏度峰的成因一直是胶体科学中一个悬而未决的问题。霍夫曼(Hoffmann)首先发现如 C16TAB 或 C16PyCl 等阳离子表面活性剂的胶束溶液中加入阴离子或增溶物后会变得极具黏弹性,而且这些体系的零剪切黏度(η_0)会增加 6 个数量级以上,并出现一个或两个明显的峰值[39-40]。随着时间的推移,人们发现黏度峰并不是阳离子表面活性剂所独有的,而是胶束溶液的共同特性。展现这种特性的体系包括无盐带电表面活性剂[41],阴离子/阳离子混合物[42-43]以及最出乎意料的非离子型表面活性剂。峰值的高度和峰的数量取决于许多参数,其中最重要的是分子堆积、溶液组成、电荷比和温度。

这一惊人特性的起源是什么呢?黏度上升的初始阶段与第二临界胶束浓度以及胶束伸长有关,以避免能量上不利的高曲率胶束末端。事实上,正如上一节所讨论的,球形胶束向柱状胶束的转变、大直径胶束端帽的存在以及胶束的长度分布都被 cryo-TEM 记录了下来[图 7.2(b)和图 7.3]。黏度急剧上升到峰值是很好理解的,这是因为胶束大量生长并形成了线型柔性 WLMs,这些 WLMs 在溶液中缠结,从而增加了黏度。这一解释得到了散射和流变测试[42,46]以及 cryo-TEM[39]的有力支持。

峰值右侧黏度下降的机制目前仍不明晰。考虑到胶束(被称为"活聚合物")的瞬时特性及其快速崩解和重构的动力学过程,目前的模型预测胶束片段之间会产生动态连接,并形成支化胶束网络。根据这一模型(图 7.4),连接 3 个或 4 个胶束链段的瞬态接合点可以起到降黏作用,其中,通过连接点沿胶束链的滑移,以及胶束相互穿插形成的"幽灵穿插",可以释放相互连接的应力[47]。在该模型中,更多的连接点和更密集的网络会降低黏度,同时消除了胶束末端的形成。

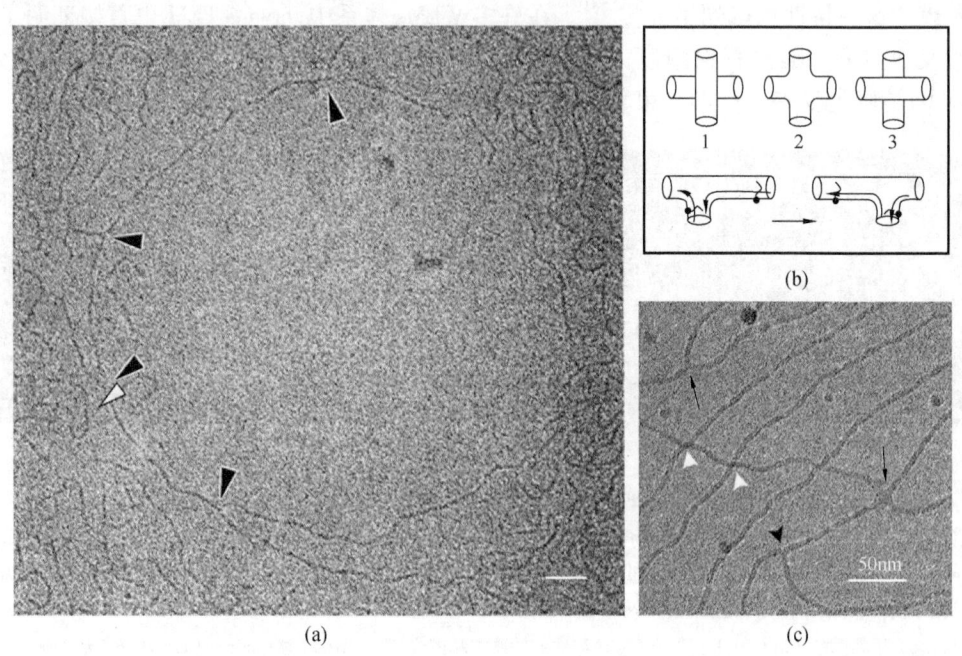

图 7.4 支化胶束的 cryo-TEM 图像和示意图

(a)支化胶束图像证明了胶束片段之间的多重连接存在,片段之间的角度为 T 形和 Y 形(黑色箭头所指)[48],图像中还观察到一些闭合的环状结构(白色箭头所指)。(b)胶束片段几种连接方式的示意图[49]。(c)由 cryo-TEM 拍摄的支化胶束的三重和四重连接点[9],与理论预测一致[49]。在标有黑色箭头的交界处,蠕虫状胶束的胶束段之间的夹角基本一致(在连接处,任何两个相邻胶束段之间的夹角约为 90°,在三重连接处,任何两个相邻胶束段之间的夹角约为 120°),此外,还存在 T 型连接(用黑色箭头标记)。我们还可以注意到真正的四重连接处(黑色箭头所指)与重叠胶束(白色箭头所指)的不同外观。(b)和(c)转载自 Danino, cryo-TEM of Soft Molecular Assemblies, Curr. Opin. Colloid Interface Sci., 17, 316-329.

经 Elsevier 授权(2012)许可

上述结构只有通过冷冻电镜才能被明确地证实,这得益于 cryo-TEM 能在近乎原生状态下捕捉到这种瞬时组装体。其他方法缺乏所需的聚集体特征或高分辨率,或者它们表征的是整体特性,对模型有依赖性。例如,流变测量虽然对了解胶束行为非常重要,但却不能提供直接的结构信息。而小角散射方法则无法区分线性缠结胶束和支化胶束。

如图 7.4 所示,我们通过 cryo-TEM 直接观察到了连接胶束片段的连接点的形成[9,39]。图 7.4(a)显示了 WLM 的主体,其中有几个三重支化点(用黑色箭头指出),连接点的胶束段之间有不同的角度。在该图中,样品膜非常薄,因此中心几乎没有结构,胶束被推向样品膜较厚的区域。在图 7.4(c)中,可以看到三重连接点以及一个"幽灵穿插"的四重连接点。图 7.4(c)中还显示了线性和支化组装体、不饱和与饱和网络(见下文)。图 7.5 展示了胶束末端的各种情况。

cryo-TEM 证实了胶束先伸长,然后产生支化结构和网络,这是体系有黏度峰的起因。例如,在由阴离子表面活性剂十二烷基硫酸钠(SDS)和非离子表面活性剂 N-十二烷基-b-D-吡喃葡萄糖苷(DDGP)组成的体系中,实验考察了在保持总浓度不变的情况下,不添加 SDS 但加入 DDGP 所带来的流变和结构变化。在纯 SDS 溶液中会形成球形胶束,而在 70/30 DDGP/SDS 中会有球形和线形胶束共存[图 7.2(b)]。当 DDGP 含量较高时,会形成支化胶束网络[图 7.5(d)]。正如支化模型所预期的那样,DDGP 浓度越高,网络越密集(分支越多),同时黏度下降。图 7.5(f)展示了一个非常密集的网络。在 DDGP/SDS 质量比为 92/8 时,该网络完全饱和,并过渡到多孔的层状结构。

但 cryo-TEM 的结果可以为黏度峰的产生提供更多的解释。例如,在长链表面活性剂油酸钠(NaOA)和短链表面活性剂辛基三甲基溴化铵(OTAB)的混合物中,也展现出明显的黏度峰,较低的黏度与黏度峰两侧较短的胶束相关,而球形胶束在低黏度状态下占主导地位。此外,在黏度峰两侧广泛的组成范围内观察到一些支链胶束,说明该阳离子体系中支链对流变性没有显著影响。

这两种体系的不同行为与表面活性剂的分子结构及其堆积方式直接相关。阳离子 OTAB 和阴离子 NaOA 都能各自形成球形胶束,因此,通过添加任何一种表面活性剂,以牺牲另一种表面活性剂为代价,向胶束中添加电荷,从而远离黏度峰值(接近零电荷),最终形成更高曲率的结构。相比之下,DDGP 形成双层结构,而 SDS 形成球形胶束,因此添加更多的 DDGP 会产生更低曲率的结构和更大的支化度。

最近,cryo-TEM 揭示了胶束的另一种新的生长途径,即非离子型表面活性剂 $ChEO_{10}$ 单独[36]或其与短链聚(氧乙烯)十二烷基醚($C_{12}EO_3$)的混合物的胶束化路径。$ChEO_{10}$ 的初始结构不是胶束,而是均匀分布的小而扁平的圆盘(类似硬币)结构[36]。因此,在黏度开始上升时,cryo-TEM 观察到的不是常见的从球体到棒状的转变(如上所述),而是盘状到带状的转变,随后是扁平带状的延伸[图 7.5(b)]。后来,形成了一个密集的、饱和的带状网络[图 7.5(i)]。

与不期望出现的胶束末端不同,胶束的支化往往是有利的。在一些体系中,例如,形成囊泡的二嵌段共聚物(聚丁二烯—环氧乙烷,PBD-PEO)和形成胶束的表面活性剂(Triton X-100)的混合物中[50],柱形胶束显示出相当数量的末端和支化点,导致新的"短臂"支化形态形成[图 7.5(c)]。这种行为可以通过两种两亲性组分的局部分相来解释:末端区域富含高曲率组分(表面活性剂),而支化点富含低曲率组分(二嵌段共聚物)。

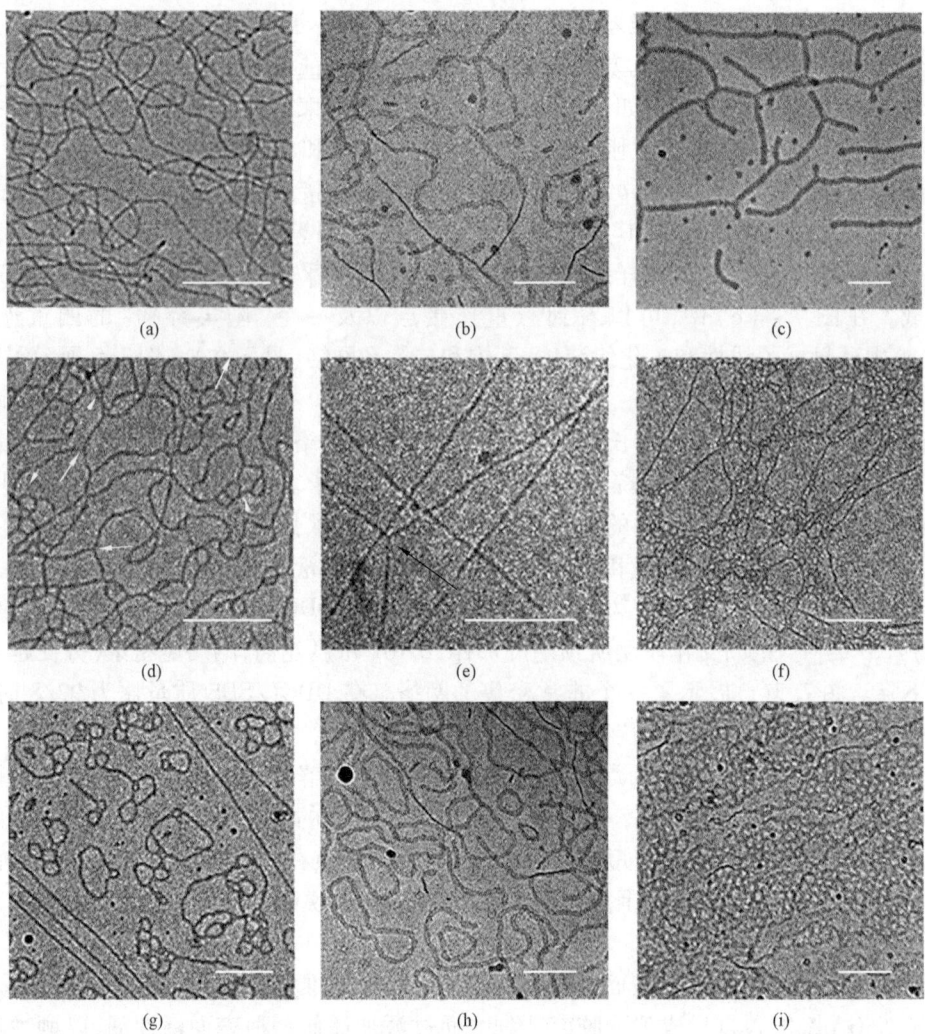

图 7.5 cryo-TEM 图像显示了线形胶束的结构特征其中大部分只能通过 cryo-TEM 直接成像。(a) C_{16}PyCl 在 NaSal 存在下形成的线型缠结 WLMs。(b) ChEO$_{10}$ 的线型的扁平缠结胶束。这些带状胶束随机地分布在玻璃化样品膜中,它们的投影也各不相同[36]。(c)在 PBD-PEO/Triton X-100 混合物中发现的短棒状胶束,其胶束末端密度和 Y 形连接点相似。图片摘自 Dan et al. ,Langmuir,2006,22,9860-9865. 经美国化学学会版权(2006)许可。(d)在 70/30 DDGP/SDS 混合物中发现的柔性 WLMs 网络,具有典型性的 Y 形和 T 形连接(白色箭头所指)。(e)季铵型表面活性剂 Habon G 形成的长刚性 WLMs 网络,其中各段之间的夹角为 120°。图片摘自 Danino et al. ,Digital cryogenic transmission electron microscopy: an advanced tool for direct imaging of complex fluids,Colloids Surf. ,A,183,113-122. 经 Elsevier 版权(2001)许可。(f)在 92/8 DDGP/SDS 中发现的密集的饱和线型胶束网络,图中可观察到单个连接点产生的带有多个胶束片段的小环。图(d)和图(f)之间的比较体现了网络形态与成分的关系。图片摘自 Danino and Talmon 撰写的 Molecular Gels: Materials with Self-Assembled Fibrillar Networks,Direct-Imaging and Freeze-Fracture Cryo-Transmission Electron Microscopy of Molecular Gels,2006,269. 经 Springer 版权(2006)许可。(g)氢化和氟化双子表面活性剂混合体系提供了两种避免胶束端盖的解决方案。在图(h)中可观察到细长带状和封闭的环状结构共存,而在图(i)中则发现了由这些带状结构组成的饱和致密网络。图中的白色比例尺均为 100nm

以上例子证明了冷冻透射电镜在揭示胶束体系黏度峰的起因中所起的核心作用，表明这种现象与各种生长途径和结构转变有关。事实上，现在证据表明，支化和网络可能在一些胶束系统中占主导地位，而在其他系统中则不重要。上面的分析集中在胶束形态的变化和溶液的零剪切黏度之间的联系。不同结构转变路径与其他流变性能之间的关系还有待阐明。

cryo-TEM 固然优势明显，但还有一些结构无法从其图像中明确。前面提到的一个重要的问题是，从 2D 图像中得到样品的 3D 信息，或者一个组装体相对于其他组装体的位置。这极大地限制了对如图 7.5 所示网络结构的完整描述。对比度的差异有时有助于分析结构。例如，图 7.4(c) 中显示了几个四重连接点，其中右边的交叉点（黑色箭头所指）能观察到溶胀，并且展现出与相连的胶束段相同的密度，因此可以确定这是一个真正的四重连接。与此相反，用白色箭头标记的交叉点比胶束本身要暗，从而证实这是两个独立的、重叠的、线形胶束。然而，无法确定这些胶束中哪一个在上面，或者它们之间的距离是多少。

7.2.2 蠕虫状胶束 cryo-TEM 研究的最新文献综述

7.2.2.1 多室蠕虫状纳米结构

目前，人们正在探索嵌段共聚物胶束在现代纳米技术和纳米医药领域中的应用。例如，这些组装体可以作为"智能"响应材料，用于药物传递或纳米催化等领域[52]。通过使用不同特性、溶解度和结晶度的聚合物嵌段，可以精确控制分子结构，从而创造出复杂的新型纳米结构和具有独特性质的聚合物胶束[53]。Lodge 和 Hillmyer 等设计了由杂臂星形（μ-ABC）三元共聚物组成的嵌段共聚物，其中三个化学性质不同的聚合物片段在一个连接点处连接。cryo-TEM 结果显示，杂臂星形结构促使多室球形胶束和 WLMs 形成[54]。对于 μ-EOC(2-5-14) 聚合物，cryo-TEM 图像中观察到具有交替颜色条纹的多室 WLMs[53]，这归因于不同的聚合物嵌段（图 7.6）。与预期相符，这些结构都具有膨胀的球形端盖。根据测量得到的尺寸，可以得出一个扁平且分段的结构，由此提出了蠕虫状胶束这种新的模型，而不是传统的圆柱对称模型。cryo-TEM 还揭示了在高 pH 值和聚合物降解过程中形成的具有时间依赖性的独特结构（图 7.6）。

受 Zana 等[56-57]早期设计的双子和三元低聚物表面活性剂启发，Yoshimura 和 Shibayama 等[58]设计了一种星形三聚体表面活性剂（$3C_n trisQ$），这种表面活性剂由三种季铵盐连接到三乙二胺核心构成（详见第 4 章）。该工作中的 cryo-TEM 研究记录了 $3C_n trisQ$ 体系在浓度变化下从球形到蠕虫状胶束的转变，并验证了这样的转变取决于核心链长度。从 cryo-TEM 图像中可以清晰地观察到轻度支化的 WLMs，并且证明胶束的长度和数量取决于分子序列和浓度。

7.2.2.2 响应型蠕虫状胶束流体

通过调控溶剂组成可以控制组装体形态。在水/四氢呋喃混合溶剂中，调整二者比例可观察到环状且带有膨胀末端的短棒状胶束和球形胶束共存[60]。在半晶态聚乙烯（PE）作为核心组分的体系中，观察到了扁平椭球状胶束、蠕虫状胶束和囊泡共存。在这些情况下，cryo-TEM 结果对于理解结构至关重要。通过从 cryo-TEM 图像中分析线形胶束核和冠之间的对比度差异，发现了一个阶跃函数，而不是常规蠕虫状胶束所预期的连续抛物线函数。这表明胶束核心大致为矩形柱状，而不是圆柱体，这可以通过 PE 的结晶性来解释。Zhang 等[61]还对乙

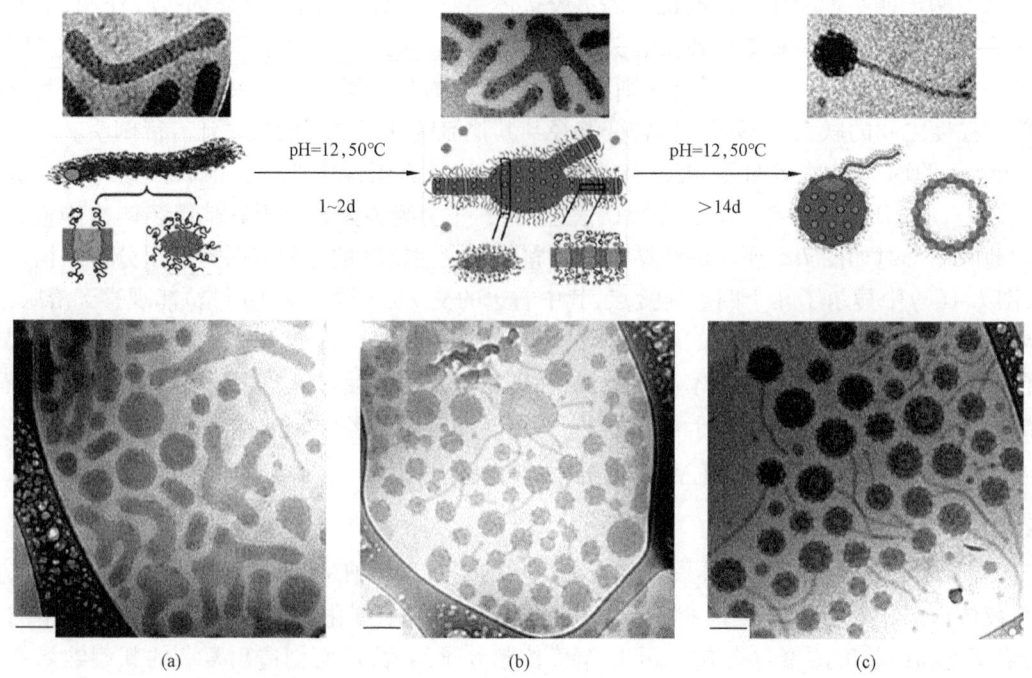

图 7.6 低温透射电镜图像和示意图展现了杂臂星形嵌段共聚物 μ-EOC 形成的多室球形和蠕虫状胶束的内部结构(a),以及随着时间的推移在降解中形成的莓状囊泡结构和花状组装体(b)(c)(据 Saito et al., 2010[53];Moughton et al.,2012)

经美国化学学会授权(2010,2012)许可

醇/水分散体系中基于胆固醇的两亲性嵌段共聚物纳米纤维进行了 cryo-TEM 定量分析,检测到了液晶有序性,并进一步解析出纳米纤维核心内的亚结构和层间距离。

还有一种具有独特优势的方法是通过响应性化合物来调节胶束系统的形态(参考本书第 6 章)。Raghavan 团队报道了可通过光来调节流变性质的刺激响应体系[62]。该光流变(PR)流体系统由阳离子表面活性剂二(2-羟乙基)甲基氯化铵(EHAC)和偶氮苯衍生物 4-偶氮苯羧酸(ACA)组成,可进行可逆的顺反式光异构化反应。研究者发现,当用紫外光照射时,溶液的黏度增加了近 6 倍,在随后暴露于可见光时恢复到初始黏度。cryo-TEM 图像揭示了低黏度溶液由单层囊泡组成,而在紫外光照射下转变为类线形胶束。这些变化是可逆的,高黏弹性的类线形胶束流体在使用可见光后恢复为囊泡状并伴随黏度的降低。

Yang 等[63]提出了一种光响应性胶束流体,由烷基三甲基溴化铵溶液和偶氮苯染料组成。在该体系中,cryo-TEM 证明了黏度降低的另一种途径,包括从缠结的线性 WLMs 到多连接饱和 WLMs 网络的转换。此处,cryo-TEM 对研究具有重要贡献,因为它可以区分不同的胶束形貌对表观黏度的贡献。

另一个 pH 响应性的线形胶束体系是通过混合烷基双(2-羟乙基)甲基氯化铵(EO12)和反式香豆酸(tOCA)来制备的[64]。该体系对 pH 表现出非常规的流变学响应,在高 pH 和低 pH 下都显示出一定的黏弹性,但在中性 pH 下表现出类似水的行为。cryo-TEM 结果显示,黏弹性变化与胶束形态变化相吻合,从 pH 值 3.5 和 9.8 的线形胶束转变为 pH 值 5.0 和 8.0 的膜和囊泡。这种对 pH 的非常规流变学响应是由 tOCA 具有双重 pK_a 值所致。

冷冻透射电镜还揭示了由非离子表面活性剂四乙二醇单十二烷基醚($C_{12}EO_4$)的囊泡悬浮液和阴离子染料苯偶氮苯甲酸钠(AzoNa)混合制备的、凝胶中线形胶束和囊泡之间的结构转变[64]。这个体系的变化也是可逆的,紫外辐射引发了凝胶形成,可见光诱导从线形胶束到囊泡的转变,从而降低了黏度。

Zhang 等[65]提出了一个不同的控制纳米结构的理念。研究者描述了一种 CO_2/pH 可控的黏弹性流体,它是通过将 pH 敏感的皂十二烷基硫酸钠(NaOSA)与锤形季铵盐混合而成的。该流体的黏弹性质可通过 pH 的改变或 CO_2 的添加进行调整,并伴随着线形胶束的凝胶网络和低黏度分散液与沉淀之间的转变。然而,这一体系对 CO_2 的响应行为是不可逆的。在某些组成下测得的弛豫时间减小是由 WLMs 之间的分支引起的。

Lu 等[66]也报道了对 pH 的敏感的 WLMs 体系。体系通入 CO_2 后会引起表面活性剂质子化,导致黏度的变化。冷冻透射电镜结果显示,黏度的变化与球形胶束和 WLMs 网络之间的溶胶—凝胶转变相关,且这一转变是可逆的。

You 等[67]研究了离子液体中 WLMs 由 pH 触发的结构转变。cryo-TEM 结果验证了低黏体系中的球形胶束向高黏体系中的缠结 WLMs 的可逆结构转变。

7.2.2.3 生物流体和药物传递系统中的蠕虫状胶束

通过 cryo-TEM 对生物流体结构进行分析可以追溯到 20 多年前。经典工作包括膜溶解动力学研究(天然和模型系统)、肺和滑膜液的结构研究[68]以及有关天然和模型胆汁的核化研究等[14]。有趣的是,在某些条件下,例如模型胆汁中的胆固醇清除,会直接从球形胶束转变为囊泡,而蠕虫状胶束则不存在。最近的文献表明,在肠道液中也存在类似的结果,需要对肠道中难溶性药物的溶解进行研究,以便合理开发基于脂质的口服药物递送系统,并了解食物的结构和营养[69-70]。

在脂质消化过程中,脂解产物与胃肠道液混合形成混合自组装结构[70]。通过 cryo-TEM 分析脂肪水解动力学行为,Mullertz 等[69]揭示了人肠道液在脂质消化过程中存在中间相。在脂解的早期阶段,cryo-TEM 检测到球形胶束和蠕虫状胶束,与体外样品中的泡状结构和层状结构共存。然而,一般来说,纳米结构的丰度和类型取决于样本类型和时间,虽然球形胶束总是存在,但线形胶束是相当短暂的中间体,仅在十二指肠悬吊肌(Treitz 韧带)附近记录到。进一步的研究考察了两名健康成年人处于禁食状态下小肠腔内的纳米结构。球形胶束和各种泡状结构总是共存其中,而线形胶束则很少见[71]。在一项模拟中链甘油三酯消化的研究中[72],样品中发现直径为 100nm 的脂质体和大尺寸层状片段,并且在饱食状态下制备的样品中发现了蠕虫状胶束。分析结果表明:平衡的"自组装"体系可能无法很好地代表胃肠道环境的动态特性。在后来的一项研究中[73],同一团队在脂质/胆盐混合物中记录了多个泡状结构和线形胶束,这些混合物的成分与脂质消化相关。

由嵌段共聚物自组装形成的聚合物胶束可以用于包载疏水药物,并递送至肿瘤部位。大多数研究都涉及球形胶束[74-76],虽然有研究表明具有高横纵比的载体(例如蠕虫状胶束)相对于球形载体更具优势,包括延长体内循环时间等[77]。在 Kim 等[78]的工作中,cryo-TEM 结果有助于优化 PEO-PHB-PEO/PF-127 混合胶束配方,并形成可再生的纤维状结构,以实现更好的包封和更长的循环时间。因此对于药物递送而言,相对于由单个共聚物形成的胶束,蠕虫状胶束更具有优势。

最近,cryo-TEM 被用于开发和表征一种基于 β-酪蛋白胶束口服给药载体。图像显示,载体的胶束结构与特定的蛋白质—药物相互作用密切相关[79-80]。对于药物塞莱希布,图像显示了球形胶束的溶胀过程,即使在非常高的药物封装量下自组装体也仍是稳定的球形。包载另一种疏水药物布洛芬时则导致了载体结构的变化[81]。根据溶液条件的不同,形成了两种组装方式——混合胶束化和共组装,最终形成两种不同形态的蠕虫状胶束(图 7.7)。

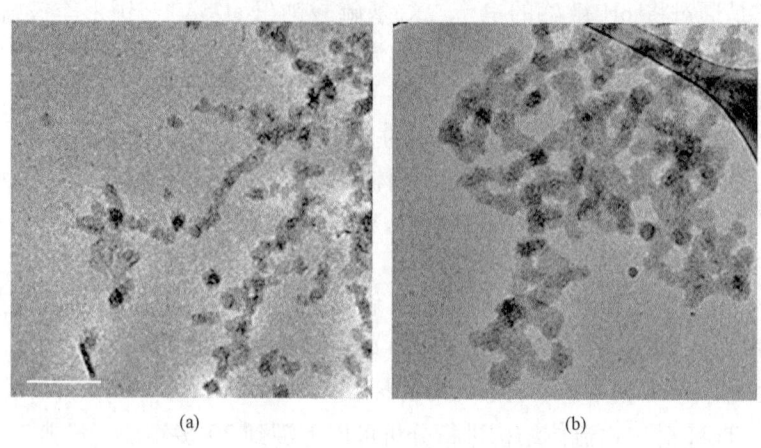

图 7.7　蛋白质/药物的球形和蠕虫状胶束的 cryo-TEM 图像

这种组装体类似于嵌段共聚物胶束。WLMs 在 25℃时呈典型线性,在 37℃时显得更厚、更长,可能出现支化。图中比例尺为 200nm。经 Elsevier 版权(2015)许可

7.3　结论

近 30 年来,cryo-TEM 为揭示 WLMs 的奥秘和隐藏的结构细节做出了独特贡献。本章展示的例子包括观察线形胶束的膨胀末端,识别第二 CMC,以及辨别多种支化胶束。重要的是,该技术经常揭示意想不到的结构,例如,$ChEO_{10}$ 形成的带状胶束而不是预期的线形胶束,以及在密集网络中产生的多重连接点。cryo-TEM 也揭示了胶束溶液中黏度峰产生的多种途径。通过 3D 分析(低温电子断层扫描,一种目前成熟的 cryo-TEM 方法),我们期望解决线形胶束的一个研究盲点,即它们在体相中的真实分布。

在过去的 10 年中,cryo-TEM 仪器取得了显著的突破:使用 CCD 相机的数字成像技术已经彻底应用于成像,并且未来将有更具革命性的新型直接探测器诞生。这些革新,再结合自动成像,冷冻断层扫描等技术,以及优化的制样设备,将使我们进入"分辨率革命"时代,并使 cryo-TEM 成为细胞生物学、胶体科学、纳米技术和纳米医学中的核心表征工具。

致　　谢

感谢 Cécile Dreiss 邀请我来撰写这一章,感谢 Raoul Zana、Eric Kaler 和 Heinz Hoffmann 对胶束支化和胶束体系黏度峰机理的深入讨论。非常感谢我的团队成员 Ludmila abezgaz、Inbal ionita-abububul 和 Ori Ramon 的出色工作和对胶束体系的详细分析,感谢 Inbar Elazar 的专业的技术支持。感谢以色列科学基金会的资金支持。

参 考 文 献

[1] D. Danino, *Curr. Opin Colloid Interface Sci.*, 2012, 17, 316 – 329.
[2] S. De Carlo and J. R. Harris, *Micron*, 2011, 42, 117 – 131.
[3] D. Danino, K. H. Moon and J. E. Hinshaw, *J. Struct. Biol.*, 2004, 147, 259 – 267.
[4] J. Dubochet, M. Adrian, J. J. Chang, J. C. Homo, J. Lepault, A. W. Mcdowall and P. Schultz, *Q. Rev. Biophys.*, 1988, 21, 129 – 228.
[5] D. R. Uhlmann, *J. Non – Cryst. Solids*, 1972, 7, 337 – 348.
[6] D. P. Siegel, W. J. Green and Y. Talmon, *Biophys. J.*, 1994, 66, 402 – 414.
[7] W. F. Tivol, A. Briegel and G. J. Jensen, *Microsc. Microanal.*, 2008, 14, 375 – 379.
[8] D. Danino, R. Gupta, J. Satyavolu and Y. Talmon, *J. Colloid Interface Sci.*, 2002, 249, 180 – 186.
[9] D. Danino, A. Bernheim – Groswasser and Y. Talmon, *Colloid Surf. A*, 2001, 183, 113 – 122.
[10] J. R. Bellare, H. T. Davis, L. E. Scriven and Y. Talmon, *J Electron Microsc. Tech.*, 1988, 10, 87 – 111.
[11] L. Ziserman, L. Abezgauz, O. Ramon, S. R. Raghavan and D. Danino, *Langmuir*, 2009, 25, 10483 – 10489.
[12] K. Shimoni and D. Danino, *Langmuir*, 2009, 25, 2736 – 2742.
[13] P. Frederick, *Microsc. Microanal.*, 2004, 10, 424 – 425.
[14] F. M. Konikoff, D. Danino, D. Weihs, M. Rubin and Y. Talmon, *Hepatology*, 2000, 31, 261 – 268.
[15] L. Ziserman, H. Y. Lee, S. R. Raghavan, A. Mor and D. Danino, *J. Am. Chem. Soc.*, 2011, 133, 2511 – 2517.
[16] L. Abezgauz, K. Kuperkar, P. A. Hassan, O. Ramon, P. Bahadur and D. Danino, *J. Colloid Interface Sci.*, 2010, 342, 83 – 92.
[17] D. Danino, Y. Talmon and R. Zana, *Colloid Surf.*, A, 2000, 169, 67 – 73.
[18] D. C. Roux, J. F. Berret, G. Porte, E. Peuvreldisdier and P. Lindner, *Macromolecules*, 1995, 28, 1681 – 1687.
[19] E. Nativ – Roth, O. Regev and R. Yerushalmi – Rozen, *Chem. Commun.*, 2008, 2037 – 2039.
[20] D. Danino and Y. Talmon, in *Molecular Gels – Materials with Self – Assembled Fibrillar Networks*, ed. R. G. Weiss and P. Terech, Springer, The Netherlands, 2006, pp. 251 – 272.
[21] O. Avinoam, K. Fridman, C. Valansi, I. Abutbul, T. Zeev – Ben – Mordehai, U. E. Maurer, A. Sapir, D. Danino, K. Grunewald, J. M. White and B. Podbilewicz, *Science*, 2011, 332, 589 – 592.
[22] Y. Tidhar, H. Weissman, S. G. Wolf, A. Gulino and B. Rybtchinski, *Chem. – Eur. J.*, 2011, 17, 6068 – 6075.
[23] N. Mizuno, J. Varkey, N. C. Kegulian, B. G. Hegde, N. Q. Cheng, R. Langen and A. C. Steven, *J. Biol. Chem.*, 2012, 287, 29301 – 29311.
[24] G. L. Brothers and E. B. Fish, *Photogramm. Eng. Remote Sens.*, 1978, 44, 607 – 616.
[25] K. Nagayama and R. Danev, *Philos. Trans. R. Soc.*, B, 2008, 363, 2153 – 2162.
[26] W. H. Chang, M. T. K. Chiu, C. Y. Chen, C. F. Yen, Y. C. Lin, Y. P. Weng, J. C. Chang, Y. M. Wu, H. Cheng, J. H. Fu and I. P. Tu, *Structure*, 2010, 18, 17 – 27.
[27] J. Shiue, C. S. Chang, S. H. Huang, C. H. Hsu, J. S. Tsai, W. H. Chang, Y. M. Wu, Y. C. Lin, P. C. Kuo, Y. S. Huang, Y. K. Hwu, J. J. Kai, F. G. Tseng and F. R. Chen, *J. Electron Microsc.*, 2009, 58, 137 – 145.
[28] R. Danev, S. Kanamaru, M. Marko and K. Nagayama, *J. Struct. Biol.*, 2010, 171, 174 – 181.
[29] K. Nagayama and R. Danev, *Biophys. Rev.*, 2009, 1, 37 – 42.
[30] T. Fujii, A. H. Iwane, T. Yanagida and K. Namba, *Nature*, 2010, 467, 724 – 728.
[31] E. M. Pouget, P. H. H. Bomans, J. A. C. M. Goos, P. M. Frederik, G. de With and N. A. J. M. Sommerdijk, *Sci-*

ence,2009,323,1455 – 1458.

[32] I. Abutbul – Ionita, J. Rujiviphat, I. Nir, G. A. McQuibban and D. Danino, *J. Biol. Chem.* ,2012,287,36634 – 36638.

[33] R. Michel, E. Kesselman, T. Plostica, D. Danino and M. Gradzielski, *Angew. Chem. , Int. Ed.* ,2014,53,12441 – 12445.

[34] R. Michel, T. Plostica, L. Abezgauz, D. Danino and M. Gradzielski, *Soft Matter*, 2013,9,4167 – 4177.

[35] L. Ziserman, A. Mor, D. Harries and D. Danino, *Phys. Rev. Lett.* ,2011,106.

[36] D. Danino, L. Abezgauz, I. Portnaya and N. Dan, *J. Phys. Chem. Lett.* ,2016,7,1434 – 1439.

[37] Y. Zheng, Y. Y. Won, F. S. Bates, H. T. Davis, L. E. Scriven and Y. Talmon, *J. Phys. Chem. B*, 1999,103,10331 – 10334.

[38] S. May and A. Ben – Shaul, *J. Phys. Chem. B*, 2001,105,630 – 640.

[39] H. Rehage and H. Hoffmann, *J. Phys. Chem.* ,1988,92,4712 – 4719.

[40] H. Rehage and H. Hoffmann, *Mol. Phys.* ,1991,74,933 – 973.

[41] D. P. Acharya, K. Hattori, T. Sakai and H. Kunieda, *Langmuir*, 2003,19,9173 – 9178.

[42] S. R. Raghavan, G. Fritz and E. W. Kaler, *Langmuir*, 2002,18,3797 – 3803.

[43] O. Regev and A. Khan, *J. Colloid Interface Sci.* ,1996,182,95 – 109.

[44] D. P. Acharya, M. K. Hossain, Jin – Feng, T. Sakai and H. Kunieda, *Phys. Chem. Chem. Phys.* ,2004,6,1627 – 1631.

[45] A. Maestro, D. P. Acharya, H. Furukawa, J. M. Gutierrez, M. A. Lopez – Quintela, M. Ishitobi and H. Kunieda, *J. Phys. Chem. B*, 2004,108,14009 – 14016.

[46] C. Oelschlaeger, G. Waton, E. Buhler, S. J. Candau and M. E. Cates, *Langmuir*, 2002,18,3076 – 3085.

[47] A. Khatory, F. Kern, F. Lequeux, J. Appell, G. Porte, N. Morie, A. Ott and W. Urbach, *Langmuir*, 1993,9,933 – 939.

[48] D. Danino, Y. Talmon, H. Levy, G. Beinert and R. Zana, *Science*, 1995,269,1420 – 1421.

[49] G. Porte, R. Gomati, O. Elhaitamy, J. Appell and J. Marignan, *J. Phys. Chem.* ,1986,90,5746 – 5751.

[50] N. Dan, K. Shimoni, V. Pata and D. Danino, *Langmuir*, 2006,22,9860 – 9865.

[51] R. Oda, I. Huc, D. Danino and Y. Talmon, *Langmuir*, 2000,16,9759 – 9769.

[52] L. G. Yin, T. P. Lodge and M. A. Hillmyer, *Macromolecules*, 2012,45,9460 – 9467.

[53] N. Saito, C. Liu, T. P. Lodge and M. A. Hillmyer, *ACS Nano*, 2010,4,1907 – 1912.

[54] N. Saito, C. Liu, T. P. Lodge and M. A. Hillmyer, *Macromolecules*, 2008,41,8815 – 8822.

[55] A. O. Moughton, M. A. Hillmyer and T. P. Lodge, *Macromolecules*, 2012,45,2 – 19.

[56] R. Zana, *Adv. Colloid Interface Sci.* ,2002,97,205 – 253.

[57] D. Danino, Y. Talmon and R. Zana, *Langmuir*, 1995,11,1448 – 1456.

[58] T. Yoshimura, T. Kusano, H. Iwase, M. Shibayama, T. Ogawa and H. Kurata, *Langmuir*, 2012,28,9322 – 9331.

[59] F. Rodler, B. Schade, C. M. Jager, S. Backes, F. Hampel, C. Bottcher, T. Clark and A. Hirsch, *J. Am. Chem. Soc.* ,2015,137,3308 – 3317.

[60] P. Schuetz, M. J. Greenall, J. Bent, S. Furzeland, D. Atkins, M. F. Butler, T. C. B. McLeish and D. M. A. Buzza, *Soft Matter*, 2011,7,749 – 759.

[61] X. W. Zhang, S. Boisse, C. Bui, P. A. Albouy, A. Brulet, M. H. Li, J. Rieger and B. Charleux, *Soft Matter*, 2012, 8,1130 – 1141.

[62] H. Oh, A. M. Ketner, R. Heymann, E. Kesselman, D. Danino, D. E. Falvey and S. R. Raghavan, *Soft Matter*, 2013,9,5025 – 5033.

[63] Y. Yang, J. F. Dong and X. F. Li, *J. Dispersion Sci. Technol.*, 2013, 34, 47–54.

[64] H. F. Shi, W. Ge, Y. Wang, B. Fang, J. T. Huggins, T. A. Russell, Y. Talmon, D. J. Hart and J. L. Zakin, *J. Colloid Interface Sci.*, 2014, 418, 95–102.

[65] Y. M. Zhang, W. W. Kong, P. Y. An, S. He and X. F. Liu, *Langmuir*, 2016, 32, 2311–2320.

[66] H. S. Lu, L. L. Yang, B. G. Wang and Z. Y. Huang, *J. Dispersion Sci. Technol.*, 2016, 37, 159–165.

[67] Q. You, Y. Zhang, H. Wang, H. F. Fan, J. P. Guo and M. Li, *Int. J. Mol. Sci.*, 2015, 16, 28146–28155.

[68] C. I. Matei, C. Boulocher, C. Boule, M. Schramme, E. Viguier, T. Roger, Y. Berthier, A. M. Trunfio–Sfarghiu and M. G. Blanchin, *Microsc. Micro-anal.*, 2014, 20, 903–911.

[69] A. Mullertz, D. G. Fatouros, J. R. Smith, M. Vertzoni and C. Reppas, *Mol. Pharmaceutics*, 2012, 9, 237–247.

[70] S. Salentinig, S. Phan, A. Hawley and B. J. Boyd, *Angew. Chem., Int. Ed.*, 2015, 54, 1600–1603.

[71] A. Mullertz, C. Reppas, D. Psachoulias, M. Vertzoni and D. G. Fatouros, *J. Pharm. Pharmacol.*, 2015, 67, 486–492.

[72] S. Phan, A. Hawley, X. Mulet, L. Waddington, C. A. Prestidge and B. J. Boyd, *Pharm. Res. - Dordr.*, 2013, 30, 3088–3100.

[73] S. Phan, S. Salentinig, C. A. Prestidge and B. Boyd, *Drug Delivery Transl. Res.*, 2014, 4, 275–294.

[74] G. Gaucher, M. H. Dufresne, V. P. Sant, N. Kang, D. Maysinger and J. C. Leroux, *J Controlled Release*, 2005, 109, 169–188.

[75] M. F. Francis, M. Cristea and F. M. Winnik, *Pure Appl. Chem.*, 2004, 76, 1321–1335.

[76] D. A. Chiappetta and A. Sosnik, *Eur. J. Pharm. Biopharm.*, 2007, 66, 303–317.

[77] Y. Geng, P. Dalhaimer, S. S. Cai, R. Tsai, M. Tewari, T. Minko and D. E. Discher, *Nat. Nanotechnol.*, 2007, 2, 249–255.

[78] T. H. Kim, C. W. Mount, B. W. Dulken, J. Ramos, C. J. Fu, H. A. Khant, W. Chiu, W. R. Gombotz and S. H. Pun, *Mol. Pharmaceutics*, 2012, 9, 135–143.

[79] M. Bachar, A. Mandelbaum, I. Portnaya, H. Perlstein, S. Even-Chen, Y. Barenholz and D. Danino, *J. Controlled Release*, 2012, 160, 164–171.

[80] T. Turovsky, R. Khalfin, S. Kababya, A. Schmidt, Y. Barenholz and D. Danino, *Langmuir*, 2015, 31, 7183–7192.

[81] T. Turovsky, I. Portnaya, E. Kesselman, I. Ionita-Abutbul, N. Dan and D. Danino, *J. Colloid Interface Sci.*, 2015, 449, 514–521.

第8章　来自流变—小角中子散射联用装置的新认识

Michelle A. Calabrese, Norman J. Wagner

8.1　简介

表面活性剂蠕虫状胶束（WLMs）和其他软材料在生产、加工、运输和使用过程中会发生各种变形。尽管 WLMs 经常被用作研究聚合物和聚电解质的模型体系[1]，但由于其"活性"性质，当它们在剪切下破裂和重构时，表现出自己独特的动力学特性。通过改变溶液温度或浓度，可以很容易地调控蠕虫状胶束微观形貌（例如，分支结构）的变化[2-4]。由于其自组装体性质和可调控的流动特性，WLMs 已应用于石油和能源的采收率液体，以及消费品和家用产品。在这些应用中，独特的"破裂"流变学特性使其在静止状态下表现出类凝胶行为，而在施加的可调应力下又迅速转变为液体状流动。WLMs 也常用于研究非线性流动现象和流动失稳，例如，剪切带现象[5-7]。这些非线性流动现象意味着 WLMs 的微观结构在流动下与静止时明显不同。这种流动引起的微观结构变化既可能是有益的，例如，在灌注液体清洁剂或在油气钻井过程中钻井液的泵送过程降低黏度；也可能是有害的，例如，在运输过程中产品稳定性的降低。因此，测量稳态和动态非线性变形下的流变学和微观结构至关重要。

诸如流变—小角中子散射联用（Rheo - SANS）的小角中子散射方法，对定性和定量理解 WLMs 微观结构和宏观流动特性之间关系提供了独特的手段。在本章中，我们回顾了目前最新的 Rheo - SANS 方法，特别是应用于 WLM 的进展，并总结了一些应该能引起从事 WLMs 工作的从业者和研究人员兴趣的关键结果。鉴于篇幅限制，我们不能将本主题的广度和历史丰富性全部囊括，请读者参阅 Rheo - SANS[8]、WLM 流变学[9] 和 WLMs 散射[10-11] 的一些最新综述文章。

8.2　Rheo - SANS 的样品环境

自 20 世纪 80 年代以来，Rheo - SANS 方法已被用于确定各种软材料的流动诱导结构[12]。"Rheo - SANS"一词通常意味着在施加剪切变形期间，在同心圆柱体 Couette 或平行板几何结构中进行的 SANS 测量，这既可以进行流变和 SANS 的同时测量，也可以单独进行 SANS 测量。如图 8.1 所示，Rheo - SANS 方法能够在三个剪切平面中探测材料微观结构：1 - 3（流动—涡度或速度—涡度）平面、2 - 3（梯度—涡度和速度梯度—涡量）平面和 1 - 2（流动—梯度或速度—速度梯度）平面。材料微观结构在每个剪切平面上的投影可以使用各种 SANS 样品环境来测量。

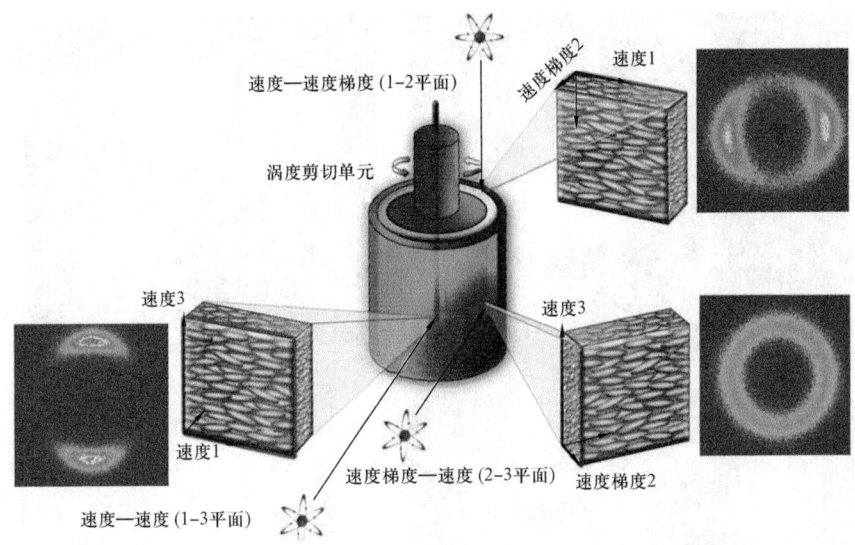

图 8.1 显示 SANS 能达到的三个剪切平面的标准 Rheo–SANS 样品环境的示意图(据 Gurnon et al.,2014)
为了达到 1-3 速度—涡度和 2-3 速度梯度—涡度平面,流变仪与中子束在一条线上。为了达到 1-2 速度—速度梯度平面,通过 Laue Langevin 研究所(法国 ILL)、美国国家标准与技术研究所中子研究中心(NCNR)和美国特拉华大学的合作,开发了一种新的样品环境。该示意图说明了每个平面中剪切流下胶束排列的方向,并为每个平面提供了样品散射模式
经英国皇家化学学会许可

除了说明三个剪切平面中的每一个外,图 8.1 还显示了剪切诱导排列产生的每个平面的样品散射模式[13]。虽然示意图说明了在每个平面中沿流动方向排列的椭球颗粒,但这种排列和各向异性散射也是 WLMs 解决方案的典型情况。当前 Rheo–SANS 样品环境示于图 8.2,下文会给出其几何结构和样品池的其他细节。当图 8.2(a)所示的流变仪配置用于 1-3 平面和 2-3 平面散射实验时,在 SANS 测量的整个过程中都会同时记录样品的流变特性[14]。在流动—梯度(1-2)平面[图 8.2(b)]中的测量要困难得多,因此,在进行 SANS 测量时,难以同时进行流变测试[13,15]。

8.2.1 1-3(流动—涡度)剪切平面的 Rheo–SANS

WLMs 的大多数 Rheo–SANS 测量是在图 8.2(a)所示的 1-3(流动—涡度)剪切平面内进行的。目前,这些 1-3 平面实验是使用流变仪进行的,该流变仪配备了以中子束线为中心的石英或钛 Couette 样品池[14];然而,早期的实验是使用定制的 Couette 剪切设备进行的[12,17-20]。

由于 WLM 在剪切时倾向于沿流动方向排列,因此 SANS 各向异性的增加沿涡度方向对称(图 8.1)。剪切下产生的 2D–SANS 模式是剪切引起的材料微观结构在 Couette 单元间隙上的回旋,由于该方法施加的对称性,无法确定排列角度。WLMs 溶液通常表现出空间依赖的流动特性,如剪切带行为[21],这不能用这些间隙平均 1-3 平面测量来解决。然而,可以使用 1-3 平面 Rheo–SANS 进行沿涡度方向的空间分辨测量,并可用于检测流动失稳,如涡度带[22-23]。1-3 平面中的大多数实验都使用具有同心圆筒 Couette 几何形状的 Anton–Paar MCR 应力控制流变仪(图 8.2)[14]。此外,美国国家标准与技术研究中心(NCNR)

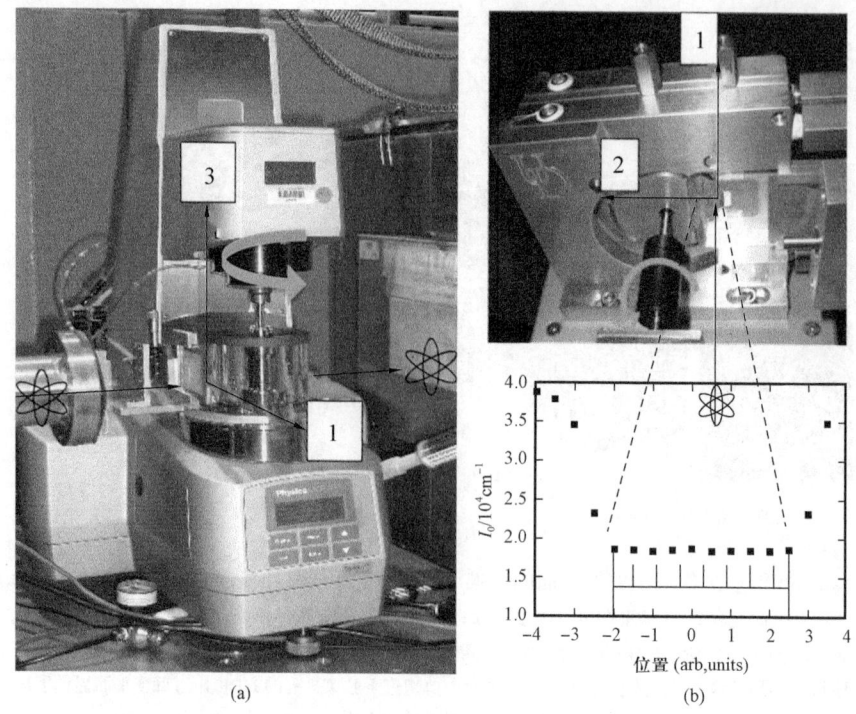

图 8.2 目前的 Rheo–SANS 装置

蓝色箭头表示光束方向,红色箭头表示剪切平面方向,绿色箭头表示旋转方向。(a)NCNR 的 Anton–Paar MCR 流变仪与中子束流的耦合,用于 1–3 平面测量,也可用于 2–3 平面测量。(b)1–2 平面剪切样品池与束流对于用于空间分辨测量,经参考文献[13]许可转载

现在提供了具有同心圆筒 Couette 几何形状的 TA 公司的 ARES–G2 应变控制流变仪,用于 1–3 平面测量。Rheo–SANS 样品环境可供全球多个设施的用户使用,目前包括 Laue Langevin 研究所(法国格勒诺布尔,ILL)、Leon Brillouin 实验室(法国萨克雷)、Paul Scherrer 研究所(瑞士维利根,PSI)、Rutherford Appleton 实验室(英国牛津 Harwell,ISIS)、东京大学(日本东京)、澳大利亚核科学技术组织(澳大利亚新南威尔士州,ANSTO)、NCNR(美国马里兰州盖瑟斯堡)和橡树岭国家实验室(美国田纳西州橡树岭)。

8.2.2 2–3(梯度—涡度)剪切平面的 Rheo–SANS

Rheo–SANS 在 2–3(梯度—涡度)剪切平面上的实验从流动方向的角度探测微观结构。使用了与 1–3 平面实验中相同的流变仪和 Couette 样品池,但改变了配置,使 Couette 样品池与光束相切(图 8.1)。此外,薄的垂直镉狭缝将散射体积限制在 Couette 样品池缝隙内。理想情况下,狭缝和流变仪对齐,使得光束方向平行于流动方向。在实践中,这些测量包括一些曲率效应,因此散射在 2–3 平面外有一个小分量。

8.2.3 1–2(流动—梯度)剪切平面的流动 SANS

要使用 SANS 方法测量 1–2(流动—梯度)平面,Couette 样品池必须设计为水平放置,使其旋转轴平行于中子束。为了适应这种测量,最近设计了一个密封的、较短的长径比的剪切样

品池1-2平面[13,15][图8.2(b)]。这种方向能够获得横跨Couette样品池的所有空间分辨信息,已被证明可用于检测剪切带流动失稳[24-29]。如Gurnon等[13]所述,1-2剪切样品池是一个短的Couette(5mm路径长度)。该样品池由一个旋转的内圆柱体(R_1 = 25.5mm)和一个外部固定圆柱体(R_2 = 26.5mm)组成,间隙宽度为1.0mm,由此产生的长径比$\Gamma = L/H = 5$,间隙与直径的比$\varepsilon = H/R = 0.039$。通过连接到水浴槽的样品池流通端口来控制温度。步进电动机用于使中子束通过镉板小孔进入样品池的间隙,从而提供空间分辨率。美国NCNR和法国ILL目前有可以使用的1-2平面剪切样品池。

8.2.4 利用SANS研究非标准流动和几何尺寸

虽然术语"Rheo-SANS"意味着同心圆筒Couette的剪切流动,但其他流动也已通过使用独特的样品环境进行了研究。这些非标准几何形状使得可以使用SANS研究WLMs溶液的拉伸、通道、收缩狭缝、旋转圆盘和管道流行为。最近,ILL研制了微流控装置[30],NCNR研制了微流动-SANS样品池,其中的剪切速率已经达到了10^5量级。虽然没有像Rheo-SANS那样广泛使用,但这些样品环境能够在复杂的流动过程中建立起流动—结构关系。此外,一些非标准几何形状比标准Rheo-SANS实验所需的样品体积更小,从而可以研究更广泛的软物质体系。

泊肃叶流动通常用于分析拉伸流、管道层流和狭缝流。SANS用于WLMs拉伸流动研究时,使用了多点流动样品池,该装置的中心形成纯伸展的驻点[31-32]。ISIS和NCNR都已拥有这些多点流动样品池,其中NCNR的该类样品池的长宽比可以改变[32]。在这些研究中,在流动单元的不同位置进行空间分辨SANS测量。泊肃叶流动计算用于确定样品池中的速度剖面和平均剪切率,以便能够比较剪切流和拉伸流对微观结构的影响。其他SANS泊肃叶流动装置包括平面流动样品池[33-35]、管道流动装置[36-38]和通道流动样品池[39-40]。层流管道流动状态(泊肃叶)的微观结构结果也与湍流过程中形成的微观结构进行了比较[37-38]。类似地,在最近设计的一个样品池中,对空间分辨的胶束排列和收缩狭缝流形成的不稳定性进行了深入的研究[41-42]。最后,在几个设计中[18,43],对旋转圆盘(即平行板)驱动的WLMs的剪切流进行了研究,从而可以调控中子束和剪切梯度之间的角度。

8.3 利用小角中子散射分析微结构的重排

沿着流动方向上,WLMs倾向于表现出强烈的一致性[8],以及各种其他流型,包括拉伸流动[31]、管流[36-38]和收缩缝流[41-42]。通常,使用几种指标来量化这些微观结构重排。早期工作将1-3流动—涡度平面内流动下的绝对散射强度$I(q)$的差异与2D强度[44-47]的等值线图或垂直(涡度)和平行(流动)方向上的扇形平均值$I(q_\perp)$和$I(q_\parallel)$分别进行了比较[48-52]。图8.3(a)给出了1-3平面内各向异性散射模式示例,其中,$I(q_\perp)$和$I(q_\parallel)$与图8.3(b)中的静态强度进行了比较。注意,这里,$I(q_\perp)$和$I(q_\parallel)$对应于涡度(3)方向,$q_\perp$或q_∞对应于流动(1)方向。后来,用于液晶微观结构分析的有序参数被纳入剪切诱导的WLMs微观结构的分析中。这些参数量化了基于散射各向异性测量的微观结构重排。常用的度量包括$\bar{P}_2$取向参数[53-55]和标量对齐因子(A_f)[15,22,56-57],主特征向量的对齐角度(f_0)。请注意,在1-3和2-3平面使用Rheo-SANS的情况下,由于该方法施加的对称性,f_0无法测量,但f_0可以在1-2

平面测量中确定。通常,由于 WLMs 的微观结构可以用端—端矢量 **Q** 的并矢乘积形成的二阶张量来描述,即 $\langle \boldsymbol{Q} \cdot \boldsymbol{Q} \rangle$,因此需要在所有三个流动平面上进行测量,以充分表征流动下的微观结构[25]。当 SANS 在从纳米到微米的长度尺度上探测微观结构时(图 8.3),SANS 谱中流动诱导各向异性的主要来源是节段排列。由于节段排列也是 WLMs 溶液流动过程中弹性应力的主要来源,并且这种弹性也可以用 $\langle \boldsymbol{Q} \cdot \boldsymbol{Q} \rangle$ 表示,因此可以直接类似于应力—光学规则[58],推导出 WLMs 的正式"应力—SANS"规则[25]。

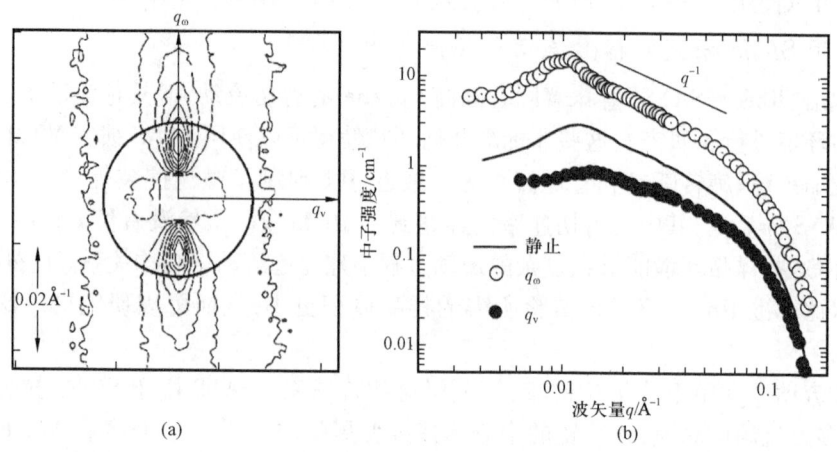

图 8.3 剪切增稠 CTAT 溶(质量分数 ϕ = 0.26%)在剪切速率 $\dot{\gamma}$ = 188s^{-1} 时的 2D SANS 图案的 1−3 平面
强度等值线图(a)和垂直涡度($I(q_\perp)$)和平行流($I(q_\parallel)$)方向(此处分别表示为 q_ω 和 q_v)上产生的
SANS 1D 强度的 1−3 平面强度等值线图(b)(据 Berret et al.,2001)

(a)剪切作用下的 2D SANS 模式沿涡度方向呈蝴蝶型模式显示出显著的各向异性,表明存在强排列。(b) 1D 平均的 $I(q_\perp)$ 明显大于静止时的强度或 $I(q_\parallel)$。随着剪切速率的增加,$I(q_\perp)$ 中的相互作用峰 q 位置向较低的 q 值移动

各向异性参数是根据 q^{-1}(棒状段)散射区域中的散射强度计算的;图 8.3(a)给出了一个范例,其中有序参数计算结果为 $\overline{P}_2$ = 0.8。通常选择棒状散射区域来关注 WLMs 的分段排列。然而,通常选用 $\overline{P}_2$ 或 A_f 来作为 q 位置的函数[56]。值为 0 表示一个平均各向同性和不对齐的系统,而值为 1 是理论上完全对齐的状态,对应于细刚性棒的向列阶。标量 $\overline{P}_2$ 定向参数通过积分计算:

$$\overline{P}_2 = \int_0^\pi f(\theta) P_2(\theta) \sin\theta d\theta \tag{8.1}$$

式中,$f(\theta)$ 为归一化取向分布函数(ODF)在剪切平面上的投影(强度分布);θ 为相对于流动方向的方位角。

虽然计算不同,但 $\overline{P}_2$ 大致相当于排列因子,定义为[56]:

$$A_f(q) = \frac{\int_0^{2\pi} I(q,\phi) \cos[2(\phi - \phi_o)] d\phi}{\int_0^{2\pi} I(q,\phi) d\phi} \tag{8.2}$$

式中，$I(q,\phi)$ 为在小的固定 q 范围内的强度，ϕ 为方位角，ϕ_0 为最大强度的方位角。一般的各向异性参数也通常通过来自 2D SANS 图案的垂直和平行强度的比率来估计；然而，这种方法没有考虑对准角度或 ODF。

上述应力 SANS 规则是基于 Giesekus-扩散（G-D）模型，根据排列因子[25]确定的应力之和 $\tau_{12,p}$。使用排列因子和最大强度的方位角，可以给出应力 SANS 规则：

$$\tau_{12,p} = G_0 (CA_f)^{1/2} \sin(2\phi_0) \tag{8.3}$$

$$N_{1,p} = 2G_0 (CA_f)^{1/2} \cos(2\phi_0) \tag{8.4}$$

式中，$\tau_{12,p}$ 为剪切应力之和，$N_{1,p}$ 为第一法向应力差之和，G_0 为平台模量，C 为应力 SANS 系数，这是基于每个系统确定的常数。

一些工作已经使用应力 SANS 规则成功地预测了组合应力，与测量的剪切应力相比，在高度非线性流动的情况下，这种关系会失效[16,25-27]。虽然应力 SANS 系数 C 是一个常数[16]，阶跃参数与剪切速率或黏度之间的各种其他经验关系已经发展起来[60-61]，分别显示出幂律和指数依赖性。

8.4 Rheo-SANS 体系和文献总结

通常研究的使用 Rheo-SANS 的 WLMs 溶液包括十六烷基三甲基溴化铵（CTAB）、十六烷基三甲基甲苯磺酸盐（CTAT）和十六烷基氯化吡啶（CPyCl）的溶液，通常添加反离子，如亲水有机盐水杨酸钠（NaSal）和甲苯磺酸钠（NaTos），或简单无机盐如氯化钠（NaCl）。注意，亲水有机盐的加入会导致胶束生长，而简单无机盐通过常见离子效应屏蔽胶束电荷来控制静电相互作用。其他常见的 WLMs 体系包括芥子基双（羟乙基）甲基氯化铵（EHAC）、十四烷基三甲基水杨酸铵（TTMASal）、具有溴基团的阳离子表面活性剂（与 CTAB 结构相似）、非离子表面活性剂和嵌段共聚物。许多研究已经考察了微观结构响应、剪切诱导结构（SIS）形成和流动不稳定性的时间依赖性，包括剪切和涡度带以及剪切诱导相分离（SIPS）。有关 Rheo-SANS 的文献按溶液强度总结在表 8.1 中：在各向同性—向列相（I-N）转变附近的稀溶液、亚浓溶液和浓溶液。所有溶液在静止时均为各向同性相中，除非另有说明，否则都是在 D_2O 中制备的，以减少非相干背景散射。

表 8.1 按浓度总结的 Rheo-SANS 文献（接近各向同性—向列相（I-N）附近稀溶液、亚浓溶液和浓溶液①）

表面活性剂	稀溶液	亚浓溶液	接近 I-N
ATAB	[41][42]②④[54][57]②	[4]②[19][31]③④[39][41]②④ [47][48][50]53]③[61]	[24][25][62-64]
CPyCl	N/A	[13][16][22][23][26][27][32]②④[55]②	[65-68]②③
CTAT	[59][60]②[69]③[70]	[4][28][29][71]②③	N/A
EHAC	N/A	[15][72][73]②	N/A
TTMASal	[46][74][75]	N/A	N/A
含溴阳离子表面活性剂	[19][57][76-79]②	[44][45][76][80][81][48][78][79]②	N/A

续表

表面活性剂	稀溶液	亚浓溶液	接近 I-N
非离子表面活性剂	82	[31][②④][35][④][49][52][②③][61][83][③]	N/A
工业表面活性剂	[36-38][40][②④][84][②]	N/A	N/A
其他	N/A	[19][31][34][③④][39][②④][44][47][③][48][50][②][61]	[51][②][85][86][③]

① CTAB,十六烷基氯化铵;CPyCl,十六烷基氯化吡啶;CTAT,十六烷基三甲基甲苯磺酸盐;EHAC,芥酸基双羟乙基甲基氯化铵;TTMASal,十四烷基三甲基水杨酸铵。
② 加有盐的溶液。
③ 混合表面活性剂体系。
④ 包含非标准几何形状(拉伸、平板、管道流等)的工作。

8.5 通过 Rheo – SANS 对稳定剪切、剪切启动和剪切停止的研究

Rheo – SANS 最广泛地用于研究稳定剪切变形下的 WLMs。最初的实验主要研究稳定剪切流。仪器[13-15]、检测[27,87]和数据处理[29,87]等方面的进步使得时间分辨 SANS 技术得到了更广泛的应用。这些改进使我们能够对稳定剪切流的启动[27,46,75]和停止[27,45,47]以及随时间变化的变形[如大振幅振荡剪切(LAOS)]进行研究[16,29,55,83]。以下的内容研究按溶液浓度顺序排列。

8.5.1 蠕虫状胶束稀溶液

在最初开发用于 SANS 的流动设备时,稀释 WLMs 溶液常被用 Couette[12,19]和非标准几何尺寸样品测试系统的模型体系[36-37,40]。研究重点是这些溶液中的剪切增稠,当表面活性剂浓度大约等于或小于亚浓体系的交叠浓度(质量分数)C^* 时,经常会观察到这种现象。在临界剪切速率($\dot{\gamma}_c$)以上,稀溶液会从牛顿型向剪切增稠转变,而在 C^* 附近的溶液则会从剪切变稀型向剪切增稠型转变。这种机制归因于 SIS 的形成和胶束的增长,也可能导致弹性湍流[21]。

8.5.1.1 常见的剪切增稠 WLMs 溶液:CTAT 和 CTAB

Berret 等对剪切增稠 CTAT 稀溶液进行了多次 Rheo – SANS 研究[59,68]。在这些溶液中,较叠浓度出现在 $C^*≈0.5\%$。对低于 C^* 的两种浓度的溶液进行了实验:质量分数 0.26%[59]和 0.41%[68]。在这两种溶液中,都确认了圆柱形的形貌。静止时,在二维 SANS 图形中观察到一个各向同性的散射环,这导致一维平均 SANS 数据中出现一个相关峰。图 8.3(b)中可以看到 0.26%溶液的相关峰,表明阳离子 WLMs 之间存在强烈的相互作用。然后对每种溶液进行剪切检测,在图 8.3(a)中可以看到 0.26%溶液的各向异性散射模式示例。当剪切速率明显高于临界剪切速率时,在两种溶液中都观察到了高度各向异性的蝴蝶状二维 SANS 图样[图 8.3(a)]。这些二维 SANS 图样表明胶束沿流动方向排列,从而导致涡度方向的强烈各向异性(散射的互易性质使得散射强度与实际空间结构相比呈 90°旋转)。在 0.26%的溶液中,对取向参数($\dot{\gamma}=188s^{-1}$ 时,$\bar{P}_2=0.8$)的分析结果表明,在这样的剪切速率下,圆柱形胶束高度有序排列。在临界剪切速率以上的这一体系中,观察到扇区平均一维垂直和平行强度的大小明显不同,在两种溶液中,随着剪切速率的声高,$I(q_⊥)$ 响应增加,而 $I(q_{//})$ 则减小[图 8.3(b)]。

这里的垂直方向是指剪切力(3)方向(图 8.3 中的 q_ω),平行方向是指流动(1)方向(图 8.3 中的 q_v)。此外,在 0.26% 的溶液中,相互作用峰的 q-位置在垂直方向随剪切速率的增加而减小,在平行方向则增大[图 8.3(b)]。

在 0.41% 的溶液中,研究了两种剪切速率:一种低于临界剪切速率,另一种高于临界剪切速率。在临界剪切速率以下,观察到各向异性散射;但是,在临界剪切速率以上时,各向同性散射环的非零强度贡献依然明显。在临界剪切速率以上,散射强向同性散射环的非零强度贡献度集在涡度方向,与图 8.3(a)中的情况类似。有趣的是,在强度最大的 q 位置之后的涡度方向上出现了一个次级 q 峰,位于 $q = 1.8q_{max}$。根据临界剪切速率以下散射的各向同性贡献,研究者估算出了间隙中诱导剪切对齐相的比例 x。剪切增厚的开始与 SANS 各向异性的开始($x > 0$)相对应。此外,剪切增厚期间的最大黏度与完全诱导相($x = 1$)。研究者认为剪切增厚是剪切诱导胶束从短小到缠结的 WLMs 生长的结果,并进一步推测剪切增厚最初可能不需要蠕虫状聚集体。他们还认为,在高剪切条件下,剪切增厚向剪切减薄的转变这些速率来自于较长的 WLMs 链的排列。

Truong 和 Walker[60]还研究了添加聚合物聚环氧乙烷(PEO)和羟丙基纤维素(HPC)对重叠浓度下 CTAT 剪切增稠行为的影响。与纯 CTAT 相比,添加 PEO 对临界剪切速率或 1-3 平面对齐系数的影响很小,但添加 HPC 会显著增加剪切速率 $\dot{\gamma}_c$,从而降低同等剪切速率下的对齐系数。尽管存在这些差异,但在剪切速率和 1-3 平面对齐因子之间还是形成了一种经验幂律关系,这种关系很好地描述了所有情况。对齐因子还与临界散射角 q_{xo} 有关,该临界散射角与不带电溶液中胶束的持久长度成反比[60]。结果表明,q_{xo} 与 A_f 的关系与添加的聚合物类型或浓度无关。研究者得出结论认为,对齐态的转变和增长具有普遍性,SIS 的影响超过了添加聚合物的影响。

最后,在添加了氯化钠的重叠浓度下,研究了 CTAT 中静电相互作用对剪切增厚转变的影响[69]。盐的添加抑制了剪切增稠转变的幅度,并提高了临界剪切速率。当盐浓度大于或等于表面活性剂浓度时,没有观察到剪切增厚或 SIS 的形成。虽然添加的盐不会影响胶束的横截面半径 r_{cs},但胶束的整体轮廓长度 L_c 会增加,并且添加盐后一维 SANS 中的相互作用峰会减弱。在剪切增厚转变之前和期间,使用 1-3 平面流变-SANS 跨剪切速率对 NaCl 与 CTAT 的几种比例进行了研究。Truong 和 Walker[69]发现,用临界剪切速率($\dot{\gamma}/\dot{\gamma}_c$)对施加的剪切速率进行归一化处理,可为所有研究的体系创建主配准曲线。虽然添加盐会影响 SIS 的存在,但研究结果证实,流动对齐与剪切—增稠转变直接相关,而且转变机制与系统无关。

在 CTAB 和类似阳离子表面活性剂的剪切增稠溶液中也观察到了类似的结果[57]。Dehmoune 等使用 1-3 平面流变-SANS 和流动双折射测量方法[57]研究了 CTAB(C_{16}TAB)、C_{14}TAB 和 C_{18}TAB 与等摩尔 NaSal 的极稀释(质量分数 0.1%)溶液中的剪切增稠转变。在这些溶液中,临界剪切速率和胶束横截面半径随脂肪族表面活性剂链长度的增加而增加。根据临界剪切速率和最高黏度的剪切速率 $\dot{\gamma}_m$ 将结果分为 3 个阶段:阶段 I($\dot{\gamma} < \dot{\gamma}_c$)、阶段 II($\dot{\gamma}_c < \dot{\gamma} < \dot{\gamma}_m$)和阶段 III($\dot{\gamma} > \dot{\gamma}_m$)。在阶段 I 中,在 CTAB 和 C_{14}TAB 溶液中观察到的各向异性最小,因此垂直和平行强度相似。在 C_{18}TAB 溶液中观察到明显更高的各向异性。在体系 II 和 III 中,由于胶束在流动方向上的排列,所有溶液中的 $I(q_\perp)$ 都明显大于 $I(q_{//})$,这与之前的结果一致[59]。然后将对齐因子与双折射结果进行比较,发现每个溶液中的对准系数。在 C_{18}TAB 溶液中,配准因子并不随剪切力发生显著变化,而 CTAB 和 C_{14}TAB 溶液则表现出本质上相似的趋势:在阶段 I 中配准因子较低;在阶段 II 中,配准因子随施加的剪切速率增加;在阶段 III 中,配准因子几乎保持不变。排列因子与双折射强度 Δn 密切相关,而消光角变化不大,这表明 SIS 的比例随剪切速率的增加而增加。这些结果进一步证实了剪切增厚、SIS 形成和剪切诱导各向异性之间的联系。在相同浓度下对 C_{18}TAB/NaSal 进行的其他研究也得出了各向异性比在阶段 III 中的类似结果[78-79]。然而,在这些研究[77-79]中,C_{18}TAB/NaSal 溶液在阶段 II 中的行为与 Dehmoune 等的 CTAB 和 C_{14}TAB 溶液类似[57],在该体系中,排列随剪切速率而增加。样品制备或温度方面的差异(未报告)可能导致两种 C_{18}TAB 溶液之间的一维 SANS 略有不同,这可能是造成差异的原因。

Takeda 等研究了三种 CTAB 溶液[54]:质量分数 0.16%(从牛顿到剪切增稠),0.33%(从剪切稀化到剪切增稠)和 1.62%(仅剪切稀化),并添加了对甲苯磺酸钠。Berret 等[68]推测剪切增稠可能不需要蠕虫状聚集体,而 Takeda 等[54]则利用静态 SANS 和流变学系统研究了从球形胶束到圆柱形胶束的转变,并证实剪切增稠只发生在圆柱形胶束的溶液中。与之前的研究不同,Takeda 等[54]同时研究了 1-3 平面和 2-3 平面的 SANS 显微结构。在牛顿溶液到剪切增稠溶液中,在剪切增稠之前的剪切速率下,1-3(径向)和 2-3(切向)平面都观察到了各向同性散射。在过渡期间,径向二维 SANS 图样随着剪切速率的增加而变得更加各向异性,并且在剪切增稠后的剪切稀化体系中保持各向异性。不过,各向异性散射图案的形状是椭圆形的,腰部较粗,而不是图 8.3(a)中的蝶形。如之前的研究[57,59]所示,$I(q_\perp)$ 随剪切速率的增加而增加,而 $I(q_\parallel)$ 则随剪切速率的减小而减小。在所有剪切速率下,切向二维 SANS 图样都是各向同性的,表明在流动方向上有很强的排列性。同样,在从剪切稀化到剪切增稠的溶液中,在所有剪切速率下都观察到切线方向的各向同性散射。然而,即使在剪切稀化体系中,径向散射也表现出轻微的各向异性。在开始剪切增厚时,在径向方向上观察到强烈的蝴蝶状各向异性。最后,研究了剪切稀化方案,在稀化机制中观察到很大程度的各向异性。同时,还观察到了类似于剪切变薄到剪切变厚方案的强烈的蝶形各向异性。不同体系间二维各向异性形状的差异(卵形与蝶形)表明了 SIS 的差异,也可能表明了排列机制的差异,这与以下结论一致。在相关研究中,稀释和半稀释剪切系统的各向异性存在差异[77-79]研究得出结论认为,牛顿型向剪切增稠型的转变源于胶束从短棒状胶束向蠕虫状链的生长,并进一步推测剪切减薄型向剪切增稠型的转变源于剪切引起的生长,这种生长导致了胶束间的连接或分支。

8.5.1.2 时间分辨实验:启动和停止流动

瞬态 1-3 平面流变-SANS 测量首先用于研究水杨酸三甲基十四烷基铵(TTMASal)的二稀剪切增稠溶液[46,75]。正如在其他稀溶液[54,77-79]中观察到的一样,这些溶液中各向异性的形状是宽卵形的,而不是蝶形的,后者只有在极高的剪切速率下才能观察到[46,75,80]。Münch 等[75]提出,剪切力引起的结构转变是由于溶液中短的、杆状的、弱排列的"I 型"胶束和长的、排列整齐的"II 型"胶束的比例发生了变化。在剪切启动后的不同时间,1-3 平面散射图案被分为来自 I 型胶束或 II 型胶束的贡献,它们产生于不同的 ODF。Münch 等[75]在上观察到,随着 SIS 的形成,来自 II 型胶束的贡献增加,而来自 I 型胶束的贡献减少。I 型胶束产生的各向异性的形状是宽卵形的,而 II 型胶束产生的各向异性的形状是蝴蝶形的。SIS 的形成需要较长的时间,这有助于解释在流变逻辑和 SANS 结果中观察到的剪切增厚过渡期间的诱导期[57,77-79]，虽然作者承认他们的双物种模型过于简单，不能完全描述剪切增厚转变，但研究结果支持胶束生长导致剪切增厚和 SIS 形成。

为了研究 SIS 的稳定性，Oda 等[76]研究了双子表面活性剂乙二基 - 1,2 - 双（十二烷基甲基溴化铵）（也称为 12 - 2 - 12）溶液的时间去垂度。与之前的研究[59]类似，观察到在剪切作用下峰值 q 位置发生了移动，但指出这种移动正如 Takeda 等[54]在牛顿溶液到剪切增稠溶液中观察到的。随后，他们研究了停止流动后一分钟内的一维 SANS 强度。流动双折射测量值在大约 10s 内衰减，而 SANS 各向异性则持续 102s，并且在超过 103s 的时间内观察到整体 SANS 强度的变化。研究得出结论：SIS 的某些方面在停止流动后是稳定的，一种松弛机制不足以描述这些溶液的松弛。

在接近重叠浓度的 3,5 - 二氯苯甲酸十六烷基三甲基铵（CTA3,5ClBz）溶液中，Butler 等[47]同样描述了剪切停止后的长弛豫机制，研究了添加混合反离子（MC）和均质反离子（HC）的溶液中不同的排列和弛豫机制。在 HC 系统中剪切启动后，观察到剪切诱导的各向异性增加，持续时间长达 40min。在高剪切速率下，观察到了意想不到的两阶段排列机制。在 MC 系统中，瞬态与剪切速率高度相关，在某些剪切速率下，随时间变化的各向异性参数显示出与剪切启动时观察到的应力过冲形状相似的过冲[27]。虽然 HC 系统在剪切停止后 10min 内显示出完全的结构松弛，但 MC 溶液在 100min 后仍具有各向异性，这表明 SIS 具有与 Oda 等[76]观察到的类似的长期稳定性。

8.5.1.3 总结

对稀释的 WLMs 溶液进行的 Rheo - SANS 研究将剪切—增稠转变与 SIS 的形成联系起来，SIS 的形成会导致在流动下形成各向异性的 1 - 3 平面 SANS 图样。极稀溶液显示出椭圆形各向异性，而接近重叠浓度的溶液在高剪切速率下显示出蝴蝶状各向异性。各向异性是由高度排列的圆柱形胶束在流动方向上的散射造成的，在剪切增稠过程中，各向同性的 2 - 3 平面图案支持了这种散射。时间分辨实验表明，稳态 SIS 只有在诱导时间之后才能观察到，诱导时间可能为 10^3s 或更长。在剪切增稠体系中，随着剪切速率的增加，$I(q_\perp)$ 增加，$I(q_\parallel)$ 减小，峰值 q 位置可能会向较低的 q 值移动。在剪切速率高于剪切增厚转变时，阶次参数保持在最大值，表明 SIS 没有退化。剪切停止后，SIS 的各方面保持稳定，可能会持续 10^3s 左右。

8.5.2 半稀释蠕虫状胶束溶液

在半稀释状态下对 WLM 的 Rheo - SANS 研究包括高于重叠浓度但远低于相图上 I - N 过渡的浓度。稀释、半稀释和浓聚状态之间的过渡通常以特征长度和时间尺度依赖关系的变化为标志[2]，虽然半稀释体系的界限取决于特定的表面活性剂，但通常质量分数 1%~10% 的溶液都属于半稀释体系。由于半稀释体系中的浓度可能会跨越一个数量级，因此在整个体系中会出现丰富多样的流动行为，可以使用流变—扫描光谱仪对其进行很好的表征。

8.5.2.1 剪切变稀溶液

与稀溶液类似，半稀释 WLMs 溶液的 SANS 各向异性也随着剪切速率的增加而增加，如图 8.4 所示，该溶液为轻度支化的 WLM 溶液。各向异性的增加非常明显在 1 - 3 平面和 1 - 2 平面上，各向异性几乎没有变化，而在 2 - 3 平面上，各向异性几乎没有变化。1 - 3 平面的各向异性在剪切作用下变得更像蝴蝶[39,45,48]，ODF 可用来计算理论强度等值线，以便与实验结

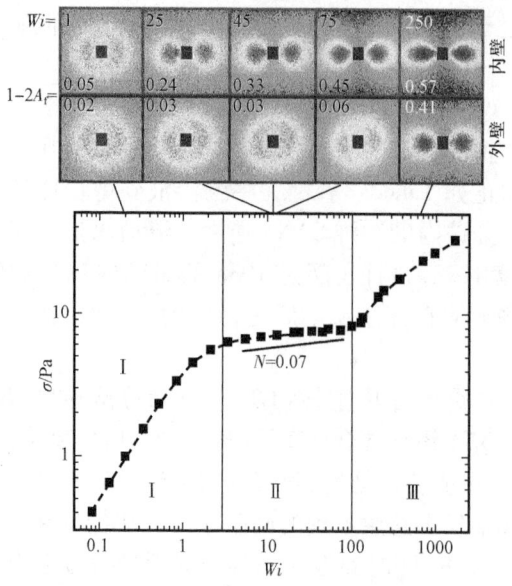

图 8.4 剪切带状半稀释溶液的 1－2 平面二维 SANS 图谱与间隙位置和无量纲剪切速率（Wi）的函数关系 质量分数 1.5% CTAT/SDBS 与 0.05% NaTos，见参考文献[29]。在区域 I 和区域 III 中观察到，各向异性从内壁到外壁逐渐减小，幅度相对较小，这是剪切减薄和连续流剖面的特征。在区域 II 中，各向异性在整个间隙中出现了明显的不连续下降，这是剪切带的明显特征

果进行比较。Förster 等[61]测量了一系列不同成分的半稀释 WLM 溶液（由质量分数 1% ~ 10% 的 PB － PEO 聚合物、CTAB 或 CPySal 组成）中的取向有序性和分布函数。由于表面活性剂块的性质和浓度不同，不同溶液的胶束特性差异很大；不过，作者报告说，所有溶液在 1－3 平面上的剪切诱导各向异性都可以用 Onsager ODF 很好地描述。尽管 WLM 溶液的成分和浓度不同，但使用移动因子和降低的剪切黏度，黏度与计算出的阶次参数呈指数关系。在阶次参数较高（剪切速率较高）时，指数关系出现偏差。在最近的研究中也发现，在高有序溶液中，有序参数与黏度的比例关系也发生了类似的变化[28]，对 CTAB 和添加聚合物的半稀释剪切稀化溶液的研究也用 Onsager ODF 进行了很好的描述，同样用 Maier － Saupe ODF 进行了很好的描述[53]。这两种 ODF 通常用于评估剪切下 WLM 溶液的取向[21,53,56,61]。

8.5.2.2 流动不稳定性：剪切带、涡度带和 SIPS

WLMs 溶液显示出各种流动不稳定性，如剪切带。在剪切分带过程中，流动表现出空间异质性，并组织成高剪切速率（低黏度）和低剪切速率（高黏度）的宏观分带。剪切分带可能沿着流动的梯度方向发生，称为梯度剪切分带，这样高剪切速率分带在内侧库尔特壁附近形成，低剪切速率分带在外侧库尔特壁附近形成。剪切带也可能出现在涡度方向，称为涡度带，即剪切带沿着涡度方向而不是梯度方向形成。剪切带发生在具有非单调基本构成方程的系统中[88-90]；但剪切带也可能出现在具有单调构成方程的溶液中[91]。虽然在 WLMs 系统中使用 Rheo － SANS 方法研究梯度剪切带更为常见[16,24-29]，但也有几项研究使用 Rheo － SANS 发现了涡度带[22-23]，Manneville 在一篇综述中详细介绍了剪切带的流变特征和相关实验技术[92]。

使用各种实验方法，包括流变光学流动双折射[7,62]、流变核磁共振（Rheo － NMR）[93-94] 和流变粒子图像测速仪（Rheo － PIV），验证了 WLM 溶液中的剪切带[95-96]，1－2 平面的空间分辨流动—SANS 测量对检测剪切带特别有用，因为空间相关的微观结构信息可确定剪切带界面的位置[16,24-25,27-28]。图 8.4 显示了剪切带（区域 II）和非剪切带（区域 I 和区域 III）的二维 SANS 图样的特征性差异。在剪切稀化情况下（区域 I 和区域 III），1－2 平面各向同性在同心圆柱 Couette 单元间隙中逐渐持续减小，这与 Couette 中的剪切稀化流体基于随半径逐渐减小的应力场所预期的一样。相反，在剪切带溶液（区域 II）中，随着间隙位置的增加，会观察到较大且往往不连续的排列变化。材料排列变化率随间隙位置增加而变化的不连续性证明了"高

排列带"和"低排列带"的共存,它们分别对应于高剪切带和低剪切带。关于剪切稀化和剪切带溶液的类似结果可参见 Helgeson 等[24]中的浓缩 CTAB 溶液。Helgeson 等在文献[25]中测量了剪切带的对齐因子和对齐角的临界值界面的 $\phi_0^* = 17°$ 和 $A_f^* = 0.18$,因此在高剪切带,$\phi_0 < \phi_0^*$ 和 $A_f > A_f^*$,而在低剪切带,$\phi_0 > \phi_0^*$ 和 $A_f < A_f^*$。利用这些以临界值为指导,同时考虑到二维 SANS 的定性趋势。从 1-2 平面测量结果中可以看出各向异性,而剪切带在其他各种半稀释溶液中也得到了证实[16,26-28]。

一种被广泛研究的剪切成带溶液是盐水中的 CPyCl 和 NaSal(质量分数 6.0%)[16,26-27,55]。在剪切成带体系中,该体系显示出与图 8.4 中区域Ⅱ所示相似的定性行为,表明存在剪切成带现象[16,26]。在剪切分带机制之外(区域Ⅰ和区域Ⅲ),SANS 测量证实了剪切减薄,显示了整个间隙中微观结构和各向异性的逐渐变化,与图 8.4 中的区域Ⅰ和区域Ⅲ相似。Helgeson 等[24]提出的对齐因子和对齐角临界值似乎适用于半稀释体系,因为对齐因子和对齐角临界值的 1-2 平面 SANS 测量结果与图 8.4 中的区域Ⅰ和区域Ⅲ相似的[26]。质量分数 6.0% CPyCl/NaSal 溶液中的剪切带与 Gurnon 等的研究结果非常吻合。在浓度较低的 CPyCl/NaSal 溶液(质量分数 1.8%)中,使用各种 SANS 技术可识别梯度和涡度剪切带[22-23]。Herle 等使用应力控制的 1-3 平面流变 SANS 对等摩尔 CPyCl/NaSal 系统进行了研究[22]。在剪切稀化体系中,1-3 平面 SANS 显示出微弱的各向异性。在临界剪切应力以上,观察到剪切速率的振荡响应,表明存在不稳定性。在这里,测得的 SANS 各向异性明显增大,呈蝴蝶状。振荡剪切速率响应与清晰和浑浊交替的涡度带有关,这一点已通过高速相机得到证实。然后进行了时间分辨 1-3 平面 SANS 实验,以确定每个带的结构。虽然不同波段的胶束总半径没有变化,但浑浊波段的材料排列明显比清澈波段更整齐。然而,两个带状结构中的胶束比剪切稀化结构中的胶束排列得更整齐。Mütze 等利用浓度相似的 CPyCl 和 x-Sal(x 表示添加的反离子,包括锂、钠、钾、镁和钙)[23],进一步拓展了这项工作。在这里,每个体系中观察到的涡度带数量取决于施加的剪切应力,而剪切带形成所需的最低浓度则取决于反离子的化学性质。只有在表面活性剂和盐的等摩尔溶液中才能观察到涡流带。Mütze 等的研究表明[23],当施加的应力远高于临界应力时,只能观察到梯度剪切带,这与交变剪切速率流变响应一致。然而,在中间应力下,可能会出现涡度带或涡度和梯度剪切带。流变学、激光透射率测量、高速摄像视频和时间分辨 1-3 平面 SANS 测量相结合,证明了剪切带和涡度带同时交替存在。由于剪切速率信号的振荡频率是激光透射率和微结构 SANS 信号的 2 倍,因此可以确定涡度带的时间依赖性。研究者得出结论,随着摩尔质量的增加,梯度剪切的数量也会增加,而涡度带的数量保持不变。与线状胶束相比,高支化网络状胶束[如芥子酰双羟乙基甲基氯化铵(EHAC)]则表现出一种"褶皱"现象。

通过流变—SANS 确定了 SIPS[15]。结合三个剪切平面的 SANS 测量以及流变光学和流变 PIV 测量,对质量分数 3% EHAC/4.1% NaSal 溶液的相分离进行了表征。在临界剪切速率以上检测到了明显的清相和浊相。在临界剪切速率以下的 1-3 平面和 1-2 平面上,观察到的各向异性与弱排列的剪切稀化胶束一致;在 2-3 平面上观察到的散射几乎是各向同性的。然后比较了临界剪切速率以上 4 个间隙位置的 1-3 平面和 1-2 平面配向因子。与间隙有关的排列因子的大小与在其他半稀释剪切带化溶液中观察到的相似[16,26,28-29],大大低于剪切带化过程中在浓缩的非相分离胶束中观察到的数值。内壁附近的对齐因子也超过了 Helgeson 等确定的临界值[24],并以与剪切成带一致的方式在整个间隙中降低。研究者得出结论,剪切诱导的带状结构与剪切带状向列胶束明显不同,浊相符合与盐水共存的流动对齐、分枝、凝胶状致密网络微结构。

质量分数3% EHAC/4.1% NaSal 溶液接近相图上的两相边界,这有助于解释剪切力引起的相分离转变[97]。在距离该边界更远的 EHAC 溶液中,SIPS 不会发生,如 Liberatore 等[72]对质量分数3% EHAC/13.7% NaSal 溶液的研究所示。这里研究了三个剪切平面的散射,在高剪切速率下观察到高度排列的胶束。在中等剪切速率下,1-2平面对齐因子和各向异性在整个间隙中持续稳定下降,这与流变学和 PIV 测量验证的剪切稀化(而非 SIPS)一致。尽管两种 EHAC 溶液的行为不同,但两者的1-3平面各向异性和排列因子相似,这凸显了1-2平面空间分辨测量对于确定流动不稳定性的重要性。盐的添加对 EHAC 溶液以及之前提到的 CPyCl 溶液的相行为、稳定性以及是否会出现 SIPS 和剪切带等方面都有很大影响。我们还对添加了 KCl[73]的类似 EHAC 溶液进行了1-3平面的流变—SANS 实验,排列结果与在其他两种 EHAC 溶液中观察到的结果基本相似。然而,由于1-3平面测量缺乏空间分辨率,因此无法阐明 SIPS 或剪切带的相关信息。

8.5.2.3 时间分辨实验:启动和停止流动

在 WLMs 溶液中,剪切带的形成机理已经过时。Berret 提出,剪切启动时,内旋转圆柱体附近的类似向列相会成核并向外生长[98]。然而,Hu 等关于瞬时的流变—PIV 测量结果[95-96]表明,蚯蚓状链在启动时脱开并断裂,然后进入长效的元稳定剪切稀化状态,最后沉降到剪切带中,外剪切带中的链重新缠结在一起。这两项研究都使用了盐水中的 CPyCl/NaSal 溶液;不过,Berret98 研究的是质量分数12%的溶液,而 Hu 等使用的是质量分数5.9%的溶液[95-96]。López – Barrón 等[27]使用了剪切启动时1-2平面上的时间分辨 SANS 测量,以确认类似 CPyCl/NaSal 溶液(质量分数6%)中剪切带的形成机制[16,26,55]。为了进行精确测量,López – Barrón等[27]使用了与 SANS 仪器和1-2剪切池电机同步的采集触发器,以便在剪切启动时立即采集数据。在剪切带形成过程中,将 SANS 结果与时间分辨小角光散射(SALS)测量结果进行比较。在启动实验中,选择了两种剪切速率:一种低于剪切带开始形成的临界剪切速率,另一种处于剪切带状态。对于较低的剪切速率,在流变学中观察到了较小的应力过冲,应力和1-2平面对齐因子随时间稳定地演变为稳态值。稳态排列因子和角度值与剪切稀化而非剪切带状一致[24]。然后使用应力—SANS 规则计算剪应力和法向应力差,结果与测量值相差无几。在剪切速率启动时,观察到了明显不同的行为。在剪切带机制中,在运动的内库特圆柱体($r/H = 0.2$)和静止的外圆柱体($r/H = 0.8$)附近进行 SANS 测量。在流变过程中观察到较大的应力过冲,这与近乎各向同性的散射有关。然而,紧接着应力过冲之后,散射变得高度各向异性,表明内壁和外壁都有很强的剪切排列。在启动实验过程中,内壁(高剪切带)的材料保持高度对齐,结构没有显著变化。然而,外壁(低剪切力带)的物质则从高度对齐演变成仅有微弱流动对齐的胶束。这些结果证实了 Hu 等提出的剪切带机制[95-96],表明胶束在启动时会强烈排列,而低剪切带胶束在带形成后会重新缠结,形成近乎各向同性的微观结构。在较长的长度尺度上,SALS 测量显示出类似蝴蝶的图案,表明在这些尺度上存在密度波动和有序性。再次使用应力—SANS 规则计算剪应力和法向应力;不过,所使用的应力—SANS 理想系数比均匀流动计算中使用的系数高出一个数量级。利用调整后的应力—SANS 特征系数,在剪切带开始出现之前,使用任一剪切带的微观结构值计算应力。剪切带出现后,只有来自高剪切带的计算应力是合理的,这证实了应力—SANS 规则在高度非线性流动中的失效。这种高度非线性行为是在剪切力诱发胶束断裂的背景下讨论的。

此外,还对剪切均匀态和剪切带状态的松弛进行了探测。在均质状态下,应力和排列因子的松弛都是指数式的,正如 Maxwell 模型所预测的那样。然而,在剪切带状态下,应力松弛与两个指数衰减相匹配,而排列因子则在滞后一段时间后以单个指数衰减来描述。在反向胶束中,$\overline{P}_2$ 的定性衰减与此相似,采用的是双指数衰减,而不是带有滞后时间的单指数衰减[85]。应力最初的极快衰减与 SALS 测量中蝴蝶图案的消失相对应,因此与微米尺度上密度波动的松弛有关。在这一松弛期,排列因子没有发生变化或松弛。一旦应力进入第二个较慢的松弛过程,测得的应力和排列因子就会相应减弱。因此,结合流变学、SALS 和 1-2 平面 SANS 测量结果,就能确定松弛过程和剪切带形成机制的分离。此外,在 1-3 平面上对同心反向胶束进行的松弛实验[85]也支持剪切带形成的"分解、再分解"机制。Angelico 等[85]观察到弛豫到各向同性态是逐渐发生的,与方位角无关,弛豫的特点是角宽度持续增加。他们指出,如果弛豫机制是成核和生长,那么峰值应该以恒定的宽度衰减,散射的各向同性贡献应该随时间增加,而这两种情况都没有观察到。

8.5.2.4　支化 WLMs 溶液的行为

虽然剪切带在线性 WLMs 溶液中很常见,但改变 WLMs 溶液的成分或温度可导致形态变化,如分支[2,28-29,99],从而影响流变性和剪切带。这些结构变化可提供另一种应力松弛机制,从而降低溶液的零剪切黏度(η_0)[100-101]。线性和支化 WLM 的 1-3 平面和 1-2 平面流变—SANS 方法表明,支化可能会改变或消除溶液的剪切带行为[28-29]。在这些 CTAT 和 SDBS(质量分数 1.5%)的半稀释体系中,加入了甲苯磺酸钠(NaTos)作为亲水盐来诱导分支[2,28]。图 8.4 显示了具有轻微分支的溶液(质量分数 0.05% NaTos)的流变—SANS 结果。在流变测量中,应力平台的斜率随着分支的增加而增大,表明剪切带受到抑制。因此,在对有分支和无分支溶液进行比较时,其 SIS 随间隙位置的变化而变化[28-29]。在高分支水平下,1-2 平面 SANS 和 PIV 测量证实不存在剪切带。

与 Förster 等[61]以及 Nakamura 和 Shikata[53]的研究相似,研究了支链胶束和线性胶束在剪切力作用下的 ODF 1-3 平面。虽然 Onsager 和 Maier-Saupe 分布很好地描述了这些先前系统的取向,但 Calabrese 等[28]发现,WLM 的 ODFs 在不同分支水平之间有显著差异。随着分支的增加,剪切力作用下的 ODF 扩大,反映了分支拓扑结构。图 8.5(a) 显示了低支化和高支化溶液的归一化强度分布。显然,拓扑结构的不同会影响 ODF 的形状[图 8.5(b)],从而导致尽管底层 ODF 不同,但排列因子相同。随着剪切速率的增加,高支化体系的 ODF 仍比低支化体系的 ODF 宽直到超过临界剪切速率。在这一临界剪切速率下,发生了剪切增厚结构转变,一维散射的变化验证了这一点。过渡之后,ODF 折叠到同一条曲线上[图 8.5(c)],并且在支化和线性体系之间观察到类似的一维 SANS 结构[图 8.5(d)],这表明剪切力引起的支化断裂是结构过渡的源头[28]。此外,这项工作还强调了流动下的 ODF 包含有关剪切 WLM 拓扑的关键信息,这可能对理解聚合物流变学中的支化效应具有重要意义。

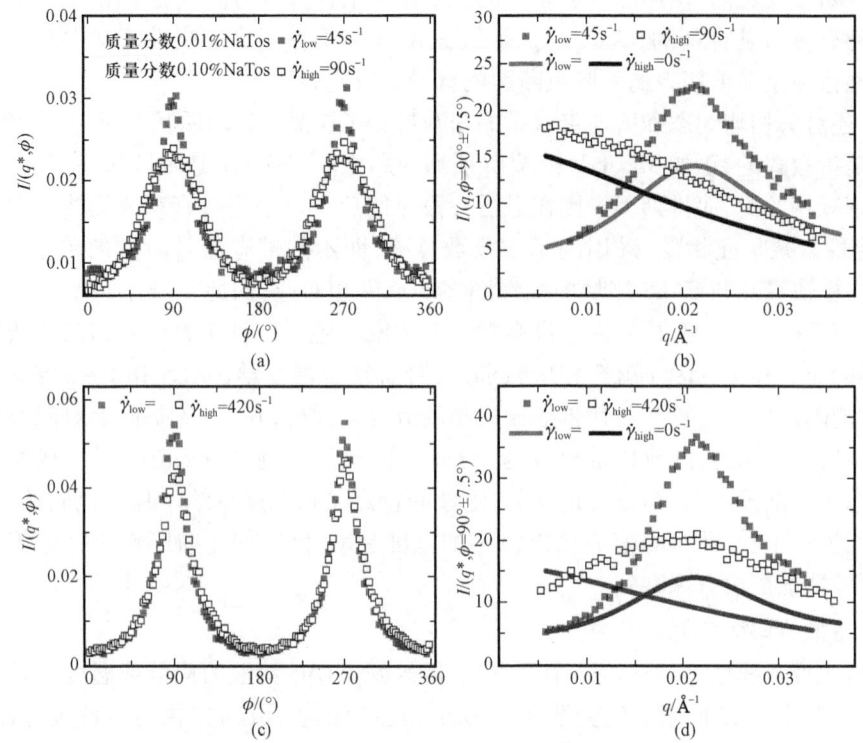

图 8.5 剪切增厚前(上图)和剪切增厚后(下图)低支化和高支化样品在各向异性方向上的
方向分布函数(ODF)(L)和扇形平均一维 SANS(R)[28]

图(a)对于相同的排列因子,低支化样品的 ODF 比高支化样品更清晰,这是拓扑差异造成的。(b)剪切作用下支化样品的
SANS 结构与静态支化结构(蓝线)几乎相同。(c)两种样品在剪切增厚后具有相同的排列因子和几乎相同的强度分布,
但一维 SANS 中的结构差异非常明显。图(d)中,高支化体系的一维散射与低支化体系(红线)的一维散射几乎相同。
相比之下,低盐体系在剪切力作用下的结构显示出流动对齐度增加,但相关峰的位置随着速率的增加而保持不变

经流变学学会授权(2015)许可

8.5.2.5 总结

大量 Rheo–SANS 文献都集中在各种表面活性剂和成分的半稀释 WLM 溶液上。剪切力会引起胶束的强烈排列,从而导致流动的不稳定性,如剪切力和涡度带,或者在高支化网络胶束的情况下,导致 SIPS。这种排列可使用 1–3 平面 SANS(测量间隙平均微观结构)或空间分辨 1–2 平面 SANS 进行检测,后者可检测作为间隙位置函数的流动异质性。1–2 平面剪切单元实验可以检测到梯度剪切带状流动不稳定性,事实证明,引入分支可以缓解这种不稳定性。在 1–3 平面,新的实验方法结合了光散射和中子散射以及时间分辨率,能够检测到交替的剪切带和涡度带。时间分辨 1–2 平面测量有助于阐明剪切带的形成机制,从而进一步推动了流动不稳定性的研究。这些半稀释的 WLMs 溶液所特有的高度非线性流变行为的基本机制是剪切力引起的胶束破裂和分支。

8.5.3 接近 I–N 过渡的浓缩蠕虫状胶束溶液

使用 Rheo–SANS 只研究了数量有限的浓缩状态下的 WLMs 溶液(表 8.1)。这些体系会

经历剪切诱导的各向同性向向列性(I-N)转变,因为在浓度稍高时,平衡态为向列性。剪切力引起的I-N转变会产生剪切带,其中高剪切带为顺向剪切带,低剪切带主要为各向同性剪切带。这种转变被认为是流动—浓度耦合的结果,其中向列带的浓度高于各向同性带[63,66]。这种浓度耦合剪切带将浓缩体系与半稀释体系区分开来,后者的剪切带与浓度梯度无关[26]。

8.5.3.1　1-3平面流变—SANS

第一个使用流变—扫描光学系统进行广泛研究的浓缩体系是盐水中的氯化联苯和己醇(质量分数30%~38%)[65-68]。当$\phi = 35.2\%$(质量分数)时,溶液在静止状态下是向列的[65];但质量分数35.2%的溶液在剪切作用下进一步排列,当$\overline{P}_2 = 0.7$时达到最大有序。在质量分数31%的溶液中,Roux等[66]观察到,在剪切分带机制下,剪切作用下的二维SANS图样包含各向同性图样的散射元素与向列图样的元素叠加。这些微结构在1-3平面SANS图样中的叠加被用作流动—浓度耦合的证据[65,68],研究者注意到,随着剪切速率的增加,各向同性环的q位置向较低的q值移动,这表明低剪切带的浓度较低[65]。通过对整个剪切分带机制进行多个1-3平面测量,研究者根据二维各向同性相和向列相对散射的贡献估算出了各向同性相和向列相的比例。在剪切分带WLM中,高剪切带和低剪切带的材料比例预计会随剪切速率线性增加[88,102];但Berret等提出的结果[68]并不遵循这一简单的比例关系。有趣的是,当剪切速率按应力归一化时,每个带中的材料比例与剪切速率之间呈线性关系。计算得出的向列相比例的阶次参数在两相区域内保持不变($\overline{P}_2 \approx 0.65$),这使研究人员得出结论,只有向列相比例的增加才能导致观察到的各向异性随剪切速率的增加而增加[68]。在进行这些研究期间,还没有空间分辨率为1-2的平面测量,因此无法确定带宽与剪切速率的关系。

采用类似的方法测量了在$NaClO_4$中的$CPClO_3$溶液(质量分数20%~37%)[51],其中质量分数37%的样品在静止时为向列相。在计算向列相的相对各向异性与剪切速率的函数关系时,得到了与Roux等的研究结果[66]相似的定性结果,并再次发现剪切速率是非线性的。研究还证明,随着浓度的增加,开始出现剪切带状的临界剪切速率会降低,因为浓度的任何增加都会使有关溶液更接近相图上的向列相边界。最后一项研究是使用1-3平面流变—SANS和补充流动双折射测量浓缩CTAB溶液[$\phi = 18\%$(体积分数)][62],在$\phi = 19.5\%$(体积分数)处观察到向列相。同样,在剪切速率和各向异性之间也观察到了非线性关系。根据二维SANS计算出的向列相比例仅在低剪切速率下呈线性关系。此外,计算出的向列相比例与剪切带宽的流动双折射测量值有很大偏差。值得注意的是,流动双折射测量检测的是亮相和暗相的宽度,或高剪切带和低剪切带的宽度。在浓度耦合的情况下,带宽与剪切速率之间可能无法形成线性关系,因为每个带中的浓度可能不同。

必须注意的是,对于所有这三个系统,1-3平面上的二维SANS图样代表了空间(跨间隙)两相微观结构的卷积。虽然1-3平面的测量结果是当时最好的,但在这些情况下,根据1-3平面数据计算相对各向异性所需的简单假设并不足以准确确定各相的比例。上述CTAB溶液中的流动双折射和1-3平面SANS结果之间的差异就证明了这一点。此外,后来使用1-2剪切池进行的测量表明,各相的比例与剪切速率呈线性关系[25],正如理论所预期的那样。这些测量结果还表明,向列相的阶次参数并不像Berret等[68]提出的那样是恒定的。相反,高剪切速率带中的排列随剪切速率的增加而增加,从而推翻了之前根据1-3平面数据计算带宽的假设。下一节将进一步讨论这些1-2平面SANS测量结果[25]。

在 I – N 过渡附近的水和卵磷脂反胶束浓缩溶液中也进行了 1 – 3 平面的时间分辨测量[85-86]，与典型的 1 – 3 平面测量结果不同的是，时间分辨测量结果表明，在剪切带机制内的剪切速率下，取向角通常不为零，并随施加应变而摆动。由于 1 – 3 平面法的对称性，研究者解释说，胶束的平均取向是由流动驱动的，而流动必须在剪切平面外波动才能获得非零角度。研究者将这些结果归因于翻滚不稳定性和平面外凯旋模式，这与剪切向列液晶的理论是一致的。在浓 CPyCl/Hex（质量分数 35.2%）中进行的 1 – 3 平面测量也支持这些结果，并得出了相反的结论[67]。虽然 Berret 等[67]没有使用时间分辨测量法，但他们在翻滚体系中观察到了一个薄的各向同性散射环，这与 Angelico 等观察到的倾斜的平面外微结构的时间变化是一致的[86]。Angelico 等[86]还通过实验观察到应变周期与剪切速率无关，这与理论是一致的。虽然这些研究者不能排除高剪切带中的旋涡或不稳定的带界面是波动的来源，但他们推测，观察到的阶次参数和角度的时间变化代表了平面内翻滚和平面外凯旋之间的周期性过渡，这维持了向列导的不稳定运动。

8.5.3.2　1 – 2 平面剪切单元测定流量—浓度耦合

为了确定剪切成带和非剪切成带系统的特征，Helgeson 等对浓缩 CTAB 溶液（质量分数 15%~21%）进行了 1 – 2 次平面测量[24-25]，这些 1 – 2 平面测量具有空间分辨率，因此不同的可以检查库埃特剪切单元间隙的位置。对两种 CTAB 溶液进行了比较，以显示剪切带（质量分数 16.7%，32 1C）和剪切稀化（质量分数 15.6%，30 1C）溶液中 SIS 随间隙位置变化而产生的差异[24]。稳定剪切流变学和流变 PIV 测量证实了剪切稀化和剪切成带行为。在剪切稀化或剪切成带状态下，对每种溶液在 5 个间隙位置和 5 个剪切速率下进行了 1 – 2 平面 SANS 测量。2 – DSANS 结果与在半稀释溶液[16,26-28]中观察到的结果（图 8.4）直观相似：各向异性从内壁到外壁出现不连续的大幅折痕表明存在剪切成带现象，而各向异性在整个间隙中出现连续且相对较小的变化则表明存在剪切稀化现象。在剪切成带溶液中，随着剪切速率的增加，高剪切带材料变得更像向列性材料，低剪切带材料的排列也略有增加。然而，在剪切稀化溶液中，尽管存在可测量的对齐度，但即使是对齐度最高的状态也明显表现出各向同性环，这证实了剪切带的存在。

对齐因子和对齐角作为每种溶液的间隙位置的函数来计算。然后根据流变—PIV 测量结果确定剪切带界面的位置，从而得出临界值。对齐系数 A_f^* 和对齐角 ϕ_0[24]在剪切带界面，临界对齐因子为 $A_f^* = 0.18$，临界角为 $\phi_0 = 17°$。这些临界值似乎与表面活性剂和浓度无关[16,26,29]。毫不奇怪，剪切稀化溶液的对齐因子没有超过剪切带所需的临界对齐因子，只有两次测量的角度为小于临界角[24]。此外，还利用 1 – 2 平面 SANS、流变—PIV 和流动双反对剪切带解决方案进行了研究[25]。正是在这项工作中，根据 Giesekus 扩散模型推导出了公式（8.3）所给出的应力—SANS 规则。通过将 1 – 2 平面测量与流变—PIV 相结合，Helgeson 等[25]证实了理论预测的剪切速率与各剪切带材料比例之间的线性关系[102]。

8.5.3.3　1 – 2 平面 USANS 流量—浓度耦合验证

为了直接测量和确认高浓度剪切带溶液中的流量—浓度耦合，Helgeson 等[63]利用超小角中子散射（USANS）对剪切带 CTAB 溶液[质量分数 16.7%，$\phi = 0.196$（体积分数）]进行了额外的 1 – 2 平面测量。

在 SANS 实验中，表面活性剂溶液的透射率可通过以下方式与其体积分数直接相关：

$$T = \exp\{-t(\Delta\sigma_{s12}\Phi + \Sigma'_a)\} \tag{8.5}$$

式中，ϕ 为体积分数，t 为样品厚度，$\Delta\sigma_{s12}$ 为散射物体与周围介质的非相干散射截面之差，Σ'_a 为非相干散射截面。

由于已知 WLM 解决方案的低 q 散射在剪切作用下会增加，因此目前无法使用典型的 1-2 平面 SANS 方法进行精确的传输测量。USANS 可以访问更小的长度尺度，从而能够将低 q 散射的增加与材料传输分开。在流量—浓度耦合系统中，剪切带状态下的传输应在内壁（高剪切带）处最低，在外壁（低剪切带）处最高，这表明剪切带区域中的浓度较高，高剪切带高于低剪切带。跨间隙的浓度分布积分用于验证该方法，因为平均表面活性剂浓度通过质量守恒而与剪切速率无关。

在 1-2 剪切池中的 5 个间隙位置（在静止状态和 5 个剪切速率下）进行透射测量[63]。使用窄缝来访问不同的间隙位置，因此该方法被称为扫描窄孔径流 USANS（混乱）。透射率与间隙位置和剪切速率的关系如图 8.6(a) 所示。正如预期的那样，静止时样品的透射率与间隙位置无关。正如均匀浓度溶液所预期的那样，低于和超过剪切带状态的剪切速率下的样品透射率也与间隙位置无关[图 8.6(a)]。然而，在剪切带范围内测量的剪切速率下[图 8.6(a)] 中用颜色表示），透射率作为间隙位置的函数稳定增加，平均透射率等于静止时的透射率。在图 8.6(b) 中，然后根据传输结果计算每个剪切速率下每个间隙位置的浓度。如图 8.6(b) 所示，在浓度变化最大的剪切速率下，观察到内壁和外壁之间的体积分数差异为 $\Delta\phi = 0.07$[63]。结合 Rheo-SANS 和 flow-PIV，这些结果使得为表现出剪切带的集中 WLM 构建第一个非平衡状态图[24]。虽然仍在开发中，但 SNAFUSANS 技术首次能够直接测量剪切带下的 WLM 传输，从而测量浓度，从而有助于确认流量—集中剪切带系统中的浓度耦合。对前面提到的几项

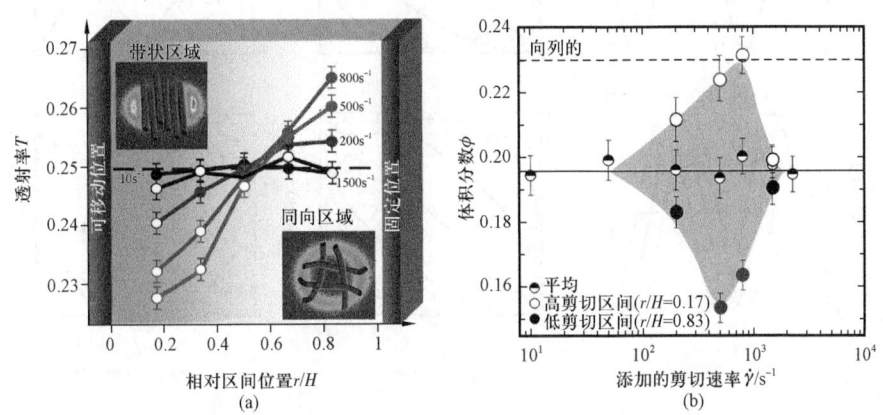

图 8.6 SNAFUSAN 透射测量以及质量分数 16.7% CTAB 剪切带过程中产生的浓度差异[64]

(a) 5 个间隙位置和 5 个剪切速率的透射测量。在带状区域（$\dot{\gamma} = 10\text{s}^{-1}$，$\dot{\gamma} = 1500\text{s}^{-1}$）之外，传输与间隙位置无关。在带状区域的三个剪切速率下，透射率随着间隙位置的变化而稳定增加。(b) 计算的体积分数作为间隙位置和剪切速率的函数。在条带范围之外的剪切速率下，整个间隙的浓度是恒定的。在带状区域内，内壁附近的浓度最高（高剪切带），外壁处的浓度最低（低剪切带），表明浓度耦合剪切带

工作中使用的 CPyCl/NaSal 的半稀释剪切带溶液[26]进行了后续研究[16,27,55]。由于该溶液是半稀释的($\phi = 0.066$)并且远非 I-N 转变、浓度耦合剪切带不是预期的。对此解决方案执行相同的 SNAFUSAN 方法。正如预期的那样,没有观察到浓度耦合剪切带的证据,并且测量的透射率与间隙位置不相关[26]。

8.5.3.4 总结

使用 Rheo-SANS 方法研究了 I-N 转变附近的浓缩 WLMs 溶液。由于静止溶液接近 I-N 转变,施加剪切会引发 I-N 转变,其中转变开始的临界剪切速率随着浓度的增加和接近相界而降低。这些溶液在 I-N 转变过程中表现出浓度耦合剪切带,其中高剪切带比低剪切带更集中。虽然一些工作仅根据 1-3 平面测量来计算剪切带宽度,但 1-2 平面测量对于准确确定带宽至关重要。最后,空间相关传输的直接 SNAFUSAN 测量能够确认这些解决方案中的流量—浓度耦合剪切带。

8.6 Rheo-SANS

Rheo-SANS 对 WLM 流变学研究的自然延伸是从稳定和阶跃瞬态变形转向非线性状态[例如大幅振荡剪切(LAOS)]中的时间周期测量。在 LAOS 中,施加的应变是正弦曲线,施加的应变率是余弦曲线,如图 8.7(a)所示。通过系统地改变所施加变形的频率和幅度,可以分离 WLM 应力响应的弹性和黏性贡献。在足够小的应变幅度下,产生的应力响应在时间上呈

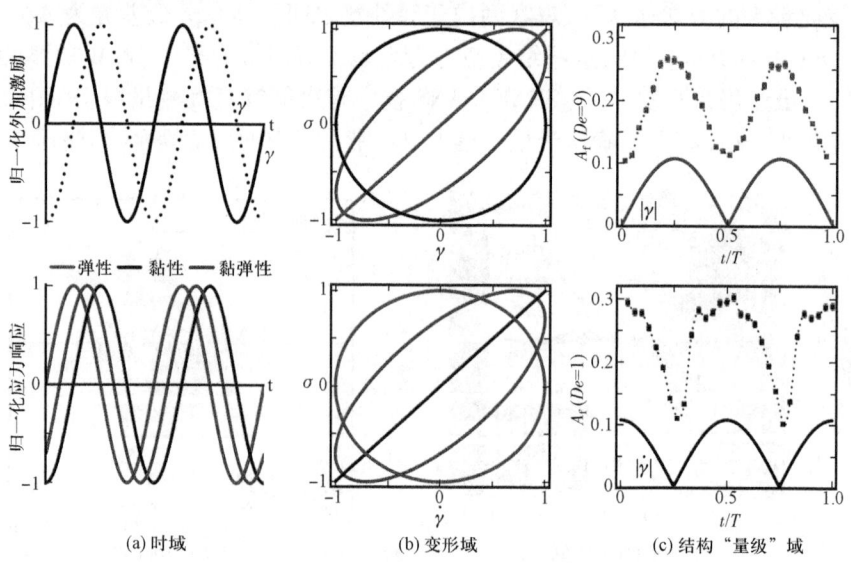

图 8.7 大幅振荡剪切(LAOS)和分析

(a)施加的应变和应变率随时间呈正弦曲线和余弦曲线(上),以及由此产生的随时间的线性状态应力响应(下)。与应变同相的响应是经典弹性响应,与速率同相的响应是黏性响应;相移响应是黏弹性的。(b)线性应力响应的弹性(上)和黏性(下)Lissajous-Bowditch 曲线,其中应力根据应变和应变率进行分析。线性响应代表经典的弹性(顶部)和黏性(底部)行为。(c)通过振荡显示弹性(顶部)和黏性(底部)行为的微观结构或对准因子响应。在每种情况下,对准因子都紧密遵循所施加变形的幅度的相位和形状,因为 A_f 是正标量。在此 WLMs 解决方案中,正如预期的那样,对于相同的最大剪切速率,A_f 响应在高 De 下为弹性响应,在低 De 下为黏性响应

正弦曲线(线性黏弹性状态),其中经典的弹性、黏性和黏弹性响应如图8.7(a)所示。纯黏性(牛顿)流体的应力响应与施加的应变率$\dot{\gamma}(t)$同相,纯弹性(胡克)固体的响应与施加的应变$\gamma(t)$同相(图8.7)。在变形域[图8.7(b)]中,对于弹性固体,这转化为3D Lissajous – Bowditch图(顶部)的弹性投影中的一条直线,对于黏性流体,这转化为黏性投影(底部)中的一条直线。黏弹性流体表现出椭圆响应。LAOS实验方法和分析的回顾提供了详细信息[103-104]。

LAOS响应可以按适用于解决方案的无量纲组进行分类。Deborah数($De = t_R\dot{\gamma}$)和Weissenberg数($Wi = t_R\omega$)分别是表征所施加振动的无量纲频率和剪切速率,其中ω是所施加振动的角频率,t_R是材料弛豫时间。在LAOS下,应力响应是时间周期的,但不再是正弦曲线。然而,该分析的各个方面仍可用于解释LAOS微观结构响应,如图8.7(c)所示。此处,在高Deborah数(顶部)时,WLMs解在整个振荡过程中的对准因子与所施加应变的大小同相,并且具有相似的形状,表明为类弹性行为。相反,在Deborah数低得多的情况下(底部),对准因子相位和形状与所施加的应变率的大小相似,表明类似流体的行为。图8.7(b)和图8.7(c)中提出的想法已与其他方法一起用于解释LAOS下WLMs的应力和微观结构响应,这将在下文讨论。

8.6.1 蠕虫状胶束溶液:CPyCl、CTAT/SDBS、PB – PEO嵌段共聚物

LAOS下WLMs的Rheo – SANS分析有限。这些WLMs溶液包括前面提到的两种质量分数6% CPyCl/NaSal盐水半稀释溶液[16,55]和质量分数1.5% CTAT/SDBS溶液(含质量分数0.05% NaTos)[29],以及由50~50 PB – PEO嵌段共聚物成分,质量分数为0.5%~2.0%。在所有这些工作中,在LAOS振荡期间,对齐因子或$\overline{P}_2$阶参数作为时间函数进行了检查,并与流变应力响应和施加变形相关。还将结果与稳态剪切情况进行比较,以关联动态和稳态WLM微观结构。

8.6.2 1 – 3平面上Rheo – SANS的LAOS测量

Rogers等[55]使用1 – 3平面rheo – SANS检查了质量分数6% CPyCl溶液,以阐明时间依赖性流变应力和胶束取向$\overline{P}_2$之间的关系。作者检查了几个频率(De)和剪切速率(Wi)域。在$Wi < 1$的稳定剪切下,应力—方向关系被发现是二次关系,正如Giesekus模型所预测的那样。在低频和低速率振幅状态($De \ll 1, Wi < 1$)中,作者预期并证实了相同的二次应力—方向关系。相反,在低频和高速率振幅状态($De \ll 1, Wi = 5.7$)中,观察到应力和$\overline{P}_2$之间的复杂关系。在剪切速率降低时,观察到应力和方向之间存在线性关系,反映了稳定剪切极限,表明存在黏性流(如图8.7中所讨论);然而,整体的应力—方向关系不能用一种函数来描述。有趣的是,作者表明,应力和$\overline{P}_2$对剪切速率的依赖性包含相似的形状和特征,进一步表明剪切速率依赖性行为,这已在LAOS下的其他WLMs解决方案中得到证实[71]。在频率范围($De > 1$)中,观察到的溶液应力响应是椭圆形的,可以用单模Maxwell模型来描述。对于$De > 1$的频率,在$Wi = 5.7$处,方向参数线性依赖于大部分振荡所施加的应变,表明弹性应变相关响应(图8.7),这与在较低Deborah数下观察到的黏性响应不同。

最后,在$Wi = 5.7$处检查中频范围($0.5 \leq De \leq 1$),如图8.8所示。在振荡部分期间,观察到$\overline{P}_2$与应变[图8.8(a)]、应力和应变[图8.8(b)]以及应力和方向[图8.8(c)]之间存在线性关系,表明弹性行为。虽然图8.8(b)中所示的弹性Lissajous – Bowditch投影比图8.7(b)中

所示的示例更复杂,但研究者使用相同的分析来解释投影线性区域内的弹性行为。由于这种弹性现象在每种 LAOS 条件下都发生超过 10 个应变单位[图 8.8(b)],研究者将这种行为归因于静态屈服。较高的应变导致黏性流。他们还观察到紧随屈服点的"过度取向",其中 LAOS 有序参数大于稳定剪切下观察到的值。基于通过同时测量片段排列和剪切应力获得的额外微观结构信息,研究者得出结论:在低剪切速率状态下,材料响应主要取决于速率;在中间状态下,响应主要取决于应变;在高频区域,响应是 Maxwell 响应。Rogers 等[55]承认,1－3 平面方法受到无法计算方向角或确定空间异质性的限制。研究者指出,在这些条件下,所讨论的解决方案预计会在 LAOS 下出现剪切带[105],并在他们的解释中使用这一点。然而,Gurnon 等[16]使用 1－2 平面 SANS 表明,在类似 LAOS 条件下的相同解决方案不会产生剪切带,这将在下面讨论。Lonetti 等在 PB－PEO 嵌段共聚物 WLMs 中报告了 LAOS 期间频率相关现象的类似分析[83]。研究者使用傅里叶分解来分析阶次参数和应力。正如 Rogers 等所见[55],随着频率的增加,溶液从类流体行为转变为类弹性行为,而随着剪切速率的增加,观察到弹性到黏性的转变。

8.6.3　1－2 平面下 LAOS 剪切带的剪切样品池检查

大多数关于剪切带的 Rheo－SANS 实验工作都集中在稳定剪切流和剪切启动下的剪切带[24-27];然而,在 LAOS 下已经预测了剪切带和相关的流动不稳定性[91,105-107]。Adams 和 Olmsted[91]及 Zhou 等[105]已采用本构模型来识别 LAOS 期间同心圆柱库埃特流中瞬态或稳态带状的 Deborah 数和 Weissenberg 数条件。其他工作通过表明材料在循环过程中可能同时充当流体和弹性固体(具体取决于间隙位置)来预测 LAOS 下的剪切带或类似的不稳定性[106-107]。直到最近,LAOS 下剪切带的实验验证仅限于[29]。锥板几何形状中的 Rheo－PIV 测量[108-111]。Dimitriou 等[111]在 LAOS 下测量了 WLM,在这些研究中,剪切带在非线性开始时得出结论($De<1$,$Wi<1$)。

Adams 和 Olmsted[91]及 Zhou 等[105]的模型预测假定了同心圆柱 Couette 流,因此 LAOS 下 WLM 的 1－2 平面剪切单元测量提供了比锥板测量更有用的与这些理论结果的比较。Gurnon 等[16]最近的实验工作在 LAOS 下检测了与 Rogers 等[55]检测的相同的 CPyCl/NaSal 溶液,使用空间分辨率 1－2 平面 SANS 而不是 1－3 平面测量。其中的两个条件在振荡周期中具有最大剪切速率,在稳态剪切($Wi=1.2,2.3$)下呈现剪切带,这被 1－2 平面稳态剪切测量所证实。在这两个条件中,一个条件没有预测到在 LAOS 下的剪切带,而另一个条件处于剪切变稀和剪切带状态的边界。有趣的是,在稳定剪切下的非剪切带状态($Wi=23$,来自 Rheo 小角度中子散射 223 区Ⅲ的新见解)完全在预测的在 LAOS 下的剪切带状态($De=2.3$,$Wi=23$)之内。

令人惊讶的是,Gurnon 等[16]没有在任何条件下观察到剪切带,而是能够获得由本构方程概念性预测的亚稳态均匀状态。在预测显示 LAOS 剪切带的情况下,在两个位置的振荡内的几乎每个时间点,对准因子都大于剪切带的临界值[24]。内壁和外壁之间的排列变化很小,表明区域Ⅲ发生剪切稀化。在其他两种条件下,在整个振荡过程中,对准因子始终低于临界条件,证实不存在剪切带。应力—SANS 规则还用于根据每种条件下的对齐因子重建应力。在低 Weissenberg 数(Wi)下,应力重建对大部分振荡周期的测量应力产生了有利的结果;然而,最高 Weissenberg 数处的应力重建显示出显著的偏差。与相应最大动态剪切速率下的稳定剪切结果一致,需要比低 Wi 下计算值大一个数量级的剪切速率相关应力 SANS 系数才能给出合理的结果。同样,互补的流变光散射结果表明,在最高应力状态下,较长的长度尺度波动很明显,这对应于 SANS 未探测到的长度尺度。Gurnon 等[16]得出结论,LAOS 变形使得能够探索均匀流动的亚稳态,而这种状态在发生剪切带的稳定剪切下是无法达到的。Germann 等最近的建模工作[112]将 LAOS 下观察到的大部分行为与明确包含剪切引起的胶束破裂的模型联系起来。

Calabrese 等[29]考察了半稀释支化 CTAT/SDBS 系统的剪切带状态(区域Ⅱ到区域Ⅲ)附近的 LAOS 剪切带。该解决方案的流动曲线表明剪切带高达 $Wi=100$,并且与 Zhou 等工作中的 Vasquez – Cook – McKinley(VCM)模型参数产生的结果相似[105]。因此,预测了 LAOS 下剪切带的条件预计将在该系统中得到实验验证。在 8 个剪切速率下进行稳定剪切 1 – 2 平面测量,以验证剪切带状态。然后,新的时间分辨数据分析和处理技术被用于 LAOS 测量,以显著提高数据分辨率[71]。然后在接近结束时的剪切速率下检查了 7 个 LAOS 条件。剪切带状态并进入区域Ⅲ($Wi=64\sim113$)。除其中一种条件外,在所有这些条件下,溶液在稳定剪切变形下的等效剪切速率下均表现出剪切带。确定了 LAOS 下剪切带的两种独特机制。在低频 LAOS 循环($De<0.3$)中,剪切带类似于稳定剪切情况。Calabrese 等[29]将这种相似性归因于长 LAOS 周期,这使得材料能够通过振荡完全松弛,以实现其稳态微观结构和排列。在中频($0.3<De<0.6$),报告了剪切带的亚稳态形式,当将 LAOS 对准与稳定剪切对准进行比较时,观察到 Rogers 等[55]所观察到的相同"过度取向"。研究表明,在这些条件下,更快的振荡周期导致振荡周期期间材料松弛不完全,从而使外剪切带陷入过度取向状态。然而,这些循环中的振荡周期仍然足够长,足以允许部分弛豫和剪切带形成。在较高频率($De>0.6$)下,快速振荡周期可防止振荡过程中的材料松弛,从而在所有间隙位置产生过度定向、非剪切带状态。总的来说,在 7 个条件中的 4 个条件下观察到剪切带,与 VCM 模型预测非常一致[105]。结果证实需要稳定剪切下的剪切带,但可能不会导致 LAOS 剪切带,并且过度定向有或没有剪切带都可能发生。

8.6.4 小结

虽然很少有研究考察 LAOS 下 WLM 的微观结构,但使用 1 – 3 平面和空间分辨 1 – 2 平面 Rheo – SANS 已经取得了进展。由于 LAOS 实验必须重复多个周期才能获得正确的统计数据,因此最近改进了触发和时间戳采集方法,以减少采集时间[71]。由于狭缝孔径更宽,1 – 3 平面 Rheo – SANS 实验耗时更少,并产生有趣的结构—流动关系[55]。然而,1 – 3 平面 SANS 的性质排除了剪切带和其他空间相关流动的研究,因为 WLM 微观结构是在整个平面上平均的。1 – 3 平面实验中的间隙。在剪切带 WLM 上使用 1 – 2 平面剪切单元可提供关键的空间信息,这使得 LAOS 下的剪切带首次能够在库埃特流中的 WLM 中得到实验验证[29]。重要的是,Rheo – SANS 测量能够对结构进行严格检查——动态条件下的属性关系和在稳定剪切下无法访问的状态。虽然实验[16]和理论之间存在一些相互矛盾的结果[105],解释剪切流下胶束破裂和重组动力学的本构方程的进展有望捕获微观结构和流动诱导结构之间的动态耦合,及其对 WLM 拓扑和加工条件的依赖性。

8.7 非标准流动样品池的实验结果

几项工作将库埃特几何形状中的 Rheo – SANS 实验结果与其他几何形状进行了比较,包括管流(层流和湍流)[34]、收缩狭缝流[41-42]和拉伸流[31-32]。在大多数这些非标准几何形状中,在同心圆柱库埃特流中观察到类似的各向异性:稀棒状溶液的宽卵形各向异性,半稀蠕虫状溶液的蝴蝶状各向异性。还观察到平行和垂直强度的类似差异[36,40]。在层流中表现出蝴蝶状各向异性的溶液在湍流中表现出向宽卵形各向异性的过渡[37-38]。这一结果表明在高雷诺数下胶束破裂数量,并返回短的棒状胶束。在非常高的雷诺数下,溶液变得高度湍流并返回到各向同性状态,如重叠的平行和垂直强度所示[40]。

在拉伸流和收缩狭缝流实验中,在沿流场的多个位置进行了空间分辨测量[31,42]。Penfold等[31]研究了跨狭缝拉伸流中CTAB和C16E6的混合胶束体系细胞。研究指出,与剪切流相比,拉伸流下低得多的流速实现了显著的排列,并且在高剪切速率下,由于引入湍流,各向异性降低。跨槽流通池的空间分辨2D SANS图案如图8.9所示,它说明了这些测量提供的空间细节水平。胶束排列和角度高度依赖于细胞孔径内的位置,其中最强的排列出现在中心驻点(10,10),这对应于纯延伸。此外,由于WLMs在流动方向上强烈对齐,空间解析结果可用于绘制流场图,Lutz-Bueno等人也为收缩狭缝流中的CTAB解决方案42完成了这一工作。

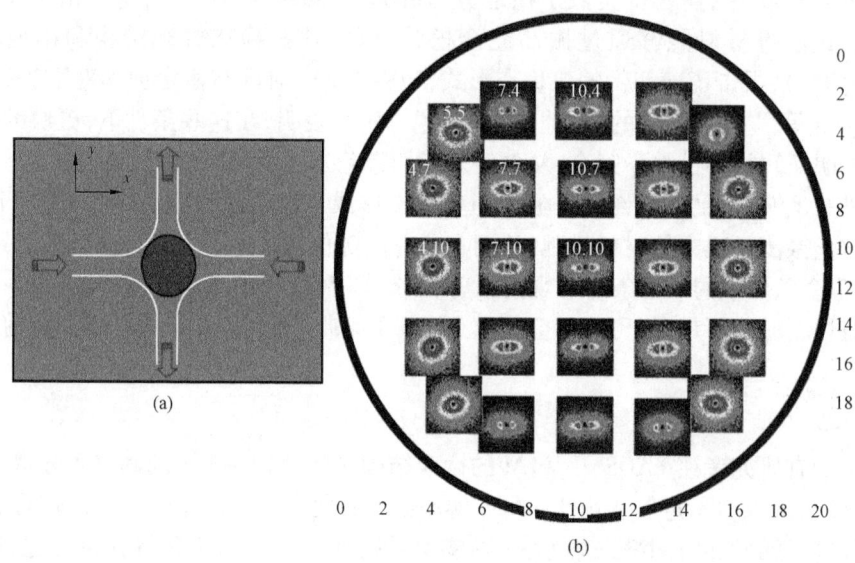

图8.9 拉伸流动实验的2D各向异性散射图案(a)和绘制在跨槽单元孔径上(b)[31]
中心驻点(10,10)处的蠕虫状胶束显示出最高程度的有序性,与该位置处的强烈拉伸变形一致。远离停滞点,胶束变得相当不对齐,并且可测量的对齐角度可用于绘制流场
经美国化学会授权(2006)许可

8.8 展望

对Rheo-SANS研究的简要概述展示了关于剪切引起的广泛微观结构变化以及WLMs体系的非线性稳态和动态流变学的一些有价值的见解。与聚合物一样,缠结的WLMs溶液表现出很强的流动排列,导致剪切稀化和正第一法向应力差。然而,剪切诱导的拓扑变化表现出更丰富的流动行为,包括导致SIS和剪切增厚的剪切诱导生长、导致剪切带的剪切诱导断裂、导致SIPS的剪切诱导分支以及耦合的剪切诱导相变。具有浓度梯度。自始至终,Rheo-SANS

都提供了与宏观流变学直接相关的长度尺度上的胶束取向、浓度和聚集状态的关键且独特的结构信息。重要的是,这种对强加剪切流的过多体系微观结构响应通常会导致不稳定性,其中最简单的稳定剪切带可以通过1-2平面样本环境的最新进展提供的时空分辨率来解决。

将流变学与SANS以及PIV和流动可视化等相关方法耦合对于绘制此类结构化流动中的局部运动学以及局部微观结构至关重要。推进这一点以包括更复杂的流程(例如扩展、收缩和扩展)对于为应用程序定制WLMs解决方案将具有无价的价值。迄今为止的工作建立了许多定性和定量的结构—性质关系,但丰富的化学物质和相应的WLMs拓扑值得未来的大量工作,并表明新的发现等待着。

定量应力光学规则的发展促进了我们对聚合物流变学和通过流动双折射等方法进行本构方程建模的理解的进展。开发稳健的应力—SANS规则需要在本构方程建模方面取得进展,不仅可以捕获熵性质的弹性应力,还可以捕获包括支化、断裂和胶束生长在内的拓扑变化。流变相关几何形状中与流动运动学的非线性耦合预计会导致机械和热力学性质的大量不稳定性,特别是当剪切具有接近相变成分的溶液时。虽然剪切带可以在某些应用中发挥作用,但对于其他应用,抑制剪切带和相关的不稳定性可能至关重要。因此,识别非线性耦合潜在机制的研究可用于控制WLMs流变性,并最终控制此类不稳定性。针对特定应用的工程WLMs解决方案将受益于强大的本构模型,该模型捕获了其自组装性质所提供的丰富的WLMs物理行为,并且经过验证,可以准确地预测剪切和更复杂的流动中的宏观流变学和微观结构,例如由本章中介绍的高级SANS示例环境提供。

致 谢

感谢美国国家标准与技术研究所、美国商务部和法国格勒诺布尔的劳埃-朗之万研究所对提供本工作中使用的中子研究设施的支持。本手稿是根据美国商务部NIST的合作协议70NANB12H239编写的。这些陈述、调查结果、结论和建议属于作者的观点,并不一定反映NIST或美国商务部的观点。

参 考 文 献

[1] L. Magid, The surfactant - polyelectrolyte analogy, *J. Phys. Chem. B*, 1998, 102(21), 4064 - 4074.

[2] B. A. Schubert, E. W. Kaler and N. J. Wagner, The microstructure and rheology of mixed cationic/anionic wormlike micelles, *Langmuir*, 2003, 19(10), 4079 - 4089.

[3] P. Koshy, V. Aswal, M. Venkatesh and P. Hassan, Unusual scaling in the rheology of branched wormlike micelles formed by cetyl - trimethylammonium bromide and sodium oleate, *J. Phys. Chem. B*, 2011, 115(37), 10817 - 10825.

[4] S. A. Rogers, M. A. Calabrese and N. J. Wagner, Rheology of branched wormlike micelles, *Curr. Opin. Colloid Interface Sci.*, 2014, 19(6), 530 - 535.

[5] N. Spenley, M. Cates and T. McLeish, Nonlinear rheology of wormlike micelles, *Phys. Rev. Lett.*, 1993, 71, 939.

[6] J. F. Berret, D. C. Roux and G. Porte, Isotropic - to - nematic transition in wormlike micelles under shear, *J. Phys.* II, 1994, 4(8), 1261 - 1279.

[7] R. Makhloufi, J. Decruppe, A. Ait - Ali and R. Cressely, Rheo - optical study of worm - like micelles undergoing a shear banding flow, *Europhys. Lett.*, 1995, 32(3), 253.

[8] A. P. Eberle and L. Porcar, Flow – SANS and rheo – SANS applied to soft matter, *Curr. Opin. Colloid Interface Sci.*, 2012, 17(1), 33 – 43.

[9] M. E. Cates and S. M. Fielding, Giant micelles: properties and appli – cations, *Theoretical Rheology of Giant Micelles*, Surfactant Science Series, CRC Press, 2007, vol. 140, pp. 109 – 161.

[10] J. Pedersen, L. Cannavacciuolo and P. Schurtenberger, Giant micelles: properties and applications, *Scattering from Wormlike Micelles*, Surfactant Science Series, CRC Press, 2007, vol. 140, pp. 179 – 222.

[11] L. M. Walker, Scattering from polymer – like micelles, *Curr. Opin. Colloid Interface Sci.*, 2009, 14(6), 451 – 454.

[12] P. Lindner and R. Oberthür, Apparatus for the investigation of liquid systems in a shear gradient by small angle neutron scattering (SANS), *Rev. Phys. Appl.*, 1984, 19(9), 759 – 763.

[13] A. K. Gurnon, P. D. Godfrin, N. J. Wagner, A. P. Eberle, P. Butler and L. Porcar, Measuring material microstructure under flow using 1 – 2 plane flow – small angle neutron scattering, *J. Visualized Exp.*, 2014, 84, e51068.

[14] L. Porcar, D. Pozzo, G. Langenbucher, J. Moyer and P. Butler, Rheo – small – angle neutron scattering at the National Institute of Standards and Technology Center for Neutron Research, *Rev. Sci. Instrum.*, 2011, 82(8), 083902.

[15] M. W. Liberatore, F. Nettesheim, N. J. Wagner and L. Porcar, Spatially resolved small – angle neutron scattering in the 1 – 2 plane: A study of shear – induced phase – separating wormlike micelles, *Phys. Rev. E*, 2006, 73(2), 020504.

[16] A. Gurnon, C. Lopez – Barron, A. Eberle, L. Porcar and N. Wagner, Spatiotemporal stress and structure evolution in dynamically sheared polymer – like micellar solutions, *Soft Matter*, 2014, 10(16), 2889 – 2898.

[17] P. Cummins, E. Staples, B. Millen and J. Penfold, A Couette shear flow cell for small – angle neutron scattering studies, *Meas. Sci. Technol.*, 1990, 1(2), 179.

[18] J. Kalus, G. Neubauer and U. Schmelzer, A new shear apparatus for small angle neutron scattering (SANS) measurements, *Rev. Sci. Instrum.*, 1990, 61(11), 3384 – 3389.

[19] G. Straty, C. Muzny, B. Butler, M. Lin, T. Slawecki, C. Glinka et al., *In situ* rheometric shearing apparatus at the NIST Center for Neutron Research, *Nucl. Instrum. Methods Phys. Res.*, Sect. A, 1998, 408(2), 511 – 517.

[20] L. Porcar, W. Hamilton, P. Butler and G. Warr, A vapor barrier Couette shear cell for small angle neutron scattering measurements, *Rev. Sci. Instrum.*, 2002, 73(6), 2345 – 2354.

[21] S. Lerouge and J. F. Berret, Shear – induced transitions and instabilities in surfactant wormlike micelles, *Polymer Characterization*, Springer, 2010, pp. 1 – 71.

[22] V. Herle, J. Kohlbrecher, B. Pfister, P. Fischer and E. J. Windhab, Alternating vorticity bands in a solution of wormlike micelles, *Phys. Rev. Lett.*, 2007, 99(15), 158302.

[23] A. Mütze, P. Heunemann and P. Fischer, On the appearance of vorticity and gradient shear bands in wormlike micellar solutions of different CPCl/salt systems, *J. Rheol.*, 2014, 58(6), 1647 – 1672.

[24] M. Helgeson, M. Reichert, Y. Hu and N. Wagner, Relating shear banding, structure, and phase behavior in wormlike micellar solutions, *Soft Matter*, 2009a, 5(20), 3858 – 3869.

[25] M. Helgeson, P. Vasquez, E. Kaler and N. Wagner, Rheology and spa – tially resolved structure of cetyltrimethylammonium bromide wormlike micelles through the shear banding transition, *J. Rheol.*, 2009, 53(3), 727 – 756.

[26] A. K. Gurnon, C. Lopez – Barron, M. J. Wasbrough, L. Porcar and 14. J. Wagner, Spatially resolved concentration and segmental flow alignment in a shear – banding solution of polymer – like micelles, *ACS Macro Lett.*, 2014, 3(3), 276 – 280.

[27] C. R. López – Barrón, A. K. Gurnon, A. P. Eberle, L. Porcar and 15. J. Wagner, Microstructural evolution of a

model, shear-banding micellar solution during shear startup and cessation, *Phys. Rev. E*, 2014, 89(4), 042301.

[28] M. A. Calabrese, S. A. Rogers, R. P. Murphy and N. J. Wagner, The rheology and microstructure of branched micelles under shear, *J. Rheol.*, 2015, 59(5), 1299-1328.

[29] M. A. Calabrese, S. A. Rogers, L. Porcar and N. J. Wagner, Under-standing steady and dynamic shear banding in a branched wormlike micellar solution, *J. Rheol.*, 2016, 60(5), 1001-1017.

[30] C. G. Lopez, T. Watanabe, A. Martel, L. Porcar and J. T. Cabral, Microfluidic-SANS: flow processing of complex fluids, *Sci. Rep.*, 2015, 5.

[31] J. Penfold, E. Staples, I. Tucker, P. Carroll, I. Clayton, J. Cowan et al., Elongational flow induced ordering in surfactant micelles and meso-phases, *J. Phys. Chem. B*, 2006, 110(2), 1073-1082.

[32] R. McAllister and K. M. Weigandt, Extensional-flow SANS of wormlike micelles, *NIST Center for Neutron Research: Accomplishments and Opportunities*, 2015, p. 48.

[33] S. M. Baker, G. Smith, R. Pynn, P. Butler, J. Hayter, W. Hamilton et al., Shear cell for the study of liquid-solid interfaces by neutron scattering, *Rev. Sci. Instrum.*, 1994, 65(2), 412-416.

[34] W. Hamilton, P. Butler, J. B. Hayter, L. Magid and P. Kreke, Over the horizon SANS: Measurements on near-surface Poiseuille shear-induced ordering of dilute solutions of threadlike micelles, *Phys. B*, 1996, 221(1), 309-319.

[35] V. M. Cloke, J. S. Higgins, C. L. Phoon, S. M. Richardson, S. M. King, R. Done et al., Poiseuille geometry shear flow apparatus for small-angle scattering experiments, *Rev. Sci. Instrum.*, 1996, 67(9), 3158-3163.

[36] H. Bewersdorff, J. Dohmann, J. Langowski, P. Lindner, A. Maack, R. Oberthür et al., SANS and LS-studies on drag-reducing surfactant solutions, *Phys. B*, 1989, 156, 508-511.

[37] P. Lindner, H. Bewersdorff, R. Heen, P. Sittart, H. Thiel, J. Langowski et al. Drag-reducing surfactant solutions in laminar and turbulent flow investigated by small-angle neutron scattering and light scattering, *Trends in Colloid and Interface Science IV*, Springer, 1990, pp. 107-112.

[38] P. Lindner, Small angle neutron scattering studies of liquid systems in nonequilibrium, *Phys. A*, 1991, 174(1), 74-93.

[39] J. B. Hayter and J. Penfold, Use of viscous shear alignment to study anisotropic micellar structure by small-angle neutron scattering, *J. Phys. Chem.*, 1984, 88(20), 4589-4593.

[40] H. W. Bewersdorff, B. Frings, P. Lindner and R. Oberthür, The conformation of drag reducing micelles from small-angle-neutron-scattering experiments, *Rheol. Acta*, 1986, 25(6), 642-646.

[41] V. Lutz-Bueno, J. Kohlbrecher and P. Fischer, Shear thickening, temporal shear oscillations, and degradation of dilute equimolar CTAB/NaSal wormlike solutions, *Rheol. Acta*, 2013, 52(4), 297-312.

[42] V. Lutz-Bueno, J. Kohlbrecher and P. Fischer, Micellar solutions in contraction slit-flow: alignment mapped by SANS, *J. Non-Newtonian Fluid Mech.*, 2015, 215, 8-18.

[43] J. Kalus and H. Hoffman, Nearest neighbor order in an aligned solution of interacting rod-like micelles, *J. Chem. Phys.*, 1987, 87(1), 714-722.

[44] J. Kalus, S. Chen, H. Hoffmann, G. Neubauer, P. Lindner and H. Thurn, Transient SANS studies of rodlike micelles on a time scale of 100 ms, *J. Appl. Crystallogr.*, 1988, 21(6), 777-780.

[45] V. Jindal, J. Kalus, H. Pilsl, H. Hoffmann and P. Lindner, Dynamic small-angle neutron scattering study of rodlike micelles in a surfactant solution, *J. Phys. Chem.*, 1990, 94(7), 3129-3138.

[46] J. Kalus and U. Schmelzer, Small angle neutron (SANS) and x-ray (SAXS) scattering on micellar systems, *Phys. Scr.*, 1993, 1993(T49B), 629.

[47] P. Butler, L. Magid, W. Hamilton, J. Hayter, B. Hammouda and P. Kreke, Kinetics of alignment and decay in a highly entangled tran - sient threadlike micellar network studied by small - angle neutron scattering, *J. Phys. Chem.* ,1996,100(2) ,442 - 445.

[48] P. G. Cummins, E. Staples, J. B. Hayter and J. Penfold, A small - angle neutron scattering investigation of rod - like micelles aligned by shear flow, *J. Chem. Soc. ,Faraday Trans.* 1 ,1987 ,83(9) ,2773 - 2786.

[49] P. Cummins, E. Staples, J. Penfold and R. Heenan, The geometry of micelles of the poly(oxyethylene) nonionic surfactants $C_{16}E_6$ and $C_{16}E_8$ in the presence of electrolyte, *Langmuir*, 1989, 5(5), 1195 - 1199.

[50] J. Penfold, E. Staples and P. Cummins, Small angle neutron scattering investigation of rodlike micelles aligned by shear flow, *Adv. Colloid Interface Sci.* ,1991,34,451 - 476.

[51] V. Schmitt, F. Lequeux, A. Pousse and D. Roux, Flow behavior and shear induced transition near an isotropic/nematic transition in equilibrium polymers, *Langmuir*, 1994, 10(3), 955 - 961.

[52] J. Penfold, E. Staples, I. Tucker and P. Cummins, The structure of nonionic micelles in less polar solvents, *J. Colloid Interface Sci.* ,1997,185(2) ,424 - 431.

[53] K. Nakamura and T. Shikata, Formation and physicochemical features of hybrid threadlike micelles in aqueous solution, *J. Phys. Chem. B*, 2007, 8(18), 2568 - 2574.

[54] M. Takeda, T. Kusano, T. Matsunaga, H. Endo, M. Shibayama and T. Shikata, Rheo - SANS studies on shear - thickening/thinning in aqueous rodlike micellar solutions, *Langmuir*, 2011, 27(5), 1731 - 1738.

[55] S. Rogers, J. Kohlbrecher and M. Lettinga, The molecular origin of stress generation in worm - like micelles, using a rheo - SANS LAOS approach, *Soft Matter*, 2012, 8(30), 7831 - 7839.

[56] L. M. Walker and N. J. Wagner, SANS analysis of the molecular order in poly (γ - benzyl l - glutamate)/deuterated dimethylformamide (PBLG/d - DMF) under shear and during relaxation, *Macromolecules*, 1996, 29 (6), 2298 - 2301.

[57] J. Dehmoune, J. Decruppe, O. Greffier, H. Xu and P. Lindner, Shear thick - ening in three surfactants of the alkyl family CnTAB: Small angle neutron scattering and rheological study, *Langmuir*, 2009, 25 (13), 7271 - 7278.

[58] G. G. Fuller, *Optical Rheometry of Complex Fluids*, Oxford University Press, 1995.

[59] J. F. Berret, R. Gamez - Corrales, Y. Séréro, F. Molino and P. Lindner, Shear - induced micellar growth in dilute surfactant solutions, *Europhys. Lett.* ,2001,54(5) ,605.

[60] M. Truong and L. Walker, Controlling the shear - induced structural transition of rodlike micelles using nonionic polymer, *Langmuir*, 2000, 16(21), 7991 - 7998.

[61] S. Förster, M. Konrad and P. Lindner, Shear thinning and orientational ordering of wormlike micelles, *Phys. Rev. Lett.* ,2005,94(1) ,017803.

[62] E. Cappelaere, J. Berret, J. Decruppe, R. Cressely and P. Lindner, Rhe - ology, birefringence, and small - angle neutron scattering in a charged micellar system: Evidence of a shear - induced phase transition, *Phys. Rev. E*, 1997,56(2) ,1869.

[63] M. E. Helgeson, L. Porcar, C. Lopez - Barron and N. J. Wagner, Direct observation of flow concentration coupling in a shear - banding fluid, *Phys. Rev. Lett.* ,2010,105(8) ,084501.

[64] M. E. Helgeson, N. J. Wagner, L. Porcar, Neutron transmission meas - urements of concentration profiles in non - homogeneous shear flows, *NIST Center for Neutron Research: Accomplishments and Opportunities*, 2010, pp. 38 - 39.

[65] J. F. Berret, D. Roux, G. Porte and P. Lindner, Shear - induced isotropic - to - nematic phase transition in equilibrium polymers, *Europhys. Lett.* ,1994,25(7) ,521.

[66] D. C. Roux, J. F. Berret, G. Porte, E. Peuvrel – Disdier and P. Lindner, Shear – induced orientations and textures of nematic living polymers, *Macromolecules*, 1995, 28(5), 1681 – 1687.

[67] J. F. Berret, D. Roux, G. Porte and P. Lindner, Tumbling behaviour of nematic worm – like micelles under shear flow, *Europhys. Lett.*, 1995, 32(2), 137.

[68] J. F. Berret, D. Roux and P. Lindner, Structure and rheology of con – centrated wormlike micelles at the shear – induced isotropic – to – nematic transition, *Eur. Phys. J. B*, 1998, 5(1), 67 – 77.

[69] M. Truong and L. Walker, Quantifying the importance of micellar microstructure and electrostatic interactions on the shear – induced struc – tural transition of cylindrical micelles, *Langmuir*, 2002, 18(6), 2024 – 2031.

[70] J. F. Berret, R. Gamez – Corrales, J. Oberdisse, L. Walker and P. Lindner, Flow – structure relationship of shear – thickening surfactant solutions, *Europhys. Lett.*, 1998, 41(6), 677.

[71] M. A. Calabrese, N. J. Wagner and S. A. Rogers, An optimized protocol for the analysis of time – resolved elastic scattering experiments, *Soft Matter*, 2016, 12(8), 2301 – 2308.

[72] M. W. Liberatore, F. Nettesheim, P. A. Vasquez, M. E. Helgeson, N. J. Wagner, E. W. Kaler et al., Microstructure and shear rheology of entangled wormlike micelles in solution, *J. Rheol.*, 2009, 53(2), 441 – 458.

[73] V. Croce, T. Cosgrove, C. A. Dreiss, S. King, G. Maitland and T. Hughes, Giant micellar worms under shear: a rheological study using SANS, *Langmuir*, 2005, 21(15), 6762 – 6768.

[74] J. Kalus, H. Hoffmann and K. Ibel, Small – angle neutron scattering on shear – induced micellar structures, *Colloid Polym. Sci.*, 1989, 267(9), 818 – 824.

[75] C. Münch, H. Hoffmann, K. Ibel, J. Kalus, G. Neubauer, U. Schmelzer et al., Transient small angle neutron scattering experiments on micellar solutions with a shear – induced structural transition, *J. Phys. Chem.*, 1993, 97(17), 4514 – 4522.

[76] R. Oda, V. Weber, P. Lindner, D. Pine, E. Mendes and F. Schosseler, Time – resolved small angle neutron scattering study of shear – thickening surfactant solutions after the cessation of flow, *Langmuir*, 2000, 16(11), 4859 – 4863.

[77] M. Lin, H. Hanley, G. Straty, D. Peiffer, M. Kim and S. Sinha, A small – angle neutron scattering (SANS) study of worm – like micelles under shear, *Int. J. Thermophys.*, 1994, 15(6), 1169 – 1178.

[78] M. Lin, H. Hanley, S. Sinha, G. Straty, D. Peiffer and M. Kim, A small angle neutron scattering study of worm – like micelles, *Phys. B*, 1995, 213, 613 – 615.

[79] M. Lin, H. Hanley, S. Sinha, G. Straty, D. Peiffer and M. Kim, Shear – induced behavior in a solution of cylindrical micelles, *Phys. Rev. E*, 1996, 53(5), R4302.

[80] J. Kalus, H. Hoffmann, S. Chen and P. Lindner, Correlations in micellar solutions under shear: A small – angle neutron scattering study of the chain surfactant n – hexadecyloctyldimethylammonium bromide, *J. Phys. Chem.*, 1989, 93(10), 4267 – 4276.

[81] V. Schmitt, F. Schosseler and F. Lequeux, Structure of salt – free worm – like micelles: signature by SANS at rest and under shear, *Europhys. Lett.*, 1995, 30(1), 31.

[82] P. Cummins, J. Hayter, J. Penfold and E. Staples, A small – angle neutron scattering investigation of shear – aligned hexaethyleneglycolmonohex – adecylether (C16E6) micelles as a function of temperature, *Chem. Phys. Lett.*, 1987, 138(5), 436 – 440.

[83] B. Lonetti, J. Kohlbrecher, L. Willner, J. Dhont and M. Lettinga, Dynamic response of block copolymer wormlike micelles to shear flow, *J. Phys.: Condens. Matter*, 2008, 20(40), 404207.

[84] Y. Qi, K. Littrell, P. Thiyagarajan, Y. Talmon, J. Schmidt, Z. Lin et al., Small – angle neutron scattering study of shearing effects on drag – reducing surfactant solutions, *J. Colloid Interface Sci.*, 2009, 337(1), 218 – 226.

[85] R. Angelico, U. Olsson, K. Mortensen, L. Ambrosone, G. Palazzo and A. Ceglie, Relaxation of shear – aligned wormlike micelles, *J. Phys. Chem. B*, 2002, 106(10), 2426 – 2428.

[86] R. Angelico, C. O. Rossi, L. Ambrosone, G. Palazzo, K. Mortensen and U. Olsson, Ordering fluctuations in a shear – banding wormlike micellar system, *Phys. Chem. Chem. Phys.*, 2010, 12(31), 8856 – 8862.

[87] S. R. Kline, Reduction and analysis of SANS and USANS data using IGOR Pro, *J. Appl. Crystallogr.*, 2006, 39(6), 895 – 900.

[88] N. Spenley, X. Yuan and M. Cates, Nonmonotonic constitutive laws and the formation of shear banded flows, *J. Phys. II*, 1996, 6(4), 551 – 571.

[89] S. M. Fielding, Complex dynamics of shear banded flows, *Soft Matter*, 2007, 3(10), 1262 – 1279.

[90] P. D. Olmsted, Perspectives on shear banding in complex fluids, *Rheol. Acta*, 2008, 47(3), 283 – 300.

[91] J. Adams and P. Olmsted, Nonmonotonic models are not necessary to obtain shear banding phenomena in entangled polymer solutions, *Phys. Rev. Lett.*, 2009, 102, 067801.

[92] S. Manneville, Recent experimental probes of shear banding, *Rheol. Acta*, 2008, 47(3), 301 – 318.

[93] R. Mair and P. Callaghan, Observation of shear banding in worm – like micelles by NMR velocity imaging, *Europhys. Lett.*, 1996, 36(9), 719.

[94] M. M. Britton and P. T. Callaghan, Two – phase shear band structures at uniform stress, *Phys. Rev. Lett.*, 1997, 78(26), 4930.

[95] Y. Hu and A. Lips, Kinetics and mechanism of shear banding in an entangled micellar solution, *J. Rheol.*, 2005, 49(5), 1001 – 1027.

[96] Y. Hu, C. Palla and A. Lips, Comparison between shear banding and shear thinning in entangled micellar solutions, *J. Rheol.*, 2008, 52(2), 379 – 400.

[97] P. Thareja, I. H. Hoffmann, M. W. Liberatore, M. E. Helgeson, Y. T. Hu, M. Gradzielski et al., Shear – induced phase separation (SIPS) with shear banding in solutions of cationic surfactant and salt, *J. Rheol.*, 2011, 55(6), 1375 – 1397.

[98] J. F. Berret, Transient rheology of wormlike micelles, *Langmuir*, 1997, 13(8), 2227 – 2234.

[99] D. Sachsenheimer, C. Oelschlaeger, S. Müller, J. Küstner, S. Bindgen and N. Willenbacher, Elongational deformation of wormlike micellar solutions, *J. Rheol.*, 2014, 58(6), 2017 – 2042.

[100] S. Candau and R. Oda, Linear viscoelasticity of salt – free wormlike mi – cellar solutions, *Colloids Surf.*, A, 2001, 183, 5 – 14.

[101] L. Ziserman, L. Abezgauz, O. Ramon, S. R. Raghavan and D. Danino, Origins of the viscosity peak in wormlike micellar solutions. 1. mixed catanionic surfactants. a cryo – transmission electron microscopy study, *Langmuir*, 2009, 25(18), 10483 – 10489.

[102] S. M. Fielding and P. D. Olmsted, Flow phase diagrams for concentration – coupled shear banding, *Eur. Phys. J. E*, 2003, 11(1), 65 – 83.

[103] K. Hyun, M. Wilhelm, C. O. Klein, K. S. Cho, J. G. Nam, K. H. Ahn et al., A review of nonlinear oscillatory shear tests: Analysis and application of large amplitude oscillatory shear (LAOS), *Prog. Polym. Sci.*, 2011, 36(12), 1697 – 1753.

[104] S. A. Rogers, A sequence of physical processes determined and quan – tified in LAOS: An instantaneous local 2D/3D approach, *J. Rheol.*, 2012, 56(5), 1129 – 1151.

[105] L. Zhou, L. P. Cook and G. H. McKinley, Probing shear – banding tran – sitions of the VCM model for entangled wormlike micellar solutions using large amplitude oscillatory shear (LAOS) deformations, *J. Non – Newtonian Fluid Mech.*, 2010, 165(21), 1462 – 1472.

[106] J. J. Stickel, J. S. Knutsen and M. W. Liberatore, Response of elasto – viscoplastic materials to large amplitude oscillatory shear flow in the parallel – plate and cylindrical – Couette geometries, *J. Rheol.*, 2013, 57(6), 1569 – 1596.

[107] M. A. Fardin, C. Perge, L. Casanellas, T. Hollis, N. Taberlet, J. Ortín et al., Flow instabilities in large amplitude oscillatory shear: a cau – tionary tale, *Rheol. Acta*, 2014, 53(12), 885 – 898.

[108] P. Tapadia, S. Ravindranath and S. Q. Wang, Banding in entangled polymer fluids under oscillatory shearing, *Phys. Rev. Lett.*, 2006, 96(19), 196001.

[109] S. Ravindranath and S. Q. Wang, Large amplitude oscillatory shear behavior of entangled polymer solutions: Particle tracking velocimetric investigation, *J. Rheol.*, 2008, 52(2), 341 – 358.

[110] X. Li, S. Q. Wang and X. Wang, Nonlinearity in large amplitude oscil – latory shear (LAOS) of different viscoelastic materials, *J. Rheol.*, 2009, 53(5), 1255 – 1274.

[111] C. J. Dimitriou, L. Casanellas, T. J. Ober and G. H. McKinley, Rheo – PIV of a shear – banding wormlike micellar solution under large amplitude oscillatory shear, *Rheol. Acta*, 2012, 51(5), 395 – 411.

[112] N. Germann, A. K. Gurnon, L. Zhou, L. P. Cook, A. N. Beris and N. J. Wagner, Validation of constitutive modeling of shear banding, threadlike wormlike micellar fluids, *J. Rheol.*, 2016, 60(5), 983 – 999.

第9章 蠕虫状胶束在微流控中的流动和限域

Simon J. Haward, Amy Q. Shen

9.1 简介

表面活性剂是由疏水尾链和体积较大的亲水头基组成的两亲性分子,其头基可以为中性、带正电荷或带负电荷。当溶液中的表面活性剂浓度超过临界胶束浓度(CMC)时,表面活性剂分子会自发地自组装成大的聚集体,即胶束,以保护疏水尾部不受水的影响(在水溶液中)[1-2]。在非极性溶剂中,也可以形成反胶束。胶束的形态多种多样,取决于温度、pH值、浓度、盐度、表面活性剂堆积参数和流动条件等因素[3]。对于某些表面活性剂,当浓度增加到 CMC 以上时,最初的球形胶束会生长为拉长的棒状表面活性剂聚集体。当胶束长度超过持续长度时,就会形成蠕虫状胶束(WLMs),从而使胶束具有半柔性,在许多方面类似于半柔性的聚合物分子。众所周知,在特定的温度和浓度条件下,某些阳离子表面活性剂,如十六烷基三甲基溴化铵(CTAB)或十六烷基氯化吡啶(CPyCl),在水溶液中会形成这种蠕虫状胶束。添加无机盐,例如,氯化钠(NaCl)和硝酸钠($NaNO_3$),或强结合的抗衡离子,如有机盐水杨酸钠(NaSal),已被证明可以显著降低 CMC 并促进长蠕虫状胶束的生长。这些盐可以屏蔽水溶液中邻近带电亲水头基的静电斥力,导致剪切黏度急剧增加,这可以与表面活性剂溶液中球形胶束到蠕虫状胶束的转变相关联[4-6]。蠕虫状胶束的特征长度尺度、柔顺性和相互作用在很大程度上取决于表面活性剂的化学结构、浓度以及盐的浓度[1,7-11]。

蠕虫状胶束常被用作消费类美发产品、减阻剂以及油气开发中压裂液[12-15]的添加剂,因为其具有黏弹性和类凝胶特性[4-6,16-20]。蠕虫状胶束的尺寸和形状与聚合物链极为相似,但前者具有更大的直径(1~10nm)和更长的持续长度(10~100nm)[21-23]。因此,蠕虫状胶束也被称为"活聚合物",因为它们类似于微米级的聚合物链,通过不断发生破坏和重组的物理相互作用微弱地结合在一起。Cates[24]理论模型预测了蠕虫状胶束流体中的应力释放,可通过布朗运动驱动的蠕动或胶束链的破坏和重组来实现。该模型假定胶束链的破坏和重组概率相等,并表明,如果聚集体结构的破坏时间(t_b)大于重构时间(t_{rep}),则流体的线性黏弹性响应可用只具有单个松弛时间的 Maxwell 模型描述。Shikata 等[25-27]将蠕虫状胶束溶液描述为线性和部分缠结或高度缠结和支化的胶束网络结构。他们观察到,弱相互作用的短蠕虫状胶束体系可以用 Cates 模型(具有可逆的链重组和断裂)来描述[24]。然而,当形成相当稳定和较长的胶束网络结构时(例如等物质的量 CTAB:NaSal 体系),胶束变得太长和太稳定,无法蠕动。反而,胶束在其缠结点表现出断裂和重构(即所谓的"幽灵穿越"),而离子 Sal^- 则充当催化剂[25,27]。在过去的几十年里,通过使用传统的本体流变仪和微流控方法[28,41],人们一直在对流动状态下的蠕虫状胶束溶液进行研究,对其在各种外界条件下的线性和非线性流变行为、微观结构转变和高度有序结构的形成的理解也在不断加深(见参考文献[12]、[42-52]中的综述)。

近年来,微流控技术已成为一种在小长度尺度上处理流体的多功能方法,特别是用于生成和操纵尺寸可控、结构和功能定制的复杂流体[53-54]。微流控已被用于研究纤维变形[55]、DNA分子动力学[56-57]、低雷诺数下细菌运动[58-60]等方面的受限几何效应(见参考文献[61-63]中的微流控及其应用综述)。最近,微流控体系被用作微流控流变仪[30-34,38-41,64]或研究与生成新的微结构和新的流动现象的工具[30,34,38-41,65-70]。传统的扭矩剪切流变仪(如带有锥板或库埃特测量系统)使用的流变仪间隙尺寸通常为1mm或至少比材料微结构的固有长度尺度大两个量级,通常用于测量流体在典型变形速率$10^{-2} \sim 10^{3} s^{-1}$)范围内的剪切响应[34,40-41]。虽然采用平行板几何结构且间隙尺寸在$10 \sim 100 \mu m$时可以获得较高的变形速率(高达$10^5 s^{-1}$),但需要仔细校准平板并量化零间隙误差[28-29,40]。此外,当变形速率达到$10^4 s^{-1}$甚至更高时,复杂流体的边缘断裂、二次流动和黏性加热等复杂化的难题变得明显[34,40-41,64]。充分利用微流控设备的微米长度尺度和无空气界面的优势,可以轻松实现高变形率($10^5 s^{-1}$),而且惯性或自由表面不稳定性或黏性加热效应可以忽略不计[40-41]。Pipe 和 McKinley[41]对微流控流变仪在毛细管流、停滞流和收缩流方面的应用进行了全面综述。Galindo-Rosales 等[64]对微流控流变学背景下的拉伸流场进行了补充综述。此外,微流控技术最近还被用于探究空间受限对蠕虫状胶束的影响[30-34,38-41,66-70],为研究蠕虫状胶束在与多孔介质流动、采油和药物传递应用中类似的几何形状中的流动提供了可靠而有效的途径[68]。再者,Shen 小组[68-70,76]研究了在间隙尺寸为$5 \sim 15 \mu m$的六角形微柱中流动时,最初具有黏弹性的蠕虫状胶束溶液向稳定的凝胶状流动诱导结构相(FISP)的转变。这种凝胶状 FISP 在室温下表现出高度支化的微观结构和稳定性,但尚未见报道在传统的旋转流变仪或宏观尺度管道中形成。

在本章中,我们首先回顾并讨论了最近有关蠕虫状胶束在微流控设备中经历剪切和拉伸变形时的行为和特性的实验工作,这些微流控设备集成了流动检测技术,即微粒子图像测速(μ-PIV)[31,33,37,65,77-78]、压降测量[30-31,37]和流动诱导双折射(FIB)[30,37-39,78]。在可能的情况下,我们将实验结果与数值预测和理论预测进行比较和对比。然后,重点介绍了蠕虫状胶束溶液在多孔介质等复杂微观流场条件下的行为。旨在说明如何利用微流控几何形状中的高剪切速率、高拉伸速率和空间受限来创造具有新特性的微结构。最后,对蠕虫状胶束溶液的微流控流动的未来研究进行了展望。

9.2 蠕虫状胶束在微流控中的剪切流动

9.2.1 背景

在简单的剪切流动下,例如在图9.1(a)所示的泰勒—库埃特测量系统中,在临界剪切速率$\dot{\gamma}_1$以上,蠕虫状胶束溶液的均质流动会变得不稳定,并分裂成具有不同局部黏度和内部结构的共存剪切带[22,79-80]。Rehage 和 Hoffmann[22]首次报道了蠕虫状胶束流体表现出所谓的"应力平台"的流变行为。对于$\dot{\gamma} < \dot{\gamma}_1$的情况,胶束略微定向,保持各向同性和均匀,在泰勒—库埃特测量系统的间隙上保持恒定的剪切速率。当$\dot{\gamma}_1 < \dot{\gamma} < \dot{\gamma}_2$时,流动变得不稳定,在间隙中形成两个剪切带,其中包含不同黏度的流体以不同的剪切速率被剪切(高剪切带和低剪切

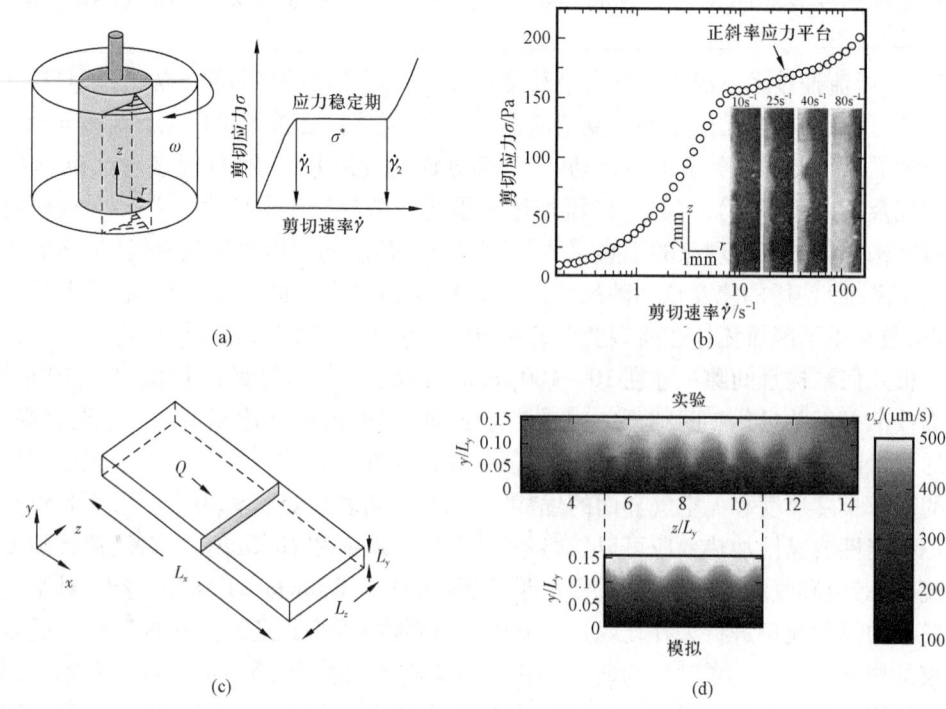

图 9.1 （a）库埃特测量系统中的剪切带流示意图及相应的剪切应力—剪切速率曲线。（b）蠕虫状胶束溶液在库埃特流中的剪切应力 σ_s 与剪切速率 $\dot{\gamma}_1$ 的关系图。内嵌的图像是在库埃特测量系统中 $r-z$ 截面上，不同剪切速率下剪切带界面不稳定性的快照。经 Fardin 等[96]许可转载，版权归美国物理学会所有（2009）。（c）微通道示意图呈现了通道尺寸和沿 x 轴的流动方向。（d）在图（c）所示的通道横截面上成像的流速（v_x）的 x 分量。灰度表示 v_x 的大小。在高剪切带和低剪切带（分别为暗区和亮区）的界面处形成不稳定状态。下图是微通道相同位置上完全展开流型的数值模拟的相应快照。经 Nghe 等[35]许可转载，版权归美国物理学会所有（2010）

带）。在这个应力平台区间内，随着施加的剪切速率的增加，低黏度高剪切带宽度增大，本体应力保持 σ^* 不变。当 $\dot{\gamma} > \dot{\gamma}_2$ 时，恢复到了单一的均匀流体相，整个流场内胶束在流动方向强烈地排列（即高剪切带填补了间隙），应力再次随着施加剪切速率的增加而增加。宏观流变学与局部测量如核磁共振（NMR）[81-82]、动态光散射[83]、PIV[84]、高频超声测速[85-86]、流变光学[50]等技术[44,77,80,87-100]相结合的方式已被广泛用于探索应力平台区域内流体内部结构和流动的复杂动力学。例如，为了对基于 CATB 胶束溶液在流动旋涡平面上的剪切带进行空间解析，Cappelaere 等[80]耦合了具有流动双折射和小角中子散射（SANS）的剪切流变仪，显示出随着剪切速率的增加，各向同性到向列相的转变。Liberatore 等[94,101]利用动态流变学、流变光学和 SANS 相结合的方法，研究了在库埃特测量系统中基于 CATB 的剪切带溶液中胶束的微观结构演变。与 Cappelaere 等[80]的结果相比，流动梯度平面上的空间分辨 SANS 测量提供了更多关于片段取向及低剪切带和高剪切带中胶束排列程度的见解。随后，Helgeson 等[102-103]使用具有相同剪切测量系统的 SANS 装置来研究蠕虫状胶束网络结构中应力松弛时间 λ_0、平台模量 G_0 和网格尺寸 ξ 值相似的两种 CTAB 溶液。其中一种流体（质量分数 15.6% CTAB 溶解于重水中)表现为剪切变稀(但不是剪切带状),另一种流体(质量分数 16.7% CTAB 溶解于重水中)是剪切带状。与非剪切带体系散射模式的弱变形相反,剪切带体系在达到临界剪切速率后具有高度的散射各向异性。Helgeson 等通过将各向异性数据与包含应力扩散项的 Giesekus 本构模型定量耦合,提出了一个临界各向异性参数 α,该参数表示了发生剪切带所需分段取向和走向的临界水平[102-103]。Berret 等[87-89]使用本体流变测量的方法,也观察到在 0.5M NaCl 水溶液中,表面活性剂 CPyCl 浓度为 1%~30% 时,CPyCl:NaSal 体系中剪切流动诱导的各向同性到向列相的转变。他们提出,各向同性/向列相共存区域中的瞬态行为是由在剪切带开始的 $\dot{\gamma}_1$ 后不同相分支的成核和一维生长过程驱动的,这个观点也被 Spenley 和 Cates[104]提出的理论预测证实了。对于浓度小于相变范围的稀或亚浓表面活性剂溶液,剪切诱导的相转变不太可能发生。反而,当 $\dot{\gamma}_1 < \dot{\gamma} < \dot{\gamma}_2$ 时,黏性相(胶束排列较少但缠结较多)和流体相(胶束排列较多)共存,并伴有在复杂的非均质结构中的空间—时间动力学。我们接下来将详细讨论这个现象。

实验研究已经证明了在宏观尺度的泰勒—库埃特几何结构中,相邻剪切带之间的浓度和取向存在波动[84,95-97,99-100,105]。在泰勒—库埃特测量系统中,Miller 和 Rothstein[95]利用 μ-PIV 方法捕捉了 4 种不同浓度的 CPyCl:NaSal:NaCl 水溶液在稳定和启动流动中剪切带的空间—时间动力学。点向 FIB 还用于研究剪切带的开始,并可视化剪切带界面胶束的变形场和取向。这些在短时间尺度(约 1s 或更短)上分辨出来的 FIB 图像,表明存在影响剪切带之间界面波动的动态弹性波[95]。Fardin 等[96-97,99-100,105]在透明泰勒—库埃特测量系统中采用 PIV 实验研究了流动—旋涡(θ—z)和速度梯度—旋涡(r—z)平面上的剪切带动力学,实验对象是含有质量分数 11% CTAB 和 0.405M NaNO$_3$ 的亚浓蠕虫状胶束水溶液。图 9.1(b)显示了溶液在稳态剪切状态下的剪应力平台(斜率略为正)[96]。在应力平台上,沿旋涡方向形成了带有波浪界面的剪切带,如图 9.1(b)在不同时间沿(rz)平面拍摄的快照所示。Fardin 等[96]观察到,在 $\dot{\gamma} = 40\text{s}^{-1}$ 时,流动不再是正径向的,在剪切带界面处出现了不规则波动波的二次流。当 $\dot{\gamma}$ 进一步增大到 80 s^{-1} 时,泰勒旋涡的出现导致三维流动和弹性湍流[97,106]。然而,由于泰勒旋涡的动力学与剪切带的界面不稳定性密切相关,因此很难确定观测到的现象的主要驱动力。Fardin 等[96]进一步提出,泰勒—库埃特测量系统中剪切带的不稳定性来源于在包含排列胶束的高剪切带中的流线弯曲和较大的第一法向应力[107-108]。他们在临界 Weissenberg 数(Wi)方面总结了在单相图中不同弯曲几何形状的本体和界面不稳定机制的开始。对于相同的蠕虫状胶束溶液(CTAB:NaNO$_3$),Alexandre 等[109]基于 Lerouge 等[110]对界面不稳定性的实验观察,使用带有应力扩散项的修正 Johnson-Segalman 模型进行了非轴对称线性稳定性分析。Alexandre 等[109]提出在剪切应力平台上的不稳定性演化取决于施加的剪切速率,在低剪切速率下,界面波动驱动应力平台开始时的不稳定性,在高剪切速率下,高剪切带的本体失稳占主导地位。

9.2.2 蠕虫状胶束的界面失稳和剪切局域化

Fardin 和 Lerouge 回顾了最近关于在泰勒—库埃特测量系统中剪切时蠕虫状胶束溶液中的空间—时间波动的研究,可能的原因包括壁滑移、剪切带之间的界面不稳定或其中一个剪切带的本体不稳定[100]。平面微通道流动最近被用来说明剪切带之间的界面波动,而没有来自在泰勒—库埃特测量系统中存在的曲率效应引起的本体不稳定和二次流动的复杂问题。与高剪切带的本体失稳是由流线弯曲和流向拉伸应力的组合引起的不同,平面剪切带流动的线性稳定性分析预测,剪切带界面的失稳是由剪切带之间界面的法向应力跃变驱动的[44,111]。Nghe 等[35]首次报道了在尺寸为 L_x = 5cm、L_y = 64μm、L_z = 1mm 的直微通道中,蠕虫状胶束亚浓溶液(33:20mM CTAB:NaNO$_3$)剪切带流动界面不稳定性的实验观察[图 9.1(c)]。如图 9.1(d)左上角图像所示,他们使用 3D 映射技术记录了通道横截面(yz 平面)上沿 x 方向的速度(v_x),并用荧光粒子进行速度成像。右边的灰度条表示 v_x 的大小。暗区对应于靠近下表面的高剪切相,亮区对应于靠近上表面的低剪切相。与之前在泰勒—库埃特测量系统中观察到的类似,当流动完全发展时,可以观察到界面波动,但这种不稳定性是由剪切带界面上的法向应力跃变而不是流线弯曲和张力驱动的。如图 9.1(d)下图所示,由充分展开的波动波长与通道高度相乘得到的波矢量 q_z 的量化结果与线性稳定性分析结合扩散 Johnson–Segalman (DJS)模型的数值研究结果一致。分析还预测了在实验中无法达到的更高的压降下旋涡的出现[35]。

Dhnot[112]在带有 Maxwell 本构模型的线性化的纳维—斯托克斯方程中引入了一个"非局部"应力扩散项,用来"平滑"剪切速率 $\dot{\gamma}$ 的强不连续和剪切带界面上的法向应力跃变。该过程中涉及的相关长度 l 被提出用于捕捉由"非局部"效应引起的高剪切带浓度波动引起的结构,前提是当装置的几何尺寸与 l 相当。例如,典型的微通道具有特征长度 100μm,而传统的锥板几何形状呈现的间隙尺寸为 0.5~1mm。实验表明,相关长度 l 对实验条件和离子环境非常敏感。例如,Masselon 等[33]研究了两种不同的蠕虫状胶束溶液在直线微通道中的剪切带行为:在 0.5M NaCl 盐水中,300mM:405mM CTAB:NaNO$_3$ 和质量分数 6%:3% CPyCl:NaSal。他们发现 CPyCl:NaSal 体系的剪切带之间呈现出一个明显的界面,具有实验边界条件的本构方程推导出 l 的范围为 3~20μm。所应用的边界条件涉及剪切速率值,该剪切速率值由速度剖面中最后三个点的线性拟合(由于巨大的应力梯度)和滑移速度确定。通过本构方程拟合实验数据,得到了黏度 $\eta(\dot{\gamma})$。然后相关长度 l 由 $l = \sqrt{D/\eta(\dot{\gamma})}$ 推导得到,其中 D 为胶束扩散系数。然而,CTAB:NaNO$_3$ 体系在 yz 平面上的高剪切带呈现出相对较暗和较亮的区域,导致界面模糊。

Masselon 等[33]提出,这种复杂的界面现象可能是由于与 CPyCl:NaSal 体系相比,CTAB:NaNO$_3$ 体系的相关长度 l 的范围更小,从而导致界面处的浓度波动更大。对于相同的蠕虫状胶束溶液来讲,Masselon 等[33]的相关长度 l(微米级)与 Lerouge 等[113]和 Ballesta 等[114]在泰勒—库埃特测量系统中的测量值相似,但远大于 Nghe 等[35]和 Radulescu 等[115]测量的 l(纳米级)。这些差异可能是由以下因素造成的:尽管界面内实际存在空间变化,但库埃特流动的一维近似分析导致界面更薄[113],或者在实验中难以分离界面的位移(包括界面的不稳定,重构和运移)[33,110]。这些论点需要进一步进行大量工作来证实。

为了进一步解决"非局部"对剪切带的影响,并探索微流控通道流动中蠕虫状胶束体系的剪切速率和剪切应力之间的关系,Masselon 等[32-33]使用压力驱动系统表明,微通道中应力平台状态下的剪切应力值(σ_m^*)对于所有施加的压降 Δp 都不是唯一的。剪切应力和剪切速率的关系取决于各种"非局部"条件,即压降 Δp、几何约束条件和微通道的表面粗糙度。首先,Masselon 等[33]记录了上述相同胶束溶液在高纵横比(通道高度 1mm,宽度约 200μm)的直微通道中，施加不同压降 Δp 时的速度分布。当 $\Delta p < 200\text{mbar}$ 时，溶液开始为类泊肃叶流体，当 $\Delta p > 300\text{mbar}$ 时，溶液演变为在侧壁形成高剪切带的阻塞流。波段宽度 Z_v 由速度剖面斜率变化的位置确定。利用关系式 $wz\Delta p/2L$ 可以得到不同通道位置（即不同剪切速率）的剪切应力 σ，其中 L 和 w 分别为通道的长度和宽度，z 对应于通道宽度上的归一化位置。因此，整个流动曲线可以由在给定 Δp 值下进行的单次速度剖面测量推导出来。如图 9.2(a) 所示，绘制出了不同施加压力下的 σ 与 $\dot\gamma$ 曲线，并与磨砂锥板流变仪的测量结果进行了比较。

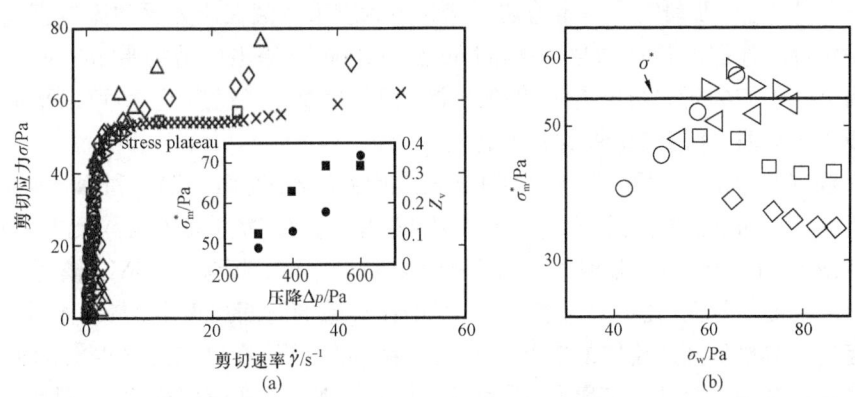

图 9.2 （a）由直线微通道计算（符号）的不同剪切速率下的剪切应力测量值（×），由传统流变仪在 Δp 为 200mbar（○）、300mbar（◁）、400mbar（□）、500mbar（◇）和 600mbar（△）得到；内嵌图显示了高剪切速率带宽度 Z_v（■）和剪切应力平台 σ_m^*（●）与压降的关系（据 Masselon 等，2008）经美国物理学会版权（2008）许可。（b）两条剪切带界面处的剪应力与壁面剪应力 σ_w 的函数关系，实线表示由锥板流变仪得到的平台应力值。◇代表通道深度为 120μm 的表面粗糙的微通道；□代表通道深度为 200μm 的表面粗糙的微通道，▷ 和 ◁ 则分别表示光滑的 PDMS 和光滑的玻璃表面[32]
经美国物理学会版权（2010）许可

在高 Δp 下，本体流变测量和局部测量之间存在显著差异。图 9.2(a) 的内嵌图显示了剪切带区应力 σ_m^* 随施加 Δp 的关系图，并与 Z_v 的增长进行了比较。假如 σ_m^* 保持不变，Z_v 将比实验中看到的实际 Z_v 增加得快得多[81,83,116]。随后，Masselon 等[32]使用类似的方法计算微通道中剪切带状态下的剪切应力，观察到 σ_m^* 与利用锥板流变仪的本体流变测得的 σ^* 之间的偏差[图 9.2(b)]。其中，壁面剪切应力 σ_w 由 $wz\Delta p/2L$ 计算得到。对于表面光滑的微通道，σ_m^* 的值非常接近 σ^*，而对于表面粗糙的微通道，σ_m^* 的值与 σ^* 有显著差异，并且在较窄的 120μm 微通道中，这种效应进一步增强。Masselon 等[32-33]提出，在相同的流动条件下，不同的边界条件（通道深度和壁面表面粗糙度）表现出不同的滑移速度和壁面剪应力，从而影响非局部效应，导致第一法向应力和剪切带之间的应力发生变化。需要注意的是，当微通道宽度与传统流变仪中的间隙尺寸相当时，局部微通道测量与本体流变测量之间的偏差消失，并且获得了特有的剪切应力平台。

最初由 Vasquez、McKinley 和 Cook 开发的适用于蠕虫状胶束溶液的一种两类网络断裂模型（VCM 模型）[117-118]能够捕捉到剪切中的蠕虫状胶束溶液的界面不稳定性和非局部效应。通常，人们会期望在蠕虫状胶束溶液中有链长的分布；VCM 模型将其简化为两类。A 类代表了长链的"平均值",这些长链涉及缠结和蠕动引起的松弛。B 类代表了短链的"平均值",它们是通过类似 Rouse 的机制松弛。该模型允许两条短链结合成一条长链,也允许长链断裂成两条短链。本构模型包括布朗运动和应力与微观结构(有限长度的蠕虫状)耦合引起的非局部效应,由一组描述两种胶束的耦合非线性偏微分方程组成。特别是,VCM 模型中无量纲扩散参数的大小决定了剪切带剖面的结构和由此产生的流动曲线。例如,在具有较小空间维度的受限微通道中,VCM 模型可以捕获 Masselon 等[33]报道的非局部效应[118]。

Cromer 等[119]进一步研究了一维剪切带状蠕虫状胶束溶液在压力驱动流过直线型微通道中的线性稳定性。他们的计算结果与 Fielding 和 Wilson[98]提出的剪切带 Johnson – Segalman 模型非常吻合。他们的研究结果表明,增加扩散(即通过缩小微通道尺寸)可以平滑剪切带处的速度曲线中的扭曲,并使流动曲线重新稳定。

在较大范围的稳定流速下,非剪切带稀蠕虫状胶束溶液(由 CTAB 和 NaSal 组成)的空间—时间流动不稳定性也被报道存在于高纵横比的直线微通道(宽深比 = 8.0)中[65]。Haward 等观察到,在测试的最低和最高流速下,Carreau 广义牛顿流体(GNF)模型很好地描述了类牛顿速度剖面。然而,在中等流速下,速度场在实验的时间尺度上(持续了几个小时)似乎从未稳定过。观察到高速流体的空间—时间依赖"喷射流"在周围几乎停滞的流体区域内波动。这些观察结果需要进一步研究,因为流动装置与许多工业应用相关,特别是与微流控剪切流变测量原理直接相关。

9.2.3 蠕虫状胶束在直线通道中的微流控流变学

与传统流变学相比,基于微流控的流变学具有许多优点。例如,微加工为设计各种包含剪切或拉伸流的流动通道装置提供了灵活性。此外,由于固有的小特征长度尺度,在速度中等的微通道内可以很容易地获得高变形率,从而最大限度地减少宏观流动中常见的惯性和黏性热效应、边缘断裂和流动不稳定性,避免了需要任何特别的修正[37,40−41,75,120]。微流控流变法也允许最小的样本量,这对于珍贵且难以获得的生物样品是非常理想的。

通常,微流控中黏度的流变测量是通过改变施加的压降和测量产生的流量来实现的,或者通过改变施加的体积流量和测量产生的压降来实现的。通过施加压降,Nghe 等[34]使用直微通道来测量一个剪切带 CTAB:NaNO$_3$ 蠕虫状胶束溶液在高剪切速率(高达 $10^4 s^{-1}$)下的非线性流变行为。他们能够解析应力平台以外的流动曲线,并使用微粒测速成像(μ – PIV)技术估计滑移长度。此后,Ober 等[38]将 μ – PIV 与直线微通道中的原位 FIB 测量相结合,研究剪切带(CPyCl:NaSal)和剪切变稀的非线性流变学,而不是剪切带(CTAB:NaSal)蠕虫状胶束溶液。他们将实验结果与 GNF 本构模型的预测结果进行了比较。在低至中等 Weissenberg 数下,本构模型的预测和流动运动学的实验测量以及应力光学规则都很好。在较高的 Weissenberg 数下,μ – PIV 和 FIB 结果表明,蠕虫状胶束的材料响应变得更加复杂,需要进一步研究。

Pipe 等使用微流控狭缝流变仪检测剪切带型 CPyCl:NaSal 胶束溶液在高剪切速率下的非线性流变特性。微流控装置(美国加利福尼亚州圣拉蒙锐欧森公司)由一个镀金的硅基低组成,其中包含一排三个嵌入式压力传感器,用于测量沿通道的时间分辨压力梯度。该微流变仪能够记录稳态流动曲线,剪切速率高达 $10^5 s^{-1}$。结果与旋转流变仪中板—板几何形状的数据非常一致,后者测试具有小(50mm)的间隙,并使用零间隙校正。在剪切速率的中间范围内,技术之间可能有重叠,结果也与标准锥板旋转流变学一致[40]。

最后,"无传感器微流变仪"也被开发出来,它消除了在微流体流变仪中安装压力传感器的需要。Guillot 和 Colin[120]提出了一种简单而巧妙的方法,通过在层流状态下并排流动两种不混相流体来测量牛顿流体的黏度。通过使用光学显微镜测量流体界面的形状,他们根据给定的通道几何特征,通过了解另一种参考流体的流速和黏度,计算出一种样品的黏度。这种微流控流变仪实现了广泛的剪切黏度测量（$10^{-3} \sim 70 Pa \cdot s$）。Guillot 和 Colin[121]随后通过使用 Rabinowitsch - Mooney 方程确定流体的流动曲线,将该装置拓展用来测量高纵横比微通道中非牛顿流体的黏度。在这项工作中,他们通过使用参照物牛顿流体的已知黏度和两种不混溶液体的流速来确定通道内的压降,同时通过光学和导电手段跟踪界面位置。然后应用 Rabinowitsch - Mooney 方程计算了非牛顿流体的局部剪切速率和壁面剪切应力。Guillot 和 Colin 通过测量两种蠕虫状胶束溶液（CTAB：NaSal 和 CPyCl：NaSal）的流动曲线验证了他们的微流控流变仪设计,结果与本体流变仪测量结果吻合良好。

9.3 蠕虫状胶束在微流控中的拉伸流动

9.3.1 背景

如前一节所述的简单剪切流,涉及垂直于流动方向的速度梯度。相反,当流场中遇到沿流动方向的速度梯度时,就会产生拉伸流动。一个经典的例子是,当不可压缩的流体从宽管道流入窄管道时,由于横截面积的减少,流体必须加速,因此流体单元在流过收缩通道时被拉伸。另一类重要的拉伸流动是由与流动一致的滞流点的存在而产生的:这些滞流点可以存在于例如分岔处（如 T 形或 Y 形接合）或障碍物的前后边缘处。在表面张力作用下弯曲的流体柱中也会产生拉伸流动,例如在滴水、喷射和喷涂的情况下。Trouton[122]发现,牛顿流体在单轴拉伸流中的拉伸黏度（η_E）比在单轴剪切流中测量的黏度（η）大 3 倍,因此 Trouton 比 $Tr = \eta_E/\eta = 3$（在平面拉伸流中的 $Tr = 4$）[123-124]。然而,对于复杂流体,如聚合物和蠕虫状胶束溶液,如果速度梯度（或应变速率 $\dot{\varepsilon}$）超过流体弛豫时间 λ 的倒数,使得 Weissenberg 数 $Wi = \lambda\dot{\varepsilon} \geqslant 1$,则拉伸流场中流体单元的强变形会导致流体微观结构的显著变形[125-126]（更详细的考虑表明微观结构变形的临界 Weissenberg 数 $Wi_c \approx 0.5$）[127]。由于微观结构的熵弹性,对拉伸变形的抵抗会导致弹性拉伸应力高度地非线性增加,以及拉伸黏度和 Trouton 比数量级增加[128-132]。在实际情况中,几乎所有的流体流动都包含拉伸成分,因此理解和量化流体对拉伸流动的响应对于优化许多过程至关重要。滞流点拉伸流动在引起复杂流体的微观结构变形方面特别有力,因为滞流点的流体单元（原则上）受困时间是无限的（因为流速为零）,因此流体单元被速度梯度不断拉伸,并且可以实现极高的流体应变。相比之下,对于经过收缩的流动,流体单元只在经过收缩的有限时间内经历速度梯度;由于这个原因,这种流动被称为"瞬态拉伸流动",即使在这种情况下,流场中拉伸分量的影响也会对胶束溶液等复杂流体的响应产生主要影响[37]。

由于对表面活性剂浓度、离子环境和温度等因素的敏感性,蠕虫状胶束溶液具有高度可调的流变性能。与具有共价骨架的聚合物不同,蠕虫状胶束在断裂后还具有重新形成的能力,这使得溶液在发生强烈变形流时降解后能够恢复其性能。由于这些原因,蠕虫状胶束溶液在广泛的应用中已经成为重要的流变改性添加剂[13,133],特别是那些涉及强拉伸变形的应用[134]。

近年来,微流控方法已被应用于表征黏弹性蠕虫状胶束流体在拉伸流动中的特性和行为。重点主要集中在两种类型的微流控几何结构上:十字槽[30-31,39,78]和收缩(平面或双曲线)结构[37,135-136]。十字槽装置是一种简单的几何结构,可产生具有自由静止滞流点的平面拉伸流[137](图9.3),下一小节将对此进行详细描述。随后的小节将处理瞬态拉伸流动和在复杂混合流动中可能遇到的作用,这些流动涉及强剪切、瞬态拉伸和滞流点的组合。

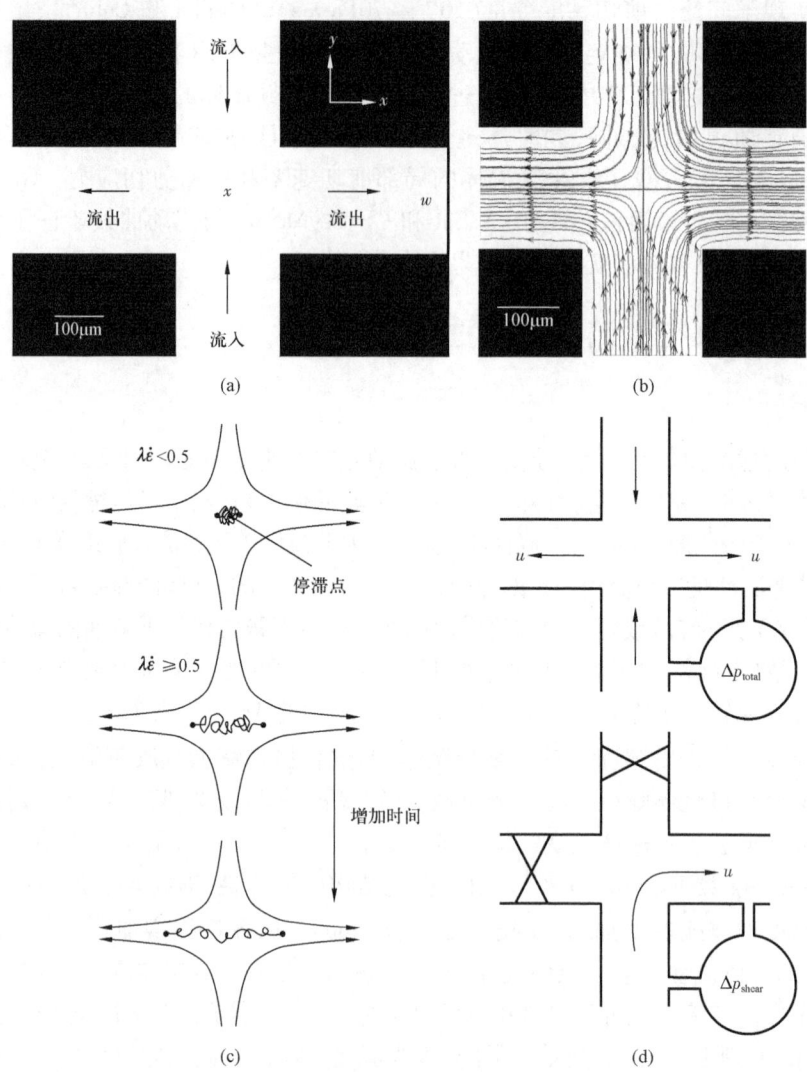

图9.3 (a)$w = 200\mu m$ 的十字槽装置的光学显微照片。流体沿 y 方向进入设备,沿 x 方向流出。滞流点用蓝色叉标记,其位置定义为坐标原点(据 Howard 和 McKinley,2012),经美国物理学会版权(2012)许可。(b)在低雷诺数($Re < 1$)下用含有荧光微粒的牛顿流体(水)测量的十字槽中的流场。流动在对称平面上是对称的,由叠加的红线标出[145],经 John Wiley & Sons 许可转载,版权归 Wiley 期刊公司所有(2013)。(c)聚合物分子或蠕虫状胶束对滞流点拉伸流场响应的示意图。只要当 $Wi = \lambda \dot{\varepsilon} < 0.5$,被困在滞流点的大分子(或胶束)就会保持无规卷曲的结构。如果应变速率增加到 $Wi = \lambda > 0.5$,分子(或胶束)就会开始变形并沿着流出方向(x 轴)排列,并且应变会随着时间的推移而积累(据 Haward,2014)。(d)压降测量的示意图,这是为了评估十字槽的拉伸对应力的贡献所必需的

9.3.2 微流控滞流点拉伸流动

滞流点拉伸流的实验室研究始于 Taylor[138] 为研究液滴的变形和破碎而开发的四辊流变仪。在 20 世纪 70 年代和 80 年代,四辊流变仪与对喷装置一起广泛应用于利用 FIB 测量拉伸流动中聚合物分子的大分子动力学(以及相关的黏弹性效应)研究[126,139-141]。这些深入的研究最终导致了十字槽装置的开发[137],其最初用于研究减阻聚合物溶液。如图 9.3(a)所示,十字槽装置由宽度为 w、深度为 d 的相互对分的正交矩形通道组成。流体通过两个相对的入口进入,并通过完全相反的一对出口流出。假设流场对称,在十字交叉区域的正中心处形成一个滞流点,流体沿出口轴线方向在旋涡和无剪切流动中被拉伸。实验测量的牛顿流体在低雷诺数(Re)下流过十字槽的流线如图 9.3(b)所示。与四辊流变仪和对喷装置相比,十字槽装置具有几个优点:(1)流动是平面的,便于使用荧光成像、双折射测量和测速等光学技术;(2)入口和出口的流动都有边界,这有助于在更高的流量下保持流动稳定;(3)应变速率 $\dot{\varepsilon}$ 可以很容易通过流经装置的流量($\dot{\varepsilon}=2u/w$, u 为平均流速)来控制;(4)该设备允许通过将应力光学规则应用于双折射的测量[30,142-143]或通过测量整个设备的本体压降(Δp)来评价拉伸黏度。后者可以通过对压降进行两次测量来最有效地完成,一次是测量通过所有四个通道的压降(Δp_{total}),另一次是测量设备其中一个拐角的压降(Δp_{shear}),[图 9.3(d)]。减去这些量,就可以估计出由滞流点流场中拉伸分量引起的过量压降(Δp_{excess}),这可以与拉伸应力差 $\Delta \tau$ 相关联,并以此根据式(9.1)可以计算表观拉伸黏度[144]:

$$\eta_{E,\text{app}} = \frac{\Delta \tau}{\dot{\varepsilon}} \approx \frac{\Delta p_{\text{excess}}}{\dot{\varepsilon}} = \frac{\Delta p_{\text{total}} - \Delta p_{\text{shear}}}{\dot{\varepsilon}} \quad (9.1)$$

在其他涉及滞流点或瞬态拉伸流的流动几何形状中,还没有实现对拉伸应力分量的如此简便和直接的量化,在这些几何形状中,必须做出重要的假设和估量,以消除剪切引起的应力贡献[37,146-149]。

应力光学规律研究表明,对于微观结构的有限变形,拉伸应力差与双折射 Δn 成正比,即:

$$\Delta \tau = \frac{\Delta n}{C} \quad (9.2)$$

其中,比例常数 C 称为应力光学系数[142,150]。因此,在滞流点附近进行双折射测量,可按式(9.3)计算局部拉伸黏度:

$$\eta_E = \frac{\Delta n}{C\dot{\varepsilon}} \quad (9.3)$$

比较式(9.1)和式(9.3),很明显,如果拉伸黏度的两个测量值是一致的,那么 Δn 与 Δp_{excess} 的关系图应该产生一条斜率等于 C 的直线。这种关系已被证明适用于各种流体,包括柔性聚合物和半柔性聚合物的稀溶液和亚浓溶液,以及蠕虫状胶束溶液[30,143,151]。

十字槽几何结构的简单性使其易于在微观尺度上制造,并且在其发展的早期就体现了小型化的优点。事实上,早在 20 世纪 80 年代,布里斯托尔大学的 Andrew Keller 和他的同事们就在手工制造微尺度的十字槽装置,用于研究高 Wi 和低 Re 下的聚合物溶液[152-154]。布里斯托尔小组将十字槽装置作为追踪大分子动力学、拉伸和链断裂的强大工具[154-155],并用于聚合物表征,例如测量弛豫时间和分子量分布[152,156-157],以及后来的拉伸流变学研究[158]。

随着软光刻技术和其他流道微加工技术的出现,十字槽装置得到了更广泛的应用。Steven Chu 和同事实现了荧光标记 DNA 分子在滞流点被拉伸的直接可视化[159-161],而 Dylla-Spears 等则表明 DNA 在滞流点的拉伸可以用于高精度的单分子序列检测[162]。微流控十字槽也被用于研究聚合物溶液中的纯弹性流动不稳定性[163-165],用于研究囊泡和肌动蛋白细丝的动力学特性[166-168],用于开展流体动力学捕获和颗粒处理[169],单细胞的高通量机械表型分析[170],以及聚合物溶液的拉伸流变学研究[64,143-145]。

尽管聚合物溶液在宏观和微流控滞流点流动(特别是十字槽中)得到了广泛的研究,但关于蠕虫状胶束溶液的文献却很少,特别是在微观尺度上。早期使用市售的 RFX 对喷流流变仪研究了一系列形成了胶束的表面活性剂/反离子体系的单轴拉伸流变性[171-174]。总的来说,这些研究表明,正如预期的那样,当流速超过一个临界值时,流体的拉伸黏度会增加,该临界值大致对应于 Weissenberg 数 $Wi \approx 0.5 \sim 1$[125,127]。此外,FIB 观察[172],特别是对流动流体的光散射测量,显示了拉伸黏度与胶束取向程度和旋转半径之间的明确对应关系,即与在柔性聚合物溶液中观察到的行为高度相似。

在一个类似于 Chu 小组使用荧光标记 DNA 的实验中[159-160],Stone 等[175]使用微流控十字槽几何结构进行流动实验,结合荧光显微镜,直接观察由聚(环氧乙烷)和聚丁二烯的二嵌段共聚物形成的单个荧光染色蠕虫状胶束的动力学特性。与单分散的 DNA 溶液不同,Stone 等的蠕虫状胶束溶液包含长度范围很广的胶束,因此弛豫时间也很长[175]。拉伸较短的胶束需要较高的应变速率;然而,研究结果表明,被困在滞流点的胶束都被拉伸到高于对应于临界 $Wi = 0.5$ 的应变速率,在拉伸流场中经过足够的时间后达到高度拉伸的形态。较高的 Wi 值导致胶束与周围流体发生更多的仿射变形(如 DNA 实验所示[159-160]),尽管这种条件也导致胶束被困在亚稳的扭曲和折叠构象中的情况增加。令人惊讶的是,Stone 等在滞流点流动中没有观察到任何胶束的拉伸断裂[175]。

Pathak 和 Hudson[39]采用通道宽度为 1mm,长径比(即深宽比)约为 0.53 的微流控十字槽装置,测量了两种不同亚浓蠕虫状胶束溶液的 FIB。一种液体是 100mM:60mM CPyCl:NaSal 的水溶液,另一种是 30mM:240mM CTAB:NaSal 的水溶液。两种流体的线性剪切流变性可以用单模 Maxwell 模型拟合,表明了以胶束的快速断裂和重组为主的单个弛豫时间。Pathak 和 Hudson 对流体中的 FIB 进行了定量测量,并观察到随着拉伸速率的增加,在十字槽的滞流点附近产生了高度局部化的双折射柱[39]。由于在滞流点附近的停留时间比胶束弛豫时间要长,因此在 $Wi = 0.5$ 条件下胶束链能够解缠并排列,从而导致观察到的光学各向异性。随着 Weissenberg 数的进一步增加,流动在滞流点处变得不对称,其方式类似于 Arratia 等[163]使用聚合物稀溶液在微流控十字槽几何结构中观察到的情况。这种破坏对称的流动不稳定性的特征是通过每个入口进入的流量在两个出口之间不均匀分布[163-164]。Pathak 和 Hudson 通过测量双折射链相对于流轴的角度,将不对称性量化为 Wi 的函数。对于 CTAB:NaSal 溶液,Pathak 和 Hudson 发现不对称性以平方根幂律增加,表明正向分叉(Arratia 等在聚合物稀溶液中也发现了这一点)。然而,由于仍然未知的原因,CPyCl:NaSal 溶液没有遵循相同的规律。Pathak 和 Hudson 提出,这种破坏对称的流动分岔可能是黏弹性流体的通用特征[39]。

Haward 等[30-31]对十字槽中的 CPyCl:NaSal 溶液进行了深入研究。他们最初使用与

Pathak 和 Hudson 相同的 100mM:60 mM CPyCl:NaSal 溶液[39],但随后继续改变 CPyCl 浓度,同时保持 CPyCl 与 NaSal 的物质的量之比不变。他们还研究了在液体中加入 NaCl 的效果。Haward 等[30-31]的主要目的之一是使用十字槽作为流变仪来测量蠕虫状胶束溶液的速率依赖拉伸黏度。为此,他们采用了比 Pathak 和 Hudson[39] 使用的深得多的微流控通道,深度约为 1mm,宽高比约为 5(该微流通道如图 9.3(a)和图 9.3(b)所示),以提供近似二维的流动,从而在通道深度上具有几乎均匀的拉伸速率。根据 Pathak 和 Hudson 的报道[39],Haward 等也观察到,当超过临界 Weissenberg 数 0.5 时,形成了从滞流点向下游延伸的双折射链[图 9.4(a)][30-31]。

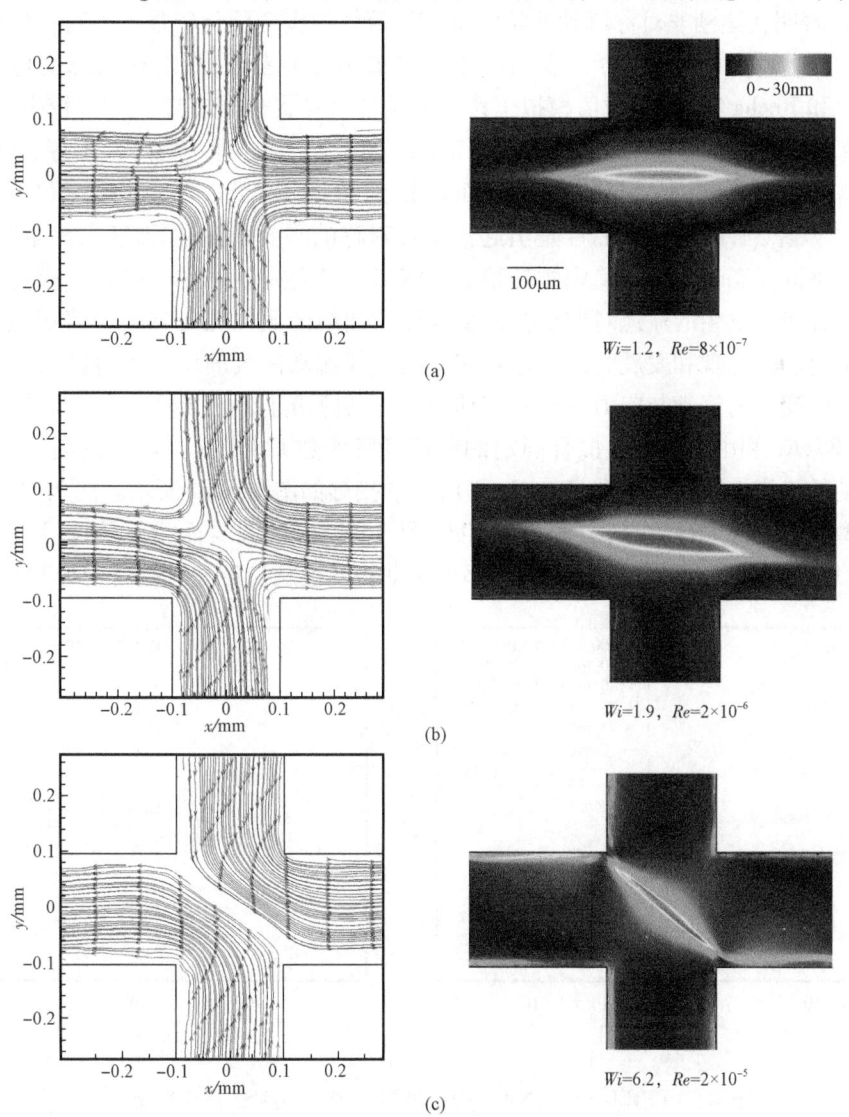

图 9.4 实验确定的流线(左)和测量的延迟(右)显示了随着流速增加,100:60:0mM CPyCl:NaSal:NaCl 溶液在十字槽几何结构中不对称流动的发展

(a)$Wi=1.2$ 时的稳定对称流动,(b)$Wi=1.9$ 时的部分分岔流动,(c)$Wi=6.2$ 时的完全分岔流动

经 Haward 和 McKinley 许可转载,版权归美国物理学会所有(2012)

此外,类似的非对称流动现象,相当于 Pathak 和 Hudson 报道的流动分岔[39],在更高的临界 Wi 之外也被观察到[图 9.4(b)]。最终,随着 Wi 的进一步增大,流动在滞流点附近几乎完全不对称,几乎 100% 的流体从每个进口进入,都选择了优先出口[图 9.4(c)]。最后,在更高的 Wi 下,流动变得依赖于时间和三维了。在时间依赖的流动区间,压降波动的傅里叶分析显示了非周期性,潜在地表明弹性湍流的开始。

在稳定对称流动的低 Wi 状态下,Haward 等[30-31]可以使用压降和双折射测量相结合的方法来评估测试流体的稳定速率依赖的拉伸黏度(图 9.5)。随着 Wi 的增加,流体的 Trouton 比值接近 100,表明在达到非对称流动开始的 Wi 时,流体的应变硬化较强。不对称的开始,对应于双折射的显著减少(即是应力),表明由于能量最小化的考虑,不对称状态变得有利,这为 Poole 等[164]和 Rocha 等[176]在数值模拟工作中表达的观点提供了支撑。对于较高的 CPyCl 浓度,Wi 对流动不对称性的量化与 Pathak 和 Hudson 的结果一致(即不稳定性不遵循前向分岔所期望的平方根关系);然而,在较低的表面活性剂浓度下,可以恢复平方根的变化关系。Haward 等[30]观察到,虽然流体弹性是引起流动不对称的必要条件,但流变仪测量的剪切变稀流动曲线的不同状态与横槽不稳定的开始也有密切的对应关系[图 9.5(a)]。普遍地,十字槽中稳定的对称流动发生的流速对应于在流变仪流动曲线的假牛顿分支的低剪切速率,而十字槽中不对称流动的出现和发展时的流速对应于流变仪流动曲线的应力平台区的剪切速率;十字槽内随时间变化的流动与应力平台外流动曲线的高剪切速率分支相对应。构造了由三个无量纲参数(Wi、Re 和由流动曲线拟合确定的剪切变稀参数)组成的剪切变稀黏弹性流体在十字槽内流动的稳定性图。此图在 Wi—Re 平面上的投影如图 9.6(a)所示。两条曲线描绘了三种流动类型之间的稳定性边界,并随着弹性数 $El = Wi/Re$ 的减少而相互接近,可能在三相点(或更准确地说是余维 2 的分岔)重合,在那里流动将直接从稳定和对称转变为时间相关。

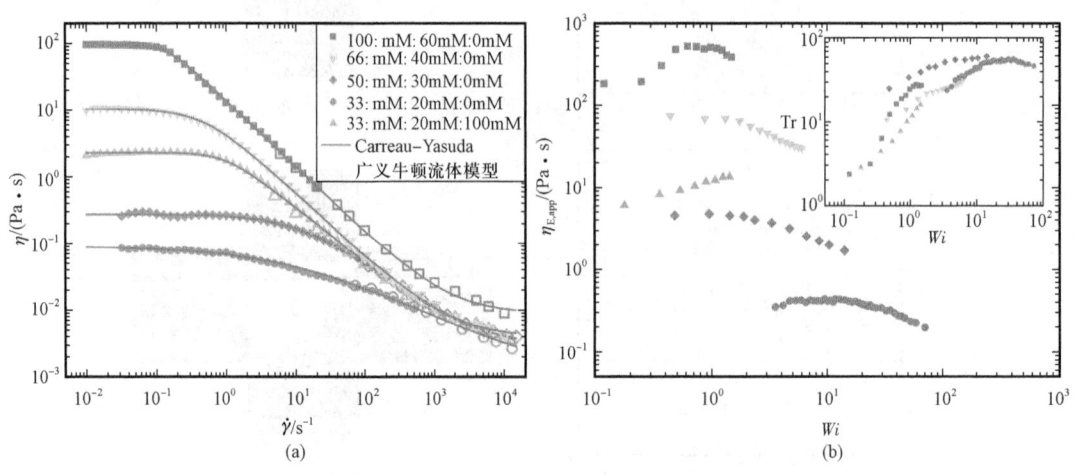

图 9.5　CPyCl:NaSal:NaCl 组成的蠕虫状胶束溶液的流变性能[30]

(a)在 AR-G2 锥板旋转流变仪(实心符号)和 m-VROC 微流控流变仪(空心符号)中,蠕虫状胶束样品溶液在稳态剪切下黏度随剪切速率变化的流动曲线。数据用 Carreau-Yasuda 广义牛顿流体(GNF)模型(实线)拟合。(b)拉伸黏度与魏森伯格数的关系图,由不对称流动开始之前在十字槽几何结构中进行的压降和双折射测量组合确定[见式(9.1)至式(9.3)]。

嵌入图显示了 Trouton 比 $Tr = \eta_E/\eta$

经美国物理学会版权许可

如图 9.6(b)所示,Dubash 等[78]绘制了与 Haward 等[30]类似的稳定相图,但使用的是不同表面活性剂浓度和不同盐与表面活性剂浓度比的 CTAB:NaSal 溶液。这些流体的性质从强剪切变稀和黏弹性(例如 100mM:32mM 和 75mM:24mM CTAB:NaSal)到弱黏弹性和剪切增稠(例如 75mM:18mM 和 50mM:16mM CTAB:NaSal)不等。Dubash 等[78]还观察到,在临界 Wi 以上存在稳定的对称破坏不稳定性,在较高 Wi 下,随后会过渡到依赖时间的流动,在较低弹性数值下,Wi—Re 图版中的两个稳定边界也会向三相点收敛。稳定性边界的形状与 Haward 等[30]所呈现的形状大不相同,这可能反映了流体特性和流动几何结构细节的差异。Dubash 等使用的十字槽具有比 Haward 等更大的特征尺寸(分别为 500μm 与 200μm)和更低的纵横比(Dubash 等的深度/宽度比为 0.5,而 Haward 等的深度/宽度比约为 5)。

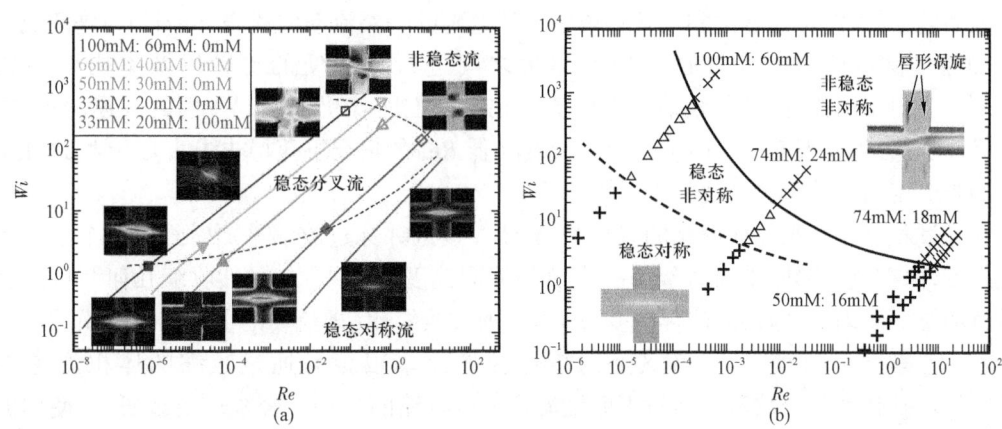

图 9.6　Wi—Re 空间稳定相图(a)CPyCl:NaSal:NaCl 溶液;(b)CTAB:NaSal 溶液。图示了溶液在十字槽中的不对称和不稳定流动的起始条件。图(b)部分中插入的右上方图像突出显示了入口通道内隅角处唇形旋涡的出现。图(a)经 Haward 和 McKinley 许可转载,版权归美国物理学会所有。图(b)经英国皇家化学学会许可,转载自参考文献[78]

Dubash 等[78]对十字槽上游通道中二次流的出现进行了有趣的观察,当流动接近第一次过渡到稳定的非对称状态时,在强剪切变稀黏弹性溶液中,沿入口通道壁上形成唇形涡旋[如图 9.6(b)中插入的上方图像所示]。在高黏弹性和剪切变稀的 100mM:60mM CPyCl:NaSal 溶液中,这种唇形涡旋也被报道在不对称流动状态下形成。这种在 90°拐角上游类似的黏弹性二次流动最早是由 Chono 和 Iemoto[177-178]在剪切变稀的聚丙烯酰胺溶液中报道的。最近,Gulati 等[156,179]在剪切变稀的聚环氧乙烷和 DNA 黏弹性溶液中也报道了相似的结果。Gulati 等提出,唇形涡旋是由于流线在 90°拐角处弯曲,加上弹性应力引起的流向张力和剪切变稀引起的应力梯度减小而产生的[179]。Dubash 等[78]和 Haward 等[31]对蠕虫状胶束溶液的观测结果与剪切变稀是拐角再环流区域形成的必要条件的观点是一致的。在强剪切变稀的蠕虫状胶束溶液中,唇形旋涡的形成可能对对称破坏不稳定性的发生有很强的影响。胶束断裂也可能起重要作用。高 Wi 下聚合物溶液的分子动力学模拟表明,在十字槽的尖角处和滞流点处,链断裂的概率都很高[180],对于蠕虫状胶束来说可能也是如此。在圆柱体周围的不稳定流动中可以看到胶束破裂[181-183]。例如,在 200mM:100mM 的 CTAB:NaSal 溶液中,Gladden 和

Belmonte[183]在超过临界拉伸速率的圆柱体尾流中,观察到从流体状流动到固体状断裂的转变。拐角对十字槽中不稳定的开始的影响应该通过拐角曲率半径的系统变化来研究,正如对聚合物溶液所做的数值研究一样[164,176]。最近开发的"优化形状"十字槽装置[144,165],在拉伸区域上产生了几乎理想的均匀平面拉伸流,并且其拐角远离滞流点区域,也可能提供一些有趣和有价值的见解。

9.3.3 收缩和膨胀流动

长期以来,无论是轴对称的还是平面的收缩几何结构,都一直是复杂流体领域关注的焦点,因为它们能够产生强烈的拉伸流动,它们被认为有可能作为简单的拉伸流变仪,并且可以观察到各种各样的非线性不稳定性[146,184-189]。平面突然收缩几何结构被认为是黏弹性流动的基准问题,因为它是在自然和工业环境中广泛遇到的一类流动的代表,也因为与停滞流动相比,数值模拟相对直接,允许在实验和模拟之间进行更方便的比较以及本构模型的测试[190-192]。由于同样的原因,收缩和膨胀流动在微流控时代仍然引起人们的兴趣,由于特征长度尺度小,可以在大变形率(高 Wi)和低惯性(低 Re)的情况下获得非线性动力学,这在宏观尺度的管道流动中是无法实现的[148,193-195]。

在通过收缩—膨胀几何形状的流动中,流体在接近并穿过收缩平面时经历一个正的流向速度梯度,而在进入膨胀平面时经历一个负的流向速度梯度[196]。虽然收缩几何结构只提供了瞬时的拉伸流动,但施加的流体应变(ε)可以通过收缩比(即流动的上游与下游横截面积之比)在一定程度上改变[187]。名义上的拉伸变形速率很容易通过收缩的体积流量来控制[196-197]。黏弹性聚合物溶液通过平面微流控突然收缩的流动已经被广泛地研究,使用的方法包括条纹成像、测速、压力损失和 FIB 测量[56,148,193-195,197]。这些通常表现出随着流量或 Wi 的增加而发展的一系列不稳定性,从观察到收缩面上游的发散流线开始,一直到在内隅角处的唇形涡旋的发展,然后在凸出角处的上游涡旋随着 Wi 的进一步增加而扩大。在更高的 Wi 下,可以观察到随时间变化的三维流动不稳定性。这种流动不稳定进程的确切开始条件和性质高度依赖于流体的黏弹性特性,特别是弹性数[193-194]和流动几何形状的细节,即收缩比、纵横比和下游收缩长度[198-199]。这种装置的一个缺点是,即使对于蠕动的牛顿流体,在给定的流速下,通道中心线的应变率也不是恒定的。此外,收缩面上游区域涡旋的增长对流场产生了严重的影响,这意味着实际应用于流体单元的拉伸速率可能比预期有显著的、不可预测的修正。此外,尽管黏弹性流体的压力损失测量可能由于微观结构变形而显示出明显的非线性,但如果不做一些重要的假设和近似,则很难从本体测量中提取纯粹的拉伸分量[148-149]。由于这些原因,平面突然收缩几何结构已不能很好地研究拉伸流变。

尽管双曲收缩曾被预测为沿中心线施加名义上恒定的拉伸速率,而不会产生上游涡旋[196,200],但不幸的是,对双曲收缩中的黏弹性流体进行的实验表明,实际情况并非如此[37,201-202]。

Ober 等[37]利用流动可视化、双折射和压力测量,研究了一系列复杂流体(包括黏弹性聚合物溶液、蠕虫状胶束溶液和消费品)在流动中的双曲线收缩。Ober 等[37]使用的刻蚀玻璃微装置[图 9.7(a)]包括 4 个嵌入式 MEMS 压力传感器,用于测量上游、下游和收缩过程中的压力损失。本研究中使用的蠕虫状胶束溶液与 Ober 等在直线微通道中研究的 100mM:60mM

CPyCl:NaSal[38]和 Haward 等在微流控十字槽装置中研究的相同[31]。Ober 等[37]认为,由于蠕虫状胶束溶液的剪切局部化,在通道壁上形成有效的润滑层,会导致流体核心产生类似阻塞的流动,有利于通过收缩区产生更均匀的拉伸流场。然而,当 Weissenberg 数大到足以引起微观结构重组时,在收缩喉部上游形成了大型的、几乎停滞的涡旋再环流,并且通过收缩,胶束取向明显存在于沿流轴的中心带见[图 9.7(b)中的条纹图像和双折射可视化]。虽然这种对流场的扰动对于进行真正的拉伸流变测量显然是不可取的,但 Ober 等[37]证明了他们仔细的压力测量如何使这种装置成为复杂流体的有效拉伸黏度指示器。

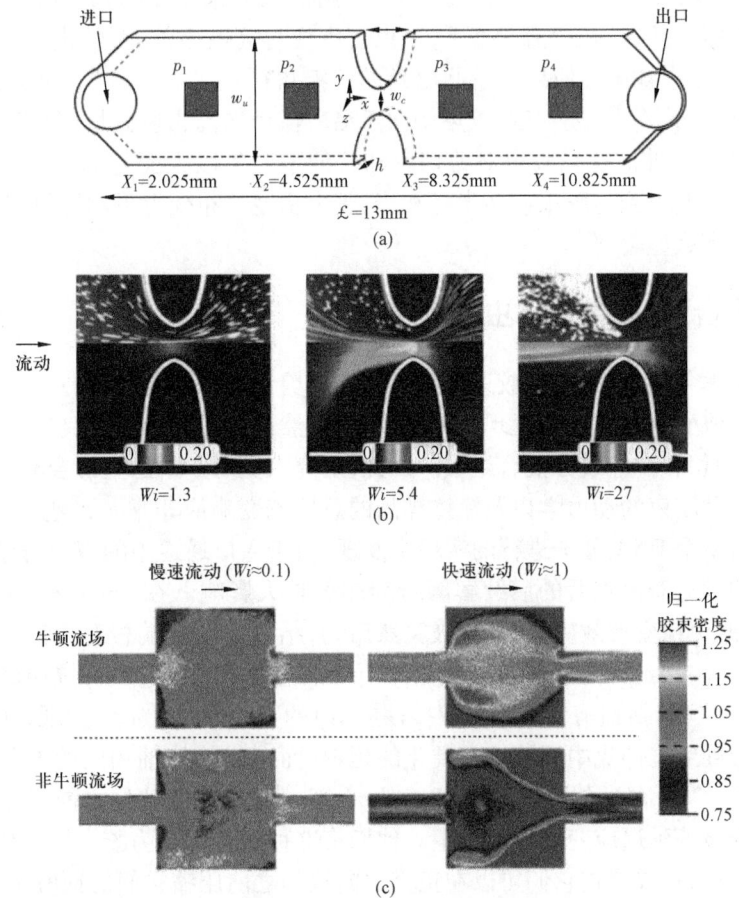

图 9.7 (a)用作拉伸黏度指示器的双曲平面收缩微流控装置示意图,用实心方块表示嵌入式 MEMS 压力传感器[37],经施普林格科学与商业媒体许可。(b)荧光示踪剂颗粒的条纹图像(上半部分)和 100mmol/L:60mmol/L CPyCl:NaSal 流过微流控双曲收缩几何结构时流动诱导双折射的伪彩色延迟图(下半部分)。颜色标尺以 nm 表示延迟[37],经施普林格科学与商业媒体许可。(c)在假设的牛顿流场(上半部分)和非牛顿流场(下半部分)中,模拟蠕虫状胶束溶液在慢流(左侧)和快流(右侧)的收缩膨胀几何结构中的归一化密度分布。快流时的剪切速率是慢流时的 10 倍[203],经施普林格科学与商业媒体许可
w_u, w_c—刻蚀玻璃微装置的平面宽度,中间两个凹槽间的距离;p_1, p_2, p_3, p_4—4 个嵌入式 MEMS 压力传感器,测量上游、下游和收缩过程中的压力损失;L—刻蚀玻璃微装置的平面长度

已有许多蠕虫状胶束溶液流过微流控收缩和膨胀几何形状的计算研究报道[203-208]。Padding和同事利用原子分子动力学和粗粒度布朗动力学模型对蠕虫状胶束流体进行了全面的多尺度模拟[204]。原子分子动力学模拟能够准确预测蠕虫状胶束的力学性能和胶束溶液的非牛顿流变性能。使用一些强有力的近似值,介观模型可以通过膨胀—收缩几何形状来模拟蠕虫状胶束流体的流动,旨在表示含油多孔介质中的孔隙空间。图9.7(c)显示了假设牛顿流场(上半部分)和非牛顿流场(下半部分)在1200nm模拟长度尺度下的归一化胶束密度分布。左图显示"慢"(低 Wi)流,右图显示"快"(高 Wi)流。快速流动时的剪切速率是缓慢流动时的10倍。在慢流状态下,无论是牛顿流场还是非牛顿流场,胶束密度都相当均匀,表明胶束相对容易通过模拟区域。然而,在快流状态下,胶束密度变得高度不均匀,特别是在非牛顿流场的情况下,高密度的胶束被困在收缩上游凸出角的停滞再循环区域[203-204]。在快速流动的非牛顿流场情况下,Stukan等[203]还发现,胶束倾向于沿着流动区高密度区域(红色)和低密度区域(紫色)之间的边界拉伸。这是胶束对剪切率和拉伸率产生巨大变化的快速响应结果。将几何形状的长度尺度缩小到与胶束旋转半径相当,胶束密度分布变得更加均匀,背景流场效应之间的差异变得不那么显著[203]。

9.4 复杂混合流场中的蠕虫状胶束

在高变形速率条件下,蠕虫状胶束溶液在微流控剪切和拉伸流动中的研究,已经导致发现了许多有趣的新流变学和流动输运现象。然而,在自然或工业环境中遇到的大多数"真实"流动更为复杂,由剪切和拉伸成分混合组成。因此,研究人员对了解这些混合动力学如何相互作用以影响大分子和胶束的动力学以及流体样品的总体流变响应非常感兴趣。Perkins等[159]在十字槽装置中对单个DNA分子进行的实验中发现,由于入口通道中的剪切而导致的分子预变形可能会对它们到达滞流点后的后续解缠行为产生重大影响。在Smith和Chu[160]随后的相关实验中,为了避免预变形效应,拉伸流被突然启动,结果发现链端相对于拉伸方向的初始取向影响了解缠行为。Anna和McKinley[209]报告了在细丝拉伸流变仪中,拉伸之前对聚苯乙烯溶液进行"预处理"(包括预剪切和小振幅振荡应变)的实验结果。他们发现,在与拉伸轴正交的平面上预剪会导致拉伸流中后续应变硬化的延迟,而在与拉伸轴相同的方向上预剪会导致更快的应力增长[209]。在类似的实验中,Bhardwaj等[210]报道,在拉伸之前对蠕虫状胶束溶液进行预剪切也会显著延迟应变硬化的发生。他们将这种延迟解释为胶束需要从预剪切方向旋转并与拉伸方向对齐,或者在它们可以在正交方向拉伸之前压缩它们的预剪切构象。据报道,随着预剪速率和预剪持续时间的增加,最大弹性拉应力显著降低[210]。与稳定流动曲线的应力平台相对应的预剪切速率,即预期形成剪切带的速率,具有特别大的影响。拉伸应力的减小可以用蠕虫状胶束尺寸的减小或拉伸前胶束网络结构相互连结性的变化来解释[210]。

这些现有的报道为进一步研究由混合剪切和拉伸分量组成的复杂流场中的蠕虫状胶束提供了动力,这些研究有望揭示新的流动动力学现象,并深入了解混合动力学中的微观结构演变。由于其设计具有相当大的灵活性,微流控装置提供了一种方便的方法来研究蠕虫状胶束在复杂流动条件下的行为,具有相当自由可变的几何参数,因此具有剪切和拉伸变形率以及施加的应变。

之前对蠕虫状胶束溶液在复杂几何结构中的研究涉及毫米尺度的宏观研究,例如流过圆柱体[181-183]、落球[211-213]、气泡[211,214]，尤其是在提高原油采收率领域中的多孔介质中流动。Ruckenstein 和同事[216]研究了阳离子表面活性剂十六烷基三甲基水杨酸铵（C_{16}MTA-Sal）和 NaBr 的等物质的量溶液流经由直径为 $392\mu m$ 的玻璃微珠组成的无规堆积的多孔层（孔隙度为 0.38，水力半径 $R_h \approx 40\mu m$）。他们研究了雷诺数和阻力系数 $\Lambda = f \times Re$ 之间的关系，其中 f 是摩擦系数。在牛顿流体中，Λ（可以被认为是一种无量纲的表观黏度[220]）在由于惯性效应和最终的湍流开始而增加之前，在一个很宽的雷诺数范围内（$5 \times 10^{-5} \le Re \le 10$）是一个常数。在剪切增稠表面活性剂溶液中，$\Lambda$ 在超过临界 Re 后急剧增加，然后随着 Re 的进一步增加而降低。Brunn 和 Holweg[73-74]针对与 Ruckenstein 等[216]的研究相同的阳离子表面活性剂体系，绘制了不同温度和表面活性剂浓度下 Λ 与 Re 的关系图。多孔介质流动的 Λ—Re 曲线与流变仪黏度流动的 η—$\dot{\gamma}$ 曲线有很好的对应关系[73-74]。随着 Re 的增加，Λ 突然增加的开始与 $\eta(\dot{\gamma})$ 的剪切增稠的开始相对应。这表明，剪切应力 τ 在黏性剪切流中的作用是由类似的特征剪切应力 τ^* 在多孔介质流动中所起的作用，它可以表示为水力半径 R_h 和多孔层单位长度压降 Δp 的函数[217]。由此类推可知，表面活性剂溶液在多孔介质中的流动行为完全是由剪切引起的，即多孔介质中胶束的流动诱导结构与纯剪切变形下的结构形成相似。这些结构的缔合和解缔合取决于速度梯度、离子环境、温度和多孔介质流动特性[71-74,216]。

最近，Müller 等[218-219]研究了剪切增稠 WLM 溶液的多孔介质流动，该溶液由带相反电荷的表面活性剂：阳离子十六烷基三甲基对甲苯磺酸铵（CTAT）和阴离子十二烷基硫酸钠（SDS）的混合物组成。他们使用了一个无规堆积的多孔层，由直径 1.13mm 的玻璃球制成，孔隙率为 0.38，孔隙空间的特征长度尺度约为 $60\mu m$。在这种情况下，他们发现阻力系数 Λ 随 Re 的增加量远远大于黏度流动曲线剪切增稠区观察到的黏度增加量。他们认为，除了剪切外，由于滞流点和局部孔隙空间的空间变化引起的流动拉伸成分可以促进 WLMs 的瞬态缠结，从而形成更强的合作结构，并增强溶液的黏弹性[218-219]。Müller 等[221]研究了表面活性剂浓度（质量分数）在 0.05%~0.23% 范围内的 CTAT 水溶液在理想剪切和拉伸率条件下以及在多孔介质流动中的剪切增稠作用。他们得出结论，多孔介质流动中剪切增稠的增强是剪切和拉伸对 WLMs 微观结构影响的协同效应。他们认为，多孔介质流动中的拉伸成分足够强，可以促进剪切引起的胶束相互作用的增加，但不会像可能发生在强的纯拉伸流动中那样破坏和摧毁超分子结构。宏观多孔介质流动通常可以提供高达 $10^3 s^{-1}$ 的剪切速率，但较高剪切速率下的数据通常受到 $Re \ge 10$ 时惯性效应开始的影响[73-74]。另一方面，涉及同等复杂流场的微流控实验能够在基本无惯性条件下获得明显更高的应变速率（$10^4 s^{-1}$）。在下一小节中，我们将重点介绍在多孔介质微流控模型中涉及 WLMs 的实验，并说明强剪切和拉伸的混合动力学以及微流控中的空间受限如何影响 WLMs 溶液的微观结构和流变学。

混合流动中流动诱导结构。

有充分的证据表明，在某些稀释的 WLMs 溶液中，超过临界剪切速率的简单剪切流的施加会导致"两相"体系的形成，在该体系中，黏性更大的流体出现带状结构。这些带在文献中被称为剪切诱导结构（SIS）或剪切诱导相（SIP）。在带内，胶束局部比周围相更集中，而且是高度排列的[222]。在 SIS 状态下，溶液是双折射的，并且通过光散射和中子散射显示出强烈的各向异性。图 9.8(a) 显示了 Liu 和 Pine 在透明泰勒—库埃特测试系统中观察到的 CTAB 和 NaSal 溶液在稳定剪切流动下的光散射[222]。当剪切速率 $\dot{\gamma} \le 0.2 s^{-1}$ 时，在几何结构的内外表面附近观察到明亮凝胶带的堆积。当剪切速率增加到 $\dot{\gamma} \leqslant 0.4\text{s}^{-1}$ 时,条带变得不稳定,随着时间的增加,被描述为"手指状凝胶"的结构开始从静止的内圆柱体生长出来[222]。实验表明,SIS 的形成是可逆的,在停止流动后结构会重新溶解[222]。

相比之下,Vasudevan 等[68]报道了一种持久的流动诱导结构相(FISP)的形成,通过将一系列亚浓的 CTAB:NaSal WLMs 溶液流过直径为 20~50μm 的玻璃珠填充的微流控锥形通道而形成。该装置模拟了一种多孔介质,该介质施加的流体总应变预估为 10^4,其中平均变形率 S 依据施加的流量,可以在 $10^4\text{s}^{-1} \leqslant S \leqslant 10^7\text{s}^{-1}$ 的范围内变化。如图 9.8(b)所示,当变形速率超过临界值时,"前驱体"WLMs 溶液流入无规堆积的玻璃珠区域,转变为类凝胶相。形成的凝胶状 FISP 结构能在产生后几个月保持完整[68]。

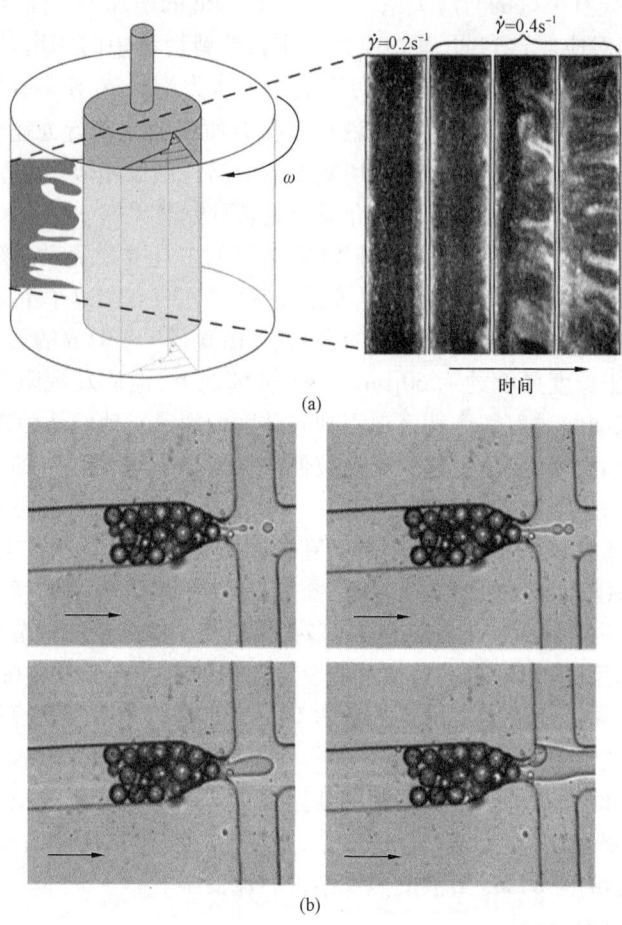

图 9.8 (a)泰勒—库埃特测量系统中简单剪切流动开始后生成和建立的 CTAB 和 NaSal 溶液(CTAB 质量分数为 0.015%)剪切诱导结构(SIS)的可视化[222]。经美国物理学会授权(1996)许可。

(b)剪切诱导凝胶在微通道中形成的蒙太奇图,微通道中填充了直径为 20~50μm 的颗粒,在收缩处形成伪填充层。表面活性剂溶液由等摩尔浓度 3mM 的 CTAB 和 NaSal 组成。流体从左侧注入,流速为 5mL/h(平均变形率 $S = 4.6 \times 10^6 \text{s}^{-1}$)。流动诱导的凝胶在孔隙中形成并离开多孔层[68]

经麦克米伦出版有限公司授权(2010)许可

Dubash 等[69]使用微流控装置实现了 CTAB:NaSal WLMs 前驱体溶液生成 FISP 凝胶,该装置包含六边形圆柱体阵列,圆柱体之间的间隙约为 15μm。使用一种称为微观流变学的技术[223],他们发现 FISP 的零剪切黏度 η_0、平台模量 G_0 和松弛时间 λ 都比前驱体大一个数量级。Cheung 等[70]使用荧光染料(尼罗红)进行了实验,该染料优先结合到 CTAB 胶束的内部和界面。荧光强度与 CTAB 浓度呈线性变化,使微柱装置内胶束浓度的空间分布能够可视化[70]。在圆柱体周围观察到明亮的束(对应于高胶束浓度),在圆柱体的上游和下游观察到暗三角形区域(低胶束浓度)(图 9.9)。在明亮区域,胶束浓度比黑暗区域高 25%,而这种局部浓度的增强似乎对稳定的 FISP 凝胶的产生至关重要[70]。

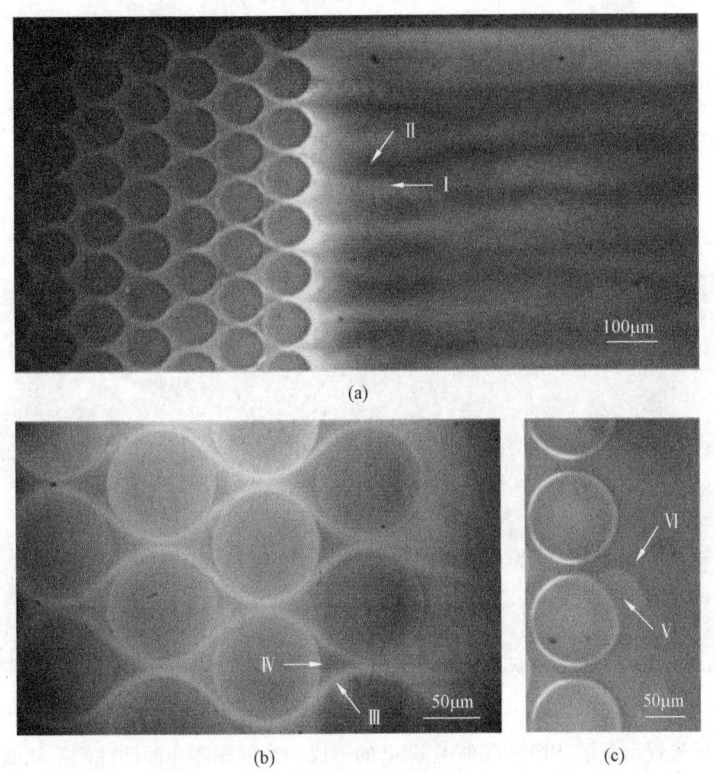

图 9.9 用尼罗红染色的 CTAB 的荧光图像:NaSal 溶液流经圆柱体阵列[70]
(a)变形速率为 $S \approx 10^4 s^{-1}$ 时的流动显示微柱阵列中出现的浅色(Ⅰ)和深色(Ⅱ)条纹。(b)阵列内部更大的放大细节显示出明亮的条纹(Ⅲ)和黑暗的条纹(Ⅳ)。(c)在流动停止后,FISP 凝胶(Ⅴ)的液滴仍然粘在其中一个圆柱体上。周围的前驱流体被标记为(Ⅵ)
经英国皇家化学学会许可

Cardiel 等[76]后来使用了类似的微柱设计来形成 FISP,并使用电子显微镜成像来可视化具有三重结和分支的多连接胶束网络,如图 9.10 所示。类似的多连接网络以前曾在离子胶束溶液中报道过,但仅在非常高的盐浓度下[224-225]。Cardiel 等[76]提出,从亚浓前驱流体中的棒状胶束到 FISP 中多连接网络的转变是由多种因素共同引起的:微柱(5~15μm)的空间限制(或间隙间距),高变形率 $10^4 s^{-1}$,高流体总应变,以及流动诱导的胶束浓度的增强。当棒状胶束在微柱之间的流动中被拉伸和排列时,胶束的弯曲能降低,这使得柔性胶束能够融合并与周围的其他胶束形成连接和分支(图 9.10)。值得注意的是,这些现象仅在使用微流控装置时报道,这些装置在圆柱之间具有高程度的空间限制(约 15μm 间隙)。当圆柱间隙增大到 100μm 或更大时,只观察到 SIS,在停止流动后破裂,类似于泰勒—库埃特测试系统中 WLMs 溶液的观察结果[222]。

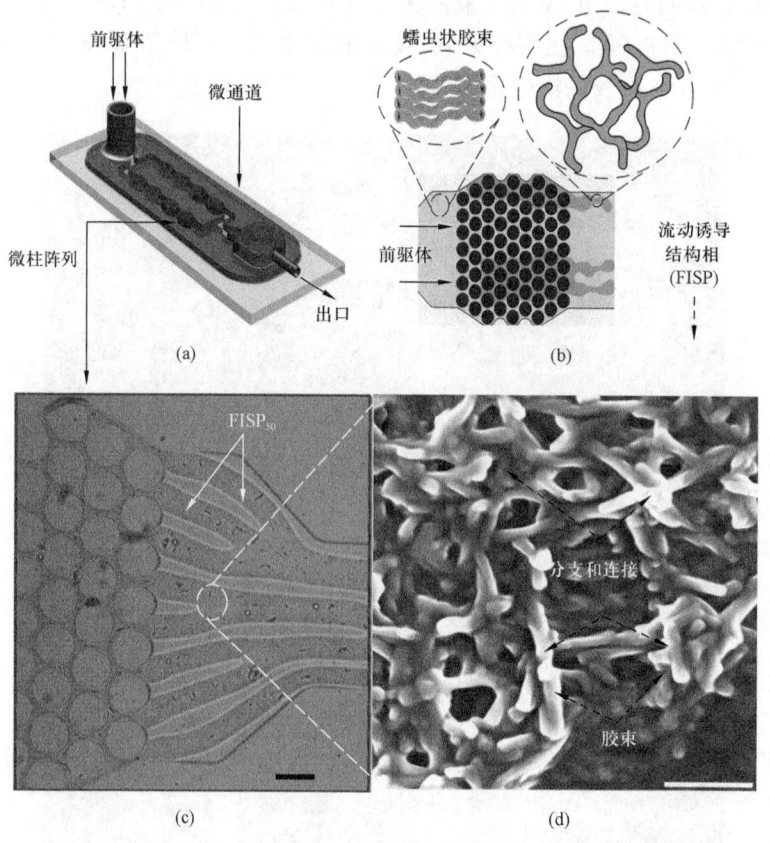

图 9.10 (a,b)微装置示意图和微柱阵列中 FISP 的形成。当前驱体表面活性剂溶液通过微柱阵列时,其高变形率 $S\approx 4.4\times 10^4 s^{-1}$,高总应变约为 1.6×10^3,致使 FISP 形成。(c)快照显示手指状的 "FISP" 形成。比例尺为 100μm。(d)FISP 凝胶在 100000 × 放大下的高分辨率 SEM 图像。比例尺为 500nm[76]

经爱思唯尔授权(2014)许可

这些不可逆的 FISPs 由于其高度的纳米孔支架结构,在酶包封、环境传感和其他应用中显示出巨大的潜力[226-228]。最近,Cardiel 等[226]证明了将单壁碳纳米管(SWCNTs)封装在 CTAB:NaSal 基纳米多孔 FISP 凝胶中[图 9.11(a)、图 9.11(b)和图 9.11(c)],以制造具有传感、封装和催化应用潜力的导电凝胶网络。Cardiel 等[227]也从由聚环氧乙烷、山梨醇酐单油酸酯和月桂酸甘油酯组成的前体溶液中制备了非离子型 WLMs FISP 纳米凝胶[图 9.11(d)、图 9.11(e)和图 9.11(f)]。这些纳米凝胶被用来包封和固定葡萄糖氧化酶,随后显示出葡萄糖浓度依赖的电导率,具有毫摩尔级葡萄糖敏感性[227]。

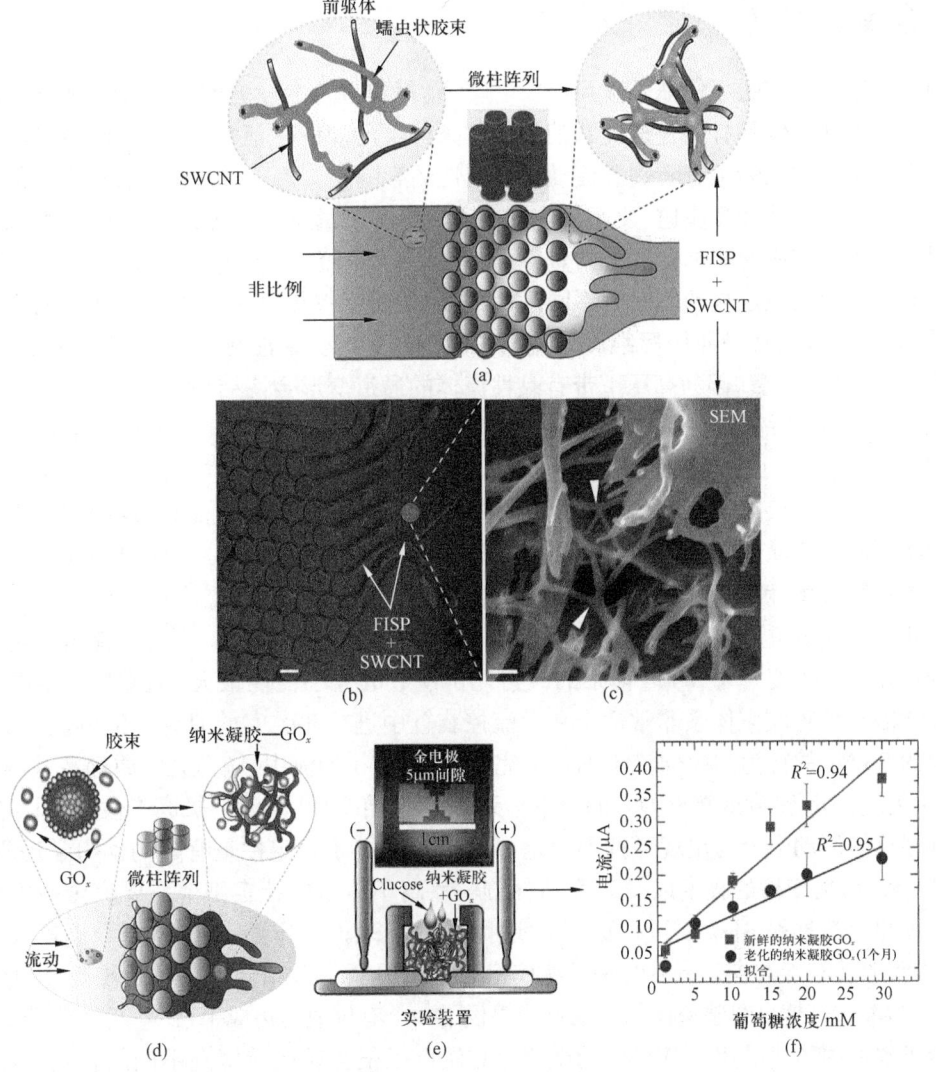

图 9.11 （a）凝胶状 FISP 内单壁碳纳米管（SWCNTs）封装示意图。蠕虫状胶束前驱液为质量分数 0.9% 的 CTAB 和 0.1% 的 NaSal 溶液。将 SWCNTs 分散在质量分数 1% 的表面活性剂 SDS 溶液中，然后加入 CTAB:NaSal 溶液中，然后将混合物通过微柱阵列。（b）微装置内 FISP（含 SWCNTs）的光学显微镜图像。比例尺为 100μm。（c）封装 SWCNTs 的 FISP 的 SEM 图像。白色三角形突出了结构中的分支点。比例尺为 200nm。（d）葡萄糖氧化酶（GOx）包封在由聚环氧乙烷、山梨醇酐单油酸酯和月桂酸甘油酯组成的非离子型蠕虫状胶束表面活性剂体系形成的纳米凝胶中的示意图。（e）用于测量凝胶对添加葡萄糖的时间分辨安培响应的实验装置。（f）通过初始凝胶和 1 个月后的凝胶的电流与葡萄糖浓度的关系（电极两端电压为 0.4 V）。图（a）、图（b）和图（c）转载自 Cardiel et al., Electro-conductive porous scaffold with single-walled carbon nanotubes in wormlike micellar networks. Carbon, 80(1), 203-212. 经爱思唯尔授权（2014）许可。图（d）、图（e）和图（f）转载自参考文献[227]，经英国皇家化学学会授权许可

9.5 展望及观点

由于微通道固有的小特征长度尺度[37,40-41,75],微流控流变学已经被用于研究蠕虫状胶束溶液在高变形速率但具有中等速度和消失惯性条件下的非线性流变特性,同时也最小化了宏观流变学方法中常见的边缘断裂和流动不稳定性的影响[40-41]。通常,微流控中黏度的流变测量要么是施加压降并计算流速,要么是施加体积流量并测量压降。各种研究表明,微通道黏度的测量与传统流变法的测量有很好的重叠[37,40-41,229]。微流控和传统流变学技术是互补的,因为它们倾向于探测稳定流动曲线的不同区域;微流控流变仪提供了进入流动曲线的高剪切速率区域的机会,这通常是使用标准旋转流变仪无法达到的。请注意,对于黏度测量,刚性微流控装置优于 PDMS 装置,因为高压下带有黏性流体的通道变形会使结果失真。Pipe 和 McKinley 对毛细管、停滞和收缩流动的微流体流变学进行了全面的综述[40-41]。Galindo 等[75]补充了他们的综述,重点介绍了微流体拉伸流变学技术的最新发展。

微流控技术不仅为快速成型和廉价的设备制造提供了一个强大而高效的平台,而且还可以直接将不同的流动询问技术与微流控技术集成在芯片上。例如,μ-PIV 测量可以很容易地用高数值孔径显微镜物镜和双脉冲激光器进行,以量化流场中的稳态和瞬态动力学。微流控中的 FIB 定量测量可以通过应力光学原理与材料中的应力联系起来[142],并说明微观结构网络的变形和排列程度[38]。WLM 体系的应力光学系数的大小往往很大(通常比聚合物溶液体系大 100 倍),使得胶束体系非常适合在微流控装置中进行此类实验研究。值得注意的是,剪切流中的 WLMs 的行为与拉伸流中的行为完全不同,在拉伸流中,应力光学原理在低得多的临界 Wi 下失效,表明高度或接近饱和的胶束排列[30]。缠结 WLM 溶液的极高弹性数($El = Wi/Re$)也使其在拉伸流动中容易出现弹性不稳定[30-31,39]。这些不稳定性是有趣的动力学现象,它取决于 Wi、Re、剪切变稀的程度以及表面活性剂—反离子体系的特定细节。要完全理解相互依存的物理和化学过程,还需要进行更多的实验、数值和理论工作。小角光散射、小角 X 射线散射和 SANS 技术已经与宏观流变学和微流控相结合,用于探测胶束微观结构的转变,并为深入了解 WLM 溶液和其他自组装流体的流动行为提供了一个有价值的集成平台[12,47,80,83,90,230]。

由于本章中描述的用于 WLMs 的微流控方法可以很容易地转嫁到不同的自组装流体上,因此已报道的结论为合成具有定制形状、尺寸和功能的新纳米材料提供了新的机会。在这些方法中,特别令人兴奋的前景包括开发电磁、光、pH、热和碳氢化合物响应的智能蠕虫状胶束,因为它们具有多功能的特征和能力,能在外界刺激下实现开和关的能力(见第 6 章)[231-234]。智能 WLMs 与微流控装置在不同刺激强度下的相互作用对于两类基础方面(即流变学和流体动力学研究)以及各种纳米技术和生物技术应用来讲都很有趣。

参 考 文 献

[1] J. N. Israelachvili, *Intermolecular and Surface Forces: With Applications to Colloidal and Biological Systems*, Academic Press, London, 1985.

[2] J. F. Berret, *Molecular Gels: Materials with Self-Assembled Fibrillar Networks*, Springer, Dordrecht, 2006, pp. 667-720.

[3] R. G. Larson, *The Structure and Rheology of Complex Fluids*, Oxford University Press, New York, 1999.

[4] H. Hoffmann, H. Löbl, H. Rehage and I. Wunderlich, *Tenside Deterg.*, 1985, 22, 290 – 298.
[5] H. Rehage and H. Hoffmann, *J. Phys. Chem.*, 1988, 92, 4712 – 4719.
[6] H. Hoffmann, *Structure and Flow in Surfactant Solutions*, 1994, ch. 1, pp. 2 – 31.
[7] R. Abdel – Rahem, *Adv. Colloid Interface Sci.*, 2008, 141, 24 – 36.
[8] J. Brackman and J. Engberts, *Langmuir*, 1991, 7, 2097 – 2102.
[9] V. Hartmann and R. Cressely, *Colloids Surf.*, *A*, 1997, 121, 151 – 162.
[10] W. J. Kim and S. M. Yang, *J. Colloid Interface Sci.*, 2000, 232, 225 – 234.
[11] C. Oelschlaeger, G. Waton and S. J. Candau, *Langmuir*, 2003, 19, 10495 – 10500.
[12] C. A. Dreiss, *Soft Matter*, 2007, 3, 956 – 970.
[13] S. Ezrahi, E. Tuvaland and A. Aserin, *Adv. Colloid Interface Sci.*, 2006, 128, 77 – 102.
[14] G. C. Maitland, *Curr. Opin. Colloid Interface Sci.*, 2000, 5, 301 – 311.
[15] D. Ohlendorf, W. Interthal and H. Hoffmann, *Rheol. Acta*, 1986, 25, 468 – 486.
[16] S. J. Candau and R. Oda, *Colloids Surf.*, *A*, 2001, 183, 5 – 14.
[17] T. M. Clausen, P. K. Vinson, J. R. Minter, H. T. Davis, Y. Talmon and W. G. Miller, *J. Phys. Chem.*, 1992, 96, 474 – 484.
[18] T. S. Davies, A. M. Ketner and S. R. Raghavan, *J. Am. Chem. Soc.*, 2006, 128, 6669 – 6675.
[19] S. R. Raghavan, *Langmuir*, 2009, 25, 8382 – 8385.
[20] K. Trickett and J. Eastoe, *Adv. Colloid Interface Sci.*, 2008, 144, 66 – 74.
[21] F. Nettesheim and N. J. Wagner, *Langmuir*, 2007, 23, 5267 – 5269.
[22] H. Rehage and H. Hoffmann, *Mol. Phys.*, 1991, 74, 933 – 973.
[23] T. Shikata, S. J. Dahmanand and D. S. Pearson, *Langmuir*, 1994, 10, 3470 – 3476.
[24] M. E. Cates, *Macromolecules*, 1987, 20, 2289 – 2296.
[25] T. Shikata, H. Hirata and T. Kotaka, *Langmuir*, 1987, 3, 1081 – 1086.
[26] T. Shikata, H. Hirata, E. Takatori and K. Osaki, *J. Non – Newtonian Fluid Mech.*, 1988, 28, 171 – 182.
[27] T. Shikata and T. Kotaka, *J. Non – Cryst. Solids*, 1991, 131 – 133, 831 – 835.
[28] M. Carvalho, M. Padmanabhan and C. Macosko, *J. Rheol.*, 1994, 38, 1925 – 1936.
[29] C. Clasen and G. H. McKinley, *J. Non – Newtonian Fluid Mech.*, 2004, 124, 1 – 10.
[30] S. J. Haward and G. H. McKinley, *Phys. Rev. E*: *Stat.*, *Nonlinear*, *Soft Matter Phys.*, 2012, 85, 031502.
[31] S. J. Haward, T. J. Ober, M. S. N. Oliveira, M. A. Alvesand and G. H. McKinley, *Soft Matter*, 2012, 8, 536 – 555.
[32] C. Masselon, A. Colin and P. D. Olmsted, *Phys. Rev. E*: *Stat.*, *Nonlinear*, *Soft Matter Phys.*, 2010, 81, 021502.
[33] C. Masselon, J. B. Salmon and A. Colin, *Phys. Rev. Lett.*, 2008, 10, 038301.
[34] P. Nghe, G. Degre, P. Tabeling and A. Ajdari, *Appl. Phys. Lett.*, 2008, 93, 204102.
[35] P. Nghe, S. M. Fielding, P. Tabeling and A. Ajdari, *Phys. Rev. Lett.*, 2010, 104, 248303.
[36] P. Nghe, E. Terriac, M. Schneider, Z. Z. Li, M. Cloitre, B. Abecassis and P. Tabeling, *Lab Chip*, 2011, 11, 788 – 794.
[37] T. J. Ober, S. J. Haward, C. J. Pipe, J. Soulages and G. H. McKinley, *Rheol. Acta*, 2013, 52, 529 – 546.
[38] T. J. Ober, J. Soulages and G. H. McKinley, *J. Rheol.*, 2011, 55, 1127 – 1159.
[39] J. A. Pathak and S. D. Hudson, *Macromolecules*, 2006, 39, 8782 – 8792.
[40] C. J. Pipe, T. S. Majmudar and G. H. McKinley, *Rheol. Acta*, 2008, 47, 621 – 642.
[41] C. J. Pipe and G. H. McKinley, *Mech. Res. Commun.*, 2009, 36, 110 – 120.
[42] P. T. Callaghan, *Rep. Prog. Phys.*, 1999, 62, 599 – 670.
[43] V. J. Anderson, J. R. A. Pearson and E. S. Boek, *Rheol. Rev.*, 2006, 217 – 253.

[44] S. M. Fielding, *Soft Matter*, 2007, 3, 1262 – 1279.
[45] S. Manneville, *Rheol. Acta*, 2008, 47, 301 – 318.
[46] P. D. Olmsted, *Rheol. Acta*, 2008, 47, 283 – 300.
[47] L. M. Walker, *Curr. Opin. Colloid Interface Sci.*, 2009, 14, 451 – 454.
[48] G. Ovarlez, S. Rodts, X. Chateau and P. Coussot, *Rheol. Acta*, 2009, 48, 831 – 844.
[49] A. Q. Shen and P. Cheung, *Phys. Today*, 2010, 63, 30 – 35.
[50] S. Lerouge and J. F. Berret, *Adv. Polym. Sci.*, 2010, 230, 1 – 71.
[51] M. A. Fardin and S. Lerouge, *Soft Matter*, 2014, 10, 8789 – 8799.
[52] Y. Feng, Z. Chu and C. A. Dreiss, *Smart Wormlike Micelles: Design, Characteristics and Applications*, Springer, Heidelberg, 2015.
[53] G. M. Whitesides, *Nature*, 2006, 442, 368 – 373.
[54] D. N. Breslauer, S. J. Muller and L. P. Lee, *Biomacromolecules*, 2010, 11, 643 – 647.
[55] J. S. Wexler, P. H. Trinh, H. Berthet, N. Quennouz, O. du Roure, H. E. Huppert, A. Linder and H. A. Stone, *J. Fluid Mech.*, 2013, 733, 684.
[56] S. Gulati, D. Liepmann and S. J. Muller, *Phys. Rev. E: Stat., Nonlinear, Soft Matter Phys.*, 2008, 78, 036314.
[57] W. Xu and S. J. Muller, *Lab Chip*, 2012, 12, 647 – 651.
[58] W. R. DiLuzio, L. Turner, M. Mayer, P. Garstecki, D. B. Weibel, H. C. Berg and G. M. Whitesides, *Nature*, 2005, 435, 1271 – 1274.
[59] A. Costanzo, R. Di Leonardo, G. Ruocco and L. Angelani, *J. Phys. Condens. Matter*, 2012, 24, 065101.
[60] E. Altshuler, G. Mino, C. Perez – Penichet, L. del Rio, A. Lindner, A. Rousselet and E. Clement, *Soft Matter*, 2013, 9, 1864 – 1870.
[61] H. A. Stone, A. D. Stroock and A. Ajdari, *Annu. Rev. Fluid Mech.*, 2004, 36, 381 – 411.
[62] T. M. Squires and S. R. Quake, *Rev. Mod. Phys.*, 2005, 77, 977 – 1026.
[63] R. Attia, D. C. Pregibon, P. S. Doyle, J. L. Viovy and D. Bartolo, *Lab Chip*, 2009, 9, 1213 – 1218.
[64] F. J. Galindo – Rosales, M. A. Alves and M. S. N. Oliveira, *Microfluid. Nanofluid.*, 2013, 14, 1 – 19.
[65] S. J. Haward, F. J. Galindo – Rosales, P. Ballesta and M. A. Alves, *Appl. Phys. Lett.*, 2014, 104, 124101.
[66] G. Arya and A. Panagiotopoulos, *Phys. Rev. Lett.*, 2005, 95, 188301.
[67] G. A. Davies and J. R. Stokes, *J. Non – Newtonian Fluid Mech.*, 2008, 148, 73 – 87.
[68] M. Vasudevan, E. Buse, D. L. Lu, H. Krishna, R. Kalyanaraman, A. Q. Shen, B. Khomami and R. Sureshkumar, *Nat. Mater.*, 2010, 9, 436 – 441.
[69] N. Dubash, J. J. Cardiel, P. Cheung and A. Q. Shen, *Soft Matter*, 2011, 7, 876 – 879.
[70] P. Cheung, N. Dubash and A. Q. Shen, *Soft Matter*, 2012, 8, 2304 – 2309.
[71] J. Holweg, P. O. Brunn and F. Durst, *Proceedings, 4th European Symposium on Enhanced Oil Recovery*, DGMK, Hamburg, 1987, pp. 1007 – 1018.
[72] J. Holweg, P. O. Brunn and F. Durst, *Progress and Trends in Rheology II*, Steinkopff, 1988, pp. 195 – 197.
[73] P. O. Brunn and J. Holweg, *J. Non – Newtonian Fluid Mech.*, 1988, 30, 317 – 324.
[74] P. O. Brunn and J. Holweg, *The Flow of Surfactant Solutions Through Porous Media: Universal Laws*, Springer Netherlands, 1990, pp. 78 – 80.
[75] F. J. Galindo – Rosales, L. Campo – Deanño, F. T. Pinho, E. van Bokhorst, P. J. Hamersma, M. S. N. Oliveira and M. A. Alves, *Microfluid. Nano – fluid.*, 2012, 12, 485 – 498.
[76] J. J. Cardiel, A. C. Dohnalkova, N. Dubash, Y. Zhao, P. Cheung and A. Q. Shen, *Proc. Natl. Acad. Sci. U. S. A.*, 2013, 110, E1653 – E1660.

[77] J. P. Decruppe, O. Greffier, S. Manneville and S. Lerouge, *Phys. Rev. E*: *Stat.*, *Nonlinear*, *Soft Matter Phys.*, 2006, 73, 061509.

[78] N. Dubash, P. Cheung and A. Q. Shen, *Soft Matter*, 2012, 8, 5847 – 5856.

[79] E. Cappelaere, R. Cressely and J. P. Decruppe, *Colloids Surf.*, *A*, 1995, 104, 353 – 374.

[80] E. Cappelaere, J. F. Berret, J. P. Decruppe, R. Cressely and P. Lindner, *Phys. Rev. E*: *Stat.*, *Phys.*, *Plasmas*, *Fluids*, *Relat. Interdiscip. Top.*, 1997, 56, 1869 – 1878.

[81] M. M. Britton and P. T. Callaghan, *Phys. Rev. Lett.*, 1997, 78, 4930 – 4933.

[82] W. M. Holmes, M. R. Lopez – Gonzalez and P. T. Callaghan, *Europhys. Lett.*, 2004, 66, 132 – 138.

[83] J. B. Salmon, A. Colin, S. Manneville and F. Molino, *Phys. Rev. Lett.*, 2003, 90, 228303.

[84] Y. T. Hu and A. Lips, *J. Rheol.*, 2005, 49, 1001 – 1027.

[85] S. Manneville, L. Becu and A. Colin, *Eur. Phys. J.*: *Appl. Phys.*, 2004, 28, 361 – 373.

[86] L. Béecu, S. Manneville and A. Colin, *Phys. Rev. Lett.*, 2004, 93, 018301.

[87] J. F. Berret, D. C. Roux and G. Porte, *J. Phys. II*, 1994, 4, 1261 – 1279.

[88] J. F. Berret, *Langmuir*, 1997, 13, 2227 – 2234.

[89] J. F. Berret, G. Porte and J. P. Decruppe, *Phys. Rev. E*: *Stat.*, *Phys.*, *Plasmas*, *Fluids*, *Relat. Interdiscip. Top.*, 1997, 55, 1668 – 1676.

[90] S. Lerouge, J. P. Decruppe and C. Humbert, *Phys. Rev. Lett.*, 1998, 81, 5457 – 5460.

[91] P. Fischer, E. K. Wheeler and G. G. Fuller, *Rheol. Acta*, 2002, 41, 35 – 44.

[92] J. Y. Lee, G. G. Fuller, N. E. Hudson and X. F. Yuan, *J. Rheol.*, 2005, 49, 537 – 550.

[93] J. Drappier, D. Bonn, J. Meunier, S. Lerouge, J. P. Decruppe and F. Bertr, *J. Stat. Mech.*: *Theory Exp.*, 2006, 06, P04003.

[94] M. W. Liberatore, F. Nettesheim, N. J. Wagner and L. Porcar, *Phys. Rev. E*: *Stat.*, *Nonlinear*, *Soft Matter Phys.*, 2006, 73, 020504.

[95] E. Miller and J. P. Rothstein, *J. Non – Newtonian Fluid Mech.*, 2007, 143, 22 – 37.

[96] M. A. Fardin, B. Lasne, O. Cardoso, G. Gregoire, M. Argentina, J. P. Decruppe and S. Lerouge, *Phys. Rev. Lett.*, 2009, 103, 028302.

[97] M. A. Fardin, D. Lopez, J. Croso, G. Gregoire, O. Cardoso, G. H. McKinley and S. Lerouge, *Phys. Rev. Lett.*, 2010, 104, 178303.

[98] S. M. Fielding and H. J. Wilson, *J. Non – Newtonian Fluid Mech.*, 2010, 165, 196 – 202.

[99] M. A. Fardin, T. J. Ober, C. Gay, G. Gregoire, G. H. McKinley and S. Lerouge, *Europhys. Lett.*, 2011, 96, 44004.

[100] M. A. Fardin, T. Divoux, M. A. Guedeau – Boudeville, I. Buchet – Maulien, J. Browaeys, G. H. McKinley, S. Manneville and S. Lerouge, *Soft Matter*, 2012, 8, 2535 – 2553.

[101] M. W. Liberatore, F. Nettesheim, P. A. Vasquez, M. E. Helgeson, N. J. Wagner, E. W. Kaler, L. P. Cook, L. Porcar and Y. T. Hu, *J. Rheol.*, 2009, 53, 441 – 458.

[102] M. E. Helgeson, P. A. Vasquez, E. W. Kaler and N. J. Wagner, *J. Rheol.*, 2009, 53, 727 – 756.

[103] M. E. Helgeson, M. D. Reichert, Y. T. Hu and N. J. Wagner, *Soft Matter*, 2009, 5, 3858 – 3869.

[104] N. A. Spenley, M. E. Cates and T. C. B. McLeish, *Phys. Rev. Lett.*, 1993, 71, 939 – 942.

[105] M. A. Fardin, T. J. Ober, C. Gay, G. Gregoire, G. H. McKinley and S. Lerouge, *Soft Matter*, 2012, 8, 910 – 922.

[106] J. Beaumont, N. Louvet, T. Divoux, M. A. Fardin, H. Bodiguel, S. Lerouge, S. Manneville and A. Colin, *Soft Matter*, 2013, 9, 735 – 749.

[107] P. Pakdel and G. H. McKinley, *Phys. Rev. Lett.*, 1996, 77, 2459 – 2462.

[108] S. J. Muller, *Korea - Aust. Rheol. J.* ,2008,20,117-125.
[109] N. Alexandre and M. Alexander, *Phys. Rev. Lett.* ,2012,108,0883021.
[110] S. Lerouge, M. Argentina and J. P. Decruppe, *Phys. Rev. Lett.* ,2006,96,0883011.
[111] S. M. Fielding, *Phys. Rev. Lett.* ,2005,95,134501.
[112] J. K. G. Dhont, *Phys. Rev. E: Stat. ,Phys. ,Plasmas ,Fluids ,Relat. Inter - discip. Top.* ,1999,60,4534-4544.
[113] S. Lerouge, M. A. Fardin, M. Argentina, G. Gregoire and O. Cardoso, *Soft Matter* ,2008,4,1808-1819.
[114] P. Ballesta, M. P. Lettinga and S. Manneville, *J. Rheol.* ,2007,51,1047-1072.
[115] O. Radulescu, P. D. Olmsted, J. P. Decruppe, S. Lerouge, J. F. Berret and G. Porte, *Europhys. Lett.* ,2003,62,230-236.
[116] M. M. Britton, R. W. Mair, R. K. Lambert and P. T. Callaghan, *J. Rheol.* ,1999,43,897-909.
[117] P. A. Vasquez, G. H. McKinley and L. P. Cook, *J. Non - Newtonian Fluid Mech.* ,2007,144,122-139.
[118] M. Cromer, P. L. Cook and G. H. McKinley, *J. Non - Newtonian Fluid Mech.* ,2011,166,566-577.
[119] M. Cromer, P. L. Cook and G. H. McKinley, *J. Non - Newtonian Fluid Mech.* ,2011,166,180-193.
[120] P. Guillot, P. Panizza, J. Salmon, M. Joanicot and A. Colin, *Langmuir* ,2006,22,6438-6445.
[121] P. Guillot and A. Colin, *Microfluid. Nanofluid.* ,2014,17,605-611.
[122] F. T. Trouton, *Proc. R. Soc. London, Ser. A* ,1906,77,426-440.
[123] C. J. S. Petrie, *J. Non - Newtonian Fluid Mech.* ,2006,137,15-23.
[124] M. Mackley, *Rheol. Acta* ,2010,49,443-458.
[125] P. G. De Gennes, *J. Chem. Phys.* ,1974,60,5030-5042.
[126] A. Keller and J. A. Odell, *Colloid Polym. Sci.* ,1985,263,181-201.
[127] R. G. Larson and J. J. Magda, *Macromolecules* ,1989,22,3004-3010.
[128] G. K. Batchelor, *J. Fluid Mech.* ,1970,44,419-440.
[129] G. K. Batchelor, *J. Fluid Mech.* ,1970,46,813-829.
[130] D. F. James and T. Sridhar, *J. Rheol.* ,1995,39,713-724.
[131] S. L. Anna, G. H. McKinley, D. C. Nguyen, T. Sridar, S. J. Muller, J. Huang and D. F. James, *J. Rheol.* ,2001,45,83-114.
[132] S. J. Haward, J. A. Odell, Z. Li and X. - F. Yuan, *Rheol. Acta* ,2010,49,781-788.
[133] J. Yang, *Curr. Opin. Colloid Interface Sci.* ,2002,7,276-281.
[134] J. P. Rothstein, *Rheol. Rev.* ,2008,6,1-46.
[135] V. Lutz - Bueno, J. Kohlbrecher and P. Fischer, *Rheol. Acta* ,2013,52,297-312.
[136] V. Lutz - Bueno, J. Kohlbrecher and P. Fischer, *J. Non - Newtonian Fluid Mech.* ,2015,215,8-18.
[137] O. Scrivener, C. Berner, R. Cressely, R. Hocquart, R. Sellin and N. S. Vlachos, *J. Non - Newtonian Fluid Mech.* ,1979,5,475-495.
[138] G. I. Taylor, *Proc. R. Soc. London, Ser. A* ,1934,146,501-523.
[139] D. G. Crowley, F. C. Frank and M. R. Mackley, *J. Polym. Sci. ,Part B: Polym. Phys.* ,1976,14,1111-1119.
[140] G. G. Fuller and L. G. Leal, *Rheol. Acta* ,1980,19,580-600.
[141] P. N. Dunlap and L. G. Leal, *J. Non - Newtonian Fluid Mech.* ,1987,23,5-48.
[142] G. G. Fuller, *Optical Rheometry of Complex Fluids* ,Oxford University Press, New York,1995.
[143] S. J. Haward, V. Sharma and J. A. Odell, *Soft Matter* ,2011,7,9908-9921.
[144] S. J. Haward, M. S. N. Oliveira, M. A. Alves and G. H. McKinley, *Phys. Rev. Lett.* ,2012,109,128301.
[145] S. J. Haward, *Biopolymers* ,2014,101,287-305.
[146] D. M. Binding and K. Walters, *J. Non - Newtonian Fluid Mech.* ,1988,30,233-250.

[147] P. Dontula, M. Pasquali, L. E. Scriven and C. W. Macosko, *Rheol. Acta*, 1997, 36, 429 – 448.
[148] Z. Li, X. – F. Yuan, S. J. Haward, J. A. Odell and S. Yeates, *J. Non – Newtonian Fluid Mech.*, 2011, 166, 951 – 963.
[149] A. S. Lubansky and M. T. Matthews, *J. Rheol.*, 2015, 59, 835 – 864.
[150] P. J. Flory, *Principles of Polymer Chemistry*, Cornell University Press, Ithaca, New York, 1953.
[151] V. Sharma, S. J. Haward, J. Serdy, B. Keshavarz, A. Soderlund, P. Threlfall – Holmes and G. H. McKinley, *Soft Matter*, 2015, 11, 3251 – 3270.
[152] M. J. Miles and A. Keller, *Polymer*, 1980, 21, 1295 – 1298.
[153] K. Gardner, E. R. Pike, M. J. Miles, A. Keller and K. Tanaka, *Polymer*, 1982, 23, 1435 – 1442.
[154] J. A. Odell and A. Keller, *J. Polym. Sci., Part B: Polym. Phys.*, 1986, 24, 1889 – 1916.
[155] J. A. Odell, A. Keller and Y. Rabin, *J. Chem. Phys.*, 1988, 88, 4022 – 4028.
[156] C. J. Farrell, A. Keller, M. J. Miles and D. P. Pope, *Polymer*, 1980, 21, 1292 – 1294.
[157] M. J. Miles, K. Tanaka and A. Keller, *Polymer*, 1983, 24, 1081 – 1088.
[158] J. A. Odell and S. P. Carrington, *J. Non – Newtonian Fluid Mech.*, 2006, 137, 110 – 120.
[159] T. T. Perkins, D. E. Smith and S. Chu, *Science*, 1997, 276, 2016 – 2021.
[160] D. E. Smith and S. Chu, *Science*, 1998, 281, 1335 – 1340.
[161] C. M. Schroeder, H. P. Babcock, E. S. G. Shaqfeh and S. Chu, *Science*, 2003, 301, 1515 – 1519.
[162] R. Dylla – Spears, J. E. Townsend, L. Jen – Jacobson, L. L. Sohn and S. J. Muller, *Lab Chip*, 2010, 10, 1543 – 1549.
[163] P. E. Arratia, C. C. Thomas, J. Diorio and J. P. Gollub, *Phys. Rev. Lett.*, 2006, 96, 144502.
[164] R. J. Poole, M. A. Alves and P. J. Oliveira, *Phys. Rev. Lett.*, 2007, 99, 164503.
[165] S. J. Haward and G. H. McKinley, *Phys. Fluids*, 2013, 25, 083104.
[166] V. Kantsler, E. Segre and V. Steinberg, *Phys. Rev. Lett.*, 2008, 101, 048101.
[167] V. Kantsler and R. E. Goldstein, *Phys. Rev. Lett.*, 2012, 108, 038103.
[168] C. G. Lopez, T. Watanabe, A. Martel, L. Porcar and J. T. Cabral, *Sci. Rep.*, 2015, 5, 7727.
[169] M. Tanyeri and C. M. Schroeder, *Nano Lett.*, 2013, 13, 2357 – 2364.
[170] D. R. Gossett, H. T. K. Tse, S. A. Lee, Y. Ying, A. G. Lindgren, O. O. Yang, J. Rao, A. T. Clark and D. Di Carlo, *Proc. Natl. Acad. Sci. U. S. A.*, 2012, 109, 7630 – 7635.
[171] Y. Hu, S. – Q. Wang and A. M. Jamieson, *J. Phys. Chem.*, 1994, 98, 8555 – 8559.
[172] R. K. Prud'homme and G. G. Warr, *Langmuir*, 1994, 10, 3419 – 3426.
[173] L. M. Walker, P. Moldenaers and J. – F. Berret, *Langmuir*, 1996, 12, 6309 – 6314.
[174] C. – M. Chen and G. G. Warr, *Langmuir*, 1997, 13, 1374 – 1376.
[175] P. A. Stone, S. D. Hudson, P. Dalhaimer, D. E. Discher, E. J. Amis and K. B. Migler, *Macromolecules*, 2006, 39, 7144 – 7148.
[176] G. N. Rocha, R. J. Poole, M. A. Alves and P. J. Oliveira, *J. Non – Newtonian Fluid Mech.*, 2009, 156, 58 – 69.
[177] S. Chono and Y. Iemoto, *J. Rheol.*, 1990, 34, 295 – 308.
[178] S. Chono and Y. Iemoto, *J. Rheol.*, 1992, 36, 335 – 356.
[179] S. Gulati, C. S. Dutcher, D. Liepmann and S. J. Muller, *J. Rheol.*, 2010, 54, 375 – 392.
[180] C. C. Hsieh, S. J. Park and R. G. Larson, *Macromolecules*, 2005, 38, 1456 – 1468.
[181] G. R. Moss and J. P. Rothstein, *J. Non – Newtonian Fluid Mech.*, 2010, 165, 1 – 13.
[182] G. R. Moss and J. P. Rothstein, *J. Non – Newtonian Fluid Mech.*, 2010, 165, 1505 – 1515.
[183] J. R. Gladden and A. Belmonte, *Phys. Rev. Lett.*, 2007, 98, 224501.

[184] R. Evans and K. Walters, *J. Non - Newtonian Fluid Mech.*, 1986, 20, 11 - 29.

[185] G. H. McKinley, W. P. Raiford, R. A. Brown and R. C. Armstrong, *J. Fluid Mech.*, 1991, 223, 411 - 456.

[186] J. P. Rothstein and G. H. McKinley, *J. Non - Newtonian Fluid Mech.*, 1999, 86, 61 - 88.

[187] J. P. Rothstein and G. H. McKinley, *J. Non - Newtonian Fluid Mech.*, 2001, 98, 33 - 63.

[188] D. Hunkeler, T. Q. Nguyen and H. H. Kausch, *Polymer*, 1996, 37, 4257 - 4269.

[189] G. Yu, T. Q. Nguyen and H. H. Kausch, *J. Polym. Sci.*, *Part B: Polym. Phys.*, 1998, 36, 1483 - 1500.

[190] O. Hassager, *J. Non - Newtonian Fluid Mech.*, 1988, 29, 2 - 5.

[191] R. I. Tanner and K. Walters, *Rheology: An Historical Perspective*, 1998.

[192] R. G. Owens and N. T. Phillips, *Computational Rheology*, Imperial College Press, London, 2002.

[193] L. E. Rodd, T. P. Scott, D. V. Boger, J. J. Cooper - White and G. H. McKinley, *J. Non - Newtonian Fluid Mech.*, 2005, 129, 1 - 22.

[194] L. E. Rodd, J. J. Cooper - White, D. V. Boger and G. H. McKinley, *J. Non - Newtonian Fluid Mech.*, 2007, 143, 170 - 191.

[195] Z. Li and S. J. Haward, *Microfluid. Nanofluid.*, 2015, 19, 1123 - 1137.

[196] M. S. N. Oliveira, M. A. Alves, F. T. Pinho and G. H. McKinley, *Exp. Fluids*, 2007, 43, 437 - 451.

[197] S. J. Haward, Z. Li, D. Lighter, B. Thomas, J. A. Odell and X. - F. Yuan, *J. Non - Newtonian Fluid Mech.*, 2010, 165, 1654 - 1669.

[198] L. E. Rodd, D. Lee, K. H. Ahn and J. J. Cooper - White, *J. Non - Newtonian Fluid Mech.*, 2010, 165, 1189 - 1203.

[199] Z. Li, X. - F. Yuan, S. J. Haward, J. A. Odell and S. Yeates, *Rheol. Acta*, 2011, 50, 277 - 290.

[200] M. Nystrom, H. R. Tamaddon - Jahromi, M. Stading and M. F. Webster, *Rheol. Acta*, 2012, 51, 713 - 727.

[201] P. C. Sousa, F. T. Pinho, M. S. N. Oliveira and M. A. Alves, *Biomicro - fluidics*, 2011, 5, 014108.

[202] L. Campo - Deaño, F. J. Galindo - Rosales, F. T. Pinho, M. A. Alves and M. S. N. Oliveira, *J. Non - Newtonian Fluid Mech.*, 2011, 166, 1286 - 1296.

[203] M. R. Stukan, E. S. Boek, J. T. Padding and J. P. Crawshaw, *Eur. Phys. J. E: Soft Matter Biol. Phys.*, 2008, 26, 63 - 71.

[204] J. T. Padding, W. J. Briels, M. R. Stukan and E. S. Boek, *Soft Matter*, 2009, 5, 4367 - 4375.

[205] M. R. Stukan, E. S. Boek, J. T. Padding, W. J. Briels and J. P. Crawshaw, *Soft Matter*, 2008, 4, 870 - 879.

[206] H. R. Tamaddon - Jahromi, M. F. Webster, J. P. Aguayo and O. Manero, *J. Non - Newtonian Fluid Mech*, 2011, 166, 102 - 117.

[207] J. E. López - Aguilar, M. F. Webster, H. R. Tamaddon - Jahromi and O. Manero, *J. Non - Newtonian Fluid Mech.*, 2014, 204, 7 - 21.

[208] J. E. López - Aguilar, M. F. Webster, H. R. Tamaddon - Jahromi and O. Manero, *J. Non - Newtonian Fluid Mech.*, 2015, 222, 190 - 208.

[209] S. L. Anna and G. H. McKinley, *Rheol. Acta*, 2008, 47, 841 - 859.

[210] A. Bhardwaj, D. Richter, M. Chellamuthu and J. P. Rothstein, *Rheol. Acta*, 2007, 46, 861 - 875.

[211] A. Belmonte, *Rheol. Acta*, 2000, 39, 554 - 559.

[212] A. Jayaraman and A. Belmonte, *Phys. Rev. E: Stat., Nonlinear, Soft Matter Phys.*, 2003, 67, 065301.

[213] S. Chen and J. P. Rothstein, *J. Non - Newtonian Fluid Mech.*, 2004, 116, 205 - 234.

[214] N. Z. Handzy and A. Belmonte, *Phys. Rev. Lett.*, 2004, 92, 124501.

[215] B. Kalpakci, E. E. Klaus, J. L. Duda and R. Nagrajan, *SPEJ, Soc. Pet. Eng. J.*, 1981, 21, 709 - 720.

[216] E. Ruckenstein, P. O. Brunn and J. Holweg, *Langmuir*, 1988, 4, 350 - 354.

[217] J. Vorwerk and P. O. Brunn, *J. Non - Newtonian Fluid Mech.* ,1994,51,79 - 95.
[218] M. F. Torres, J. M. Gonzaléz, M. R. Rojas, A. J. Müller, A. E. Sáez, D. Löf and K. Schillén, *J. Colloid Interface Sci.* ,2007,307,221 - 228.
[219] M. R. Rojas, A. J. Müller and A. E. Sáez, *J. Colloid Interface Sci.* ,2008,326,221 - 226.
[220] J. M. González, A. J. Müller, M. F. Torres and A. E. Sáez, *Rheol. Acta*,2005,44,396 - 405.
[221] A. J. Müller, M. F. Torres and A. E. Sáez, *Langmuir*,2004,20,3838 - 3841.
[222] C. H. Liu and D. J. Pine, *Phys. Rev. Lett.* ,1996,77,2121 - 2124.
[223] T. M. Squires and T. G. Mason, *Annu. Rev. Fluid Mech.* , 2010, 42,413 - 438.
[224] G. Porte, R. Gomati, O. El Haitamy, J. Appell and J. Marignan, *J. Phys. Chem.* ,1986,90,5746 - 5751.
[225] T. J. Drye and M. E. Cates, *J. Chem. Phys.* ,1992,96,1367 - 1375.
[226] J. J. Cardiel, Y. Zhao, J. - H. Kim, J. - H. Chung and A. Q. Shen, *Carbon*,2014,80,203 - 212.
[227] J. J. Cardiel, Y. Zhao, L. Tonggu, L. Wang, J. - H. Chung and A. Q. Shen, *Lab Chip*,2014,14,3912 - 3916.
[228] D. L. Lu, J. J. Cardiel, G. Z. Cao and A. Q. Shen, *Adv. Mater.* ,2010,22,2809 - 2813.
[229] L. C. Pan and P. E. Arratia, *Microfluid. Nanofluid.* ,2013,14,885 - 894.
[230] H. Azzouzi, J. P. Decruppe, S. Lerouge and O. Greffier, *Eur. Phys. J. E: Soft Matter Biol. Phys.* , 2005, 17, 507 - 514.
[231] Z. Chu, C. A. Dreiss and Y. Feng, *Chem. Soc. Rev.* ,2013,42,7174 - 7203.
[232] A. Matsumura, K. Sakai, H. Sakai and M. Abe, *J. Oleo Sci.* ,2011,60,203 - 207.
[233] H. Sakai, Y. Orihara, H. Kodashima, A. Matsumura, T. Ohkubo, K. Tsuchiya and M. Abe, *J. Am. Chem. Soc.* , 2005,127,13454 - 13455.
[234] H. Sakai, S. Taki, K. Tsuchiya, A. Matsumura, K. Sakai and M. Abe, *Chem. Lett.* ,2012,41,247 - 248.

第10章 蠕虫状胶束流体计算机模拟的进展

Edo S. Boek

10.1 简介

非常需要了解表面活性剂的详细化学原理、蠕虫状胶束(WLMs)的形成机理与其宏观结构和流动特性之间的联系。这个连接纽带就是通过粒子模拟来探索的。在本章中,回顾了WLMs模拟的最新进展,特别是,与本书的其他章节的关系。本书10.2节总结了非常规表面活性剂形成的WLMs,10.3节讨论了WLMs的力学和流动特性,10.4节介绍了反胶束的机械和流变特性,10.5节聚焦于纳米颗粒和WLMs形成的网络结构,10.6节描述了WLMs在微流控中的流动行为。我们承认,在这一大的领域可能还有许多其他研究方向,但我们在此仅限于本书其他章节中讨论的关键内容。

在最近的一篇文献中,对研究WLMs流动特性的模拟方法进行了综述[1]。在本章中,我们主要关注了解自组装途径和结构特性,但本章末尾的一些微流体研究除外。用于结构特性的模拟方法与用于动态特性的模拟方式重叠,但也存在差异。在图10.1中,提出了基于粒子的模拟方法来研究WLMs的特性,作为长度和时间尺度增加的函数。在原子长度和时间尺度上,在图的左下角,原子分子动力学(MD)模拟可以捕捉表面活性剂化学及其对小WLMs段机械性能的影响[2]。粗粒度分子动力学模拟,其中原子集中在一起,在较长的长度和时间标度下运行。这些可能会以牺牲详细化学为代价来预测更大胶束链段的性质。其他宏观特性,如

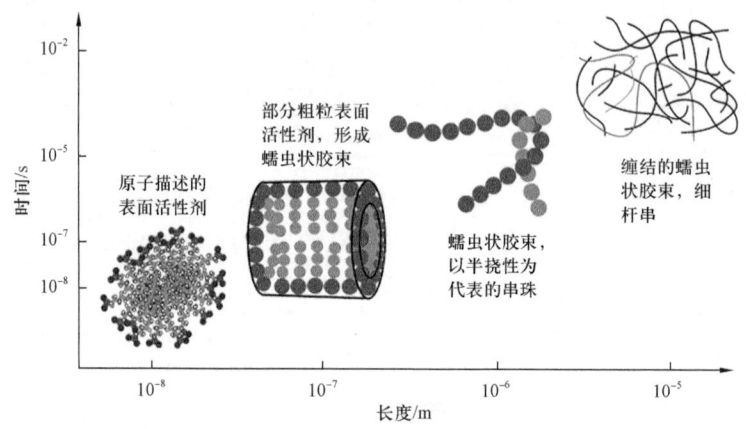

图10.1 蠕虫状胶束(WLMs)在不同长度和时间尺度上的基于粒子的模拟[1]
原子模拟捕捉表面活性剂化学对WLMs段性质的影响。粗粒度化加快了计算速度。其他宏观特性,如长度分布和流变性,只能使用更高级别的模型来计算,如基于珠的FENE-C模型或基于棒的模型
经英国皇家化学学会许可

长度分布,只能使用更高级别的模型来计算,如珠簧 FENE – C 模型[3]和耗散颗粒动力学[4]。为了计算流动特性和流变性,需要进一步粗颗粒化。使用布朗动力学模型,纠缠的 WLMs 可以用细棒串表示,其中通过有效摩擦力考虑溶剂的影响[5]。

为了研究胶束的结构性质,如自组装途径,较低阶的长度和时间尺度通常更为重要,因此原子和粗粒 MD 以及耗散粒子动力学是目前使用的主要模拟工具。与球形胶束相比,模拟 WLMs 的当前挑战之一显然是所需计算域的大小。

10.2　非常规表面活性剂

10.2.1　肽两亲体

Tsonchev 等[6]使用经验力场和原子 MD 计算研究了自组装肽两亲物(PA)的结构。PA 的亲水性头基具有刚性部分和柔性部分。在合适的 pH 下,在柔性部分中观察到大的偶极子,导致头群之间的有吸引力的相互作用。另外,刚性部分由于与大偶极子在相同方向上的氢键而形成有效的平行 β 片,从而稳定了自组装。MD 模拟显示,纳米结构围绕平行于偶极子和 β 片的轴弯曲。自组装 PA 的优化弯曲纳米结构的图像如图 10.2 所示。研究者得出结论,圆柱形胶束将是最稳定的形状。这是使用 MD 模拟来研究自组装纳米结构形成背后的详细分子机制的一个很好的例子。

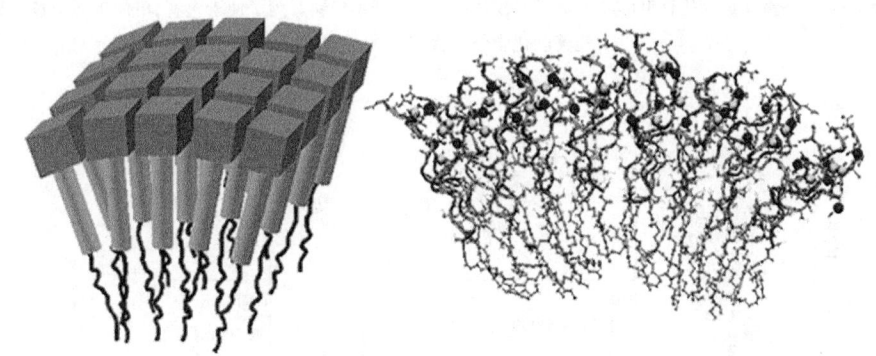

图 10.2　自组装肽两亲物的优化弯曲纳米结构[6]
经美国化学学会授权(2004)许可

Velichko 等[7]还研究了 PA 的自组装,由烷基尾部之间的疏水相互作用和肽块之间的氢键网络决定。研究表明,这两种相互作用导致了不同形态的组装体的形成。这包括通过氢键横向连接的单个 β 片、平行 β 片的堆叠、球形胶束、在电晕中具有 β 片的胶束以及长圆柱形纤维。自组装 PA 结构的图像,包括球形胶束、β – 片和纤维聚集体,如图 10.3 所示。本研究对所获得的仿真结果进行了强定量分析。

Fu 等[8]研究了由 PA 自组装的智能生物材料在特定生理刺激下的形态转变。这些水凝胶在组织工程、生物医学成像和药物递送方面有许多潜在的应用。研究者报告了用于检查自发自组装过程的大规模粗粒度 MD 模拟。观察到各种尺寸和形状的纳米结构的形成是静电和温度的函数。圆柱形纳米纤维形成的自组装机制分为一系列步骤:首先,在烷基尾部之间的疏水相互作用的驱动下,PA 分子迅速胶束化;然后胶束内的相邻肽残基缓慢排列成 β 片,暴露疏水核心;最后,球形胶束通过端到端的机制融合在一起形成圆柱形纳米纤维,与实验数据吻合良好。PA 分子在不同的温度和静电作用下经历交替的动力学机制,导致形成广泛的纳米结构。不同静电相互作用强度和温度下的相图图像,包括自组装 PA 结构,如图 10.4 所示。本文详细分析了从随机构型开始的 PA 分子大系统的自组装。

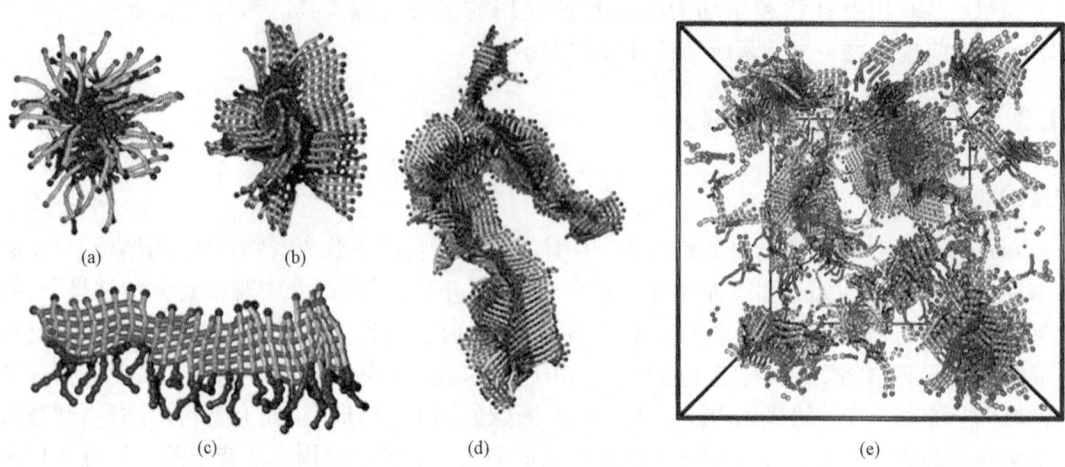

图 10.3　肽两亲物分子模拟快照[7]

(a)球形胶束;(b)外侧有 β 片的胶束形成电晕;(c)β 片;(d)(e)纤维集料。为了便于查看,单体单元未显示为全尺寸

经美国化学学会授权(2008)许可

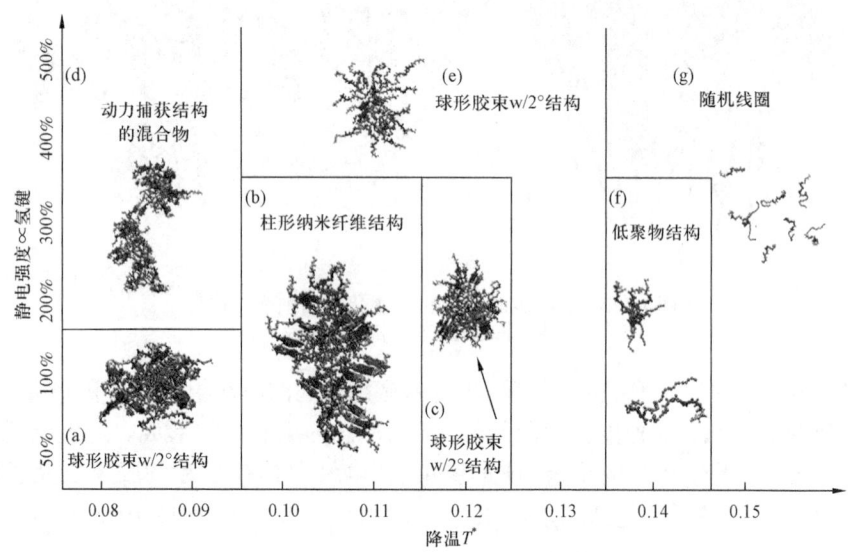

图 10.4　从不同静电强度和温度下的模拟结果中获得的相图[8]

(a)主要具有 α - 螺旋的球形胶束;(b)圆柱形纳米纤维结构;(c)只有 β 片的球形胶束;(d)动力学捕获的无定形聚集体的混合物;(e)无二级结构元素的球形胶束;(f)低聚物;(g)随机线圈

经 John Wiley and Sons 公司许可。版权(2013)属于 Weinheim 的 Wiley - VCH Verlag GmbH & Co. KGaA

Lee 等[9]使用原子 MD 模拟研究了 PA 分子自组装结构在圆柱形纳米纤维中的弛豫,包括生理离子浓度下的显式水。自组装是用圆柱形构型的 PA 分子启动的,发现其在 40ns 期间是稳定的。在所得纳米纤维的会聚结构中,圆柱形半径约为 44Å,与实验结果一致。水和钠离子可以渗透到纤维的肽部分,但不能渗透到烷基链之间。PA 自组装过程的示意图如图 10.5 所示。尽管每个 PA 具有相同的序列,但在纳米纤维的聚合结构中发现了广泛的二级结构分布。这些结果应该是有用的用于设计具有改进的生物活性的新型 PA 纤维。

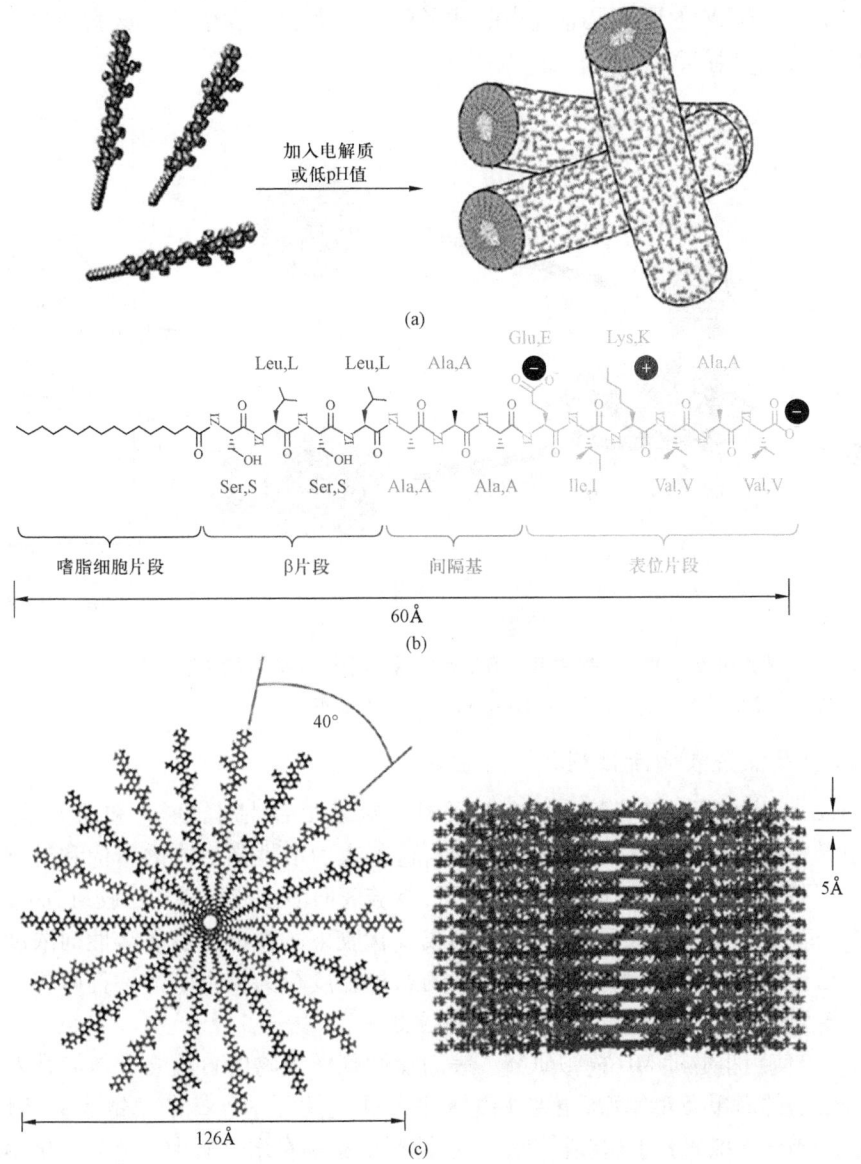

图 10.5 (a)PA 自组装过程的示意图。(b)PA 用于当前报告的 MD 模拟。(c)MD 模拟的 PA 的起始结构。9 个 PA 径向放置在第一层(红色),其尾部向内。第二层也具有 9 个 PA(蓝色),并且相对于第一层旋转 20°。经许可,转载自参考文献[9],美国化学学会版权(2011)

10.2.2 皂苷类

Dai 等[10]研究了人参皂苷生物表面活性剂与柴胡皂苷的相互作用机制。采用多尺度方法研究了人参皂苷 Ro、Rb_1 和 Rg_1 与柴胡皂苷 a(SSa)的相互作用。分子模拟显示,与 Ro 分子连接的葡糖醛酸通过其对 SSa 的强电吸引力降低了势能,这极大地促进了它们之间的强兼容性。与 Rg_1 相比,Rb_1 中的糖数量更多,与 SSa 形成了更多的结合位点,因此 Rb_1 和 SSa 之间的相互作用比 Rg_1 和 SSa 更强(图 10.6)。发现球形胶束和 WLM 是由 Rb_1 和 SSa 分子形成的,而 Ro 和 SSa 形成囊泡。WLM 的形成是通过小的球形胶束的融合而发生的。这些结果对人参皂苷的未来应用具有重要意义。

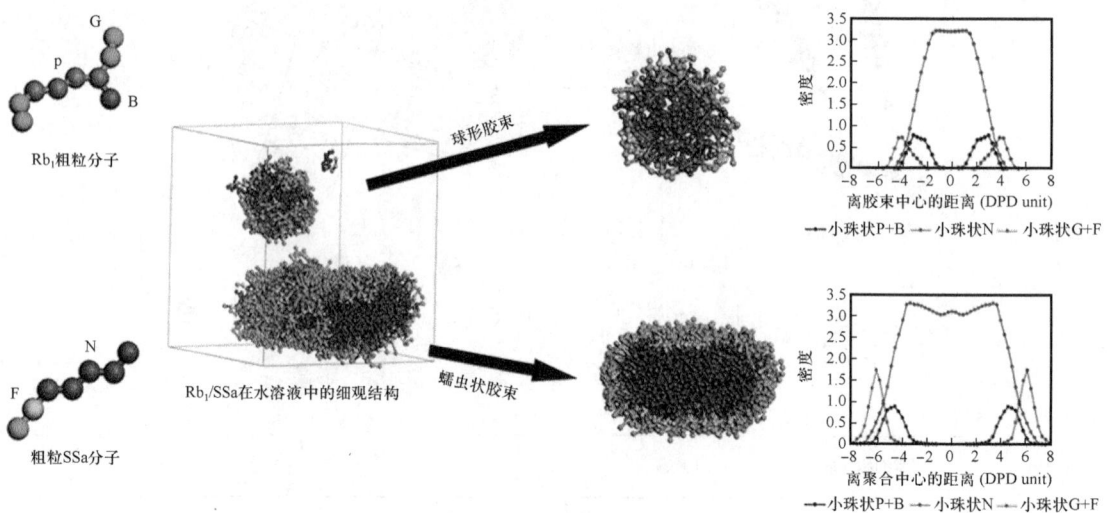

图 10.6 DPD 模拟中 Rb_1/SSa 水溶液的中尺度结构和密度分布[10]

经 Elsevier 版权(2013)许可

10.2.3 双子及低聚表面活性剂

Karaborne 等[11]使用 MD 模拟来研究双子或二聚表面活性剂的形态和动力学,这在几个工业应用中具有潜在的重要性。模拟结果表明,这些表面活性剂形成的结构和动态性能与单链表面活性剂截然不同。在相同的质量分数下,单链表面活性剂形成球形胶束,而双子表面活性剂的两个头基通过短的疏水间隔物偶联,形成线状胶束。在不同表面活性剂浓度下的模拟表明了各种结构的形成,这为双子表面活性剂的意外黏度行为提供了另一种解释。这是使用粗粒度 MD 模型研究自组装行为的早期关键论文之一。

Maiti 等[12]使用粗粒度 MD 模拟研究了表面活性剂低聚物的自组装。他们开发了一个表面活性剂低聚物的简单微观模型,由在头基水平上通过间隔基连接的单链表面活性剂组成。他们通过恒压 MD 模拟研究了这些模型表面活性剂低聚物在水介质中的超分子聚集体的形成和形态,特别是低聚程度对本体自组装性能和扩散率的影响。对于二聚体和三聚体表面活性剂,随着表面活性剂浓度的增加,他们的模型模拟显示出从球形胶束到圆柱形胶束的转变。随着浓度的进一步增加,这些圆柱形胶束转变为超长的 WLM 或丝状胶束。这些发现与实验结果在质量上一致。对于二聚体和三聚体表面活性剂,在中等浓度下,模拟结果直接证明了闭环胶束的形成。二聚体和三聚体表面活性剂溶液的自扩散系数显示出显著相似的行为,表明这种 WLM 溶液的行为具有一定的普遍性。分支状和闭环胶束的模拟配置如图 10.7 所示。他们对反胶束的自组装进行了很好的分析,在许多不同领域都有潜在的应用。

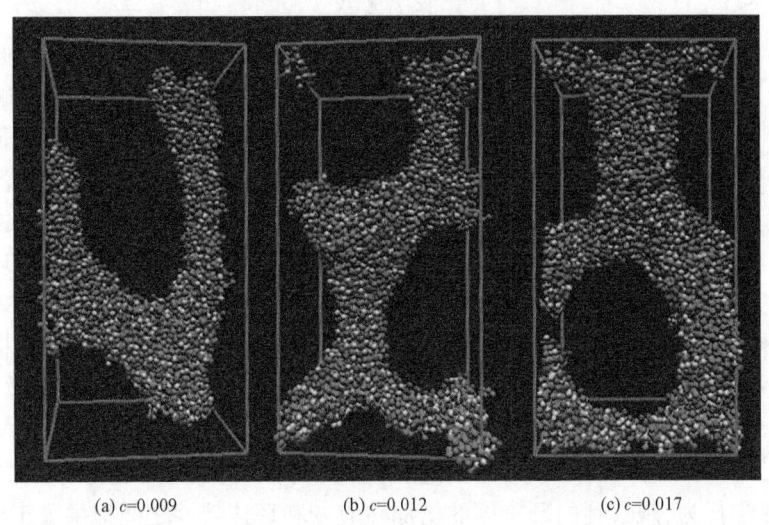

(a) $c=0.009$ (b) $c=0.012$ (c) $c=0.017$

图 10.7 三聚表面活性剂形成的支化和闭环结构随表面活性剂浓度 c 发生的变化[12]

经美国化学学会授权(2002)许可

10.3 蠕虫状胶束的力学和流动特性

Padding 等[2]使用原子 MD 模拟来计算 WLMs 的一小段的机械性能,WLMs 由有限数量的芥子基双(羟乙基)甲基氯化铵(EHAC)表面活性剂分子组成。蠕虫状胶束被浸泡在水和氯化钠中。模拟快照如图 10.8 所示。首先,他们根据径向分布函数计算 WLMs 的半径,作为粒子坐标轨迹上的系综平均值。观察到的半径为 2.3nm。然后,他们通过一系列 MD 模拟计算了弹性模量,其中蠕虫在恒定体积下被压缩/拉伸。最后,根据垂直于蜗杆($z-$)轴的位置波动谱计算出蜗杆在无张力状态下的持续长度。如预期的那样,低 q 模式遵循 q^{-4} 缩放行为。频谱

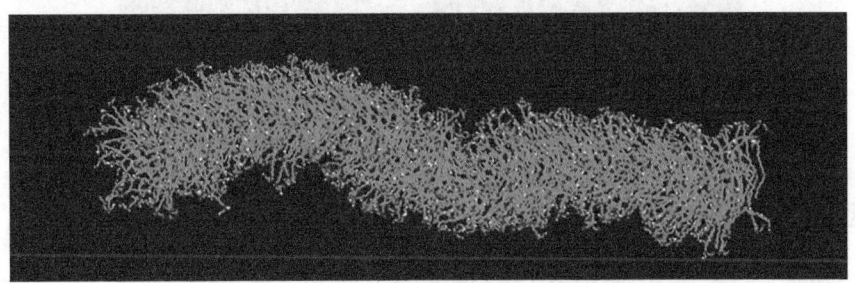

图 10.8 EHAC 蠕虫状胶束在 3% NaCl 溶液中的 MD 模拟快照[2]

只显示了表面活性剂分子:碳原子(浅蓝色)、氧原子(红色)、氮原子(深蓝色)和氢原子(白色)

经美国物理学会授权许可

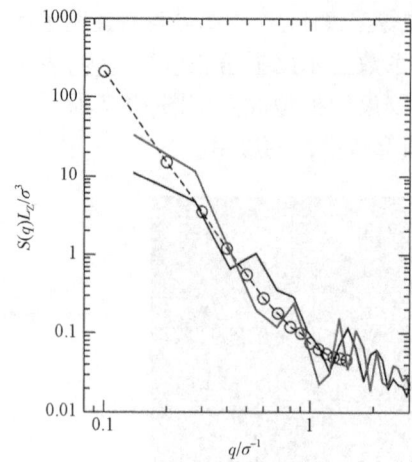

图 10.9 无张力 EHAC 蜗杆的
结构因子 $S_\alpha(q)$ [2]

$\alpha = x, y$ 分别为黑色和红色。虚线显示了
使用 $\sigma = 0.6$nm 的粗粒度蠕虫模拟的 $S(q)$
经美国物理学会授权许可

如图 10.9 所示。通过将低 q 模式拟合到粗粒蠕虫模拟的波动谱,发现径向分布函数的半径测量值为 2.3nm,这在数量上是一致的。本文使用原子 MD 模拟的力学特性作为输入参数,为进一步的粗粒度模型开辟了道路。

Padding 和 Boek[3] 在代表 WLM 的通用可逆聚合物模型中研究了剪切流对环形成的影响。在平衡条件下,在稀溶液中,环占主导地位,而在强重叠和浓溶液中,线性链占主导地位。观察到剪切流诱导胶束质量从线性链向环的净移动。同时,线性链的平均聚集尺寸减小,而环的平均聚集大小增加。环的丰度和大小的增加被认为是由于剪切流下与开环相关的熵增益。线性链和环在流动方向上伸长,在梯度方向上收缩。这留下了一个基本上二维的自由体积,两个新创建的链端可以在断开连接后对其进行探索。为了验证这一点,研究了环和线性链分布函数的比值。最后,检查了流变学行为,观察到的环丰度的增加在应变和环连接性之间提供了正反馈。这种正反馈可能有助于在重叠浓度附近的胶束溶液中观察到的剪切增稠行为。平衡和快速剪切流下的环配置快照如图 10.10 所示。

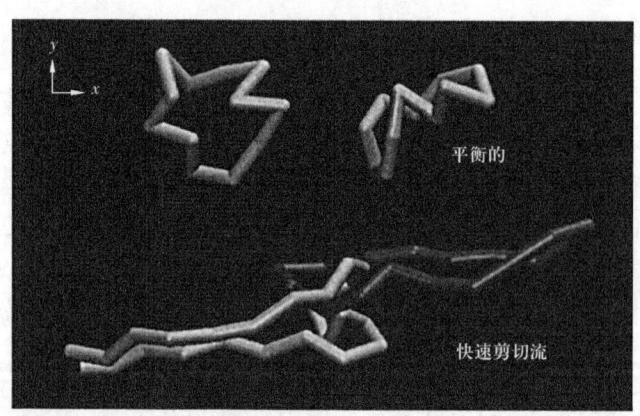

图 10.10 平衡(顶部)和快速剪切流(底部)下的环配置快照[3]
经美国物理学会授权(2004)许可

10.4 反胶束的机械和流变特性

Vierros 和 Sammalkorpi[13] 通过 MD 模拟检验了环己烷中磷脂的良好表征的模型系统。他们使用了一种力场,该力场以高精度再现磷脂在水中的行为和环己烷的整体性质而闻名。然而,当他们将所得的反胶束与其预期的实验形状和大小进行比较时,发现该模型难以再现常见磷脂酰胆碱脂质的基本、实验已知的反胶束结构特征。与实验行为的偏差源于对模型中脂

尾—环己烷相互作用的低估。为了弥补这一点,他们在实验预期的范围内获得了反向胶束结构,并对这些结构进行了分子细节表征。他们的发现表明,在通常的水环境之外使用标准生物分子模型的模拟研究中,需要格外小心并验证模型的适用性。反胶束的模拟配置快照如图10.11所示。

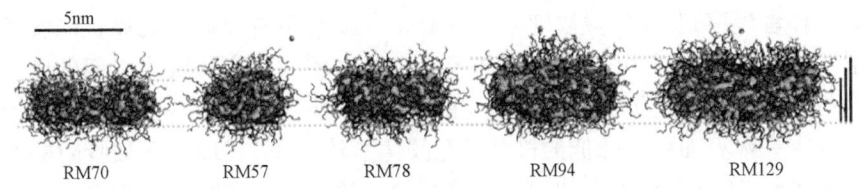

图 10.11　反胶束的模拟配置[13]

虚线表示胶束极性核心的平均直径,右边的黑条分别表示水脂比为5、7和11时的核心尺寸总和。水显示为浅蓝色,磷酰胆碱显示为红色。甘油和尾巴显示为黑色。为了清晰起见,在可视化中省略了环己烷溶剂

经美国物理学会授权许可

10.5　蠕虫状胶束和纳米颗粒

Sambasivam 等[14]研究了纳米颗粒(NP)与十六烷基三甲基氯化铵(CTAC)阳离子胶束的自组装。众所周知,这可以产生具有丰富流变和光学特性的稳定纳米凝胶。进行了粗粒度MD模拟,以探索自组装过程的分子机制。观察到带负电荷的NP形成稳定的囊泡结构,其中颗粒表面几乎完全被双层表面活性剂覆盖。另外,在不带电的疏水NP周围,表面活性剂形成单层或电晕,尾部基团物理吸附在颗粒上。在水杨酸钠存在下,NP-表面活性剂复合物(NPSCs)与棒状CTAC胶束相互作用,通过打开胶束端盖,然后进行表面活性剂交换,形成稳定的连接。扩散区跨越几百纳秒,需要在微秒的时间尺度上进行MD模拟。从结构的总对势能的变化可以很好地分析NPSC—胶束络合的能量学。纳米颗粒和表面活性剂的自组装示意图如图10.12所示。

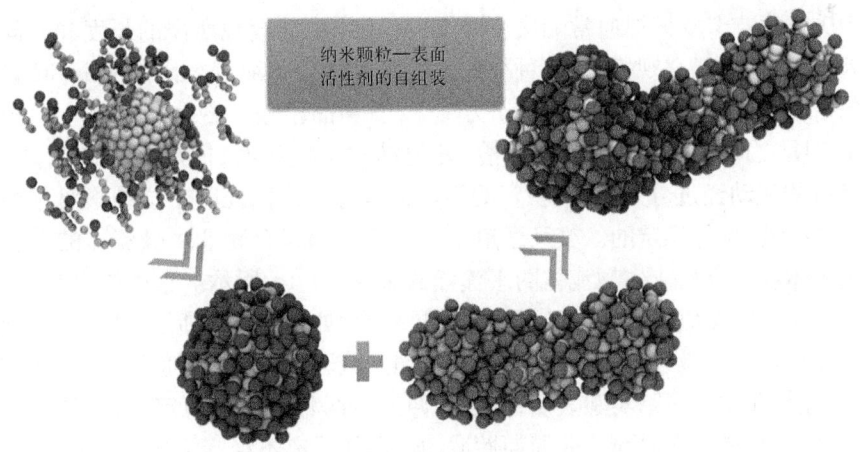

图 10.12　纳米颗粒和表面活性剂的自组装[14]

经美国化学学会授权(2016)许可

Sangwai 和 Sureshkumar[4]研究了表面活性剂在水溶液中自组装成各种胶束结构,包括球形、棒状和片层。尽管相变已经得到了广泛的实验研究,但自组装的分子机制仍然没有得到很好的理解。这些作者使用粗粒(CG)MD 模拟,通过原子 MD 研究进行验证,来研究 CTAC 的胶束组装。他们研究了盐对芳香阴离子盐[如水杨酸钠(NaSal)]和简单无机盐(如 NaCl)胶束结构的影响。作者观察到,在阈值浓度以上,NaSal 在胶束中诱导球形到棒状的转变。模拟捕捉了这种形状转变的动力学,并支持一种基于两亲性水杨酸盐离子吸附引起的胶束—水界面张力降低的机制。模拟捕捉了这种形状转变的动力学,并支持一种基于两亲性水杨酸盐离子吸附引起的胶束—水界面张力降低的机制。在阈值盐浓度下,界面几乎被吸附的水杨酸盐离子饱和。在原子和 CG MD 模拟之间观察到良好的一致性。这意味着胶束水溶液中的相变可以通过标准 CG 水模型进行研究,与原子 MD 模拟相比,该模型可以加速三个数量级。表面活性剂胶束中球形—棒状胶束转变的 MD 模拟图像如图 10.13 所示。

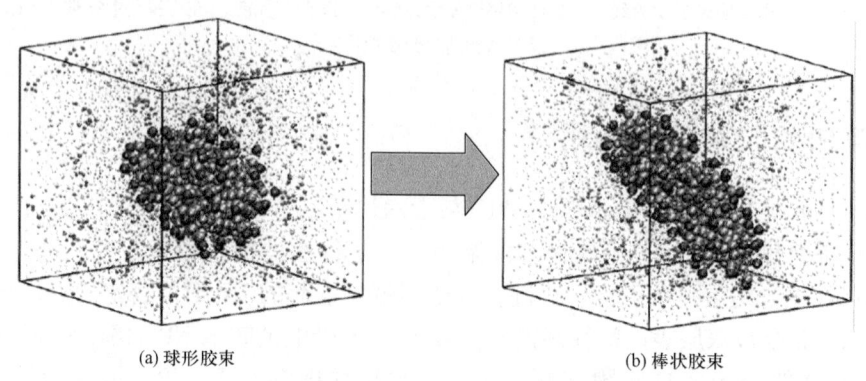

(a) 球形胶束　　　　　　　　　　(b) 棒状胶束

图 10.13　表面活性剂胶束中球形—棒状胶束转变的 MD 模拟图像[14]

经美国化学学会授权(2011)许可

10.6　蠕虫状胶束在微流控中的流动行为

原子 MD 或蒙特卡罗模拟通常无法获得 WLM 流体流动模拟所需的长度和时间尺度。出于这个原因,已经考虑了介观模拟,这种模拟通常以牺牲化学细节为代价使用 CG 模型。这些介观方法包括耗散粒子动力学[4]、布朗动力学[16-17]和晶格玻尔兹曼模拟[18]。Poole 等[19]使用数值模型表明,当在完全对称的"十字槽"几何结构中流动时,简单黏弹性流体(使用上凸 Maxwell 模型)的流动经过分叉,进入稳定的不对称状态。他们证明了这种不对称性本质上是纯弹性的,惯性的影响是稳定的。交叉通道中牛顿流体和聚合物非牛顿流体的平流模式跨通道流中牛顿流体和聚合物非牛顿流体的平流模式如图 10.14 所示。这些结果与 Arratia 等[20]的跨通道微流体池中类似流动的实验可视化结果一致,如图 10.15 所示。在后一项研究中,观察到聚合物分子在通过微通道横流的双曲点附近时会被强烈拉伸。随着应变速率在低雷诺数下的变化,示踪剂和粒子跟踪实验表明,分子拉伸产生两种流动不稳定性:一种是速度场变得强烈不对称;另一种是它在时间上非周期性波动。即使远离不稳定区域,流动也会受到强烈扰动,这种现象可用于产生混合。

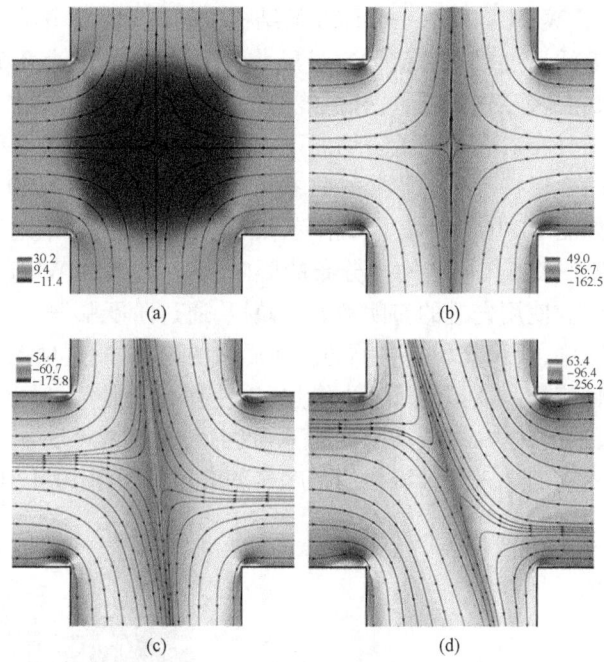

图 10.14　对于牛顿流体(a)和具有不同 Deborah/Weissenberg 数的非牛顿流体(b)(c)(d)
提供应力场指示的跨通道微流体池中的数值流线图[19]

经美国物理学会授权(2007)许可

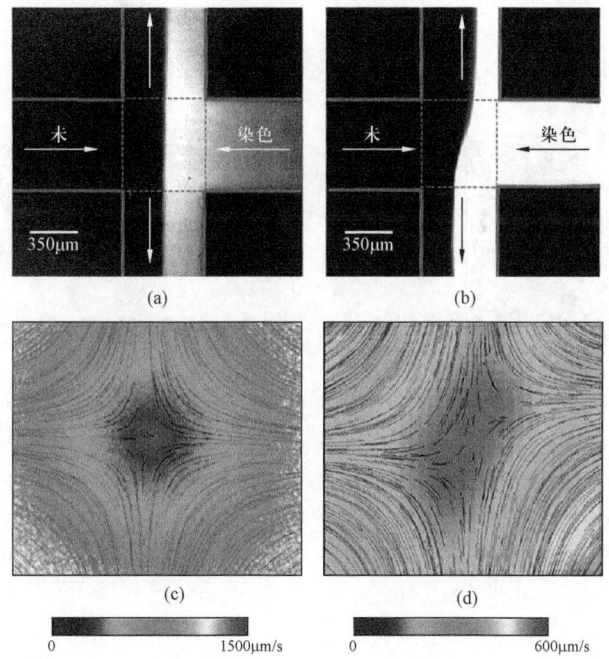

图 10.15　牛顿流体(a)和 PAA 柔性聚合物溶液(b)在低雷诺数下具有两个输入和输出的跨通道流的
实验平流模式[15] 图(c)和图(d)对应于图(a)和图(b)的粒子条纹线和速度场大小,显示对称性破坏不稳定性

经美国物理学会授权(2006)许可

Stukan 等[16]研究了 WLM 在膨胀—收缩几何结构中的流动。采用真实的细观布朗动力学模型研究了黏弹性表面活性剂(VES)流体通过尺寸为 B1 mm 的单个孔隙的流动。研究了胶束尺寸、孔隙几何形状和流速对蠕虫通过孔隙能力的影响。这些参数影响蠕虫的构象特性和模拟细胞内胶束的空间分布。在较高的剪切能下,密度和长度分布变得不均匀;然而,破裂和聚变事件的分布在空间上保持一致。膨胀—收缩几何结构中 WLM(1600 个单体单元)流动的布朗动力学模拟配置如图 10.16 所示。同一作者在后续论文中更详细地研究了系统尺寸和溶剂流量对 WLM 在收缩—膨胀几何结构中分布的影响[17]。黏弹性 WLM 结构通过对齐、断裂和重整对流动做出反应。使用先进的布朗动力学模拟,通过阶跃膨胀—收缩来研究 VES 流体的流动。在之前的研究中,假设流场是牛顿的。在后来的论文中,这项工作被扩展到包括先前通过实验获得的非牛顿流场。模拟的尺寸也增加了,使得孔比胶束的回转半径大得多。对于非牛顿流场,在相对较大的孔中,在较高的流速下,胶束的密度变得明显不均匀。在这种情况下,观察到大的、缓慢移动的进入角区域中的密度显著增加。如图 10.17 所示。

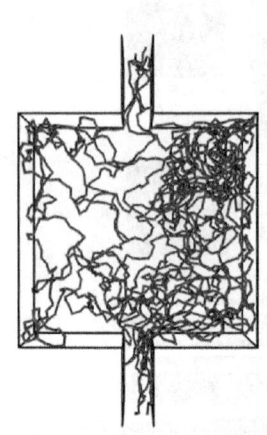

图 10.16　膨胀—收缩几何结构中 WLM(1600 个单体单元)流动的布朗动力学模拟配置

经英国皇家化学学会许可

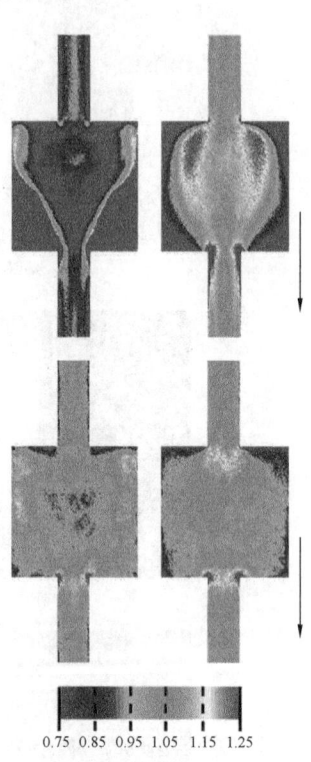

图 10.17　膨胀—收缩几何和非牛顿流场中布朗动力学模拟的蠕虫状胶束密度变化[16]

经英国皇家化学学会许可

10.7　结论

综述了 WLM 流体计算机模拟领域的最新进展。特别是,涵盖了以下领域:非常规表面活性剂、反胶束、纳米颗粒和 WLM 网络以及微流体流动。很明显,在过去十年中取得了重大进展。在这方面,参考了早先一篇讨论截至 2009 年进展情况的综述文件[18]。特别是,非常规表面活性剂领域取得了重大发展。另外,解决与微流体流动比较的挑战的方法仍在开发中。该领域需要进一步发展多尺度模拟方法,以实现与实验流研究进行比较所需的时间和长度尺度。

致　　谢

感谢 Cécile Dreiss 博士的积极讨论和支持。

参 考 文 献

[1] J. T. Padding, W. J. Briels, M. R. Stukan and E. S. Boek, *Soft Matter*, 2009, 5, 4367 – 4375.
[2] J. T. Padding, E. S. Boek and W. J. Briels, *J. Phys.：Condens. Matter*, 2005, 17, S3347 – S3353.
[3] J. T. Padding and E. S. Boek, *Phys. Rev. E*, 2004, 70, 031502.
[4] A. V. Sangwai and R. Sureshkumar, *Langmuir*, 2011, 27, 6628 – 6638.
[5] J. T. Padding, E. S. Boek and W. J. Briels, *J. Chem. Phys.*, 2008, 129, 074903.
[6] S. Tsonchev, A. Troisi, G. C. Schatz and M. A. Ratner, *Nano Lett.*, 2004, 4, 427 – 431.
[7] Y. S. Velichko, S. I. Stupp and M. O. de la Cruz, *J. Phys. Chem. B*, 2008, 112, 2326 – 2334.
[8] I. W. Fu, C. B. Markegard, B. K. Chu and H. D. Nguyen, *Adv. Healthcare Mater.*, 2013, 2, 1388 – 1400.
[9] O. – S. Lee, S. I. Stupp and G. C. Schatz, *J. Am. Chem. Soc.*, 2011, 133, 3677 – 3683.
[10] X. Dai, X. Shi, Q. Yin, H. Ding and Y. Qiao, *J. Colloid Interface Sci.*, 2013, 396, 165 – 172.
[11] S. Karaborni, K. Esselink, P. A. J. Hilbers, B. Smit, J. Karthauser, N. M. van Os and R. Zana, *Science*, 1994, 266, 254 – 256.
[12] P. K. Maiti, Y. Lansac, M. A. Glaser and N. A. Clark, *Langmuir*, 2002, 18, 1908 – 1918.
[13] S. Vierros and M. Sammalkorpi, *J. Chem. Phys.*, 2015, 142, 094902.
[14] A. Sambasivam, A. V. Sangwai and R. Sureshkumar, *Langmuir*, 2016, 32, 1214.
[15] B. Nikoobakht and M. A. El – Sayed, *Langmuir*, 2001, 17, 6368.
[16] M. R. Stukan, E. S. Boek, J. T. Padding, W. J. Briels and J. P. Crawshaw, *Soft Matter*, 2008, 4, 870 – 879.
[17] M. R. Stukan, E. S. Boek, J. T. Padding, W. J. Briels and J. P. Crawshaw, *Eur. Phys. J. E*, 2008, 26, 63 – 71.
[18] E. S. Boek and M. Venturoli, *Comput. Maths Appl.*, 2010, 59, 2305 – 2314.
[19] R. J. Poole, M. A. Alves and P. J. Oliveira, *Phys. Rev. Lett.*, 2007, 99, 164503.
[20] P. E. Arratia, C. C. Thomas, J. Diorio and J. P. Gollub, *Phys. Rev. Lett.*, 2006, 96, 144502.

第11章 蠕虫状胶束形成的新理解:动力学和热力学

Edvaldo Sabadini, Karl Jan Clinckspoor

11.1 简介

1951年Debye和Anacker利用光散射技术证实在十六烷基三甲基溴化铵($C_{16}TAB$)溶液中加入KBr会促使不对称胶束的形成[1-2],这是首次对于蠕虫状胶束的描述。这种转变归因于盐的加入,削弱了胶束表面的库仑作用。受此项开创性工作的启发,研究人员逐渐在各类离子型表面活性剂的盐溶液中发现了胶束生长[3]。对于某些表面活性剂(如阳离子表面活性剂),其在低浓度盐溶液如水杨酸盐[4]、甲苯磺酸盐[5]、氯苯甲酸[6]和萘磺酸盐[7]中也能形成蠕虫状胶束(WLMs)。具体案例详见表11.1以及由Dreiss撰写的综述文章[3]。如图11.1所示,芳香族助溶物(此处为水杨酸盐)可以嵌入阳离子表面活性剂的栅栏层,引起了胶束曲率及其长径比的变化。

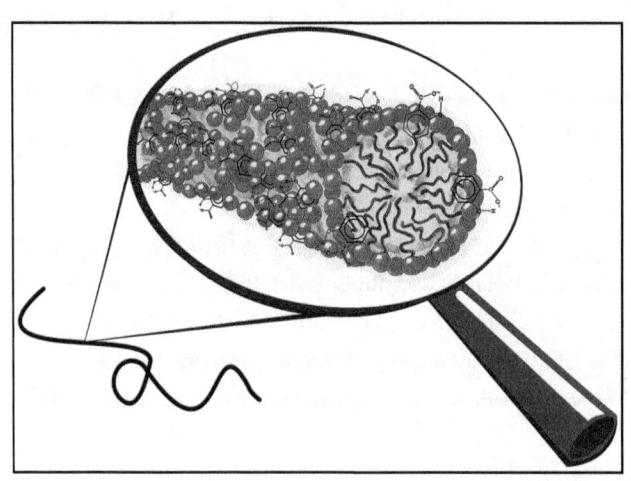

图11.1 阳离子表面活性剂与水杨酸结合形成的蠕虫状胶束示意图
水杨酸位于胶束栅栏层

这种胶束形貌由球形到棒状的转变是因为表面活性剂对芳香族阴离子的分子结构高度敏感所导致的。例如,在阳离子表面活性剂中加入2-羟基苯甲酸酯会迅速促其自组装形成蠕虫状胶束,但加入其他两种异构体(3-羟基苯甲酸酯或4-羟基苯甲酸酯),只能自组装形成短棒状胶束。在某些蠕虫状胶束体系中,胶束分子结构的微小变化也会影响蠕虫状胶束体系的性能。例如溶液pH值的变化或光的照射,都会导致宏观溶液黏度的显著变化(见第6章)。

研究蠕虫状胶束形成过程中的能量和动力学变化将有助于进一步了解此类超分子结构的

分子间相互作用的本质。本章,我们将从分子层面探讨蠕虫状胶束形成过程,并介绍有关这类聚集体的在热力学和动力学的新认识。

11.2 从分子角度看蠕虫状胶束

胶束化过程中自由能的变化主要来自于以下作用:
(1)疏水尾链与水;
(2)疏水尾链与疏水尾链;
(3)亲水头基与亲水头基;
(4)亲水头基与水(溶剂化)。

从原理上分析,胶束的形成主要受两种相反的作用驱动:疏水作用将表面活性剂分子从水相中拉出,进入胶束假相;亲水头基的相互作用则产生与疏水作用相反的效果[9]。胶束聚集体的类型取决于表面活性剂分子在胶束的堆积情况,Mitchell 和 Ninham[10] 以及 Israelachvili[11] 提出了临界堆积参数模型来预测胶束聚集体的结构。根据该模型,聚集体的结构主要是由临界堆积参数(P)所决定的,其与表面活性剂头基面积(a_0)、疏水尾链的拉伸长度(l_c)和表面活性剂疏水部分的体积(V)相关[式(11.1)和图11.2]。

$$P = \frac{V}{a_0 l_c} \tag{11.1}$$

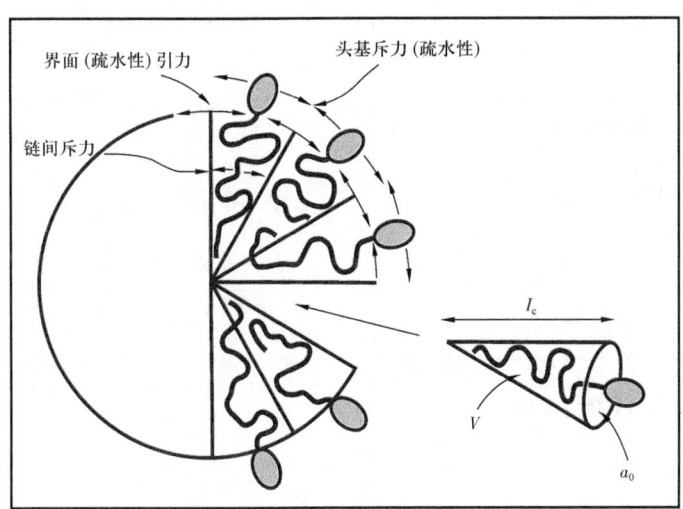

图11.2 球形胶束的示意图[11]

其中表面活性剂尾链的疏水效应和表面活性剂亲水头基间的库仑斥力共同决定了临界堆积参数(P)

经爱思唯尔授权(2011)许可

通过增加表面活性剂浓度或加入盐屏蔽表面活性剂头基间的静电作用,降低 a_0,可以促使球形胶束转化为蠕虫状胶束。

当表面活性剂浓度增加时,中性胶束和离子胶束以不同的方式生长。对中性胶束而言,端帽能相当于产生两个新的胶束链所需的剪切能。随着表面活性剂用量的增加,这种相等性会导致胶束逐渐增大,但大小分布较广。至于带电胶束,离子表面活性剂之间的静电作用会降低剪切能,有利于胶束的破裂。在稀溶液区间,胶束长度随浓度的增加而缓慢增加。一旦浓度超过重叠浓度(C^*),即介于稀溶液和亚浓浓度之间,反离子的静电相互作用则会增加胶束的增长速度[12]。

对于离子型表面活性剂,通常需要在较高表面活性剂浓度才可促使胶束生长。然而,对于某些阳离子型表面活性剂,通过外加水杨酸类芳香族助溶物可以促使胶束在低表面活性剂浓度条件下快速生长[13]。

这是由于芳香族助溶物分子中的苯环能插入到胶束栅栏层中,增大了临界堆积参数 P 值,假设其值增大至 0.33~0.5。表 11.1 显示了能形成的蠕虫状胶束体系的表面活性剂与芳香族盐复配体系。

表 11.1 通过表面活性剂与芳香助溶剂结合形成蠕虫状胶束的体系

表面活性剂	共溶物/反离子	参考文献
十六烷基三甲基溴化铵 (CTAB)	水杨酸钠 (NaSal)	[14][15]
十六烷基三甲基溴化铵 (CTAB)	水杨酸钠 (NaSal) 对甲苯磺酸钠 (Nap-TS)	[16]
十六烷基三甲基氢氧化铵 (CTAOH)	2-羟基-1-萘酸 (2,1HNC)	[17]
油酸钠 (NaOA)	三乙基氯化铵 (Et$_3$NCl), KCl	[18]

续表

表面活性剂	共溶物/反离子	参考文献
CTAB	3-羟基-2-萘酸 (3, 2HNC)	[19]
二(羟乙基)二甲基氯化铵 (EHAC)	NaSal,NaCl	[20]
二甲基三甲基氯化铵 (ETAC)		
十二烷基硫酸钠 (SDS),NaC$_{12}$S	盐酸对甲苯胺 (PTHC)	[21]
十六烷基氯化吡啶 (CPyCl)	NaSal+NaCl	[22]
EHAC	NaSal+NaCl	[23]

续表

表面活性剂	共溶物/反离子	参考文献
$NaC_{12}S$, $NaC_{14}S$, $NaC_{16}S$ (十二/十四/十六烷基硫酸钠结构)	溴化戊铵(C_5R_3NBr)，对甲苯胺卤化物(R_3tolX) 分别地：R=H, Me, Et；X=Cl$^-$, Br$^-$, I$^-$	[24]
1-甲基-4-正十二烷基吡啶	系列对位离子 I, II, III, IV, V, VI, VII, VIII, IX (对应芳香羧酸/磺酸结构)；I$^-$, Br$^-$, I$^-$, $CH_3SO_3^-$, $CF_3SO_3^-$, $CH_3CH_2SO_3^-$, $CH_3(CH_2)_2SO_3^-$, $CH_3(CH_2)_3SO_3^-$	[4][5][25]
$C_{12}TA$, $C_{14}TA$, $C_{16}TA$ (烷基三甲基铵结构)	水杨酸乙酯 (5ES)	[26]
十六烷基三甲基氯化铵 (CTAC)	水杨酸钠；对二甲苯磺酸钠 (Nap-XS)	[27]
$C_{10}AZOC_2IMB$ (偶氮苯咪唑鎓溴化物结构)	4-三氟甲基水杨酸	[28]

续表

表面活性剂	共溶物/反离子	参考文献
N-十六烷基-N-甲基吡啶溴化物 (C16MDB)	NaSal	[29]
CTAB	水杨酸钠 (NaSal)，三乙胺	[30]
R_{16}HTAB (Br$^-$和Cl$^-$)	NaSal	[31]
CPyCl	NaSal	[32]
CPyCl	X-Sal；X=Li, Na, K, Mg, Ca	[33]
CTAB	反式肉桂酸钠 (肉桂酸钠)	[34]

续表

表面活性剂	共溶物/反离子	参考文献
CTAB (十六烷基三甲基溴化铵，14个CH₂，Br⁻)	3-羟基萘-2-羧酸盐 (SHNC), 3,2HNC	[35]
十六烷基三甲基咪唑溴化物 (C16 mimBr)	反式肉桂酸	[36]
CTAB	NaSal, OHCA, OHPA, 苯甲酸酯, 苯酚, 肉桂酸, OMCA, 分别地:	[37]
TTAB	NaSal, OHCA, OHPA, 肉桂酸, OMCA, 分别地:	[38][39]

正如在前言中指出,球形胶束向棒状胶束的转变是由于表面活性剂分子对芳香族助溶物的分子结构异常敏感所引起的。从分子的角度来理解[40],芳香环的疏水性[40]以及芳香环的电子云与阳离子型表面活性剂的头基之间的相互作用(即π-阳离子相互作用)[41-42]是导致蠕虫状胶束形成的主要驱动力。众所周知,蠕虫状胶束可以通过将阳离子型表面活性剂与2-羟基苯甲酸酯(水杨酸酯)结合而得,但将助溶物换为其他两种同分异构体(3-羟基苯甲酸酯或4-羟基苯甲酸酯),溶液中只有短棒状胶束产生。这表明羧基和羟基之间的距离对于蠕虫状胶束的形成非常关键。

2-羟基苯甲酸盐的几何结构有利于在这两个基团之间形成氢键,避免了羧基的自由旋转,从而使芳香阴离子呈平面形态,有利于其进入胶束栅栏层。而3-羟基苯甲酸盐或4-羟基苯甲酸盐,两个基团之间的距离太长,无法形成氢键(图11.3)[43-44]。

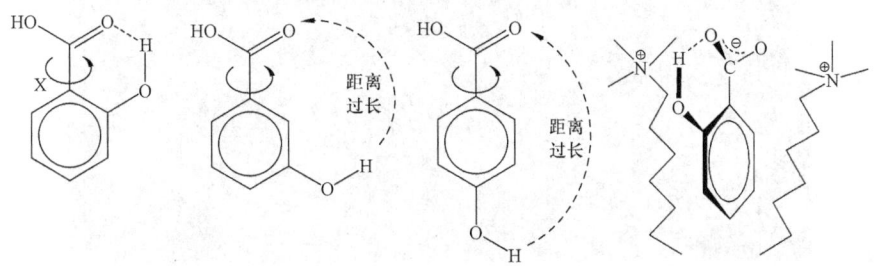

图11.3 2-羟基苯甲酸酯、3-羟基苯甲酸酯和4-羟基苯甲酸酯的可能氢键和旋转自由度[43]

对于2-羟基苯甲酸酯,氢键阻碍了羧基的自由旋转。然而,在3-羟基苯甲酸酯或4-羟基苯甲酸酯,由于两个基团之间的距离过长,因此羧基的旋转会不会受到阻碍

经美国化学学会授权(2011)许可

为了验证这一猜想,研究人员比较了C_{16}TAB与2-羟基苯甲酸盐(水杨酸盐)或苯甲酸盐的混合溶液黏弹性[37]。结果表明,C_{16}TAB/水杨酸盐体系具有更高的黏弹性。这是因为苯甲酸盐空间位阻导致其羧基能在蠕虫状胶束中自由旋转,降低了胶束的稳定性。如图11.4所示,苯甲酸盐上羟基的自由旋转的能垒值(二面角,约为25kJ/mol)显著低于2-羟基苯甲酸盐的能垒值(二面角,约为75kJ/mol)。

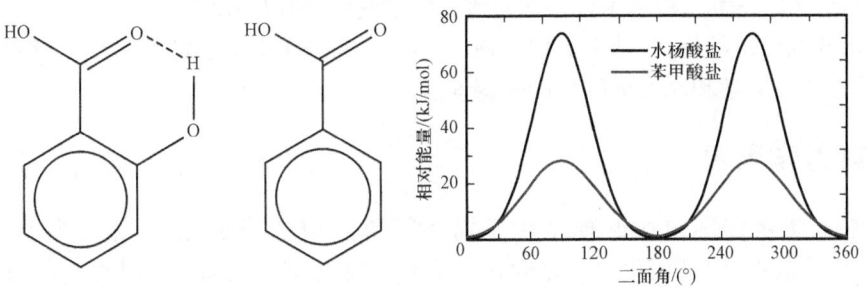

图11.4 2-羟基苯甲酸酯和苯甲酸酯的结构以及这些分子的羧基旋转能垒(考虑到二面角)[37]

经美国化学学会授权(2011)许可

空间位阻效应还通过比较等摩尔浓度的 $C_{16}TAB$（溴化十六烷基三甲铵）和肉桂酸及其相应衍生物（3-苯基丙酸酯，分子内不含有双键）的黏弹性来观察。如图 11.5 所示，$C_{16}TAB$ 与肉桂酸形成了高度黏弹性的溶液，而对照组却没有[37]。这可以从双键的角度来解释，即在双键的存在下，电子共轭减少了基团的自由旋转，从而确保了芳香环在胶束中更好的堆积。

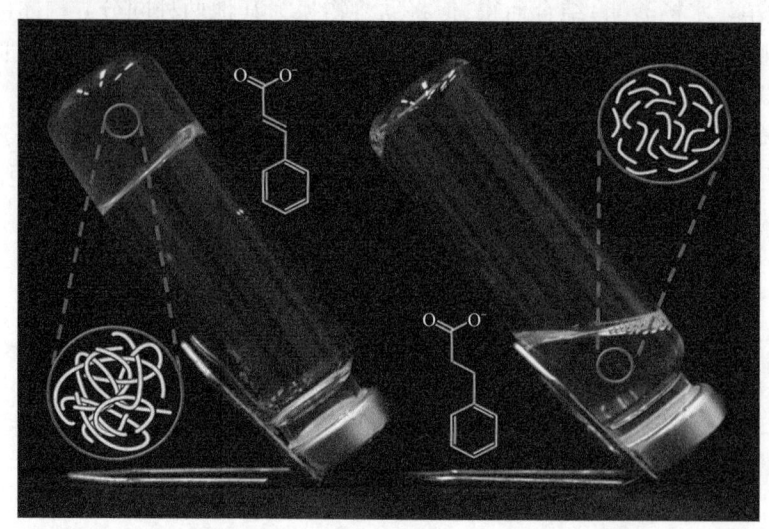

图 11.5　对含有 200mmol/L CTAB 和 200mmol/L 肉桂酸盐（左）和 3-苯基丙酸盐（右）的体系的重力效应[37]
照片是将倒转小瓶后拍摄的。经美国化学学会授权（2014）许可

芳香助溶物嵌入胶束介质中也取决于其亲水疏水平衡。以 $C_{16}TAB$ 和 2-羟基肉桂酸盐（OHCA）形成的蠕虫状胶束为例，该助溶物具有两个离子化基团，其 pK_a 值分别为 4.15 和 9.71。当其以单阴离子形式 OHCA(6 < pH < 8) 存在时，$C_{16}TAB$ 可以与其产生高黏弹性的凝胶；而当 pH 为 11 时，OHCA 以二价阴离子形式存在，$C_{16}TAB$/OHCA 只能形成牛顿型流体，这是因为 OHCA 以二价阴离子形式，亲水性显著增加导致其的难以进入 $C_{16}TAB$ 胶束[45]。

通过对分子结构进行微小的改变，可以用于促进流变学控制，并且因此，"智能"表面活性剂蠕虫状胶束这一术语是适用的（参见第 6 章）。[8] 已报道使用电、光、温度或 pH 触发的胶束组装的"开启"和"关闭"，揭示了许多需要流变学控制的潜在应用[46]。

表面活性剂分子的特性、外加的助溶物以及溶液的物理化学条件都决定了蠕虫状胶束形成，并且可以从热力学和动力学的角度来探索。

11.3　热力学因素

一个基于质量作用定律的模型用于描述简单胶束的形成，其假定在临界胶束浓度（CMC），n 个单聚物（S）和胶束（S_n）之间达到平衡。胶束（S_n）在临界胶束浓度（CMC）下达到平衡。该模型考虑了与胶束结合的反离子的比例。根据此模型，胶束形成的平衡可用以下公式描述[47-48]：

$$nS \rightleftharpoons S_n, K = \frac{[S_n]}{[S]^n} \tag{11.2}$$

对于非离子表面活性剂：

$$nS^- + (n\beta)B^+ \rightleftharpoons S_n^{(1-\beta)n}K = \frac{[S_n]^{(1-\beta)}}{[S^-]^n[B^+]^{n\beta}} \tag{11.3}$$

对于阴离子表面活性剂，该公式中 β 代表反离子的缩合度，B^+ 是反离子。

ΔG_{mic}^0 的值可以从非离子[式(11.4)]或者离子型表面活性剂[式(11.5)]的聚集体的衍生物中推导出：

$$\Delta G_{mic}^0 = RT\ln\chi_{CMC} \tag{11.4}$$

$$\Delta G_{mic}^0 = (2-\alpha)RT\ln\chi_{CMC} \tag{11.5}$$

式中，χ_{CMC} 为 CMC 处表面活性剂单体的摩尔分数，且 $\alpha = (1-\beta)$。

如果 CMC 的值是在几个温度下确定的，那么就可以利用吉布斯—赫尔姆霍兹方程求出焓的变化：

$$\Delta H_{mic}^0 = -RT^2(2-\alpha)\mathrm{d}\ln\frac{\chi_{CMC}}{\mathrm{d}T} \tag{11.6}$$

最终，可得出胶束化的熵变：

$$T\Delta S_{mic}^0 = \Delta H_{mic}^0 - \Delta G_{mic}^0 \tag{11.7}$$

在热力学平衡态的胶束溶液中，表面活性剂单体的化学势 μ_1 与具有 g 个表面活性剂单体（μ_g）的聚集体中的表面活性剂分子的化学势相同，有[1]：

$$\mu_1 = \frac{\mu_g}{g} \tag{11.8}$$

对于含有 g 个表面活性剂分子的特定聚集体，每个分子的自由能为[49]：

$$\frac{\mu_g}{g} = f = f_c + f_h + f_s \tag{11.9}$$

式中，f_c、f_h 和 f_s 分别为表面活性剂尾链的疏水作用、亲水头基的排斥作用和表面张力。

如果只考虑头部斥力和表面张力（$f_0 = f_h + f_s$），可得出以下表达式：

$$f_0 = \gamma a\left(1 - \frac{a_0}{a}\right)^2 \tag{11.10}$$

式中，γ 为表面活性剂尾链疏水核心与水之间的界面张力，a 为离子头基的面积，a_0 为离子头在特定聚集体中所占的面积。

蠕虫状胶束包括两个区域：圆柱形主体和两个端帽。因此，蠕虫状胶束的标准化学势 μ_g^0 的标准化学势[1]：

$$\mu_g^0 = (g - g_{cap})\mu_{cyl}^0 + \mu_{cap}\mu_{cap}^0 \tag{11.11}$$

式中，g_{cap} 为两个端帽中表面活性剂分子的数量；$(g - g_{cap})$ 为蠕虫状胶束圆柱形主体中的表面活性剂分子数。和 μ_{cyl}^0 和 μ_{cap}^0 分别代表了表面活性剂分子在圆柱主体和端帽的标准化学势。

当来自 $g_{cap}\mu_{cap}^0$ 的贡献超过热能(k_BT)时，圆柱就会生长为蠕虫状胶束。对于中性胶束而言，$g_{cap}\mu_{cap}^0$ 可视为将胶束分成两部分所需的能量。对于离子表面活性剂而言，情况则更为复杂。虽然端帽能有利于胶束的生长，但胶束链上的电荷所产生的斥力却能促进胶束的断裂。这是因为在端帽的弯曲胶束区域，斥力比在圆柱形主体的弯曲胶束区域低。

目前介绍的这个模型只考虑了圆柱形构象、通常被称为"球形圆柱模型"或"阶梯模型"。Magnus Bergström 在一系列论文中试图通过考虑胶束的宽度以及胶束的阶梯形构象来推广这一模型[52-55]。他的动机来自于阶梯模型和其他修正方法预测的胶束生长行为与实验数据之间存在明显差异。一般胶束模型中的胶束称为片状胶束。

与蠕虫状胶束的流变学和结构研究相比，此类胶束体系的热力学新认识是少见的。

Valente 等[56]利用式(11.5)至式(11.7)深入研究了十二烷基苯磺酸(NaDBS)的胶束化过程。作者观察到 CMC 以外的第二次转变，并将其归因于胶束从球形转变为棒状胶束，并确定了其热力学参数。作者认为棒状胶束是在表面活性剂浓度较高时形成的。在此过程中 ΔH_{mic}^0 和 ΔS_{mic}^0 值随着温度的升高而增加，他们认为这是因为表面活性剂单体在转变为棒状胶束过程中头基脱水程度增加所导致。

如若不使用 Gibbs-Helmholz 公式[式(11.7)]，ΔH_{mic}^0 值还可以采用等温滴定量热法(ITC)精确地测定[48]。在 ITC 测试中，通常将高浓度的表面活性剂溶液(比 CMC 值高出 10~15 倍)逐步滴定到含有纯水或恒温溶液的反应池中。通过对滴定峰值[图 11.6(a)]进行积分可得到一个能量值，当按注入的滴定剂物质的量归一化时，便可以获得 ΔH_{dil}^0[图 11.6(b)]。图 11.6 展示了在水中滴定十四烷基三甲基溴化铵(TTAB)的 ITC 曲线。

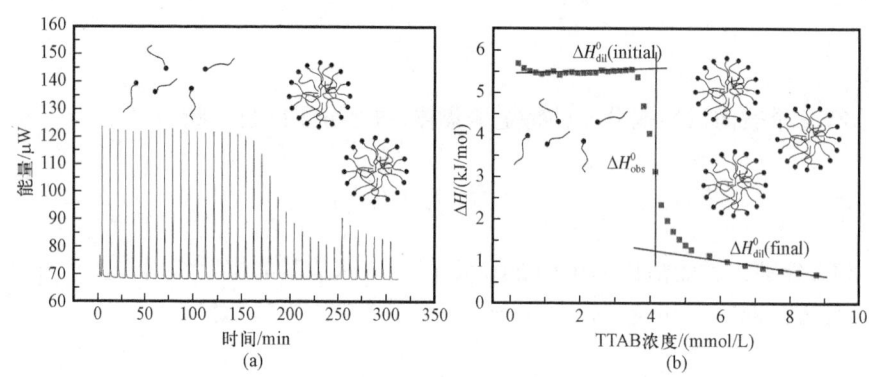

图 11.6 (a)在水中加入 50mmol/L 十四烷基三甲基溴化铵(TTAB)的原始 ITC 数据。在第 32 个峰值之后观察到的剧烈变化是由于注入的 TTAB 的体积增加所致。(b)对图(a)中的峰值进行整合，显示如何获得焓值(在 TTAB 的情况下，ΔH_{mic} 值为 4.3kJ/mol)

滴定曲线[图 11.6(b)]可分为三个不同的浓度区域：

(1)低于 CMC 值的区域，其中焓与低表面活性剂浓度下的预胶束区域有关，与胶束的破裂和单体稀释到反应池中有关。

(2)胶束后区域，其中的焓与加入反应池的胶束和单体的稀释度有关。

(3)过渡区(CMC区),其中只有一部分胶束离解成单体,而其余部分保持胶束形式。以拐点对应的值被视为CMC值。

如图11.6(b)所示,ΔH_{mic}^0值还可以从下列差值中获得:

$$\Delta H_{\text{mic}}^0 = \Delta H_{\text{dil(final)}}^0 - \Delta H_{\text{dil(initial)}}^0 \tag{11.12}$$

ITC是研究溶液中表面活性剂最常用技术之一。因为该项技术可以精确灵敏地测量表面活性剂在溶解过程的热力学。[48]尽管如此,有关球形胶束向蠕虫状胶束转变过程中热力学测定却寥寥无几。在一些报告中,量热测量与其他技术结合在一起。

Löf等采用ITC与DSC结合的方式研究了非离子表面活性剂$C_{12}EO_6$与聚环氧乙烷—聚环氧丙烷—聚环氧乙烷三嵌段之间的相互作用$EO_{20}PO_{68}EO_{20}$(P123)之间的相互作用进行了研究[57]。他们利用DSC观察到在某些特定的组成下,当温度升高时$C_{12}EO_6$会促进蠕虫状胶束的形成。研究得出结论认为,有两种力量驱动着胶束从球形到棒状的转变:PPO拉伸的松弛和在$C_{12}EO_6$分子存在的情况下,胶束的核心-冠(PPO-PEO)界面上PEO基团的构象变化。在这种情况下,较短的EO_6链会导致整个PEO平均面积[式(11.1)中的a_0]减小,从而促进胶束从球形到棒状的转变。在40℃下将$C_{12}EO_6$加入P123溶液中并进行ITC测试。实验结果表明混合胶束呈球形,而在中等物质的量之比的情况下,由于形成了棒状,因此会出现放热过程。然而,随着$C_{12}EO_6$的含量,所有的胶束又都转变为球形。

Helgeson等[58]利用ITC测量了$C_{16}TAB$在不同浓度的$NaNO_3$溶液中胶束化的相关热力学参数。当在30mmol/L $NaNO_3$中进行滴定时,$C_{16}TAB$的CMC下降了约2倍。盐浓度越高,ΔH_{mic}的放热越明显,这与$NaNO_3$对$C_{16}TAB$的头基间的静电屏蔽作用有关。在此过程中,ΔS_{mic}为正,与$NaNO_3$浓度无关。这主要与表面活性剂疏水尾链从中水释放出来导致熵增有关。然而,研究者并没有将$C_{16}TAB$和$NaNO_3$的浓度范围延伸到更高的值,以便最终确定形成蠕虫状胶束时焓的变化。

Chakraborty和Moulik[59]研究了温度和不同盐类(NaF、NaCl温度和不同盐类(NaF、NaCl、NaBr、NaI、Na_2SO_4、$Na_2S_2O_7$、苯甲酸钠和水杨酸钠)对十烷基三甲基溴化铵自聚集的影响。他们测量了十烷基三甲基溴化铵在30℃时CMC和焓,其值见表11.2。阴离子减少CMC的顺序如下:水杨酸盐>苯甲酸盐>I>Br>Cl>SO_4^{2-}>F。较大的卤化离子具有较高的极化性,在阳离子胶束界面上具有较高的电荷中和效果,从而有效地降低CMC。NaF和NaCl在自聚集过程中胶束化热焓,而NaBr和NaI在自聚集过程中产生了放热焓。

表11.2　阴离子对$C_{10}TAB$在30℃水中胶束化的影响[59]

阴离子	CMC/mM	$\Delta H_m^0/(J \cdot mol)$
F^-	41.7	1.65
Cl^-	30.2	1.74
Br^-	28.4	-1.40
I^-	8	-1.50
SO_4^{2-}	31.3	3.21
$S_2O_7^{2-}$	23.5	1.67

续表

阴离子	CMC/mM	$\Delta H_m^0/(J \cdot mol)$
苯甲酸酯	5.9	-1.34
水杨酸脂	1.5	-1.41

注:阴离子浓度保持在30mmol/L。经美国化学学会授权(2007)许可。

考虑到阴离子降低CMC的趋势,水杨酸盐的结果更为显著。研究者对这一结果的解释是水杨酸阴离子能促进十六烷基三甲基溴化铵胶束从球形到棒状的转变。苯甲酸盐和发现苯甲酸盐和水杨酸盐在很大程度上降低了C_{10}TAB的CMC,其中水杨酸盐更为有效。有趣的是,作者发现苯甲酸盐和水杨酸盐的双曲焓图(图11.7),其中第一个过程的焓变很微弱,第二个过程的焓变明显。他们认为这两个步骤可能对应于先形成球形聚集体聚合体,然后形成细长的棒状结构。聚集过程如图11.7所示。

使用高灵敏度差示扫描量热计,Faetibold等[60]对不同浓度的C_{16}TAB胶束溶液进行了实验。实验是在稀释和半稀释状态的交叉点附近进行,以研究温度变化引起的这两种状态之间的转变。虽然在半稀释状态下没有观察到缠结的形成,但是热能的过量ΔQ随温度变化的曲线显示在63~80℃的温度区间展现出一个最大值,其与多分散蠕虫状胶束向单分散球状胶束的过渡有关(图11.8)。研究者认为最大值的振幅随着表面活性剂浓度的增加而增大,所释放的能量与胶束的长度无关,而只取决于溶液中胶束的数量。

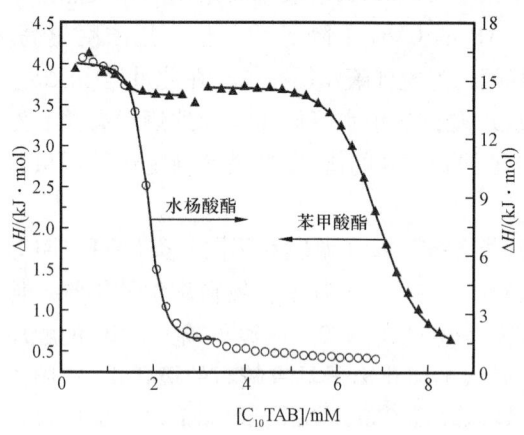

图11.7 在303K和0.3mol/L苯甲酸钠和水杨酸钠溶液中添加盐对C_{10}TAB的焓和胶束化行为的影响[59]

经美国化学学会授权(2007)许可

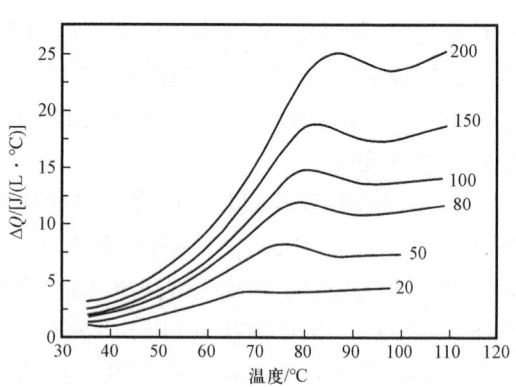

图11.8 不同浓度C_{10}TAB在300mmol/L KBr溶液中的过剩热能ΔQ随温度变化的曲线[60]

Faetibold et al.,1996

经美国化学学会授权(1996)许可

Bijma等利用微量热测定法[5]、电导测量法和[1]H-NMR化学位移法研究了9种芳香族反离子对1-甲基-4-正十二烷基吡啶-X的胶化焓的影响。所有这些芳香阴离子都能与胶束的吡啶鎓头基团互相作用。表11.3列出了有芳香族反离子存在时表面活性剂胶束化的焓值。

研究者将焓的变化与芳香族反离子的结构联系起来,得出如下结论:

(1) 反离子疏水性的增加会导致胶化焓的放热性增加。

(2) 水渗入胶束的程度影响胶化焓,但比较 Ⅰ 和 Ⅱ,水渗入胶束的程度对胶化焓的影响最大。焓的主要原因是反离子的疏水表面积增大。然而,当存在对羟基取代基时(Ⅲ 和 Ⅴ)时,水在水头基团之间的渗透作用变得更加重要。

(3) 将羟基取代基从对位(Ⅴ)移至元位(Ⅵ)或正位(Ⅶ)会导致更高的胶束化放热焓。这归因于蠕虫状胶束的形成(对于Ⅵ)。与表面活性剂 Ⅴ 相比,表面活性剂 Ⅵ 的放热焓值更高,这是因为与渗入头基间的水发生作用、羟基与斯特恩区外部的水发生作用。对氯苯甲酸 1-甲基-4-正十二烷基吡啶鎓(Ⅸ)也会形成蠕虫状胶束。与Ⅶ相比,胶束化的放热焓较低,这是因为氯基的水化程度相对较低。因为氯基相对疏水,与水的相互作用渗透到了与渗入反离子所在区域的水的相互作用较弱。

(4) 在反离子(Ⅷ)中引入邻甲氧基取代基会降低反离子的结合程度。因此,亲水头基间的静电斥力将会导致低胶束化放热焓。

表 11.3　1-甲基-4-正十二烷基吡啶-X 的胶束化焓值

X^-	芳香族反离子代号	$\Delta H_{mic}^0(30℃)/(kJ/mol)$
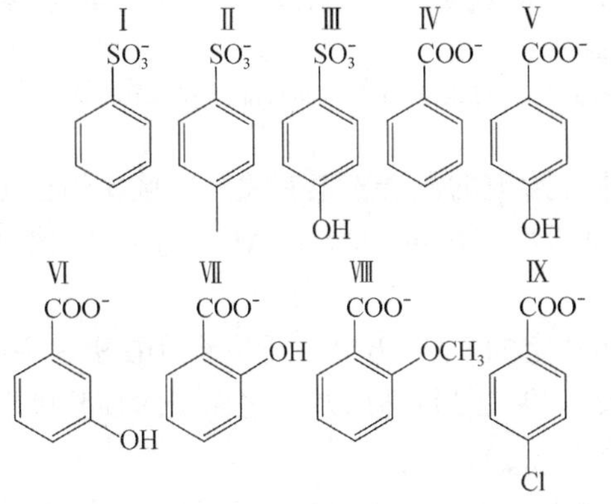 (结构式见图)	Ⅰ	-9.0
	Ⅱ	-10.0
	Ⅲ	-15.3
	Ⅳ	-7.6
	Ⅴ	-14.9
	Ⅵ	-17.9
	Ⅶ	-22.4
	Ⅷ	-1.7
	Ⅸ	-15.0

Sǎrac 等[61] 对 C_{12}TAB(十二烷基三甲基溴化铵)与羟基苯甲酸酯的三种异构体的相互作用进行了 ITC 测量。他们观察到 2-羟基苯甲酸酯可以促使 C_{12}TAB 形成棒状胶束,而其他两种异构体只能使 C_{12}TAB 形成球形胶束。基于此项研究,Ito 等[62] 将 ITC 和光散射实验结合起来,阐明 C_{14}TAB 和 2-羟基苯甲酸酯的浓度变化时,混合胶束聚集体的不同生长步骤。图 11.9 展示了在 pH 值为 6,将 14mmol/L C_{14}TAB 滴定到 1.5mmol/L 2-羟基苯甲酸酯时的量热图。随着 C_{14}TAB 浓度的增加、C_{14}TAB]/[2-羟基苯甲酸酯]的比例也会增加。

在热力学图中可以确定 4 个区域:

(1) 最初的下降斜坡;

(2) 短平台;

(3) 一个放热的峰值;

(4) 趋于零的渐近曲线。

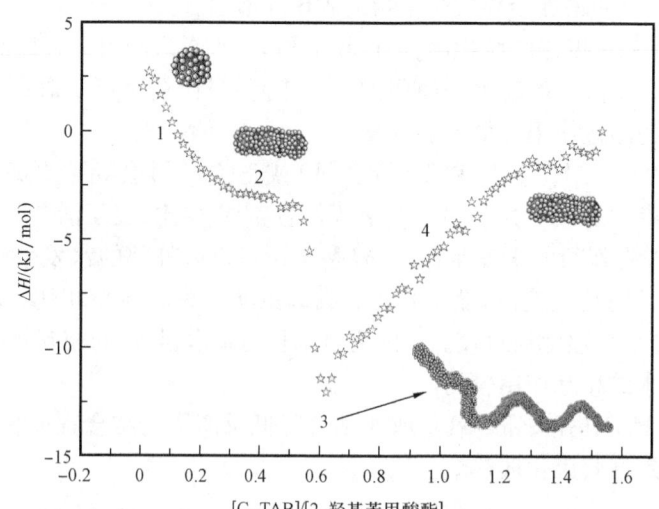

图 11.9 不同比例的[$C_{14}TAB$]/[2-羟基苯甲酸酯]与其焓的变化曲线[39,64]

焓的变化(ΔH^0_{WLM})与形成蠕虫状胶束步骤(1)—(4)密切相关:(1)混合胶束形成;(2)部分胶束生长;(3)蠕虫状胶束形成;(4)蠕虫状胶束的缩短

经爱思唯尔(Elsevier)授权(2014)许可,经 Wiley – VCH Verlag Gmb H&Co. KCa A,Weinheim 授权(2014)许可

在区域2的高原上,观察到一些小结构,这与正在形成的混合胶束有关。区域3的放热信号则是被认为与蠕虫状胶束的形成有关。随着表面活性剂浓度的增加,ΔH^0_{obs}趋于零,代表着蠕虫状胶束缩短。

根据图 11.9 所示的结果,胶束的生长是发生在特定的 $C_{14}TAB$/2-羟基苯甲酸酯比率(本例中约为 0.6)下发生。放热过程与 2-羟基安息香酸掺入量较高以及随之而来的预胶束融合导致端冒消失有关(如式(11.11)所描述的情形,$\mu^0_{cyl} < \mu^0_{cap}$)。

Shukla 和 Rehage 认为[63],由于胶束表面的电势趋于零,因此有利于聚集形成蠕虫状胶束。这对应图 11.9 中焓图的区域 2。[62] 在蠕虫状胶束形成点之后,物质的量之比越高,拉长的胶束就越带正电荷(因为其表面的电势趋于零)。胶束带正电荷(由于加入了过量的 $C_{14}TAB$),并分解形成更小的聚集体。为了研究芳香族助溶物的结构与蠕虫状胶束的焓的变化之间的相关性,Ito 等[39]将 $C_{14}TAB$ 与表 11.4 所示的三组芳香族助溶物进行复配。

图 11.10 显示了在25℃和pH值为7时表面活性剂]/[助溶物]比率变化引起焓的变化曲线。芳香族助溶物(1.5mmol/L)用 14mmol/L $C_{14}TAB$ 滴定。

在 $C_{14}TAB$ 滴定邻羟基肉桂酸(OHCA)、3-(邻羟基苯基)丙酸(OHPA)、邻甲氧基肉桂酸(OMCA)、肉桂酸和水杨酸的图中出现了4个特征区域,有一个明显的放热峰(区域3),这是形成蠕虫状胶束的"焓"特征。但对于 OMBA、3PPA、苯甲酸盐和苯酚,只检测到两个不同的区域(区域1和区域4),说明没有形成蠕虫状胶束。这种从焓图中得到的结论也得到了静态光散射和粘度测量的证实。临界[表面活性剂]/[助溶物]比率和 ΔH^0_{WLM} 显示了这一过程的自发性(表 11.5)。

表 11.4 用于促进 C_{14}TAB 形成蠕虫状胶束的芳香族助溶物的结构[39]

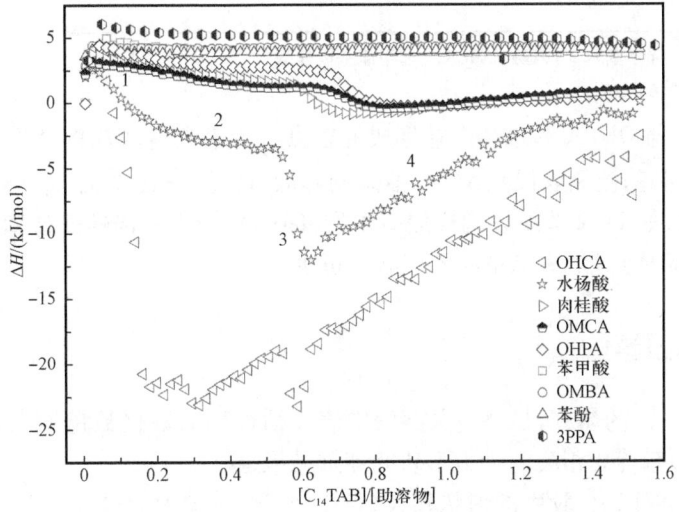

注：经 Elserier 授权许可。

图 11.10 焓随[C_{14}TAB]/[共溶物]比率的变化

焓图是在 298 K 温度下，用 14mmol/L C_{14}TAB 滴定 1.5mmol/L 助溶物绘制。数字 1~4 表示蠕虫状胶束形成和缩短过程的 4 个步骤。摘自 R. Kumar, G. C. Kalur, L. Ziserman, D. Danino and S. R. Raghavan, Wormlike micelles of a C22-tailed zwitterionic betaine surfactant: From viscoelastic solutions to elastic gels. Langmuir, 2007, 23, 12849-12856. 经美国化学学会授权(2007)许可

表 11.5　[表面活性剂]/[助溶物]形成蠕虫状胶束的焓(ΔH^0_{WLM})[39]

助溶物	$\Delta H^0_{\text{WLM}}/(kJ \cdot mol)$	表面活性剂/助溶物比值
OHCA	−25 ± 2	0.27 ± 0.07
水杨酸盐	−8 ± 1	0.62 ± 0.03
OHPA	−2.8 ± 0.2	0.93 ± 0.06
肉桂酸盐	−2.4 ± 0.2	0.77 ± 0.05
OMCA	−1.6 ± 0.1	0.87 ± 0.05

注:OHPA 代表 3 -(邻羟基苯基)丙酸;OMCA 是邻甲氧基肉桂酸。
经爱思唯尔授权(2016)许可。

表 11.5 显示,与 OHCA 和水杨酸盐形成的蠕虫状胶束具有较高的 ΔH^0_{WLM} 负值,但肉桂酸盐(其中 OHCA 的羟基被氢取代),ΔH^0_{WLM} 值急剧降低且需要高比率的 C_{14}TAB/[助溶物]才能出现区域 3。此外,如 11.2 节所述肉桂酸衍生物(OHCA、OHPA、肉桂酸盐和 OMCA)上的双键和羟基(OHCA、OHPA)对形成蠕虫状胶束必不可少。

11.4　动力学因素

根据 Jensen 等[64]的研究,虽然有关溶液中表面活性剂的数据数量惊人,但人们对这些表面活性剂聚集体形态转变相关的动力学研究却鲜见报道。

在胶束临界浓度以上,胶束的形状和大小不断变化,其动力学过程可以用两种不同的弛豫机制来描述:胶束之间单体的交换(由扩散控制的过程)和胶束的形成/解聚(胶束的寿命在几毫秒到数小时甚至数天范围内)。

研究人员已经采用了各类技术手段探究胶束的动力学,时间跨度从 10^{-9}s(超声松弛、EPR 和荧光)到 10^2s(核磁共振和流变学)[65]。

在20世纪90年代,Cates等[66-69]利用爬行和胶束破裂的概念,推导出了处于亚浓溶液区间的蠕虫状胶束应力松弛过程。预测了两种极限情况:

(1)受爬行机制控制的区域,在这个区域内单体交换速率非常缓慢(蠕虫状胶束的长度几乎保持不变)。

(2)受破裂—重组动力学控制的区域(在胶束链断裂时,大部分应力会被耗散)。通常在表面活性剂浓度较高或过量盐存在的情况下可以观察到此类应力弛豫现象。

Cates的模型已在随后研究中得到了充分的证实,并被收录在Zana和Kaler[1]所撰写的书中。Zilman等[71]扩展了描述线性蠕虫状胶束动力学的模型[66,70],考虑三维网络形成和胶束支化对弛豫时间的影响,这对于非离子表面活性剂是至关重要的。根据研究者的观点,在低温下,自发曲率较高,有利于半球形的端帽和无支化的圆柱状胶束形成。然而,当温度升高超过临界值时,支化结构更易形成,这是因为自发曲率降低。最终,溶液出现相分离现象。研究者考虑了链断裂和合并的动力学以及交联形成的动力学,以预测弛豫时间。他们观察到,在临界温度(T_r)以下,即交联数与端帽相比足够高时,弛豫时间主要由链断裂和端帽融合过程决定,而交联动力学的依赖性可以忽略不计。然而,在T_r以上,交联动力学对弛豫时间的贡献显著,超越了端帽融合成为了弛豫的主导因素。

Jensen等[64]利用快速停流光谱仪研究了SDS溶液与NaCl快速混合时,球形胶束向蠕虫状胶束过渡的动力学机制。时间分辨小角X射线散射(TR-SAXS)来跟踪胶束结构变化。椭圆形核壳模型和蠕虫状核壳模型被用来拟合这两种胶束聚集体的散射数据。拟合所得参数如核心长宽比(ε)、椭圆形胶束的比例(ϕ_{fell})和轮廓长度(L_{ave})随时间变化可以参见图11.11。

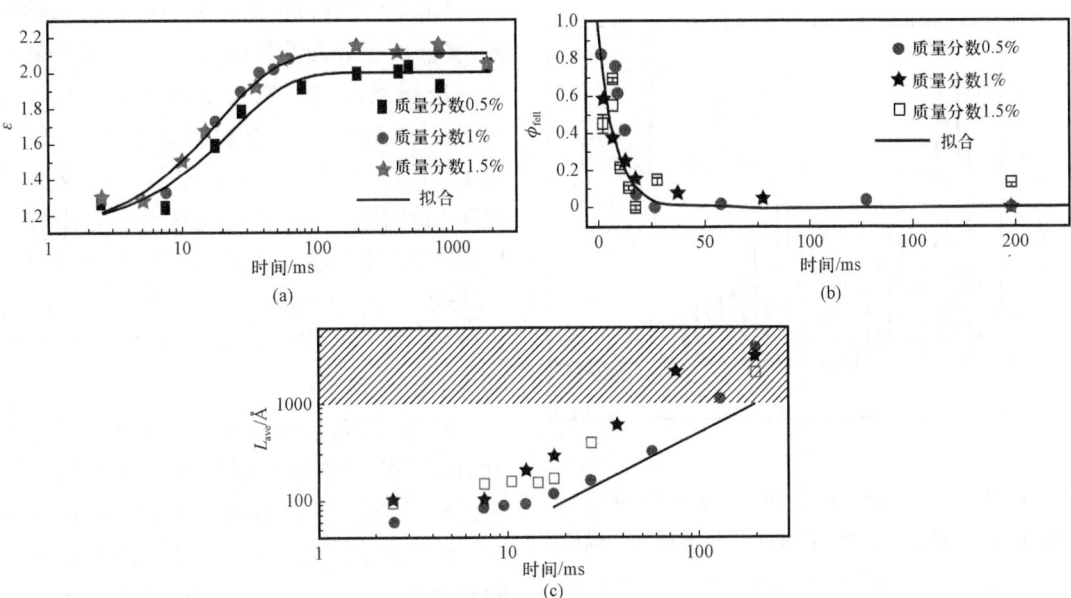

图11.11 (a)0.5mmol/L NaCl溶液中不同的SDS浓度下核心长宽比(ε)随时间的变化;
(b)1.0mmol/L NaCl溶液中不同的SDS浓度下椭圆形胶束的比例(ϕ_{fell})随时间的变化;
(c)1.0mmol/L NaCl溶液中不同的SDS浓度下的轮廓长度(L_{ave})随时间的变化(摘自参考文献[64])
经Wiley授权(2014)许可

根据图 11.11(a)中的结果,在 $t=10\sim30\text{ms}$ 的时间段内胶束长径比显著增加。对于固定浓度的 NaCl(0.5mmol/L),胶束的生长行为可以用简单的指数生长模型 [$\varepsilon \approx 1-\exp(-t/\tau)$] 来描述,对于低浓度和高浓度 SDS,$\tau$ 分别是 23ms ±5ms 和 9ms ±3ms。椭球型胶束的比例随着 SDS 浓度的增加呈指数下降[图 11.11(b)],其时间常数与浓度关系不大。图 11.11(c)显示,轮廓长度随时间增加,其在对数图中呈现出线性趋势。根据这一结果,研究者将胶束生长与催化的逐步聚合反应进行类比,平均分子量与时间之间存在线性关系。从这个意义上说,单个胶束经过连续的融合过程,形成蠕虫状的结构,如图 11.12 所示。

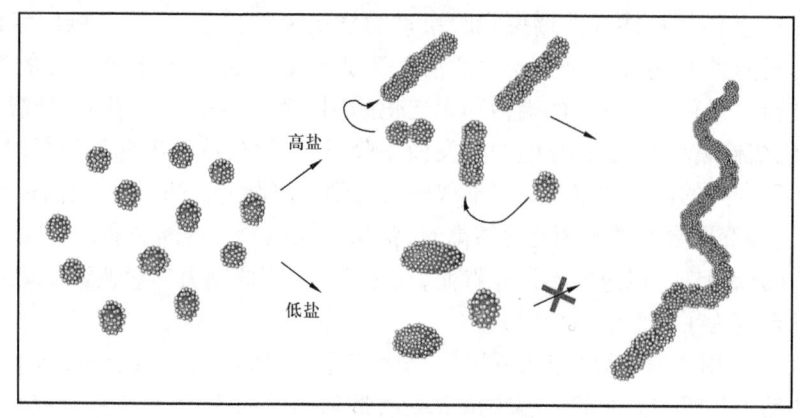

图 11.12　球形/椭球形胶束向蠕虫状胶束过渡的示意图[64]

经 Wiley 授权(2014)许可

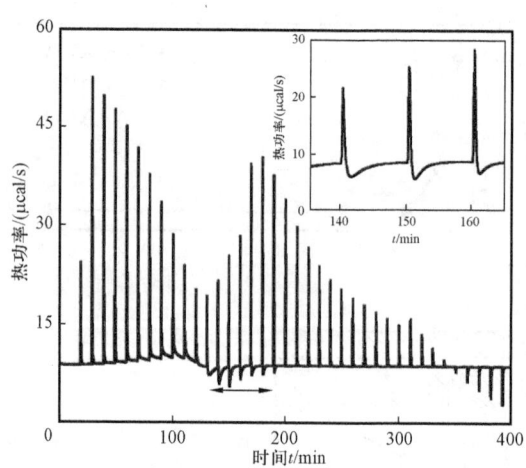

图 11.13　在 40℃温度下,向质量分数 1.5% 的 P123 中添加 10% 的 $C_{12}EO_6$ 水溶液时,ITC 测量得到的峰值[57]

内图展示出快慢过程

经美国化学学会授权(2007)许可

Löf 等[57]进行了另一项有趣的动力学研究,在非离子表面活性剂 $C_{12}EO_6$ 和聚环氧乙烷—聚环氧丙烷—聚乙烯醇 $EO_{20}PO_{68}EO_{20}$(P123)的量热滴定中观察到了两个过程。如图 11.13 所示,等温滴定微量热议测试(ITC)数据显示,在特定的成分(注射 12～18μL 的质量分数 10% 的 $C_{12}EO_6$ 到质量分数 1.5% 的 P123 溶液中)之外,吸热(上升)峰之后出现了一个的缓慢放热(向下)过程(持续长达 15～20min)。

此外,研究者还利用光散射实验对之前由 ITC 研究的浓度和温度范围内对这一转变进行了研究,并观察到了类似的时间依赖性。研究者认为缓慢放热过程涉及聚集体的扩散和碰撞,在此过程中,聚集体重新排列,形成更大的长条形聚集体。在这一特定比例中,这一过程高度依赖于 $C_{12}EO_6$ 和 P123 的浓度。当浓度(质量分数)从 0.25% 增加到 1.5% 时,系统平衡所需的时间从数小时变为数分钟。研究者提出这一结果与相邻聚集体之间碰撞频率较高以及它们的连续生长有关。

11.5 结论及观点

在本章中,我们从表面活性剂结构、热力学和动力学等方面总结了关于蠕虫状胶束形成的一些新见解。

将特定表面活性剂分子的临界堆积参数 P 变为 $0.33 \sim 0.5$ 的值会导致其胶束聚集体单维生长。这种转变可以通过增加溶液的离子强度来实现(对于某些离子型表面活性剂而言),对于阳离子表面活性剂而言,通过添加芳香族分子,更具体地说是芳香族阴离子来实现。在这种情况下,除了电荷中和之外,芳香环还会嵌入胶束的栅栏层中,使极性基团保持在水相中。如果芳香族阴离子保持平面构型,则有利于阳离子与 π 之间的相互作用。此外,减少或阻止羧基自由旋转的也非常有利于芳香族助溶物的插入(典型的例子就是 2-羟基苯甲酸酯和肉桂酸酯),从而提高蠕虫状胶束的稳定性。

通过考虑表面活性剂分子在圆柱形主体和胶束两个端帽中的相对能量,可以从热力学方法的角度揭示蠕虫状胶束形成的机制。对于中性蠕虫状胶束,端帽能相当于将胶束分成两部分所需的能量。对于离子型表面活性剂,端帽能有利于胶束生长,前提是表面活性剂头基在端帽中的电荷斥力要低于在胶束主体中的电荷斥力。因此,可通过改变离子强度诱导胶束生长。

ITC 是一种研究阳离子表面活性剂与芳香族助溶物形成的蠕虫状胶束过程中热力学变化过程的精确测量技术。该技术非常灵敏,可测定胶束聚集体形成相关的临界浓度和焓,即使浓度相对较低,仅为几毫摩尔。当利用芳香族助溶物对阳离子表面活性剂进行滴定时,会观察到一个明显的放热信号,这与胶束与预聚物的融合以及更多芳香族助溶物的加入有关。虽然滴定过程中检测到热量的来源,但放热信号可能主要来自阳离子与阴离子之间的相互作用,并且对芳香族助溶物的分子结构高度敏感。信号的形状被定性地用于指示在 $C_{12}EO_6$ 和 $EO_{20}PO_{68}EO_{20}$ 的滴定过程中形成的蠕虫状胶束的大小变化,但在这种情况下,需要几十分钟才能形成大的细长聚集体。相比之下,将 SDS 和 NaCl 混合只需几毫秒就能形成胶束。在快速停流光谱仪中使用 TR-SAXS 在停流装置中进行证明 SDS 和 NaCl 形成胶束的动力学机制类似于催化的逐步聚合反应,即单个胶束会发生连续的融合事件。

总而言之,由于 ITC 或 TR-SAXS 等技术的应用,使得人们在蠕虫状胶束形成的热力学和动力学认识方面取得了一些令人感兴趣的进展。但目前 ITC 仅用于有限的表面活性剂和助溶物。我们预计,如果有更多的数据,就能得出蠕虫状胶束形成的自发性与分子结构之间的普遍相关性。

致 谢

E. Sabadini 感谢 CNPq-Brazil 提供的高级研究员奖学金。K. J. Clinckspoor 感谢 CNPq-Brazil 提供的奖学金。

参 考 文 献

[1] R. Zana and E. W. Kaler, *Giant Micelles: Properties and Applications*, CRC Press, Boca Raton, 2007.
[2] P. Debye and E. W. Anacker, *J. Phys. Chem.*, 1951, 55, 644-655.
[3] C. A. Dreiss, *Soft Matter*, 2007, 3, 956-970.

[4] K. Bijma and J. B. F. N. Engberts, *Langmuir*, 1997, 13, 4843 – 4849.
[5] K. Bijma, M. J. Blandamer and J. B. F. N. Engberts, *Langmuir*, 1998, 14, 79 – 83.
[6] S. J. Bachofer and R. M. Turbitt, *J. Colloid Interface Sci.*, 1990, 135, 325 – 334.
[7] W. Brown, K. Johansson and M. Almgren, *J. Phys. Chem.*, 1989, 93, 5888 – 5894.
[8] Z. Chu, C. A. Dreiss and Y. Feng, *Chem. Soc. Rev.*, 2013, 42, 7174 – 7203.
[9] J. Eastoe, in *Colloid Science: Principles, Methods and Applications*, ed. T. Cosgrove, John Wiley & Sons, Ltd., Chichester, 2ndedn, 2010, pp. 61 – 89.
[10] D. J. Mitchell and B. W. Ninham, *J. Chem. Soc., Faraday Trans.* 2, 1981, 77, 601 – 629.
[11] J. N. Israelachvili, *Intermolecular and Surface Forces*, Elsevier, Amsterdam, 3rdedn, 2011.
[12] F. C. MacKintosh, S. A. Safran and P. A. Pincus, *Europhys. Lett.*, 1990, 697, 697 – 702.
[13] F. Nettensheim and E. W. Kaler, in *Giant Micelles: Properties and Applications*, ed. R. Zana and E. W. Kaler, CRC Press, BocaRaton, 2007, pp. 223 – 247.
[14] H. Hirata, Y. Sakaiguchi and J. Akai, *J. Colloid Interface Sci.*, 1989, 127, 589 – 591.
[15] K. Hori, D. P. Penaloza, A. Shundo and K. Tanaka, *Soft Matter*, 2012, 8, 7361.
[16] S. Imai and T. Shikata, *J. Colloid Interface Sci.*, 2001, 244, 399 – 404.
[17] R. Abdel – Rahem, M. Gradzielski and H. Hoffmann, *J. Colloid Interface Sci.*, 2005, 288, 570 – 582.
[18] G. C. Kalur and S. R. Raghavan, *J. Phys. Chem. B*, 2005, 109, 8599 – 8604.
[19] B. K. Mishra, S. D. Samant, P. Pradhan, S. B. Mishra and C. Manohar, *Langmuir*, 1993, 9, 894 – 898.
[20] S. R. Raghavan and E. W. Kaler, *Langmuir*, 2001, 17, 300 – 306.
[21] P. a. Hassan, S. R. Raghavan and E. W. Kaler, *Langmuir*, 2002, 18, 2543 – 2548.
[22] C. Oelschlaeger, G. Waton and S. J. Candau, *Langmuir*, 2003, 19, 10495 – 10500.
[23] B. a. Schubert, N. J. Wagner, E. W. Kaler and S. R. Raghavan, *Langmuir*, 2004, 20, 3564 – 3573.
[24] K. Nakamura and T. Shikata, *Langmuir*, 2006, 22, 9853 – 9859.
[25] K. Bijma, E. Rank and J. Engberts, *J. Colloid Interface Sci.*, 1998, 205, 245 – 256.
[26] R. T. Buwalda, M. C. a Stuart and J. B. F. N. Engberts, *Langmuir*, 2000, 16, 6780 – 6786.
[27] H. Yamamuro, K. Koyanagi and H. Takahashi, *Bull. Chem. Soc. Jpn.*, 2005, 78, 1884 – 1886.
[28] K. Jia, Y. Cheng, X. Liu, X. Li and J. Dong, *RSC Adv.*, 2015, 5, 640 – 642.
[29] M. Zhao, Z. Yan, C. Dai, M. Du, H. Li, Y. Zhao, K. Wang and Q. Ding, *Colloid Polym. Sci.*, 2015, 293, 1073 – 1082.
[30] Y. Zhang, P. An, X. Liu, Y. Fang and X. Hu, *Colloid Polym. Sci.*, 2014, 293, 357 – 367.
[31] X. – L. Wei, A. – L. Ping, P. – P. Du, J. Liu, D. – Z. Sun, Q. – F. Zhang, H. – G. Hao and H. – J. Yu, *Soft Matter*, 2013, 9, 8454.
[32] B. M. Marín – Santibáñez, J. Pérez – González and F. Rodríguez – González, *J. Rheol.*, 2014, 58, 1917 – 1933.
[33] A. Mütze, P. Heunemann and P. Fischer, *J. Rheol.*, 2014, 58, 1647.
[34] H. Sakai, S. Taki, K. Tsuchiya, A. Matsumura, K. Sakai and M. Abe, *Chem. Lett.*, 2012, 41, 247 – 248.
[35] Y. Zhao, S. J. Haward and A. Q. Shen, *J. Rheol.*, 2015, 59, 1229 – 1259.
[36] J. Li, M. Zhao, H. Zhou, H. Gao and L. Zheng, *Soft Matter*, 2012, 8, 7858.
[37] T. H. Ito, P. C. M. L. Miranda, N. H. Morgon, G. Heerdt, C. A. Dreiss and E. Sabadini, *Langmuir*, 2014, 30, 11535 – 11542.
[38] R. K. Rodrigues, T. H. Ito and E. Sabadini, *J. Colloid Interface Sci.*, 2011, 364, 407 – 412.
[39] T. H. Ito, K. J. Clinckspoor, R. N. deSouza and E. Sabadini, *J. Chem. Thermodyn.*, 2015, 94, 61 – 66.
[40] P. A. Hassan and J. V. Yakhmi, *Langmuir*, 2000, 16, 7187 – 7191.

[41] C. Umeasiegbu, V. Balakotaiah and R. Krishnamoorti, *Langmuir*, 2015, 32, 655 – 663.
[42] S. a, Mahadevi and G. N. Sastry, *Chem. Rev.*, 2013, 113, 2100 – 2138.
[43] A. R. Rakitin and G. R. Pack, *Langmuir*, 2005, 21, 837 – 840.
[44] J. Liu, B. Dong, D. Sun, X. Wei, S. Wang and L. Zheng, *Colloids Surf.*, A, 2011, 380, 308 – 313.
[45] K. J. Clinckspoor, T. H. Ito and E. Sabadini, *Colloid Polym. Sci.*, 2015, 293, 3267 – 3273.
[46] Y. Feng, Z. Chu and C. A. Dreiss, *Smart Wormlike Micelles: Design, Characteristics and Applications*, Springer, Berlin Heidelberg, 2015.
[47] F. Evans and H. Wennerström, *The Colloidal Domain: Where Physics, Chem – istry, Biology, and Technology Meet*, Wiley – VCH, NewYork, 2nd edn, 1999.
[48] W. Loh, C. Brinatti and K. C. Tam, *Biochim. Biophys. Acta*, 2016, 1860, 999 – 1016.
[49] S. May, Y. Bohbot and A. Ben – shaul, *J. Phys. Chem. B*, 1997, 5647, 8648 – 8657.
[50] J. S. Pedersen, L. Cannavacciuolo and P. Schurtenberger, in *Giant Micelles: Properties and Applications*, ed. R. Zana and E. W. Kaler, CRC Press, Boca Raton, 2007, pp. 179 – 222.
[51] P. J. Missel, N. a. Mazer, G. B. Benedek, C. Y. Young and M. C. Carey, *J. Phys. Chem.*, 1980, 84, 1044 – 1057.
[52] M. Bergström, *J. Chem. Phys.*, 2000, 113, 5559 – 5568.
[53] L. M. Bergström, *ChemPhysChem*, 2007, 8, 462 – 472.
[54] L. M. Bergström, *J. Colloid Interface Sci.*, 2015, 440, 109 – 118.
[55] L. M. Bergström, *Curr. Opin. Colloid Interface Sci.*, 2016, 22, 46 – 50.
[56] A. J. M. Valente, J. J. López Cascales and A. J. F. Romero, *J. Chem. Thermodyn.*, 2014, 77, 54 – 62.
[57] D. Löf, A. Niemiec, K. Schillén, W. Loh and G. Olofsson, *J. Phys. Chem. B*, 2007, 111, 5911 – 5920.
[58] M. E. Helgeson, T. K. Hodgdon, E. W. Kaler and N. J. Wagner, *J. Colloid Interface Sci.*, 2010, 349, 1 – 12.
[59] I. Chakraborty and S. P. Moulik, *J. Phys. Chem. B*, 2007, 111, 3658 – 3664.
[60] E. Faetibold, B. Michels and G. Waton, *J. Phys. Chem.*, 1996, 100, 20063 – 20067.
[61] B. Šarac, G. Mériguet, B. Ancian and M. Bešter – Rogač, *Langmuir*, 2013, 29, 4460 – 4469.
[62] T. H. Ito, R. K. Rodrigues, W. Loh and E. Sabadini, *Langmuir*, 2015, 31, 6020 – 6026.
[63] A. Shukla and H. Rehage, *Langmuir*, 2008, 24, 8507 – 8513.
[64] G. V. Jensen, R. Lund, J. J. Gummel, T. Narayanan and J. S. Pedersen, *Angew. Chem., Int. Ed.*, 2014, 53, 11524 – 11528.
[65] R. Zana, *Dynamics Of Surfactant Self – Assemblies*, CRC Press, Boca Raton, 2005.
[66] M. E. Cates and S. J. Candau, *J. Phys.: Condens. Matter*, 1990, 2, 6869 – 6892.
[67] M. E. Cates, *Phys. Scr.*, 1993, T49, 107 – 110.
[68] C. M. Marques, M. S. Turner and M. E. Cates, *J. Non – Cryst. Solids*, 1994, 172, 1168 – 1172.
[69] N. A. Spenley, M. E. Cates and T. C. B. McLeish, *Phys. Rev. Lett.*, 1993, 71, 939 – 942.
[70] M. S. Turner and M. E. Cates, *J. Phys. II*, 1992, 2, 503 – 519.
[71] A. Zilman, S. A. Safran, T. Stottmann and R. Strey, *Langmuir*, 2004, 20, 2199 – 2207.

第12章 蠕虫状胶束在油田工业中的应用

Philip F. Sullivan, Mohan K. R. Panga, Valerie Lafitte

12.1 简介

自现代石油和天然气工业起步以来，表面活性剂在众多方面扮演了不可或缺的角色，它们被广泛应用于乳化原油、改善湿润性能以及控制泡沫等。进入21世纪以来的近20年间，一种创新型表面活性剂技术——黏弹性表面活性剂（VES）引起了业界的高度关注与广泛应用。VES流体由特殊设计的表面活性剂组成，这些表面活性剂能够在特定条件下自组装形成复杂的蠕虫状胶束结构（WLMs），从而赋予VES流体独特的流变学性质。VES流体以其卓越的减阻效果、良好的清洁性以及对井筒作业环境的适应性而著称，在钻井液配制、完井操作及各种增产措施中展现了显著优势。在某些复杂的油田开采环节中，VES流体已经成功取代传统的聚合物溶液，成为更加高效且环保的选择。此外，VES系统还拓展了其应用领域，突破了传统聚合物体系在温度、压力变化以及地层渗透率等方面存在的局限性，为提高采收率、降低成本以及实现更安全环保的油气开采提供了新的解决方案。

本章起始于对黏弹性表面活性剂如何通过自组装机制形成复杂纠缠的蠕虫状胶束（WLMs）及其对流体流变性质的影响进行初步探讨。随着章节深入，12.3节详尽介绍了在油田作业中使用的VES液体所涉及的不同类型的表面活性剂化学品，包括其化学结构和功能特点。随后，在12.4节中，重点总结了赋予VES液体独特性能或竞争优势的关键属性，比如卓越的减阻效果、良好的剪切稀释性、较低的滤失量以及在高温高压条件下的稳定性和适应性等。到了12.5节，则以简洁明快的方式概述了VES在不同油气田开发及作业应用中的使用情况，尽管不可能涵盖所有应用场景，但作者精选了一系列具有代表性的案例研究，这些案例生动展示了VES在特定工艺过程中的成功运用与优势体现。整章内容最终以对近期将胶体或纳米颗粒与VES液体中的表面活性剂相结合的研究进展讨论作为结尾，这一新兴趋势进一步丰富了VES技术的应用潜力，并预示着该领域未来可能的发展方向。

12.2 蠕虫状胶束黏弹性流体

表面活性剂作为一种特殊的两亲分子，其构造独特，通常由一个具有亲水性质的"头部"和一个或多个疏水性的"尾部"通过共价键紧密结合而成。其中，"头部"部分倾向于与水或其他极性物质相互作用，而"尾部"则通常为单个或多个烷基链结构，对非极性物质如油类有较高的亲和力。当表面活性剂浓度超过临界胶束浓度（CMC）时，在水溶液中，这些表面活性剂分子会自发地进行有序排列和聚集，形成独特的胶束结构。这种自组装过程主要受到表面活性剂分子内部烷基链间强烈的疏水相互作用驱动，使得多个分子的疏水尾部朝向胶束内部聚集，从而避免与周围的水环境直接接触；与此同时，各分子的亲水头部则指向外部，与水分子紧密接触并保持良好的溶解状态。

在接近临界胶束浓度的表面活性剂溶液中,形成的胶束通常呈现为球形或近似球形结构。然而,随着表面活性剂浓度进一步增加,胶束形态会发生变化,可能继续保持类球形结构,也可能转变为扁平或者细长形状,例如棒状胶束或是蠕虫状胶束(WLMs)。胶束的具体形态主要由表面活性剂的堆积参数 P 来决定,这个参数通过以下公式进行描述:

$$P = V/(a_0 l) ❶ \tag{12.1}$$

式中,V 为表面活性剂疏水烷基链占据的体积,l 为烷基链的长度,a_0 为一个量化单个表面活性剂分子在胶束—水界面所占据表面积的标准单位。Israelachvili 教授及其研究团队详细阐述了不同堆积参数 P 值对应的胶束形态特征。[1] 当堆积参数 P 位于 $1/3 \sim 1/2$ 这个特定区间时,表面活性剂更倾向于形成伸展、线性的 WLMs。这种特殊的胶束形态如图 12.1 所示。

图 12.1 黏弹性表面活性剂缔合形成蠕虫状胶束

灵活的 WLMs 通过自组装和相互纠缠,构建出了一种不同于传统聚合物溶液的独特流体——VES 流体。在许多油田应用中,聚合物溶液通常通过链段的"爬行"过程来分散应力和放松结构;然而,对于 VES 流体而言,其内部包含的 WLMs 具有动态断裂与重塑的能力,提供了另一种独特的应力松弛机制。当 VES 流体中胶束断裂的时间远小于蠕虫状胶束自身爬行所需的时间时,这种 VES 流体内部的应力释放过程可以近似地用单一的松弛时间来描述。[2]

12.3 油田用代表性表面活性剂

在油田应用中,有三大类表面活性剂因其独特的性能和作用而受到特别关注:由季铵盐的阳离子表面活性剂,基于脂肪酸基的阴离子表面活性剂和两性离子表面活性剂(图 12.2)。下文将详细介绍每种表面活性剂的相关信息。

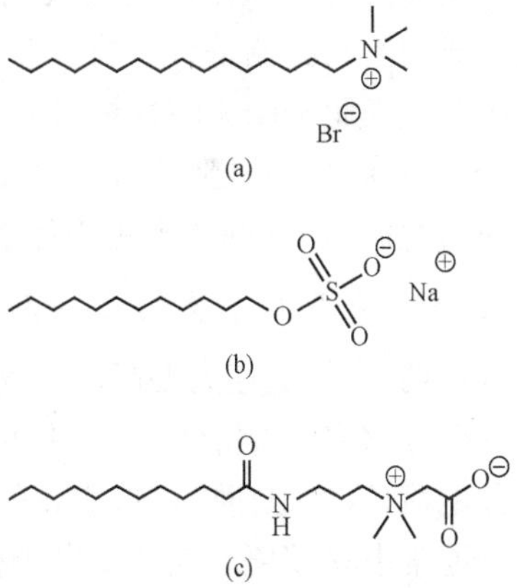

12.3.1 阳离子表面活性剂

阳离子表面活性剂在油田行业中的应用历史悠久,最初被引入时主要用于砾石填充和水力压裂等作业中。这类表面活性剂的核心化学成分是季铵盐,最初的表面活性剂源自菜籽油,这类材料能在 $100 s^{-1}$ 剪切速率下提供大约 100cP 的黏度,在相对较低的温度上限(54℃ 或 130°F)下

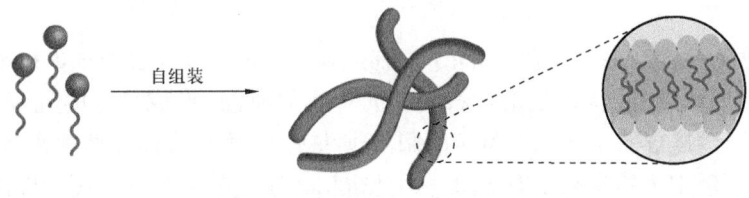

图 12.2 能够形成蠕虫状胶束的
表面活性剂类型
(a)季铵盐;(b)烷基磺酸盐;
(c)甜菜碱表面活性剂

---

❶ 原书为 $P = V/a_0 l$,原书有误。——编者注

表现出良好的压裂液性能。随着技术进步,基于芥酸的乙氧基季铵盐被开发出来,这类改良型表面活性剂能够承受更高的工作温度,例如将使用温度范围提升至79℃(175℉)。为了进一步拓宽VES流体在不同地层温度下的适用性,研究人员发现通过添加特定类型的有机盐作为助剂可以优化表面活性剂的热稳定性。这样,即使在更高温的地层条件下,也能保持流体的优良性能,从而有效提高油气开采效率与安全性。[3]

阳离子表面活性剂在特定的盐水环境中的性能确实受到显著影响,特别是在高浓度的单质盐如氯化钾(KCl)和氯化钠(NaCl)溶液中。砾石充填作业中,为了满足所需的流体密度,通常需要使用高矿化度的盐水作为基液,这无疑对阳离子表面活性剂的应用构成了挑战。为解决这一耐盐性问题,科研人员通过调整表面活性剂分子的尾部结构或增大烷基链长来优化其在盐水中的稳定性。实验结果显示,在较高密度的二价盐如氯化钙($CaCl_2$)溶液中,具有较长碳链的季铵盐表面活性剂表现出了更好的稳定性,能够在一定程度上适应更高矿化度的工作条件。

阳离子表面活性剂在油田作业中,除了面临热稳定性和盐稳定性方面的挑战外,还因其特性而具有与某些原油成分(特别是富含石蜡和沥青质的原油)形成稳定的乳液的能力。与此同时,由于含有长碳链烃基结构以及特定的阳离子头基,阳离子表面活性剂通常生物降解性较差,长期存在于环境中可能带来生态风险。因此也引入了其他类型的表面活性剂。

12.3.2 阴离子表面活性剂

为应对环保排放标准和降低成本的压力,阴离子表面活性剂逐渐被引入油田作业中。这类表面活性剂主要来源于天然的或合成的油酸或其他脂肪酸,在现场注入井下之前,通过与强碱反应生成相应的盐,实现就地简易制备。然而,如同阳离子表面活性剂一样,它们在温度达到54℃(130℉)时也表现出一定的热稳定性限制,并且对混合水中的钙、镁等二价金属离子具有较高的敏感性,这在一定程度上制约了它们在特定高温高矿化度条件下的应用。相比于阳离子表面活性剂,阴离子表面活性剂通常与原油形成稳定乳状液的趋势较小,这对于减少乳状液形成的不利影响是有益的。近年来,一种源自甲酯磺酸盐(MES)的阴离子表面活性剂因其突出的优点而备受关注并被引入石油工业领域。这些优点包括较低的环境影响——它们相对易于生物降解;原料来源可再生性强,如可通过植物油脂提炼得到;此外,相较于传统的磺酸盐表面活性剂,MES的成本更为经济,这使得它们成为一种颇具吸引力的选择方案。[4]

12.3.3 两性离子表面活性剂

近期,为了适应高温高压和高盐度油藏条件下的采油需求,两性离子表面活性剂被引入作为VES流体的关键成分。两性离子表面活性剂的独特之处在于其分子结构上同时拥有正负两种电荷,这些电荷可以位于相邻或非相邻的位置,图12.2展示了其化学结构。例如,正电荷部分通常由季铵离子或磷鎓离子构成,而负电荷部分可能来源于硫酸根、羧酸根或磺酸根等官能团。疏水尾链则可以是短链如椰油酰胺丙基甜菜碱(Coco Betaine),也可以是长链烷基如脂肪酸衍生物,这样的构造赋予了它们良好的亲水—疏水平衡能力。值得注意的是,两性离子表面活性剂如甜菜碱类的临界胶束浓度(CMC)一般要低于非离子型表面活性剂,并且随着疏水尾链的增长,CMC值还会进一步降低。这意味着在较低浓度下,两性离子就能形成稳定的胶束结构。这种独特的分子结构使得两性离子表面活性剂能够形成具有特殊稳定性的新型胶束结构,从而表现出对溶液中高盐度和温度变化的高度耐受性,解决了传统表面活性剂在复杂油田条件下性能退化的难题。Sullivan 等开发了一种能应对油田中高温高盐环境的两性离子流体,图 12.3 显示了浓度与该表面活性剂黏度之间关系。[5]

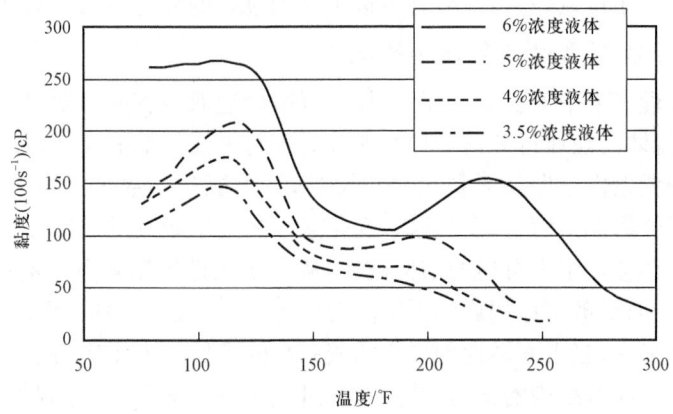

图 12.3　两性离子表面活性剂液体黏度随表面活性剂负载的变化趋势[5]

经 SPE 授权(2006)许可

12.4　黏弹性表面活性剂流体的特性与优点

本节主要介绍在油田作业中,表面活性剂流体因其独特的化学性质和流变特性相较于传统的聚合物体系展示出多个优势:输送和混合操作简便、能够经受高剪切后重新形成胶束、有效降低阻力、颗粒悬浮性良好以及清洁效果显著等,12.5 节将深入探讨具体的案例和应用策略。

12.4.1　操作简便

在众多井场作业流程中,流体输送系统的操作复杂性对整体成本、效率和运行可靠性带来了显著影响。传统的油田流体增稠技术主要依赖于高分子量的生物聚合物如瓜尔胶或衍生纤维素[6],以及合成聚合物例如聚丙烯酰胺[7]。尽管这些聚合物能够有效增强流体黏度以满足特定需求,但其应用过程中通常要求执行特定的混合配制与水化程序,并需额外添加多种化学助剂。举例来说,为确保生物聚合物不被污水中的细菌降解,往往必须加入杀菌剂进行防护处理。若欲通过交联反应进一步提高某种聚合物溶液的黏度,则需要引入额外的交联剂如硼酸盐或锆离子,并同步调配适宜的 pH 缓冲系统以维持稳定的交联环境。[8]然而,在实际应用中,如果无法保证交联后的聚合物溶液能够在管道输送过程中抵抗剪切力导致的降解问题,并保持在摩擦压力下的稳定性,那么就不得不采用诸如延迟交联等特殊设计策略来优化流体性能。另外,各种现场条件的波动,包括污染水源的化学成分变化、管道内流体剪切速率的变化、作业井深及地下温度的差异等,均会引发对调整性能添加剂的需求增加,从而使得实现最佳流体配方变得尤为复杂且具有挑战性。[9]

相比之下,VES 流体在许多应用情境中展现出了操作流程简化且设备需求降低的优势。表面活性剂通常以预混的液态悬浮状态送达井场,并可在现场进行连续性测试与即时分散于混合水中,从而无须使用专门的水化罐或长时间在地面停留等待水化进程。一般而言,VES

流体所采用的表面活性剂无须额外添加杀菌剂来防止生物降解,也不需要 pH 控制缓冲液。VES 流体凭借其卓越的减阻性能以及 WLMs 经历高剪切后能够迅速恢复结构的能力,有效地消除了对延迟凝胶化控制技术的需求。此外,VES 流体最大限度地减少了调节流体性能所需的各种添加剂种类和用量,这一特性显著促进了处理过程的简化和效率提升。[10]

12.4.2 高剪切后能够迅速恢复结构的能力

在众多油田处理工艺中,流体在实际操作过程中会遭遇多变的剪切应力环境。例如,在水力压裂作业期间,流体需在通过井筒管柱和射孔通道时承受极端的高剪切速率,随后又必须能够在低剪切甚至静置条件下保持对颗粒物质长时间(可能长达数小时)的稳定悬浮与传输能力。对于传统的聚合物流体而言,满足这些变化无常的要求颇具挑战性,因为聚合物在经历高强度剪切作用后往往会发生不可逆的结构破坏,从而永久性地削弱其原有的流变性能。相比之下,表面活性剂在面对剪切作用后的再构能力成为了其在诸如砂控、水力压裂等应用领域中的核心优势。具体来说,当表面活性剂形成的胶束在受到剪切力作用而解离之后,具备独特的自我重新组装及恢复原有结构的能力,并能在此过程中有效保持对固体颗粒的悬浮稳定性。

12.5 有效减阻

众多油田作业过程中,流体或泥浆需通过长达数千米、直径有时仅 2.5cm 的细小管道进行传输。在此类苛刻的应用场景下,VES 流体被广泛应用并显示出卓越的性能,既作为有效的减阻介质,又能出色地维持颗粒悬浮稳定。尤其值得关注的是,VES 中的蠕虫状胶束结构与湍流动力学特性相互作用时,已被业界广泛确认为一种高效的流动阻力减少手段。大量井眼处理技术已成功采用了 VES 减阻技术,在确保地面操作压力可控的同时,显著提升了井筒内流体的输送效率。通过比较聚合物溶液和表面活性剂最大减阻渐近线可知,在同样的流动条件下,表面活性剂可能会超越聚合物成为更优秀的减阻剂。[13-15] 此外,VES 流体的一大突出优势在于其表面活性剂成分在经历高剪切力作用后,能够重新形成胶束结构,并恢复原有的流变特性,从而保证了长期使用的有效性。相比之下,传统的聚合物添加剂在液体泵送过程中的连续剪切应力作用下,则可能出现不可逆的降解现象,进而影响其减阻效果及整个作业流程的效能。[16-17]

近年来,随着 VES 流体的广泛应用,研究人员进行了实验以揭示与油田操作相关的管道尺寸和流动条件的减阻特性。最新研究开始量化全尺寸管径、曲率和粗糙度的影响,并提出了一些预测模型以优化处理设计。本书第 14 章提供了 VES 流体减阻的更多细节,感兴趣的读者可参考该章获取更多信息。

近年来,VES 流体在油田作业中的广泛应用引发了对管道尺寸、流动条件与其减阻性能之间关系的深入研究。科研人员针对实际油田操作场景下的管道直径、弯曲度以及内壁粗糙度等因素对 VES 流体减阻特性的影响进行了系统实验,并且最新研究成果已经开始量化这些参数的具体影响程度,进而发展出一些预测模型以指导更优化的处理设计方案。[18-23] 对此领域感兴趣的读者可以参阅本书第 14 章。

12.5.1 颗粒悬浮与输运

在诸多增产和完井操作中,关键环节之一是通过水力作用将固体颗粒有效地输送到井筒内部及裂缝内。流体的流变特性对于确保颗粒能够保持悬浮状态并实现高效输送至关重要，因此业界长期以来一直在深入探究如何利用流体流变学原理以最大限度地提升颗粒迁移效率以及支撑剂的有效放置。正如 12.2 节所详细介绍的那样，VES 流体的独特之处在于其由 WLMs 动态自组装而成的特殊流变性质。这种独特的结构特征使得 VES 流体在表现上与传统的聚合物溶液大相径庭。

尽管悬浮颗粒行为背后的机制极为复杂且多变，但已有长期的文献记载表明 VES 流体在维持砂粒及其他固体颗粒的有效悬浮方面展现出显著效果。[24] 诸多实验不断尝试着将 VES 流体特有的流变学属性与颗粒悬浮动态过程相互关联起来。虽然对这一广泛研究领域的全面综述超出了本章的覆盖范围，接下来的内容将会聚焦于近期在特定条件及不同表面活性剂浓度下，科学界在探索和解析 VES 流体中颗粒悬浮液性质所付出的努力。尽管相关理论和技术尚处于持续发展和完善阶段，但有必要强调的是，在 VES 流体体系中，流体的弹性特性和黏度特性被公认为是影响颗粒稳定悬浮状态的关键参数。

Malhotra 和 Sharma 在他们的研究[25]中深入探讨了流体的黏弹性特性和裂缝壁对 VES 流体中支撑剂沉降行为的影响。通过精心设计并执行一系列静态沉降实验，他们揭示出流体弹性对颗粒沉降速率具有显著且非线性的效应，并据此提出了一个理论框架：为了实现最优的颗粒悬浮状态，应将 VES 流体的弛豫时间设定为超过一个特定的"临界弛豫阈值"，这一阈值的具体数值取决于流体本身以及颗粒的具体物理化学特性。此外，他们在围壁条件下的沉降实验中进一步观察到，"壁面阻力效应"对于 VES 流体中球形颗粒的沉降速度产生了显著改变；并且强调指出，这种壁阻作用的程度同样受到流体弹性的直接影响，从而突显了流体性质在调控 VES 流体中颗粒动态行为中的关键作用。

Gomaa 等学者[26]开展了一项研究，通过在高压/高温实验环境下观察电池种颗粒的沉降行为，以精确量化 VES 流体在 125℃（257°F）静态条件下的悬浮性能。他们的研究成果表明，在 VES 流体中引入特定表面活性剂化学物质使其形成凝胶状结构，能够极其有效地保持支撑剂的悬浮状态，而这一效果至少部分归因于 VES 流体所具有的弹性特性。

12.5.2 清洁

VES 流体中 WLMs 是通过疏水相互作用自组装形成的，因此当其与液态烃或互溶剂接触时，会破坏原有的胶束结构及其流变特性（图 12.4）。这种因烃类接触引发的流变性能"损伤"机制，在诸如水力压裂等作业中得到了实际应用（参见 12.5.1 小节），如在投放支撑剂后以及返排阶段，VES 流体的流变特性会发生预期的衰减。值得注意的是，VES 体系在释放出裂缝内部的液态碳氢化合物时所表现出来的这一内在特征，恰恰成为了将其与聚合物基流体区分开来的关键依据。

在干气储层以及其他可能不涉及液态烃压裂的情形下，添加适宜的破碎剂以有效降低流体黏度并确保清洁作业具有积极效果。为了实现这一目标，各类盐类物质被引入流体中以调整离子环境，进而显著减少整体黏度，特别是在低剪切速率条件下可以明显降低流体的黏性。对于需要延时释放性能的压裂操作，这些化学添加剂可被聚合物外壳包覆，设计为在处理过程中逐渐溶解或因受力而破裂释放。举例来说，在水力压裂实践中，常常利用压裂后裂缝闭合的压力变化作为触发机制，来促使封装有破碎剂的聚合物片断适时地发挥作用。[27]

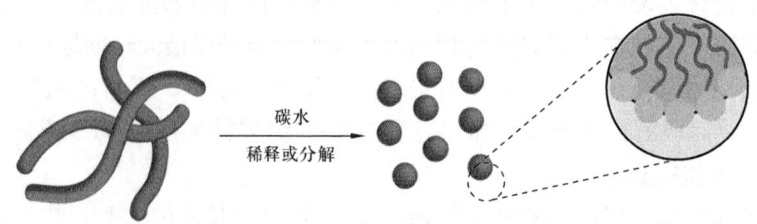

图 12.4 暴露于液态烃或互溶剂时 VES 胶束断裂示意图

12.6 在上游作业中的应用

在前文段落中,VES 流体的独特性能得到了详尽而深入的剖析,其卓越之处体现在对颗粒的高度悬浮稳定性、显著降低流体流动阻力的能力以及简易便捷的操作性。在过去 20 年左右的时间里,VES 流体已广泛应用于各种井筒作业环境[28],其中一种或多种独特的优势特征使其在众多传统表面活性剂流体中独树一帜,成为行业内的优选方案。接下来的内容将集中探讨一系列 VES 流体应用的成功案例,我们并非旨在全面涵盖所有应用场景,而是力求通过分析典型研究实例来揭示 VES 流体在关键操作环节中所展现出的优越性能及其实际价值,从而凸显其在不同工艺过程中的吸引力和应用潜力。

12.6.1 压裂液

水力压裂技术是一种旨在显著提升油气开采效率的方法,其原理是通过将流体以极高的速度和压力注入地下储层,迫使岩石结构产生裂缝,并由此形成贯穿整个储层的高效导流网络。这些裂缝长度可以延伸至数十米乃至数百米不等,能够有效绕过井筒附近的阻碍区,大幅度增加可供油气流动的有效表面积,从而有力地推动油气产量的提升。[29-30]在低渗透性油藏中,水力压裂的重要性尤为突出,若缺乏这种有效的压裂手段,许多致密岩石或页岩储层将难以实现经济且高效的开发与利用。

压裂作业通常遵循一套阶段性的操作流程。首先,通过泵送不含固体颗粒的"垫层"流体注入储层,旨在启动并初步扩展裂缝。随后,在压裂过程的第二阶段,即所谓的"携砂"或"支撑剂输送"阶段,将含有悬浮支撑剂颗粒(如砂粒或陶瓷微球)的泥浆液注进已经形成的裂缝内。这些支撑剂在压裂作业完成后以及泵压释放后仍能保持在裂缝中,其主要作用是防止裂缝闭合,确保形成持久的导流通道,从而提高油气开采效率。

压裂液的选择对于裂缝填充过程的优化及最终形成的裂缝导流性能具有决定性作用。VES 流体凭借其出色的颗粒悬浮能力、显著的减阻效果,以及在不遗留聚合物残渣的前提下实现清洁支撑剂填充的可能性[31],已在水力压裂作业中得到了广泛应用。相关研究报道指出,VES 流体不仅能够提升储层内有效裂缝长度,还能够在一定程度上最大限度地减少裂缝高度的过度扩展。[32]

VES 化学试剂技术的不断进步显著提升了其在高温条件下的稳定性,这对于水力压裂作业具有极其重要的意义。初期阶段应用的以乙氧基化季铵盐为基础的 VES 体系仅能在相对较低的温度下保持理想的流变性能,例如限制在 93℃(200℉)以内。然而,随着研究深入和技术创新,基于两性离子表面活性剂研制出的新一代 VES 流体成功将有效工作温度阈值提高至

122℃(250°F)以上,极大地拓宽了 VES 流体在更高温环境下的适用范围。

泡沫压裂液作为一种特殊的增产流体,在 VES 技术的加持下展现出了突出的优势。在特定储层条件下,为了最大限度地减少水与生产岩层间的相互作用,同时在其他情境中确保能够提供足够的能量以高效清除完井后遗留的支撑剂,这两类需求通常都能通过选用泡沫型刺激流体来妥善解决。泡沫液体凭借其特性,能够有效减少注入总量、增强对地层渗透的控制力,并且提升后期回流处理效果。[33]当选择泡沫溶液作为作业介质时,VES 流体体系成为了一种替代传统泡沫聚合物凝胶的理想方案。[24]得益于表面活性剂化学的精准调控,VES 流体已被成功应用于实现超临界二氧化碳(CO_2)流体的稠化处理。[34]Gomaa 等[26]在最近的研究中指出,在加拿大已累计独立进行了约 15000 次 VES 流体处理操作,其中许多案例采用了添加氮气或二氧化碳以生成泡沫并增强流体能效的方式。

12.6.2 基质酸化和酸压

碳酸盐岩储层在全球油气储量中占据半壁江山,是石油和天然气资源的重要蕴藏地。以沙特阿拉伯的 Ghawar 油田为例,它是全球最大的碳酸盐岩构造油田之一。这些储层主要由石灰岩($CaCO_3$)和白云岩($CaMg(CO_3)_2$)等矿物组成,以其显著的非均质性而著称,孔隙度可在 10%~30% 的宽泛范围内变化,并且常见大规模孔洞与自然裂缝结构。为了提高此类储层的产油或产气效率,常规做法是对储层实施酸处理作业,即向储层内注入酸液,以便溶解井筒周围岩石,从而增加孔隙空间并促使更多的油气流入井内。[35]这一增产技术被称为"基质酸化",在此过程中,注入压力维持在低于形成地下裂缝的压力水平,目的是避免近井地带因钻井作业或其他干预措施可能导致的伤害(图 12.5)。通常情况下,酸液能够渗透到距井筒约 1.5~3m 范围内的岩石中。另一种强化产流的方法是通过施加高于地下裂缝生成压力的酸液注入,该过程能够使地层产生新的裂缝。当新裂缝形成后,酸液能够进入并腐蚀裂缝面,创造出供油气有效流动进入井筒的通道(图 12.5),这种技术被称为"酸压裂"。

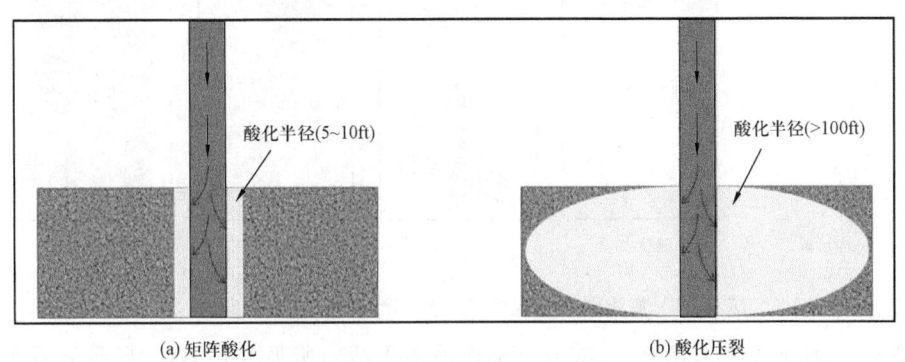

图 12.5 基质酸化和酸致压裂酸侵深度示意图

在碳酸盐岩储层的增产实践中,盐酸是最常采用的酸性试剂。此外,在特定条件下,诸如乙酸、甲酸和柠檬酸等有机酸也作为有效的替代或辅助选项得到应用。[36-39]然而,当储层温度升至 149℃(300°F)以上时,由于高温下难以有效控制盐酸的强烈腐蚀反应,操作者往往会转而采用如乙二胺四乙酸(EDTA)这样的螯合剂来进行处理。[40]通常情况下,在进行酸化增产作业时所使用的盐酸溶液浓度范围在 7.5%~28%(质量分数)之间,以适应不同储层条件和目标矿物的溶解特性。接下来的部分将进一步详细探讨针对碳酸盐岩地层采取的具体增产措施，并深入解析 VES 如何在这种地质构造中发挥关键作用以提高油气采收率。

盐酸和石灰石（方解石）之间的反应在大多数情况下是不可逆反应，化学方程式为：

$$CaCO_3 + 2HCl \longrightarrow CaCl_2 + H_2O + CO_2 \tag{12.2}$$

其中 1mol $CaCO_3$ 和 2mol HCl 反应生成 $CaCl_2$、H_2O 和 CO_2。在储层的实际反应条件下，大量 CO_2 会溶解于液相中，这一特性赋予了反应一定的可逆性倾向。然而，在本章的讨论范围内，我们合理地假定这些涉及 HCl 与白云石的化学反应是趋于不可逆进行的。具体来说，HCl 与白云石（$CaMg(CO_3)_2$）之间的反应可以表示为：

$$CaMg(CO_3)_2 + 4HCl \longrightarrow CaCl_2 + MgCl_2 + 2H_2O + 2CO_2 \tag{12.3}$$

盐酸与方解石反应的速度明显快于其与白云石的反应。[41-42]虽然反应路径简单，但当结合流体动力学考量时，碳酸盐岩地层中的酸液反应和溶解过程实际上极为复杂且多变，这一直是科研人员长期探索的研究主题。当酸液注入多孔介质内部时，并非均匀一致地进行矿物溶解。相反，根据酸液注入的速度及其他相关条件，会呈现出多种不同的溶解模式（图 12.6）。[43]

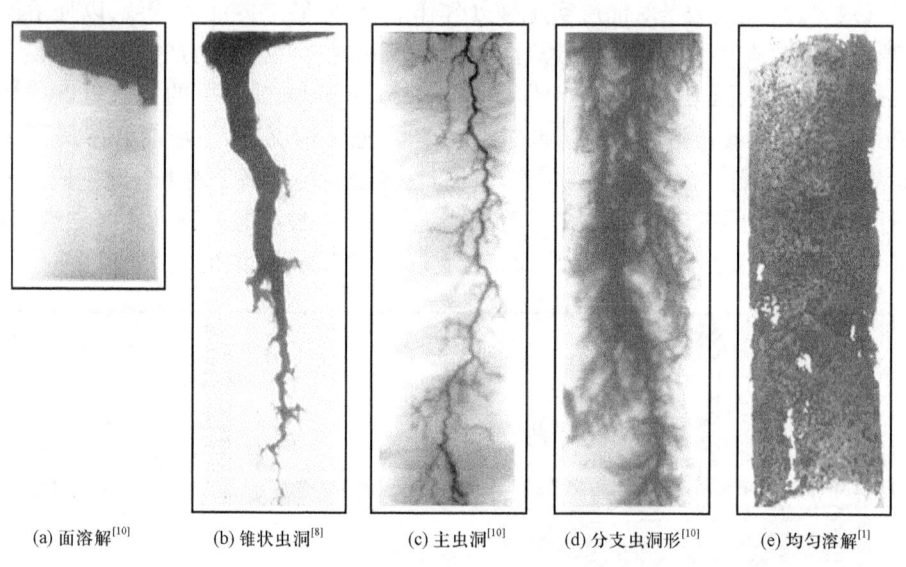

(a) 面溶解[10]　　(b) 锥状虫洞[8]　　(c) 主虫洞[10]　　(d) 分支虫洞形[10]　　(e) 均匀溶解[1]

图 12.6　基质酸化过程中观察到的溶解模式（SPE 59537）

举例来说，在低速注入情况下，酸液会迅速被碳酸盐岩所吸附并消耗，导致岩石表层快速溶解。相反，当采用高速注入时，大量酸液能够渗透至多孔介质深处，并在地层孔隙内部发生反应，从而在酸耗尽之前显著增加整个岩石的孔隙体积。对于中等速率注入，酸液会在储层内形成高导流性的虫孔结构，局部提高岩石孔隙度；此时，少量酸即可有效抵达更广阔的储层区域。过去 30 年间，众多研究专注于解析虫孔形成机制及其扩展规律，重点关注酸浓度、温度、注入速度、岩石原始孔隙度和渗透率等多个参数对其生成及形态的影响。除了深入探讨酸对碳酸盐岩的溶蚀效应外，还需特别关注在井筒中实施这些操作时酸液在地层内的定位问题，这一点将在后续章节中进一步讨论。

如今,钻探横向延伸长度超过 1524m(即 5000ft)的大位移水平井已成为常规实践。此类井眼会穿越多个具有各异渗透性、矿物成分和温度的地质层系。若在未对各储层进行有效隔挡的情况下向这类井中注入酸液,酸液将会优先流向高渗透率(低水力阻力)的储层区域,由于其快速溶解作用,会在这些地层内形成高效的导流通道——虫孔结构,进而显著提升相关地层的渗透率,并加剧井筒沿线渗透率的不均匀性。为确保酸液能够更均匀地分布于整个井筒范围内的各个储层,通常需要采取措施将酸液从高渗透层引导至低渗透层。过去已研发并应用了多种技术来实现这一目的。其中最常见的方法是通过注入固体材料暂时阻塞那些迅速吸收大量酸液的区域,这有助于引导酸液向低渗透性地层转移。所采用的固体材料种类繁多,包括相对廉价的如岩盐、苯甲酰片剂、油溶性树脂等,以及更为高级的可降解聚合物颗粒,如聚乳酸等工程化产品。然而,在使用固体材料时普遍存在的一个问题是,酸液可能通过溶解周围岩石绕过固体屏障,重新开辟通路与高渗透土壤相连。此外,其他改变流体流向的技术也得到了运用,比如部分注入泡沫溶液。泡沫在进入高渗透区时会产生较大的注射阻力,随后再注入清洁无菌液体以确保低渗透区也能得到均衡处理。不过,泡沫法也面临挑战,如需特殊设备来生成稳定的泡沫,并且在处理过程结束后,必须确保泡沫能在储层内部消散以恢复各区块间的连通性。

进入 21 世纪初,首个采用 VES 技术的酸化系统应运而生。[44] 该系统将 VES 与浓度为 15%～20% 的 HCl 溶液相结合,形成的初始酸液体系具有较低的黏度特性,这有利于其在岩石表面进行有效的处理操作。一旦注入地层内部,在 pH 值发生变化以及钙离子(Ca^{2+})的作用下,VES 分子会重新排列形成棒状结构,进而导致随着酸液消耗,整体黏度显著提升。图 12.7 生动展示了这一酸体系随着 pH 值增加而黏度增大的现象。从 pH

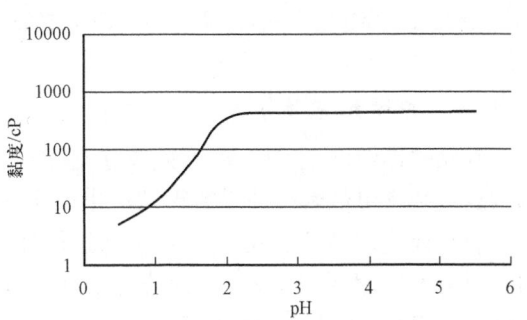

图 12.7　在酸消耗过程中基于 VES 的原位胶凝酸的黏度随 pH 值的变化曲线

值 0.5 上升至 3 的过程中,可以观察到酸液的黏度几乎提升了两个数量级。在多孔介质条件下,这种黏度的增长会产生额外的流动阻力,这种阻力机制实际上有助于引导流体从高渗透性区域流向低渗透性区域,从而实现酸液在不同渗透率地层中的更均匀分布和更深入的酸化作用。

图 12.8 呈现了一项实验结果,该实验中同时向 3 个具有不同渗透率的印第安那石灰岩岩心注入了 15% 浓度的盐酸溶液。这 3 个岩心的渗透率分别被测定为 66.5mD、34.5mD 和 32mD,其直径均为 2.5cm,长度则均为 10cm。正如预期,采用常规直酸体系时,大部分酸液流向并主要作用于渗透率最高的 66.5mD 岩心中,从而在岩心中形成了一个贯穿整个岩心长度的虫孔通道。而对渗透率为 34.5mD 和 32mD 的岩心来说,酸液的进入量极其有限。相比之下,图 12.8(b)展示了将含有 VES(黏弹性表面活性剂)体系的酸液注入另外 3 个渗透率分别为 35mD、48.7mD 和 32.1mD 的石灰岩核样中的实验效果。从 CT 扫描图像可明显看出,在使用 VES 增强型酸液的情况下,对于渗透率为 35mD 和 32.1mD 这两种较低渗透率的岩心,酸液

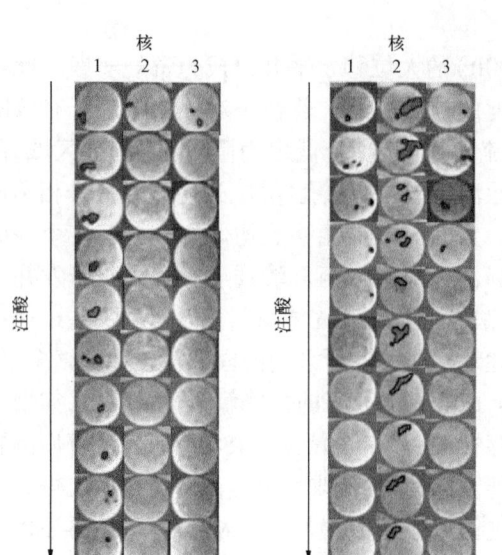

图12.8 3个不同渗透率岩心同时注酸的引酸试验 低渗透岩心的穿透虫孔表现出导流程度(SPE 65033)

能够更深入地渗透和作用,这一现象表明 VES体系有助于改善酸液在低渗透性储层中的分布均匀性和酸化效果。

在碳酸盐岩储层的开发中,基于VES的酸体系被广泛应用于构建高效的导流网络。当处理不同渗透率的储层时,特别是在渗透率比小于10的情况下,此类VES酸体系能够良好混合并表现出卓越的导流性能。通过后续注入互溶剂进行冲洗作业,可以有效增强地层内凝胶化废酸的排出效率。同时,在生产阶段,当胶状液体接触到油气时会自然破裂,有助于恢复储层原始渗透性。然而,VES体系面临一项挑战:对于某些类型的储层原油,VES体系可能会与之发生反应生成乳状液,从而引发返排难题。为避免这种情况的发生,建议在向储层注入VES流体前先进行严格的乳化倾向评估测试,确保VES系统的应用不会对油气开采带来不利影响。

12.6.3 井筒填充物清除

在钻井作业和生产阶段,有效清除支撑剂、岩屑、微粒以及其他沉积物是至关重要的任务,因为这些杂物可能阻碍油气的正常产出或干扰后续井下操作[45]。一种广泛应用的清理技术是将管道或连续油管下入井筒内部,通过循环能够携带并悬浮固体颗粒的流体介质至地面,随后进行分离处理;图12.9生动地描绘了这一清除井筒内填充物的操作过程。随着现代石油工业的发展趋势,越来越多的油田采用长水平井完井技术,这无疑增加了清理井筒内填充物的难度,并使其成为一项既耗时又极具挑战性的任务。此种背景下,行业不断寻求更高效且适应复杂井况的流体清理解决方案以应对这一难题。

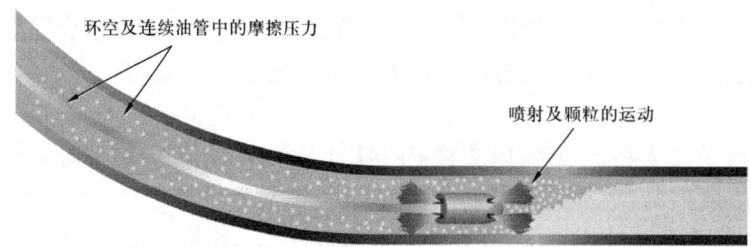

图12.9 用连续油管清除井筒填充物

VES流体凭借其出色的降阻性能和卓越的悬浮能力,在应对极端苛刻条件下的洗井作业时展现出极高的实用性价值,特别适用于采用小直径连续油管进行大位移井施工的情形[46]。VES流体在应用于与生产地层接触的洗井作业时,作为一种无聚合物解决方案表现出显著优势,能够最大程度地降低对地层造成伤害的风险。[47]

12.6.4 防砂和砾石充填

在全球众多油田中,地层砂移动导致的出砂问题是一项严重挑战,可能引发一系列代价高昂的伤害,例如井筒套管坍塌、井筒内部侵蚀以及阀门与地面设备的加速磨损。为解决这一问题,砾石充填作为一种广泛应用的完井技术被用来阻止地层砂进入井筒内。[48-49]该技术通过在生产套管和集中筛管(或裸眼地层)之间的环空区域填充特定粒径的砾石(图12.10)[50-51]来实现这一目标。通常采用的砾石尺寸范围从16/20目到30/50目(直径在0.3~1.2mm之间)。精心设计的砾石充填方案不仅能够稳固地层表面结构,还能有效过滤并阻挡地层内的微小颗粒进入井筒。

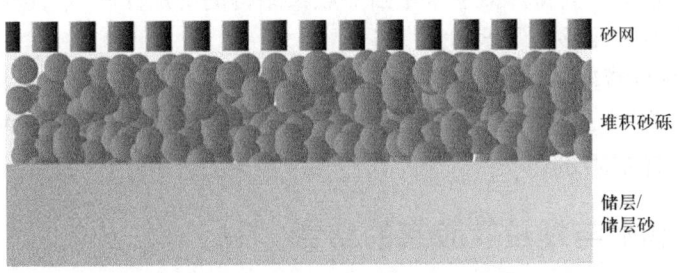

图 12.10 裸眼砾石充填截面图

在筛管和地层表面之间放置砾石,以稳定井筒,防止地层砂流入井筒

在砾石充填操作过程中,携砂液被用来将砾石从地面输送至井下的目标位置,并确保砾石能够均匀沉积在筛管周围。[52-53]此类载液必须具备优异的颗粒悬浮性能以及较低的摩擦力,以适应井眼内不同深度和复杂度的管柱条件。同时,为了维持稳定的静水压力并确保井下作业安全可控,通常需要调整携砂液的密度。常用的携砂液密度范围为1000~2157kg/m³(8.34~18lb/gal),这一密度可通过添加常规盐类如氯化钾、氯化钠、氯化钙、溴化钙及溴化钠来实现。对于更高密度需求的情况,则可能采用更昂贵的盐类物质,例如溴化锌或甲酸盐系列添加剂(表12.1)。

表 12.1 砾石充填作业中常用的几种盐水

盐	密度/[kg/m³(lb/gal)]
$CaCl_2/CaBr_2$	1402~1809.4(11.7~15.1)
NaBr	1078~1522(9.0~12.7)
KCl	1006~1162(8.4~9.7)

在砾石充填操作中,传统的黏性携砂流体主要由聚合物(如羟乙基纤维素或HEC、黄胞胶等)与盐水混合配制而成。为了确保在作业结束后能够使生产流体以最小的阻力回流,并且不伤害地层原有的渗透率,通常会向流体中加入断链剂来分解聚合物链结构。长期以来,由于其降解后残余量较小的优势,羟乙基纤维素(HEC)一直是此类应用中的首选材料。然而,其耐受温度上限限制在93℃/200℉,这在需要更高温度稳定性的场合成为了一项局限。相比之下,在高温条件下的作业需求下,黄胞胶因其更优的热稳定性而被视作更为理想的选择。

进入20世纪90年代,VES作为一种革新性材料被引入砾石充填作业领域。与传统的聚合物流体相比，VES流体展现出了显著的优势和独特的性能特点，例如有效降低摩擦力、延长完井操作的连续时间，并最大限度地增强了地面泵送效率。VES流体所具有的内在清洁特性往往能够替代对化学破碎剂的需求，在确保高效作业的同时减少额外化学处理步骤。

在砾石充填作业中，确保WLMs（在高盐度流体中的稳定性是一项重大挑战，尤其是在富含二价离子的重盐水体系中。众所周知，在此类高盐环境下，许多常规表面活性剂可能会因不稳定而发生聚集或相分离现象。[54-55]因此，科研人员热衷于探寻能够适应高盐浓度环境且保持黏度性能的特殊表面活性剂化学物质及系统。Daniel等[56]的研究表明，两性离子表面活性剂具有与密度高达654kg/m³（13.8lb/gal）的高密度盐水兼容的特性，并且能在温度超过132℃（270℉）的情况下有效地悬浮砂粒，从而维持其功能稳定。此外，其他研究者也提出，通过添加链状聚合物可以借助空间排斥效应来增强对胶束结构的稳定性[57-58]，进而保证这些胶束在高盐分浓度下仍能维持足够的黏度和流变性质[54]。

优化VES砾石封堵液在高盐、高温条件下的性能仍是一项艰巨的任务。除了不断改良和完善表面活性剂配方[56]，近期的研究进展还包括探索利用纳米技术强化WLMs，这一创新策略将在后续内容中详细阐述。

12.7 纳米添加剂与蠕虫状胶束的结合

自"富勒烯"这一纳米结构的发现以来，纳米技术已深深渗透并革新了药物化学、电子学及材料科学等多个研究领域。近10年来，在新型流体和材料的研发过程中，纳米技术逐渐延伸至油田工程，以开发能够耐受储层内严苛高温高压条件的流体与材料。[59-60]近年来，科研人员开始将关注点转向在蠕虫状胶束流体中引入纳米颗粒的可能性（详尽讨论见第4章），这种策略有望带来一系列潜在应用优势，其中就包括在油气田作业中的实际应用。

近期，化学领域多篇研究文献探讨了如何通过添加纳米颗粒来优化WLM的性能表现。[28]例如，在Nettesheim等的研究中[61]，他们详细分析了将直径为30nm的二氧化硅纳米颗粒引入WLM溶液后对其性能的影响，并发现此类纳米颗粒能够增强WLM溶液在零剪切速率条件下的黏度特性，并且有助于延长其弛豫时间和提升储存模量。同时，Luo等[62]的研究揭示，在MES阴离子脂肪酸表面活性剂胶束溶液体系中加入$BaTiO_3$（钛酸钡）纳米颗粒时，随着温度上升，该溶液的黏稠性会有进一步增加的趋势。另外，Helgeson等[63]在其研究报告中指出，在阳离子型WLMs溶液内部混入带电荷的纳米颗粒后，溶液的黏度和弹性属性均能显著提高。这些研究成果充分展示了纳米颗粒在改善WLM流体性能方面所展现出的积极效果及其潜在应用价值。

最近，有多项针对油田应用的研究聚焦于将纳米颗粒融入WLM流体中。Crews及其团队[64-66]在一系列研究中指出，纳米颗粒可通过化学吸附作用以及表面电荷间的相互吸引与VES胶束紧密结合（图12.11）。向胶束流体中添加纳米颗粒可在高温环境下稳定流

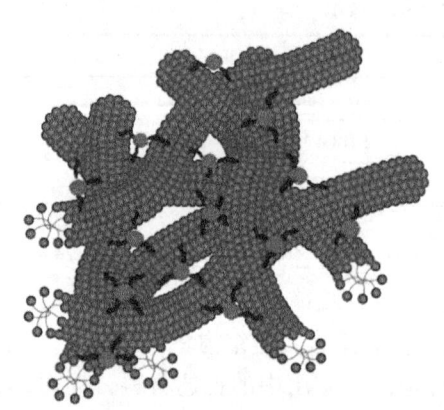

图12.11 纳米颗粒与VES胶束结合形成的强网络[64-66]
经SPE授权(2006)许可

体黏度,并形成一种类滤饼结构,在流体通过地层时能有效控制其流失至储层内部(图 12.12 和图 12.13)。值得注意的是,尺寸小于油气储层孔隙及孔喉通道的纳米颗粒并不会影响储层原有的渗透率性能。[66] Aggarwal 等[67]探讨了纳米晶体与 VES 胶束的相互作用,结果发现当 VES 流体接触多孔介质时,加入纳米晶体可显著降低流体的滤失率。鉴于这些早期研究取得的积极成果,未来预计纳米颗粒在 WLM 流体中的应用将会得到更广泛的关注和深入探索。

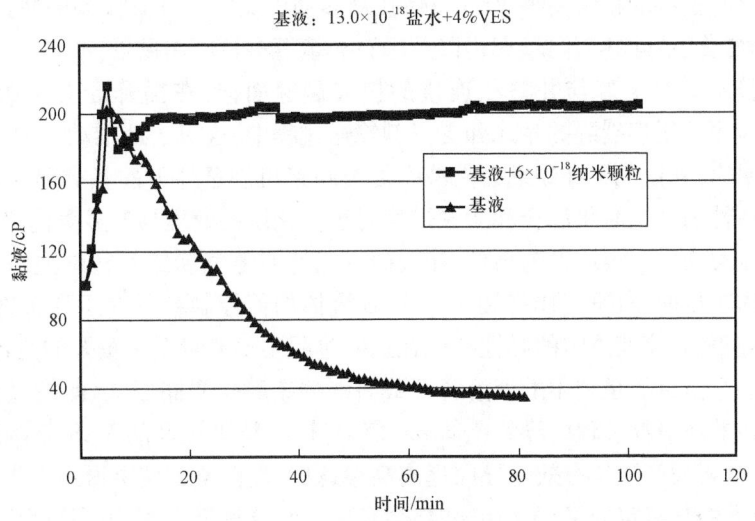

图 12.12 在 121℃(250℉)温度(100s^{-1})下加入纳米颗粒和不加入纳米颗粒时 VES 流体黏度曲线示例

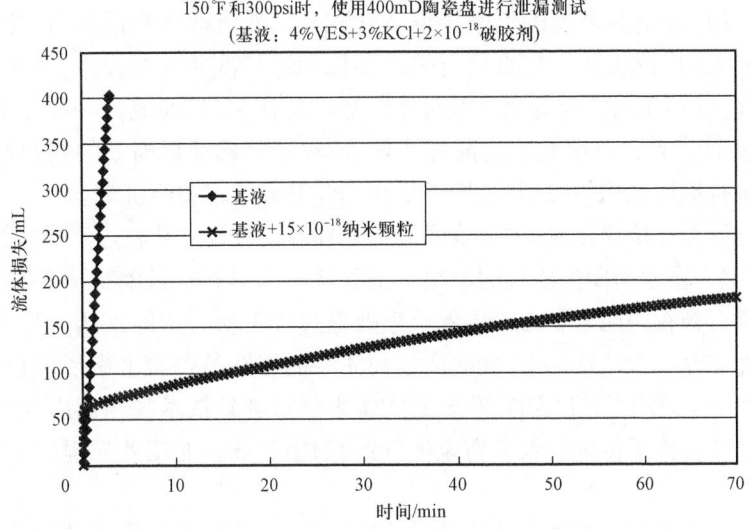

图 12.13 含与不含纳米颗粒的电磁力流体在多孔介质中的流体损失分布图

12.8 结论

自 VES 流体首次引入石油行业以来,历经约 20 年的时间,它已被广泛应用于各类油井作业,并始终保持在活跃的研究与开发前沿。通过自组装形成的 WLMs,VES 流体展现出了卓越的流变性能、高效的颗粒悬浮能力和显著的减阻效应,从而构建出一类性能优越的黏弹性表面活性剂流体。这些独特的特性使得 VES 流体在众多油田操作中具有极高的实用价值,涵盖了水力压裂、基质酸化、清除井筒内填充物以及砾石充填等多种应用场景。

水力压裂技术通过形成与井口相连接的扩展裂缝面,旨在提升烃类资源的开采效率。VES 流体已被应用于压裂裂缝的生成和支撑剂输送过程中,这极大地推动了对 VES 系统温度稳定性的改进研究,并促成了在缺乏自然液态烃类断路机制条件下的各类碎化化学物质的研发。采用表面活性剂系统简化混合和运输过程对于优化压裂处理具有显著优势。泡沫型 VES 体系在特定的压裂操作中表现尤为出色,相关研究已针对氮气和二氧化碳泡沫开发出专门的表面活性剂流体。目前,科研工作持续关注 VES 流体如何控制粒子在压裂条件下有效传输,并且最新的研究表明,流变液体的弹性特性在这一过程中扮演着至关重要的角色。

酸化处理的主要目的是利用酸液溶解井壁周围的碳酸盐岩储层,以此绕过伤害区域并提升油气产量。在酸液消耗过程中导致流体 pH 值上升时,特别设计的 VES 流体能够增强黏度和流动阻力,从而将增产流体有效地导向远离高渗透层,确保整个储层得到更为均匀的处理效果。此外,当液态烃与特定的 WLMs 接触时,会发生自然分解反应,在很多情况下,这一特性有助于有效清除储层内的堵塞物和杂质,达到清洁储层的目的。

清理井筒填充物的作业旨在排除井筒内的多余颗粒,以提高产量或恢复原有通道。随着现代石油工业的发展趋势,越来越多的油藏采用水平扩展井技术,这无疑增加了清洁作业的难度。然而,VES 流体凭借其卓越的低摩擦压力性能和高效悬浮颗粒能力,在此类应用中脱颖而出,受到了行业的广泛关注。在直接与生产层接触进行洗井的过程中,VES 流体相较于传统的聚合物流体,能够在最大程度上降低对地层造成的伤害,从而成为一种更为理想的选择。通过使用 VES 流体进行井筒填充物的清理作业,不仅能够确保更高效的颗粒清除效果,而且有助于保护和维持地层结构的完整性,进而优化油气开采效率和经济效益。

在井下实施砾石充填操作时,关键步骤之一是在井筒中设置颗粒过滤器,旨在稳固井筒结构,并有效防止整个作业周期内砂粒的产出。携砂液必须具备在低摩擦力和高温环境下长距离悬浮并输送砾石颗粒的能力。为了确保整个处理过程中所需的静水压力稳定,通常会在砾石充填液中添加盐分。在此背景下,表面活性剂体系能够在各种盐水中形成稳定的凝胶状结构。在众多的砾石充填工艺应用中,VES 流体作为一项创新技术脱颖而出,它以更低的复杂性和更高的清洁度替代了传统的聚合物流体方案,为提升砾石充填效果提供了崭新的思路与解决方案。

研究人员正在持续深入探索改良表面活性剂体系,以适应不断发展的应用需求。最近的研究工作聚焦于将纳米颗粒整合到 WLMs 系统中。已发表的研究文献揭示了精心选择的纳米添加剂与溶液中的 WLMs 相结合的可能性,这种结合可以增强流体的整体流变性能,并有效减少流体向多孔介质的渗透损失,从而显著提升胶束流体在各种应用场合下的效能表现。

参 考 文 献

[1] J. N. Israelachvili, D. Mitchel and B. Ninham, *J. Chem. Soc. Faraday Trans.* II, 1976, 72, 1525.

[2] M. E. Cates and S. J. Candau, *J. Phys.: Condens. Matter*, 1990, 2, 6869 – 6892.

[3] S. R. Raghavan, G. Fritz and E. W. Kaler, *Langmuir*, 2002, 18, 3797 – 3803.

[4] T. D. Welton, J. Bryant and G. P. Funkhouser, *SPE International Symposium on Oilfield Chemistry*, Houston, Texas, 2007.

[5] P. F. Sullivan, B. Gadiyar, R. H. Morales, R. Hollicek, D. Sorrells, J. Lee and D. Fischer, *SPE International Symposium and Exhibition on Formation Damage Control*, Lafayette, LA, 2006.

[6] J. Zhou, M. Legemah, B. Beall, H. Son and Q. Qu, *SPE Unconventional Resources Conference and Exhibition – Asia Pacific Brisbane*, Australia, 2013.

[7] W. Lee, S. M. Makarychev – Mikhailov, M. J. Lastre Buelvas, C. Abad, A. B. Christiawan, S. Narayan, M. Singh and S. Sengupta, *Abu Dhabi International Petroleum Exhibition and Conference*, Abu Dhabi, UAE, 2014.

[8] C. Lei and P. Clark, *SPE J.*, 2007, 12, 316 – 321.

[9] A. Mirakyan, C. Abad, M. Parris, Y. Chen and F. Mueller, *SPE Annual Technical Conference*, New Orleans, Louisiana, 2009.

[10] B. Chase, W. Chmilowski, R. Marcinew, C. Mitchell, Y. Dang, K. Krauss, E. B. Nelson, T. Lantz, C. Parham and J. Plummer, *Oilfield Rev.*, 1997, 9, 20 – 33.

[11] H. – W. Bewersdorff and D. Ohlendorf, *Colloid Polym. Sci.*, 1988, 266, 941 – 953.

[12] S. Jain, B. Gadiyar, B. Stamm, C. Abad, M. Parlar and S. Shah, *SPE Drill. Completion*, 2011, 26, 227 – 237.

[13] J. Myska and J. Zakin, *Ind. Eng. Chem. Res.*, 1997, 36, 5483 – 5487.

[14] J. Zakin and W. Ge, in Polymer Physics: From Suspensions to Nanocomposites and Beyond, ed. L. A. Utracki and A. M. Jamieson, John Wiley & Sons, 2010, pp. 89 – 127.

[15] Applications of Wormlike Micelles in the Oilfield Industry 34915. J. Zakin, J. Myska and Z. Chara, *AIChE J.*, 1996, 42, 3544.

[16] B. R. Elbing, M. J. Solomon, M. Perlin, D. R. Dowling and S. L. Ceccio, *J. Fluid Mech.*, 2011, 670, 337 – 364.

[17] B. R. Elbing, E. S. Winkel, M. Solomon and S. L. Ceccio, *Exp. Fluids*, 2009, 47, 1033 – 1044.

[18] I. T. Dosunmu and S. N. Shah, *J. Pet. Sci. Eng.*, 2013, 109, 80 – 86.

[19] I. T. Dosunmu and S. N. Shah, *J. Pet. Sci. Eng.*, 2014, 124, 323 – 330.

[20] A. H. Kamel and S. N. Shah, *J. Fluids Eng.*, 2013, 135, 031201.

[21] A. H. A. Kamel and S. N. Shah, *SPE/ICoTA Coiled Tubing and Well Intervention Conference*, The Woodlands, Texas, 2008.

[22] A. H. A. Kamel and S. N. Shah, *J. Fluids Eng.*, 2010, 132, 081101.

[23] A. H. A. Kamel and S. N. Shah, *J. Can. Pet. Technol.*, 2010, 49, 13 – 20.

[24] J. R. Leitzell, *SPE Eastern Regional*, Lexington, Kentucky, 2007.

[25] S. Malhotra and M. M. Sharma, *SPE Hydraulic Fracturing Technology Conference*, The Woodlands, Texas, 2011.

[26] A. M. Gomaa, D. V. S. Gupta and P. Carman, *SPE International Symposium on Oilfield Chemistry*, The Woodlands, Texas, 2015.

[27] P. Sullivan, E. B. Nelson, V. Anderson and T. Hughes, in Giant Micelles: Properties and Applications, ed. R. Zana and E. W. Kaler, CRC Press Taylor and Francis Group, Boca Raton, Florida, 2007, vol. 140, pp. 453 – 472.

[28] K. L. Hull, M. Sayed and G. A. Al-Muntasheri, *SPE International Symposium on Oilfield Chemistry*, The Woodlands, Texas, 2015.

[29] K. Armstrong, R. Card, R. Navarette, E. B. Nelson, K. Nimerick, M. Samuelson, J. Collins, G. Dumont, M. Priaro, N. Wasylycia and G. Slusher, Oilfield Rev., 1995, 7, 34-51.

[30] C. H. Bivins, C. Boney, C. Fredd, J. Lassek, P. Sullivan, J. Engels, E. O. Fielder, T. Gorham, T. Judd, A. E. Sanchez Mogollon, L. Tabor, A. V. Munoz and D. Willberg, *Oilfield Rev.*, 2005, 17, 34-43.

[31] M. Samuel, R. J. Card, E. B. Nelson, J. E. Brown, P. S. Vinod, H. L. Temple, Q. Qu and D. K. Fu, *SPE Annual Technical Conference*, San Antonio, Texas, 1997.

[32] B. Rimmer, C. MacFarlane, C. Mitchell, H. Wolfs and M. Samuel, *SPE International Symposium on Formation Damage Control*, Lafayette, Louisiana, 2000.

[33] D. Oussoltsev, I. Fomin, K. K. Butula, K. Mullen, A. Gaifullin, A. Ivshin, D. Senchenko and I. Faizullin, *SPE Russian Oil and Gas Technical Conference and Exhibition*, Moscow, Russia, 2008.

[34] O. Bustos, Y. Chen, M. Stewart, K. Heiken, T. Bui, P. Mueller and E. Lipinski, *SPE Rocky Mountain Oil & Gas Technology Symposium*, Denver, Colorado, 2007.

[35] B. B. Williams, J. L. Gidley and R. S. Schechter, Acidizing Fundamentals, *Society of Petroleum Engineers*, New York, 1979.

[36] J. C. Chatelain, I. H. Silberberg and R. S. Schechter, *SPE J.*, 1976, 16, 189-195.

[37] T. Huang, L. Ostensen and A. D. Hill, *SPE International Symposium on Formation Damage Control*, Lafayette, Louisiana, 2000.

[38] C. N. Fredd and H. S. Fogler, *Chem. Eng. Sci.*, 1998, 53, 3863-3874.

[39] M. H. Al-Khaldi, H. A. Nasr-El-Din, M. E. Blauch and G. P. Funkhouser, *SPE European Formation Damage Conference*, The Hague, The Netherlands, 2003.

[40] C. Fredd and H. S. Fogler, *SPE International Symposium on Oilfield Chemistry*, Houston, Texas, 1997.

[41] K. Lund, H. S. Fogler and C. C. McCune, *Chem. Eng. Sci.*, 1973, 28, 691-700.

[42] K. Lund, H. S. Fogler, C. C. McCune and J. W. Ault, *Chem. Eng. Sci.*, 1975, 30, 825-835.

[43] C. N. Fredd, *SPE Permian Basin Oil and Gas Recovery Conference*, Midland, Texas, 2000.

[44] F. Chang, Q. Qu and W. Frenier, *SPE International Symposium on Oilfield Chemistry*, Houston, Texas, 2001.

[45] Z. Xiao, M. Shahin, P. Hosein, P. Dellorusso, B. R. Lungwitz and M. Samuel, *SPE International Improved Oil Recovery Conference in Asia Pacific*, Kuala Lumpur, Malaysia, 2003.

[46] A. Ali, C. G. Blount, S. Hill, J. Pokhiral, X. Weng, M. J. Loveland, S. Mokhtar, J. Pedota, M. Rodsjo, R. Rolovic and W. Zhou, *Oilfield Rev.*, 2005, 17, 4-13.

[47] R. Rolovic, X. Weng, S. Hill, G. Robinson, K. Zemlak and J. Najafov, *SPE/ICoTA Coiled Tubing Conference*, Houston, Texas, 2004.

[48] M. Parlar and E. H. Albino, *J. Pet. Technol.*, 2000, 52, 50-58.

[49] J. G. O. Suman and R. E. Snyder, *International Petroleum Exhibition and Technical Symposium of the Society of Petroleum Engineers*, Bejing, China, 1982.

[50] D. L. Tiffin, G. E. King, R. E. Larese and L. K. Britt, *SPE Formation Damage Control Conference*, Lafayette, Louisiana, 1998.

[51] R. J. Saucier, *J. Pet. Technol.*, 1974, 26, 205-212.

[52] W. L. Penberthy Jr., K. L. Bickham, H. T. Nguyen and T. A. Paulley, *SPE Drill. Completion*, 1997, 12, 85-92.

[53] L. G. Jones, R. J. Tibbles, L. Myers, D. Bryant, J. Hardin and G. Hurst, *SPE Annual Technical Conference and Exhibition*, San Antonio, Texas, 1997.

[54] R. van Zanten, *SPE Drill. Completion*, 2011, 26, 499-505.

[55] R. van Zanten and D. Ezzat, *SPE European Formation Damage Conference*, Noordwijk, The Netherlands, 2011.

[56] S. Daniel, L. Morris, Y. Chen, M. E. Brady, B. R. Lungwitz, L. George, A. van Kranenburg, S. A. Ali, A. Twynam and M. Parlar, *SPE International Symposium and Exhibition on Formation Damage Control Lafayette*, Louisiana, 2002.

[57] G. Massiera, L. Ramos and C. Ligoure, *Langmuir*, 2002, 18, 5687-5694.

[58] G. Massiera, L. Ramos, E. Pitard and C. Ligoure, *J. Phys. : Condens. Matter*, 2003, 15, S225-S231.

[59] S. Mokhatab, M. A. Fresky and M. R. Islam, *J. Pet. Technol.*, 2006, 58, 48-53.

[60] R. Krisnamoorti, *J. Pet. Technol.*, 2006, 58, 24-26.

[61] Applications of Wormlike Micelles in the Oilfield Industry 35161. F. Nettesheim, M. W. Liberatore, T. K. Hodgdon, N. J. Wagner, E. W. Kaler and M. Vethamuthu, *Langmuir*, 2008, 24, 7718-7726.

[62] M. Luo, Z. Jia, H. Sun, L. Liao and Q. Wen, *Colloids Surf., A*, 2012, 395, 267-275.

[63] M. E. Helgeson, T. K. Hodgdon, E. W. Kaler, N. J. Wagner, M. Vethamuthu and K. P. Ananthapadmanabhan, *Langmuir*, 2010, 26, 8049-8060.

[64] J. Crews, T. Huang and W. R. Wood, *SPE Annual Technical Conference and Exhibition*, San Antonio, Texas, 2006.

[65] T. Huang and J. B. Crews, *SPE Prod. Oper.*, 2009, 24, 60-65.

[66] T. Huang and J. B. Crews, *European Formation Damage Conference*, Scheveningen, The Netherlands, 2007.

[67] A. Aggarwal, S. Agarwal and S. Sharma, Abu Dhabi International Petroleum Exhibition and Conference, 2014.

第13章 表面活性剂溶液在湍流减阻中的应用

Jacques L. Zakin，Andrew J. Maxson，Takashi Saeki，Phillip F. Sullivan

13.1 简介

13.1.1 历史

减阻现象是由在湍流流场中向载体流体引入某些高分子量聚合物、铝皂、表面活性剂或纤维而引起的摩擦压力损失减小的现象。该现象最早于1931年由Forrest和Grierson在木纤维/水浆料流动中发现[1]。1945年，Mysels及其同事发现，在烃类溶剂中溶解铝皂后显著降低了泵送能耗，但因为涉及机密，这一结果在当时并没有公开发表[2-3]。随后不久，Toms报道了稀释的高分子量聚合物溶液表现出类似的行为[4]。这一现象因此被称为Toms-Mysels效应[5]。

1972年，可在水中形成长的蠕虫状胶束（WLMs）的阴离子表面活性剂被证明是有效的减阻剂[6]。后来的研究表明，水体系中的非离子[7]、阳离子（抗衡离子存在时）[8]和两性离子[9]表面活性剂，在经过适当的配方调配后，也能在一定温度范围内表现出减阻行为。

高分子量聚合物的减阻特性首次于1979年在Alyeska Pipeline中得到应用。该管道全长800mile（1287km），直径48in（1.2m）。应用高分子量聚合物减阻后，在无须安装额外的泵的情况下吞吐量增加了约25%[10]。

13.1.2 高分子量聚合物减阻添加剂的降解

聚合物减阻剂通常是可在流动场中展开并拉伸的高分子量的分子。已有大量实验研究表明，在泵入过程中遇到的强剪切应力或在管道流动中遇到的强拉伸应力会使这些聚合物永久性地降解为无减阻作用的较低分子量的物质[11-16]。因此，聚合物添加剂必须在每次通过泵后进行补充，所以其在循环系统中的使用并不实际。与此相反，表面活性剂蠕虫状胶束（WLMs）在流场中虽然也会因受到上述高应力作用而被破坏[17]，但它们可以在低剪切区域重新结合形成。因此，这种影响是可逆的，它们可快速恢复其流体流变行为和减阻效果。

13.1.3 表面活性剂减阻剂

在水溶液体系中，只有阳离子和两性离子表面活性剂被认为在实际减阻应用中具有潜在价值。阴离子表面活性剂对于水中常见的钙离子和镁离子非常敏感。非离子表面活性剂虽然也具有减阻效果，但仅适用于其凝聚温度附近的狭窄温度范围。

具有适当配方的表面活性剂减阻剂通常会在溶液中自组装形成蠕虫状胶束，这种溶液通常具有黏弹性。基于阳离子表面活性剂的减阻溶液中，需要引入抗衡离子以屏蔽表面活性剂头基之间的电荷。这样可以降低形成蠕虫状胶束所需的表面活性剂浓度。

这些延伸的胶束结构与湍流流场的相互作用导致了显著的减阻效应。与高分子添加剂一样，表面活性剂减阻剂的加入并不一定消除湍流，而是以某种尚不完全了解的方式改变了湍流的结构和统计特性[18-20]。

表面活性剂减阻的完整机制很复杂,因为它涉及表面活性剂自组装的动力学和热力学,以及胶束结构与湍流、非牛顿流场的相互作用。由于这些复杂性,基本的预测性理论尚未完全建立。对于不同流动条件和不同添加剂类型下进行可靠地扩展测量仍然具有挑战性。

减阻通常以相同溶剂雷诺数(Re)时纯溶剂摩擦系数 f 的减小来量化:

$$\mathrm{DR} = \frac{f_{\mathrm{solvent}} - f}{f_{\mathrm{solvent}}} \times 100\% \tag{13.1}$$

减阻率(DR)通常随着雷诺数的增加而增大,在表面活性剂溶液中可达到90%[21]。然而,在高壁面剪切应力水平时,胶束的纳米结构会被破坏,导致失去减阻效果。表面活性剂减阻效果受到温度、浓度、抗衡离子的性质和比例(对于阳离子表面活性剂体系)、溶剂性质、壁面剪切应力和其他条件的影响。

13.1.4 最大减阻渐近线

尽管对于表面活性剂减阻的基本原理仍存在不确定性,但普遍认为可通过经验建立表面活性剂溶液最大减阻渐近线(MDRA),并将其与聚合物溶液的类似渐近线进行比较。

对于聚合物溶液在直通、光滑管道中的湍流流动,Virk 等[22]分析了众多研究人员所报道的各种聚合物溶液的减阻数据,提出了一个聚合物溶液的经验性最大减阻渐近线,如下:

$$\frac{1}{f} = 19.0 \lg Re \sqrt{f} - 32.4 \tag{13.2}$$

式中,f 为范宁摩擦系数,Re 为雷诺数。或近似表示为:

$$f \approx 0.58 Re^{-0.58} \quad (4000 < Re < 40000) \tag{13.3}$$

通过对表面活性剂减阻剂测量的类似研究,Zakin 及其同事[23]提出了表面活性剂流体的经验性最大减阻渐近线公式:

$$f \approx 0.32 Re^{0.55} \quad (4000 < Re < 130000) \tag{13.4}$$

在高雷诺数情况下,表面活性剂摩擦系数比牛顿流体的摩擦系数低90%以上,并且比高分子量聚合物的 Virk 最大减阻渐近线低30%。这表明表面活性剂减阻剂在减阻效果上比聚合物减阻剂更为显著。图13.1 展示了表面活性剂和聚合物减阻溶液的最大减阻渐近线以及牛顿流体的 Karman – Prandtl 线。

迄今,表面活性剂在减阻方面主要应用于两个领域:油田应用和供暖与冷却系统。以下分别对这些应用进行介绍。

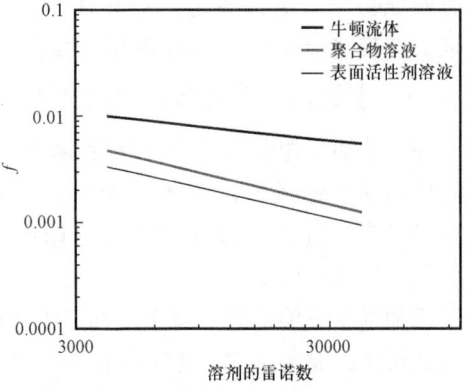

图 13.1 牛顿流体(Karman – Prandtl)、聚合物溶液(Virk[22])和表面活性剂溶液(Zakin[23])的最大减阻渐近线

13.2 油田应用

13.2.1 概述

关于黏弹性表面活性剂和蠕虫状胶束（WLM）在油田应用中广泛讨论可在本书的第12章和《巨型胶束：特性与应用》一书的第15章中找到[24]。这些章节详细介绍了其在油田作业中的不同应用和表面活性剂化学相关内容。这里介绍的内容主要集中在表面活性剂的减阻方面。13.2.2小节概述了减阻添加剂在油田应用中的重要性。13.2.3小节介绍了表面活性剂减阻剂常带来的一些好处，并解释了它们相对于聚合物添加剂的一些优点。13.2.4小节总结了最近在油田作业相关条件下表征和量化表面活性剂减阻剂的一些进展，包括大型管材、连续油管和其他代表性应用几何形状的减阻测量。还确定了盐水或颗粒浆料中表面活性剂系统减阻的测量。13.2.5小节对表面活性剂减阻剂在油田中的使用和当前认识做了总结。

13.2.2 表面活性剂减阻剂在油田应用中的意义

各种油气应用都要求通过延伸的管道或导管泵送处理液或生产出的油气，有时这种泵送过程需要耗费大量的能量。在许多情况下，通过最小化流体摩擦压力可以提高效率及降低设计尺寸，显著提升了流体输送过程的经济效益。而在其他情况下，最小化摩擦力则可以决定在不超过临界压力限制时井筒作业在所期望的流量是否可行[25-26]。

聚合物减阻剂在石油和天然气工业中的应用有着悠久的历史。在油气增产作业和运输管道中添加高分子量聚合物以降低泵送能量的做法已广为人知[10,27-30]。用于水体系减阻的聚合物包括合成聚合物（例如部分水解的聚丙烯酰胺）或生物聚合物（包括瓜尔胶、黄胞胶和改性纤维素）。

作为油田应用中聚合物减阻剂的替代品，表面活性剂减阻剂在过去20年中得到了广泛的研究和应用。

基于表面活性剂的流体已被应用于各种处理环节中，包括水力压裂[31]、砾石充填[32-36]、基质酸化、井眼清理[37]以及钻井[38]等。表面活性剂减阻也已在至少一种生产管道应用中得到有效证明[39]。在许多这类应用中，表面活性剂胶束具有双重用途，即作为流变改性剂和减阻剂。在某些情况下，由胶束缠结产生的流变行为有利于颗粒悬浮和运输以及减阻。

13.2.3 表面活性剂减阻剂的优点和优势

在一些油田作业中，表面活性剂减阻剂已表现出优于聚合物减阻剂的明显优势[40]。这些优势包括易于输送和易于流体混合，以及其在经历高速剪切后重组形成胶束的能力。如13.1.4小节所述，通过比较其最大减阻渐近线，表面活性剂减阻剂也被证明可提供比聚合物减阻剂更优越的效果。

添加剂易于输送对表面活性剂减阻剂而言具有重要的优势，特别是对于使用最少的地面设备或可用的储罐体进行连续混合和泵送流体的井场作业。这在海上平台或偏远地区经常遇到。表面活性剂通常可以作为稳定的液体分散剂被带入井场，只需在水流中搅拌稀释，即可产生可用的流体添加剂。相比之下，聚合物通常需要多的时间、更多的搅拌混合的能量，甚至还可能需要的额外化学添加剂用于聚合物在分子水平上完全分散和水化。案例研究表明，简化井筒操作并避免流体预混过程可以成为支持表面活性剂减阻剂和胶凝剂的重要因素[25]。

13.2.4 大规模测量和放大关系

上一节介绍了促使在油田应用中采用和发展表面活性剂减阻剂的一些关键属性。然而，在这些应用中可靠地使用表面活性剂需要准确预测相关几何形状管道内的摩擦力、流量和流体性质。此外，盐度的影响对于使用采出井水或高密度盐水的过程可能也很重要。由于表面活性剂溶液流体经常用于颗粒输送及减阻，悬浮颗粒的影响也可能很重要。由于目前尚无普适的理论可从第一原理预测表面活性剂减阻效应，而且全尺寸的油田作业通常需求的管道尺寸和流体体积在实验室研究中难以实现，因此制订预测关系具有挑战性。以下各节介绍了一些已发表的工作，以在与油田作业相关的条件下量化和表征表面活性剂减阻，并制订更大管道尺寸的放大过程。对所有相关研究的全面描述不在本章讨论范围之内，但本章所呈现的例子代表了近期研究的努力。

13.2.4.1 管道直径的影响

对于在光滑管道中湍流流动的牛顿流体，摩擦系数是由雷诺数（Re）确定的唯一值，而与管道直径无关。然而，对于表面活性剂减阻剂流体和其他非牛顿流体，即使 Re 相同，摩擦系数和减阻效果也会随着管道直径的变化而变化。这种由直径造成的影响对于将基于小型管道的实验室减阻测量外推到现场操作规模的预测造成了重大挑战。

Gasljevic 和 Matthys[41] 提出了一个适用于光滑直管的简单尺寸放大方案。他们提出，可通过壁面剪应力来放大不同管道尺寸的压降预测。

在最近的一次尝试中，Kamel 和 Shah[40] 使用了 4 种表面活性剂流体在外径为 1.27cm 的管道中进行压降测量，以此将范宁摩擦系数与流体流动行为指标和广义雷诺数进行关联，以扩大表面活性剂减阻效果的适用范围。然而，该模型大大高估了同一种表面活性剂流体在三个较大直径管道（3.81cm、6.03cm 和 7.30cm）中流动的压力损耗，远大于可达到的湍流范围。管道直径的增加使得测得的摩擦系数显著低于其简单幂律相关性的预测值。

随后，研究人员提出，将流体弹性和黏性两个因素加入将有助于提高大尺寸预测的准确性。弹性效应的引入是通过将明确定义的德博拉数（Deborah number）纳入关联方程并从动态振荡流变中评估弛豫时间。所提出的相关性被证明能够相当好地预测使用单一表面活性剂流体和 4 种不同管道尺寸的实测摩擦系数。研究者指出，所提出的相关性是首次尝试将表面活性剂流体的流动行为放大到更大的管道尺寸，并建议开展其他表面活性剂流体的研究以推广这种方法。

在随后的研究中，Dosunmu 和 Shah[42] 对表征适用于油田应用的直管管道中不同直径和流量范围内的表面活性剂减阻进行了大量测试。所涉及到的管道直径范围为 1.27~6.2cm，流速范围包括层流到湍流条件。使用购买于 Akzo Nobel 公司的 Aromox APA-T（牛脂酰胺丙基胺氧化物）和 APA-TW（牛脂烷基酰胺丙基二甲基胺氧化物）表面活性剂与纯水或盐水混合制备黏弹性流体，其中表面活性剂浓度为 1.5%~5%。他们发现，对于给定的管道尺寸，减阻效果是表面活性剂浓度和广义雷诺数的函数。更高的表面活性剂浓度会导致最大减阻百分比增加，但只有在较高雷诺数的流体中才能实现，而低浓度表面活性剂的流体则不具备这种效果。

具有相同表面活性剂浓度但不同管道直径的测量再次表明,管道尺寸越大,减阻百分比越高,这与之前的研究结果一致。研究人员提出,在较大管道中,当等效雷诺数相同时,流体中的胶束有更多的时间被拉伸,并与流动中的湍流涡旋发生更大的相互作用[42]。研究人员还指出,管道粗糙度可能是总压降的一个重要因素,在湍流条件下必须考虑。因为黏性底层变薄和粗糙度突起可以影响流场,从而导致摩擦压力增加。

13.2.4.2 连续油管的影响

许多井筒作业或完井过程需要通过绕在中心轴上的连续油管道输送[25,43]。在这些连续油管道中,管径通常分布在 2.5~7.6cm,曲率比(管径除以卷绕半径)通常为 0.01~0.03。在连续油管内,离心力产生了由反向漩涡(也称为 Dean 漩涡)组成的二次流动,使得流场与直管完全不同,并增加了相当大的摩擦压力损失[44]。在这些管道中,有效减少阻力是有时为了实现所需的流量并保持可接受的泵压而必不可少的,表面活性剂减阻剂已用于许多现场应用实例中[43]。

为了更好地了解表面活性剂在大规模管道尺寸和弯曲连续油管中的减阻效果,Kamel 和 Shah[45]研究了表面活性剂流体通过几个直径为 1.27cm 的连续油管和一个 3.81cm 的连续油管。比较了 4% 的表面活性剂溶液通过具有相似管道曲率的连续油管的结果。对于上述两种连续油管,使用表面活性剂减阻剂测得的摩擦系数均低于已发表的聚合物流体在连续油管中的最大减阻渐近线数据。在相同雷诺数时,两种不同连续油管直径的摩擦系数数据不匹配,表明减阻效果对管径有很大的依赖性。这也说明了从小型实验室实验来预测全尺寸压降很困难。

基于连续油管中表面活性剂减阻的测量,Kamel 和 Shah[46]提出了表面活性剂流体在圆形连续油管中的最大减阻渐近线,其与曲率比具有特定的依赖关系:

$$f = A_1 Re_g^{B_1} \tag{13.5}$$

式中,Re_g 为广义雷诺数,f 为范宁摩擦系数。
其中

$$A_1 = -32200.42 \left(\frac{r}{R}\right)^3 + 1830.62 \left(\frac{r}{R}\right)^2 + 0.32 \tag{13.6}$$

$$B_1 = 7210.95 \left(\frac{r}{R}\right)^3 - 316.97 \left(\frac{r}{R}\right)^2 - 0.55 \tag{13.7}$$

式中,r 为连续油管的内半径,R 为连续油管卷筒的曲率半径。

Kamel 和 Shah 指出,在没有曲率的连续油管极限情况下,A_1 和 B_1 分别减小为 0.32 和 0.55,这与 Zakin 等公布的直管中表面活性剂流体的最大减阻渐近线一致[23]。

13.2.4.3 混合水盐度的影响

在很多油田作业中需要对盐水和盐混合的水进行增黏和减阻处理。在钻井和完井操作中,经常使用高密度盐水来应对静水压力。当使用从采出水循环用于后续操作时,会遇到含有各种盐混合物的高盐度水。对于这类流体的增黏和减阻需求促使了最近一系列对表面活性剂流体[47-49]中盐效应和表征盐水的减阻的研究。

在前面提到的 Dosunmu 和 Shah 的研究中[42],发现添加适度的盐对表面活性剂溶液的流变性能和减阻性能都产生了积极影响。他们比较了在淡水、质量分数2%的KCl溶液和2%的$CaCl_2$溶液中制备的质量分数5%表面活性剂的流体的减阻效果。他们认为减阻增加是因为盐促进了蠕虫状胶束的形成和增长。

对高密度盐水,尤其对是含有二价离子盐水的增稠需求,已引起了很多降低对盐敏感性的特定表面活性剂化学的研究。在一种方法中,Bulat 等[50]提出了一种两性表面活性剂,其头基上带有正负电荷,在增稠各种混合盐水方面具有优势。Jain 等[51]报道了在密度为 11 lb/gal ($1318kg/m^3$)的 $CaCl_2$ 盐水中直接测量两性表面活性剂减阻剂的摩擦压力。在大范围的湍流雷诺数范围内,所测得的表面活性剂流体的范宁摩擦系数明显低于 Virk 渐近线,并且与含有黄胞胶生物聚合物作为减阻剂的替代流体相比也毫不逊色。

13.2.4.4 替代几何形状或添加颗粒的影响

使用表面活性剂的油田作业操作中可能涉及非圆形几何形状管道和含有悬浮固体颗粒的流体。这些条件下的减阻效应研究较少,但已发表了一些实验研究结果。

Jain 等[33]测量了通过几种管道几何形状泵送的表面活性剂流体的摩擦压力,并将结果与常用于砾石充填作业中的两种聚合物减阻剂(羟乙基纤维素和黄胞胶)进行了比较。所用表面活性剂流体是含有 3.5% 或 5.5%(体积分数)两性离子表面活性剂的氯化钠溶液。在全尺寸(直径7.3cm)管道中的摩擦压力的比较显示,在湍流流动中,表面活性剂相对于聚合物具有更好的减阻效果,并且其摩擦系数明显低于 Virks 渐近线对聚合物流体的预测。当流体通过偏心环形和矩形截面管道进行泵送时,表面活性剂流体的优越减阻性依然能得以保持。最后,体积分数 5.5% 的表面活性剂流体用于悬浮碎砾石作为浆体进行泵送,并与同样的黄胞胶浆体进行了比较。尽管两种流体体系在添加固体颗粒后都显示出摩擦压力的增加,但表面活性剂流体在测试范围内表现出明显更好的减阻效果。

13.2.5 油田应用——总结与结论

各种油田作业受益于减阻剂的添加,这可以提高泵送能力或限制最大泵送压力。聚合物添加剂已经在几十年间得到了广泛应用,例如在阿拉斯加管道中的减阻效果是众所周知的。然而,在过去的 20 年里,表面活性剂减阻剂已被引入许多油田作业中,包括油井处理和至少一项生产管道作业。

表面活性剂减阻剂通常在适合形成蠕虫状胶束的浓度下形成黏弹性溶液。这些延伸的胶束被认为与流场中的湍流涡旋相互作用,从而降低湍流中的总能耗。在许多应用中,黏弹性表面活性剂(VES)流体是悬浮颗粒的载体流体。

与聚合物减阻剂相比,表面活性剂减阻剂具有多种优点和优势。与可能需要水合能量和时间的聚合物体系相比,表面活性剂可以更容易地分散和溶解以制备有用的流体。这种输送便利性对于因储罐空间和动力装置受限的远距离位置或海上位置尤为理想。最重要的是,表面活性剂减阻剂组装结构在经受高剪切后能够进行重构。这与聚合物溶液在剪切作用下发生不可逆降解有显著差异。此外,在同等流动条件下,VES流体最终可提供优于聚合物的减阻效果。通过比较两种添加剂的最大减阻渐近线可以看出二者的差异。

通过测量和相关性预测可以增强表面活性剂减阻剂的有效使用,相关性可以预测全尺寸管道尺寸以及其他几何形状(例如连续油管)、不同流体盐度和添加颗粒的减阻效果。从流体流变学角度理解表面活性剂减阻的尝试表明,流体弹性性能可能是一个重要的考虑因素。最近有人提出了表面活性剂流体在连续油管中流动的最大减阻渐近线。公开出版物表明人们正在努力发展适用于高密度盐水和各种盐度水的表面活性剂减阻剂。

13.3 供暖和制冷系统

通过添加表面活性剂减阻剂来减少湍流压力损失是降低封闭式供暖与制冷系统泵送功率的有效方法。

13.3.1 早期的现场试验

1984年,G. D. Rose等在密歇根米德兰进行了表面活性剂减阻剂在建筑供暖系统中的首次现场试验[52]。试验系统的容积为2900gal(约11m^3),所用溶液是初始浓度为0.2%(质量分数)的十六烷基三甲基氯化铵阳离子表面活性剂及其水杨酸钠抗衡离子溶液。在两个半月之内,该溶液被稀释了4倍,并且没有观察到减阻效果的下降。该溶液在高达约55℃的温度下显示出有效的减阻效果。总体减阻率约为17%,低于实验室流动实验的结果。这是由于弯头和阀门的压力损失所造成的,该损失占据了系统总压力损失的40%,而且这部分压力损失不会因为加入减阻剂而降低。研究估计,通过减小泵叶轮直径可节约10%的泵送能耗。

1993—1994年报道了3个欧洲区域供暖系统的现场试验。首次试验位于德国的福尔克林根(Volklingen)[53],试验中使用了一种非常有效的减阻表面活性剂(Dobon G),将其应用于区域供暖系统的一级管网。Dobon G是由Hoechst AG专门研制的一种表面活性剂,它含有n-烷基二甲基羟乙基铵3-羟基-2-萘酸盐(其中$n=20\sim22$),即将表面活性剂和抗衡离子结合在一个分子中。实现了将压降减少达到70%或将流量增加达到30%。板式换热器用在一级管网系统和二级管网系统之间传递热量。

另一种来自Hoechst的类似表面活性剂Habon G,在丹麦海宁的一个区域供暖系统的一级管网进行了试验[54]。Habon G的分子结构由十六烷基二甲基羟乙基铵-3-羟基-2-萘甲酸盐构成。当Habon G的使用浓度约为250mg/L时,压力即可降低约75%。试验中Habon G的最高浓度达到了1000mg/L,但其最佳使用浓度为460mg/L。

作为一种非常有效的表面活性剂减阻剂,Habon G还在捷克共和国Kladno - Krocehlavy的一栋12层公寓大楼(由五栋大楼和一些较小的大楼组成)的二级管网系统中进行了现场试验[55]。热源是附近的一座发电厂。三个离心泵为建筑物提供热水循环。二级加热管系统在达到饱和吸附之前吸附了大量的表面活性剂,因此最初没有观察到减阻现象。达到饱和后,当循环水中Habon G浓度为400~450mg/L时,观察到压力显著降低。三台泵中的一台被关闭,只需要两台泵即可支撑试验楼的热水输送。令人惊讶的是,这并没有观察到明显的热传递减少,这是由于换热器中的热壁和换热器金属壁上的水垢积聚已经对传热产生了较大的阻力。

尽管这些现场试验成功地展示了Hoechst产品的减阻效果,但由于环保原因,它们并未被批准用于商业用途。这些产品不易生物降解,人们担心如果减阻溶液泄漏或溢出进入湖泊或河流,可能会对鱼类产生有害影响。最终,Hoechst放弃了这些产品。阿克苏诺贝尔公司随后开发了一种用于海上输油管的两性离子表面活性剂减阻剂,其很容易生物降解[39]。

1998年和1999年[56-57]发表的报告中介绍了丹麦海宁的试验项目。该项目在5.6km长的加热系统中使用可生物降解的两性离子和非离子表面活性剂溶液。截至2012年仍在运行[58]，每年可节省高达1371MW·h的泵送能耗，并且每年从其他电力系统中额外节约2776MW·h。此外，每年还可减少3000t二氧化碳排放量[1]。

1996年，Matthys和Gasljevic在加州大学圣塔芭芭拉分校的单栋建筑制冷系统中试验了由阿克苏诺贝尔公司提供的阳离子表面活性剂减阻剂Ethoquad T13-50和水杨酸钠抗衡离子体系。使用后，泵送能耗减少了30%。然而，他们还观察到传热发生了明显的降低，减少了25%~30%，导致冷却机压缩机入口处的温度降低并增加了压力。这增加了冷却机的功耗。在后来的一项研究中[60]，他们在同一个系统中测试了浓度为2500mg/L阿克苏诺贝尔公司的非离子型可生物降解表面活性剂SPE 95285(两种非离子表面活性剂的混合物，其中一种是乙氧基化不饱和脂肪醇，主要是油醇；另一种是乙氧基化不饱和脂肪酸乙醇酰胺，其中脂肪酸的主要成分为油酸[41])。通过节流阀调控，人为地暂时剪切降解，几乎消除了热交换器中的传热降低，从而节省了12%泵送能量，而冷却机功耗仅增加了不到1%。

2007年，在中国青岛的供暖系统中对CTAC-水杨酸钠体系行了试验[61]。该试验将减阻剂加入总体积为70m^3的二级管网中，供暖面积为115000 m^2。试验中，流量增加了11.7%，如果将流量降低至原始流量，预计泵送能量需求将减少28.4%。但如果不持续添加表面活性剂，则无法维持减阻效果。这是由于系统温度(45~55℃)超出了CTAC的有效温度范围。

13.3.2 日本供暖和制冷系统的应用

1994年，周南地区产业促进中心与山口大学合作，在日本首次进行了表面活性剂减阻的商业化应用；该项目在山口县周南市的中央大楼安装了一个空调系统。

他们使用500mg/L的十六烷基三甲基氯化铵(CTAC, $C_{16}H_{33}N^+(CH_3)_3Cl^-$)和300mg/L水杨酸钠抗衡离子作为减阻剂。CTAC与水杨酸钠是一种已被很多研究人员进行了室内研究的减阻溶液。

这座两层楼的建筑总面积为2490m^2，系统的水容量为5m^3，温度范围为10~50℃。该项目在供暖操作期间减少了约30%的泵送能量。然而，该添加剂不适用于制冷操作，因为在低于7℃时溶液变得不溶解。此外，循环水中溶解的一些离子对该表面活性剂减阻有负面影响。

因此，经过进一步筛选试验，日本选择了油基双羟乙基甲基氯化铵($C_{18}H_{35}N^+(C_2H_4OH)_2CH_3Cl^-$)和油基三羟乙基乙基氯化铵($C_{18}H_{35}N^+(C_2H_4OH)_3Cl^-$)作为更合适的减阻表面活性剂[62-64]。它们是由位于东京的Lion-Akzo公司研制的，商品名分别是Ethoquad O/12和Ethoquad O/13。它们必须与抗衡离子结合使用，因此选择了与水杨酸钠共同使用。

随后，周南地区产业促进中心获得两项日本表面活性剂减阻基础专利，并支持了成立LSP合作联盟。该联盟与山口大学进行合作研究，开发了一种商业减阻剂产品LSP-01，其是Ethoquad O/12(质量分数10%)、水杨酸钠(质量分数6%)和缓蚀剂的混合物。LSP-01M含有钼酸钠(质量分数3%)缓蚀剂，而LSP-01A含有硝酸钠(质量分数12%)。两种配方还含有铜缓蚀剂。与此同时，大阪燃气公司使用Ethoquad O/13作为季铵阳离子表面活性剂的替代品，开发了另一种商业减阻剂产品"生态胶束"，该产品含有质量分数20%的Ethoquad O/13和12%的水杨酸钠。

自 1995 年以来,LSP-01 已在日本各地 200 多个场所的供暖、通风和空调(HVAC)系统中使用,包括办公楼、酒店、医院、超市、机场设施和工业工厂。其中大约 2/3 是制冷应用,其余的是供暖系统应用。大多数项目循环水所需的泵送功率减少了 20% 以上,一些空调系统节能高达 60%[65]。这些系统的水容量最多只有几十立方米。最近,LSP-01 减阻技术已在大都市地区水容量超过 100m³ 的摩天大楼暖通空调系统中进行了商业化应用。大阪燃气公司也在日本推广了使用"生态胶束"的减阻技术。该公司还在中国上海申请了三栋办公楼(总建筑面积分别为 11100m²、13800m² 和 15000m²);但具体细节尚未报道。下面描述了使用 LSP-01 的一些应用案例。

13.3.2.1 德山赛艇体育场行政大楼应用案例(自 1996 年起)

德山赛艇体育场是一座两层建筑,总建筑面积为 2000m²。图 13.2 为空调系统流程图,其水容量为 5m³。安装了一台 463kW 吸收式冷热水发生器作为热源。主泵参数为 1260L/min、40m、15kW。由于总管到空调的距离较长(数百米),采用减阻技术可以有效降低泵送能耗。添加 5000mg/L LSP-01 后,循环系统流量从 1241L/min 增加至 1360L/min(9.6%)。然后使用变频器降低泵的转速,使与流量添加 LSP-01 之前的流量相同,这将泵送能耗减少了近 20%。

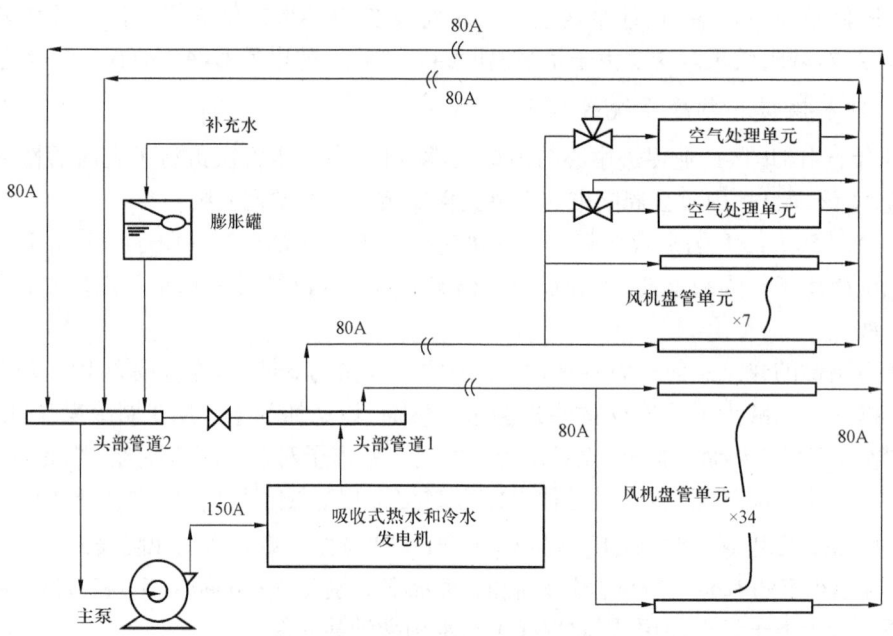

图 13.2 赛艇体育馆管理楼空调系统流程图

13.3.2.2 维伦纳北青山应用案例(自 1999 年起)

维伦纳北青山是位于东京青山的一个小型购物中心,包括两家餐厅、一些精品店和商业办公室。其空调系统配有两个 7.5kW 的泵和一个 2.2kW 的泵(图 13.3)。

随着 LSP-01 的添加,循环系统的流量增加,并且当完全关闭 2.2kW 泵时,流量可与之前相同。该操作无须安装变频器即可降低能耗。由于空调系统没有流量计,因此在管道注入减

图 13.3 瓦伦纳北青山购物中心的循环泵

阻剂时临时安装了便携式超声波流量计。此外,由于不知道系统的水容量,因此使用了便携式电导率计来监测添加剂的浓度。

13.3.2.3 太阳路商务酒店应用案例(1997 年起)

该酒店位于周南市,共有 10 层,总建筑面积为 7750m²(图 13.4)。

图 13.4 太阳路商务酒店

空调系统配备了一个 15kW 的主泵,没有变频系统。该项目使泵送能耗减少了 48%。营业费用列于表 13.1。

表 13.1 太阳路商务酒店成本与节省情况

项目	成本或节省
变频器及安装	8500 美元
减阻剂(LSP-01)	2500 美元
主泵功耗	19800 美元/a(添加 LSP-01 前) 10300 美元/a(添加 LSP-01 后)
LSP-01 补给	1500 美元/a
投资 11000 美元后运营成本降低	8000 美元/a

13.3.2.4 札幌市政厅应用案例(自 2007 年起)

该项目由日本国家先进工业科学技术研究所(AIST)团队主导。札幌市政厅位于日本北部,共有地上 19 层和地下 2 层。其热水循环系统包括一台 37kW 循环泵,水容量为 32m^3。该项目通过在水中添加浓度为 5000mg/L 的 LSP-01M(其中表面活性剂浓度为 500mg/L),成功地将泵的能耗降低了 65%。其工作温度范围为 17℃(制冷)至 45℃(供暖)。预计每年可节约 58000kW·h 电能,使电力支出降低 6300 美元。此外,根据 0.555kg/(kW·h) 的二氧化碳排放因子,该项目还能每年减少 32t 二氧化碳排放。该项目在日本的报纸和电视广泛报道,因此在整个国家享有盛誉。

13.3.2.5 东京摩天大楼应用案例(自 2011 年起)

2011 年,LSP-01 减阻技术在东京一座超高办公楼的空调系统中进行了商业化应用。该建筑(图 13.5)地上 23 层、地下 3 层,总建筑面积为 88000m^2。系统水容量为 140m^3。空调系统由表 13.2 中描述的三个系统组成。

图 13.5 东京摩天大楼

表 13.2　东京摩天大楼空调系统说明

系统	说明
低区系统	一级回路配有 14 个热泵；二级回路配有风机盘管和空气处理机组
中区系统	一级回路配有 6 个热泵；二级回路配有风机盘管和空气处理机组
高区系统	一级回路配有 15 个热泵、风机盘管和空气处理机组

每个系统都配备了封闭式制冷塔和板式换热器，用于将一级回路中的热量传递到二级回路。以下作为一个示例介绍了添加 LPS-01 之前低区的一级回路的定量信息。

在添加 LPS-01 之前，低区一级回路的平均流量、变频器频率设置和泵的电流分别为 $508m^3/h$、46 Hz 和 46 A。LSP-01M 以 3000mg/L（300mg/L 表面活性剂浓度）的浓度从泵排水管的分支管道注入。LSP-01M 的浓度对所有三个系统均相同，温度范围为 16~26℃（制冷）和 32~36℃（制热）。添加减阻剂可使流量增加至 $575m^3/h$，相当于流量增加了 13.1%。然后通过将变频器的频率降至 34Hz，将流量调整为前值（$508m^3/h$），假设电压和功率因数保持不变，最终使得较低主回路中实现了 31% 的能源节约。

表 13.3 显示了空调系统节能率的总体结果。节能率可能因管道特性、泵送功率、空调的日常运行时间等而异。LSP-01 的添加最终使该项目中的泵能耗减少了 15% 以上。

表 13.3　摩天大楼各环路的节能率评估

分区	回路	节能率/%
高区	一级回路	21
中区	一级回路	N/A
中区	二级回路	37
低区	一级回路	31
低区	二级回路	15

如上所述，对节能率进行了定量评估。几乎所有的减阻项目都将循环水所需泵送功率降低了 20% 以上；一些空调系统通过使用 LSP-01 节约了高达 50% 的能源[66]。节能的差异源于在添加减阻添加剂之前的直管段长度和泵设置的不同。表 13.4 显示了一些其他应用。

表 13.4　使用 LSP-01 的减阻项目

序号	设施	热源①	泵	运行时间/(h/a)	水容量/m^3	节能率/%
1	养老院	ACWGM (90RT) ×1	5.5kW×1, 1.5kW×2	8760	3	39
2	工厂1	ACWGM (360RT) ×2, Turbo (400RT) ×1	45kW×3	4380	25	21
3	工厂2	ACWGM (160RT) ×2	22kW×2	2100	10	27
4	百货商店1	ACWGM (450RT) ×2, Turbo (400RT) ×1	22kW×3	3850	30	33

续表

序号	设施	热源[①]	泵	运行时间/(h/a)	水容量/m³	节能率/%
5	百货商店2	ACWGM (400RT)×1, Turbo (315RT)×1	37kW×1	4420	7	29
6	百货商店3	ACWGM (600RT)×1, (150RT)×1	55kW×1 22kW×2 18.5kW×2	2640	15	54
7	百货商店4	ACWGM (550RT)×2, Turbo (600RT)×2	55kW×1 45kW×2 22kW×1	4900	90	25
8	酒店1	ACWGM (300RT)×3	22kW×2 18.5kW×2 11kW×1 7.5kW×1	8760	50	41
9	酒店2	ACWGM (100RT)×3	11kW×1 7.5kW×1	2000	15	48

① ACWGM—吸入式冷却水发电机；Turbo—涡轮式冰箱。

13.3.3 实际使用中的问题

13.3.3.1 引入表面活性剂减阻前后的传热特性

一些研究者指出，在减阻流动中也会同时发生传热降低[67-69]。Saeki 等[70]测量了两种商业减阻添加剂 Ethoquad O/12 和 Ethoquad O/13 在热操作期间的传热特性。基于在恒定热流条件下获得的结果，提出在适当的表面活性剂浓度时可以减少换热器内的传热降低。相反，由于大多数空调系统在制冷操作下是在恒定壁温条件下进行的，因此当发生传热降低时，制冷能力可能会降低。然而，令人惊讶的是，迄今在使用 LSP-01 的项目中，并未检测到传热方面的严重问题，其原因尚不清楚。

13.3.3.2 水质和添加剂浓度的管理

在引入减阻技术之前，分析目标系统的水质是很重要的。重要的因素包括金属成分的含量（尤其是锌离子）、正己烷的提取物的含量，以及是否存在红水（表明铁含量高）。如果水质不合适，必须更换，否则可能不得不取消引入减阻技术。检查缓蚀剂的使用历史也很重要，因为一些缓蚀剂含有表面活性剂成分，这通常会阻碍减阻表面活性剂的胶束形成。由于 LSP-01 和"生态胶束"都含有缓蚀剂，因此不需要额外使用其他缓蚀剂。

保持适当的减阻剂浓度也很重要。水泄露及其补充会降低减阻剂的浓度。此外，由于阳离子表面活性剂往往会选择性地吸附到管壁表面，因此表面活性剂与水杨酸钠的比率通常会降低。表面活性剂与水杨酸钠的比例对热传递特性的影响非常敏感，以至于在某些情况下可能会出现传热问题。在这些情况下使用 LSP-01，需要使用 LSP 的辅助添加剂（10% Ethoquad O/12 水溶液）以接近最佳浓度。

13.4 其他可能的应用

由于减阻剂对湍流结构的改变,减阻剂已被认为是一种可以有效减少湍流管道中的腐蚀的添加剂[71-73],这种减少腐蚀的现象被称为流动诱导的局部腐蚀(FILC)。减阻剂不仅降低了壁面的剪切应力,而且还降低了径向湍流强度和涡流的产生,湍流涡流对管壁的影响因此减小,进而减少了对管壁的机械损坏及腐蚀。

水射流可以用作切割材料、灭火和挖掘的工具,包括煤矿开采[74]。在喷射切割水流中添加减阻剂可以使水流更加连贯,穿透力更大[75-76]。在灭火过程中,添加减阻剂可以提供更远的射程、更高的精度和更高的水流流速[77]。在煤矿开采中,它们可以提高煤炭开采速率,或者增加有效的安全距离,可以使矿工从无法接近的危险地点远程开采煤炭[78]。

城市的强降雨会使下水道超载,由于这些下水道的设计并未考虑这些状况,因而会导致局部洪水。在下水道水位上升时,添加减阻聚合物或表面活性剂添加剂将增加下水道的径流速率并减少局部洪水[79-80]。

通过添加表面活性剂减阻剂,可以显著减少在管道中输送固体悬浮液所需的能量,以免吸附在固体表面上。Poreh 等[81-82]在有或没有减阻表面活性剂存在的情况下,在水中以体积比为20%的石英砂进行了管道输送的实验,并证明了这种应用的可行性。根据流量的不同,表面活性剂可将泵送能量要求降低最多达70%,并将临界封堵速率降低50%。

13.5 结论

在石油工业和循环供暖与制冷系统中,表面活性剂溶液的湍流减阻能力有许多应用。在这两个应用领域中,随着表面活性剂减阻效果的增加,泵送能耗需求的降低、泵送设备成本和尺寸的减小以及流速的增加都具有显著的优势。除此之外,表面活性剂减阻剂在一些其他有前景的应用已经被提出并开展了研究,但尚未普遍使用。

参 考 文 献

[1] F. Forrest and G. A. H. Grierson, Friction losses in cast iron pipe carrying paper stock, *Pap. Trade J.*, 1931, 92 (22), 39-41.

[2] K. Mysels, Flow of thickened fluids, *US Pat.* 2492173, December 27 1949.

[3] G. A. Agoston, W. H. Harte, H. C. Hottel, W. A. Klemm, K. Mysels, H. Pomeroy and J. Thompson, Flow of gasoline thickened by napalm, *Ind. Eng. Chem.*, 1954, 46(5), 1017-1019.

[4] B. A. Toms, Some observations on the flow of linear polymer solutions through straight tubes at large reynolds numbers, in *Proceedings of the 1st International Congress on Rheology*, 1948, vol. 2, pp. 135-141.

[5] J. G. Savins, Preface, in *Chemical Engineering Progress Symposium Series*, American Institute of Chemical Engineers, vol. 67, 1971.

[6] J. G. Savins, A stress-controlled drag-reduction phenomenon, *Rheol. Acta*, 1967, 6(4), 323-330.

[7] J. L. Zakin and J. L. Chiang, Non-ionic surfactants as drag reducing additives, *Nat. Phys. Sci.*, 1972, 239(89), 26-28.

[8] T. P. Elson and J. Garside, Drag reduction in aqueous cationic soap solutions, *J. Non-Newtonian Fluid Mech.*,

1983,12(2),121-133.

[9] J. Myska and Z. Chara, The effect of a zwitterionic and cationic surfactant in turbulent flows, *Exp. Fluids*, 2001, 30 (2), 229-236.

[10] E. D. Burger, W. R. Munk and H. A. Wahl, Flow increase in the trans alaska pipeline through use of a polymeric drag-reducing additive, *JPT, J. Pet. Technol.*, 1982, 34(02), 377-386.

[11] P. S. Virk, E. W. Merrill, H. S. Mickley, K. A. Smith and E. L. Mollo-Christensen, The Toms phenomenon: Turbulent pipe flow of dilute polymer solutions, *J. Fluid Mech.*, 1967, 30(02), 305.

[12] R. W. Paterson and F. H. Abernathy, Turbulent flow drag reduction and degradation with dilute polymer solutions, *J. Fluid Mech.*, 1970, 43(04), 689.

[13] J. F. S. Yu, J. L. Zakin and G. K. Patterson, Mechanical degradation of high molecular weight polymers in dilute solution, *J. Appl. Polym. Sci.*, 1979, 23(8), 2493-2512.

[14] S. Jouenne, J. Anfray, P. R. Cordelier, K. Mateen, D. Levitt, I. Souilem, P. Marchal, L. Choplin, J. Nesvik and T. E. Waldman, Degradation (or lack thereof) and drag reduction of HPAM during transport in pipelines, in *SPE EOR Conference at Oil and Gas West Asia*, Society of Petroleum Engineers (SPE), 2014.

[15] B. R. Elbing, M. J. Solomon, M. Perlin, D. R. Dowling and S. L. Ceccio, Flow-induced degradation of drag-reducing polymer solutions within a high-reynolds-number turbulent boundary layer, *J. Fluid Mech.*, 2011, 670, 337-364.

[16] B. R. Elbing, E. S. Winkel, M. J. Solomon and S. L. Ceccio, Degradation of homogeneous polymer solutions in high shear turbulent pipe flow, *Exp. Fluids*, 2009, 47(6), 1033-1044.

[17] P. M. McElfresh, W. R. Wood, C. F. Williams, S. N. Shah, N. Goel and Y. Zhou, A study of the friction pressure and proppant transport behavior of surfactant-based gels, in *SPE Annual Technical Conference and Exhibition*, Society of Petroleum Engineers (SPE), 2002.

[18] J. Myska and J. L. Zakin, Differences in the flow behaviors of polymeric and cationic surfactant drag-reducing additives, *Ind. Eng. Chem. Res.*, 1997, 36(12), 5483-5487.

[19] L. Xi and M. D. Graham, Dynamics on the laminar-turbulent boundary and the origin of the maximum drag reduction asymptote, *Phys. Rev. Lett.*, 2012, 108(2), 028301-1-028301-5.

[20] H. W. Bewersdorff and D. Ohlendorf, The behaviour of drag-reducing cationic surfactant solutions, *Colloid Polym. Sci.*, 1988, 266(10), 941-953.

[21] G. Aguilar, K. Gasljevic and E. F. Matthys, Asymptotes of maximum friction and heat transfer reductions for drag-reducing surfactant solutions, *Int. J. Heat Mass Transfer*, 2001, 44(15), 2835-2843.

[22] P. S. Virk, Drag reduction fundamentals, *AIChE J.*, 1975, 21(4), 625-656.

[23] J. L. Zakin, J. Myska and Z. Chara, New limiting drag reduction and velocity profile asymptotes for nonpolymeric additives systems, *AIChE J.*, 1996, 42(12), 3544-3546.

[24] P. Sullivan, E. B. Nelson, V. Anderson and T. Hughes, Oilfield appli-cations of giant micelles, in *Giant Micelles: Properties and Applications*, ed. R. Zana and E. W. Kaler, CRC Press, 2007, pp. 453-472.

[25] D. W. Spady, T. H. Udick and W. M. Zemlak, Enhancing production in multizone wells utilizing fracturing through coiled tubing, in *SPE Eastern Regional Conference and Exhibition*, Society of Petroleum Engineers (SPE), 1999.

[26] C. Fontana, E. Muruaga, D. R. Perez, G. D. Cavazzoli and A. Krenz, Successful application of a high temperature viscoelastic surfactant (VES) fracturing fluids under extreme conditions in patagonian wells, san jorge basin, in *EUROPEC/EAGE Conference and Exhibition*, Society of Petroleum Engineers (SPE), 2007.

[27] C. Kang and W. P. Jepson. Multiphase flow conditioning using drag-reducing agents, in *SPE Annual Technical*

Conference and Exhibition, Society of Petroleum Engineers (SPE), 1999.

[28] C. Kang and W. P. Jepson, Effect of drag – reducing agents in multiphase, oil/gas horizontal flow, in *SPE International Petroleum Conference and Exhibition in Mexico*, Society of Petroleum Engineers (SPE), 2000.

[29] I. Henaut, M. Darbouret, T. Palermo, P. Glenat and C. Hurtevent, Experimental methodology to evaluate DRAs: Effect of water content and waxes on their efficiency, in *SPE International Symposium on Oilfield Chemistry*, Society of Petroleum Engineers (SPE), 2009.

[30] K. M. Tucker and P. M. McElfresh, Could emulsified friction reducers prevent robust friction reduction? in *SPE International Symposium and Exhibition on Formation Damage Control*, Society of Petroleum Engineers (SPE), 2014.

[31] V. J. Pandey, T. Itibrout, L. S. Adams, T. L. Cowan and O. A. Bustos, Fracture stimulation utilizing a viscoelastic surfactant based system in the morrow sands in southeast New Mexico, in *International Symposium on Oilfield Chemistry*, Society of Petroleum Engineers (SPE), 2007.

[32] K. P. Joseph, K. Cawiezel and N. Wood, Case history: Overcoming the challenges of deepwater gravel packing by using viscoelastic fluids in wells with concentric – annulus completions, in *SPE Annual Technical Conference and Exhibition*, Society of Petroleum Engineers (SPE), 2010.

[33] S. Jain, B. R. Gadiyar, B. P. Stamm, C. Abad, M. Parlar and S. N. Shah, Friction pressure performance of commonly used viscous gravel – packing fluids, in *SPE Annual Technical Conference and Exhibition*, Society of Petroleum Engineers (SPE), 2010.

[34] S. Daniel, L. Morris, Y. Chen, M. E. Brady, B. R. Lungwitz, L. George, A. van Kranenburg, S. A. Ali, A. Twynam and M. Parlar, New visco – elastic surfactant formulations extend simultaneous gravel – packing and cake – cleanup technique to higher – pressure and higher – temperature hori – zontal open – hole completions: Laboratory development and a field case history from the North Sea, in *International Symposium and Exhibition on Formation Damage Control*, Society of Petroleum Engineers (SPE), 2002.

[35] S. Campbell, G. Kristvik Bye, L. Morris, D. Knox, C. Svoboda, K. Tresco, G. Hurst and M. Parlar, Polymer – free fluids: A case history of a gas reservoir development utilizing a high – density, viscous gravel – pack fluid and biopolymer – free reservoir drilling fluid, in *IADC/SPE Drilling Conference*, Society of Petroleum Engineers (SPE), 2002.

[36] K. S. Whaley, C. J. Price – Smith, A. J. Twynam and P. J. Jackson, Greater plutonio open hole gravel pack completions: Fluid design and field application, in *European Formation Damage Conference*, Society of Petroleum Engineers (SPE), 2007.

[37] P. H. Javora, G. D. Baccigalopi, J. R. Sanford, C. Cordeddu, Q. Qu, G. L. Poole and B. M. Franklin, Effective high – density wellbore cleaning fluids: Brine – based and solids – free, in *IADC/SPE Drilling Conference*, Society of Petroleum Engineers (SPE), 2006.

[38] R. Ravitz, L. Moore and C. F. Svoboda, VES an alternative to biopolymers in reservoir reservoir drill – in fluids, in *8th European Formation Damage Conference*, Society of Petroleum Engineers (SPE), 2009.

[39] E. Sletfjerding, A. Gladsø, S. Elsborg and H. Oskarsson, Boosting the heating capacity of oil – production bundles using drag – reducing surfactants, in *International Symposium on Oilfield Chemistry*, Society of Petroleum Engineers (SPE), 2003.

[40] A. H. A. Kamel and S. Shah, Investigation of the complex flow behaviour of surfactant – based fluids in straight tubing, *J. Can. Pet. Technol.*, 2010, 49(06), 13 – 20.

[41] K. Gasljevic, G. Aguilar and E. F. Matthys, On two distinct types of drag – reducing fluids, diameter scaling, and turbulent profiles, *J. Non – Newtonian Fluid Mech.*, 2001, 96(3), 405 – 425.

[42] I. T. Dosunmu and S. N. Shah, Turbulent flow behavior of surfactant solutions in straight pipes, *J. Pet. Sci. Eng.*, 2014, 124, 323 – 330.

[43] C. C. Lee, M. C. Darby and T. R. Popp, Effective thru tubing gravel pack methods in Attaka field, in *SPE Asia Pacific Improved Oil Recovery Conference*, Society of Petroleum Engineers (SPE), 2001.

[44] I. Azouz, S. N. Shah, P. S. Vinod and D. L. Lord, Experimental investi – gation of frictional pressure losses in coiled tubing, *SPE Prod. Facil.*, 1998, 13(02), 91 – 96.

[45] A. H. A. Kamel and S. N. Shah, Flow properties and drag – reduction characteristics of surfactant – based fluids (SBF) in large – scale coiled tubing, in *SPE/ICoTA Coiled Tubing and Well Intervention Conference and Exhibition*, Society of Petroleum Engineers (SPE), 2008.

[46] A. H. Kamel and S. N. Shah, Maximum drag reduction asymptote for surfactant – based fluids in circular coiled tubing, *J. Fluids Eng.*, 2013, 135(3), 031201.

[47] R. Van Zanten, Stabilizing viscoelastic surfactants in high density brines, in *SPE International Symposium on Oilfield Chemistry*, Society of Petroleum Engineers (SPE), 2011.

[48] R. Van Zanten and A. M. Ezzat, Advanced viscoelastic surfactant gels for high – density completion brines, in *SPE European Formation Damage Conference*, Society of Petroleum Engineers (SPE), 2011.

[49] M. R. Gurluk, G. Wang, H. A. Nasr – El – Din and J. B. Crews, The effect of different brine solutions on the viscosity of VES micelles, in *SPE European Formation Damage Conference & Exhibition*, Society of Petroleum Engineers (SPE), 2013.

[50] D. Bulat, Y. Chen, M. K. Graham, R. P. Marcinew, A. S. Adeogun, J. Sheng, and C. Abad, A faster cleanup, produced water – compatible fracturing fluid: Fluid designs and field case studies, in *SPE International Symposium and Exhibition on Formation Damage Control*, Society of Petroleum Engineers (SPE), 2008.

[51] S. Jain, B. Gadiyar, B. P. Stamm, C. Abad, M. Parlar and S. Shah, Friction pressure performance of commonly used viscous gravel – packing fluids, *SPE Drill. Completion*, 2011, 26(02), 227 – 237.

[52] G. D. Rose, K. L. Foster, V. L. Slocum and J. G. Lenhart, Drag reduction and heat transfer characteristics of viscoelastic surfactant formulations, in *Proceedings of the Third International Conference On Drag Reduction, Drag Reduction in Fluids Flow*, Paper D, 1984, vol. 6.

[53] M. Fankhanel, M. Icking, W. Althaus, A. Steiff and M. Weinspach, Application of drag reducing additives in district heating systems, *Dist. Heat. Int.*, 1990, 19(2), 117 – 134.

[54] F. Hammer, Smooth water for district heating, *Dist. Heat. Int.*, 1993, 22(4), 142 – 150.

[55] J. Pollert, J. Zakin, J. Myska and P. Kratochvil, Use of friction reduction additives in district heating system field test at kladno – krocehlavy, czech republic, *Proceedings International District Heating and Cooling Conference*, Seattle, 1994, vol. 85, p. 141.

[56] P. Laugesen, J. Elleriis, T. Østergaard, J. Busk and F. Hammer, Anvendelse Af Glat Vand: Konsekvenser for Økonomi, Energiministeriets Forskningsudvalg for Produktion og Fordeling af El og Varme, Denmark, 1998, EFP 96 – Journal nr. 1323/95 – 0011.

[57] Y. Kawaguchi, Turbulence suppression phenomenon caused by adding surfactant and its application, *Energy Conserv.*, 1999, 51, 18 – 24.

[58] F. – C. Li, B. Yu, J. – J. Wei and Y. Kawaguchi, *Turbulent Drag Reduction by Surfactant Additives*, Wiley, 2012.

[59] K. Gasljevic and E. F. Matthys, *Field Test of a Drag – reducing Surfactant Additive in a Hydronic Cooling System*, ASME, NEW YORK, NY, (USA), 1996, vol. 260.

[60] K. Gasljevic, K. Hoyer and E. F. Matthys, Field test of a drag – reducing sur – factant additive in the hydronic cooling system of a building – phase 2: Heat transfer control, *ASME Heat Transfer Div. Publ. HTD*, 1998, 361,

255 - 263.

[61] L. - F. Jiao, F. - C. Li, W. - T. Su, Z. - J. Yang, J. - J. Wei, B. Yu and Y. Wang, Experimental study on surfactant drag - reducer applying to some district heating system, *Energy Conserv. Technol.*, 2008, 3, 195 - 201.

[62] D. Ohlendorf, W. Interthal and H. Hoffmann, Surfactant systems for drag reduction: Physico - chemical properties and rheological behaviour, *Rheol. Acta*, 1986, 25(5), 468 - 486.

[63] L. C. Chou, R. N. Christensen and J. L. Zakin, The influence of chemical composition of quaternary ammonium salt cationic surfactants on their drag reducing effectiveness, *Proceedings of 4th International Conference on Drag Reduction, Davos, IAHR/AIRH*, Ellis Horwood Pub., 1989, pp. 141 - 148.

[64] H. Usui, H. Kariyama, T. Saeki, H. Sugawara and F. Wakui, Effect of surfactant molecular structure on turbulent drag reduction, *Kagaku Kogaku Ronbunshu*, 1998, 24(1), 134 - 137 (in Japanese).

[65] AIST (The National Institute of Advanced Industrial Science and Technology), *Energy Saving by Rinse Ingredient*, AIST Press, Tsukuba, Japan, 2008 (in Japanese).

[66] T. Saeki, K. Tokuhara, T. Matsumura and S. Yamamoto, Application of surfactant drag reduction for practical air conditioning systems, *Trans. Jpn. Soc. Mech. Eng. Ser. B*, 2002, 68(669), 1482 - 1488 (in Japanese).

[67] H. Usui and T. Saeki, Drag reduction and heat transfer reduction by cationic surfactants, *J. Chem. Eng. Jpn.*, 1993, 26(1), 103 - 106.

[68] A. Steiff, K. Klopper, and P. M. Weinspach, Influence of drag reducing additives in heat exchangers, in *Proceedings of 11th IHTC*, 1998, vol. 6, pp. 317 - 322.

[69] Y. Qi, Y. Kawaguchi, Z. Lin, M. Ewing, R. N. Christensen and J. L. Zakin, Enhanced heat transfer of drag reducing surfactant solutions with fluted tube - in - tube heat exchanger, *Int. J. Heat Mass Transfer*, 2001, 44(8), 1495 - 1505.

[70] T. Saeki, Y. Yoshida, N. Tanaka, S. Kobayashi and S. Shigemura, Drag reduction and heat transfer reduction of cationic surfactant solutions during the heating operation of an air conditioning system, *Kagaku Kogaku Ronbunshu*, 2013, 39(1), 1 - 8.

[71] G. H. Sedahmed, M. S. E. Abdo, H. A. Farag and S. G. Tantawy, The use of drag - reducing polymers as corrosion inhibitors in pipelines, *Surf. Technol.*, 1979, 9(5), 359 - 363.

[72] G. H. Sedahmed, The use of drag reducing polymers to combat diffusion controlled corrosion and erosion - corrosion in equipments operating under turbulent flow, *Trends Chem. Eng.*, 2005, 9, 65 - 72.

[73] L. Chaal, C. Deslouis, A. Pailleret and B. Saidani, On the mitigation of erosion - corrosion of copper by a drag - reducing cationic surfactant in turbulent flow conditions using a rotating cage, *Electrochim. Acta*, 2007, 52(27), 7786 - 7795.

[74] D. A. Summers, Water jet coal mining related to the mining environ - ment, in *Conference on Underground Mining Environment*, 1971.

[75] M. P. duPlessis and M. Hashish, High energy water jet cutting equations for wood, *J. Eng. Ind.*, 1978, 100(4), 452.

[76] N. C. Franz, Fluid additives for improving high velocity jet cutting, in *First International Symposium on Jet Cutting Technology*, 1972.

[77] P. F. Thorne, C. R. Theobald and P. Mahendran, Drag reduction in fire hose trials at fire service technical college 1974 part i experiments and results, *Fire Saf. Sci.*, 1975, 1033, 1.

[78] J. L. Zakin and D. A Summers, *The Effect of Viscoelastic Additives on Jet Structures*, 1976.

[79] R. H. J. Sellin, Polymer drag reduction in large pipes and sewers: Results of recent field trials, *J. Rheol.*, 1980, 24(5), 667.

[80] R. H. Forester, R. E. Larson, J. W. Hayden and J. M. Wetzel, Effects of polymer addition on friction in a 10 - in. - diam pipe, *J. Hydronaut.*, 1969, 3(1), 59 - 62.

[81] M. Poreh, J. L. Zakin, A. Brosh and M. Warshavsky, Drag reduction in hydraulic transport of solids, *J. Hydraul. Div.*, 1970, 96(4), 903 - 909.

[82] J. L. Zakin, M. Poreh, A. Brosh and M. Warshavsky, Exploratory study of friction reduction in slurry flows, in *Chemical Engineering Professional Symposium Series*, 1971, vol. 67, pp. 85 - 89.

第14章 简单及复杂结构中蠕虫状胶束溶液的过程流动

William Hartt, Lori Bacca, Emilio Tozzi

14.1 简介

表面活性剂在化学、石油和消费品行业中扮演重要角色,全球销售额达数十亿美元。其中一些表面活性剂被销售给石油和制造公司,这些公司在工业过程中使用表面活性剂。含有表面活性剂的产品也直接销售给消费者,作为个人护理产品和洗涤剂。通过审查上市消费品和化学公司的年度报告,可以估计表面活性剂的财务和经济影响。

关于表面活性剂的技术种类繁多,涉及清洁剂、清洁、个人护理、石油提取和采矿等应用[1-2]。表面活性剂溶液的处理包括混合、泵送、能量交换和装填容器等操作。这些操作为从事牛顿流体和尤其是非牛顿流体(如聚合物液体和液体中的颗粒悬浮液)的技术人员提出了工程挑战。蠕虫状胶束(WLMs)溶液则带来了额外的挑战。

溶解在溶液中的表面活性剂会聚集形成许多不同的结构和形态。蠕虫状胶束就是其中一种可能存在于胶束相或 L_1 相的聚集结构。蠕虫状胶束以其复杂的流变行为而闻名,包括黏弹性和剪切带现象[4-6]。蠕虫状胶束的迷人流变性质给技术人员带来了许多有趣的科学和工业挑战。

蠕虫状胶束溶液在黏度流动方面已被广泛研究[7-14]。而关于蠕虫状胶束流体的非黏度流动的研究则更为有限,包括流过圆柱阵列的流动、通过交叉槽设备的流动、收缩流动和多孔介质流动[15-18]。然而,关于在工艺设备和商业设备中蠕虫状胶束溶液流动的研究发表非常少。

蠕虫状胶束溶液给产品或工艺工程师带来的挑战主要是由于剪切带或应变局部化。在标准黏度几何结构中,如旋转圆锥—平板、平行平板以及更复杂的黏度流动几何结构(如毛细管)中,现已发现蠕虫状胶束溶液的流动会表现出剪切带。因此,仅凭借标准测量往往无法真正测量出黏度的剪切率依赖性。没有代表性的剪切率依赖性黏度,预测工艺设备或产品使用应用中的流动行为是不可能的。

在蠕虫状胶束流体的流动中,通过各种流动成像技术观察到剪切带和应变局部化[19-24],最常见的包括光学粒子成像测速、超声波测速和核磁共振(NMR)测速。这些成像方法已被用于成像蠕虫状胶束溶液中的稳态流动和剪切带的瞬态演化。在本研究中,我们使用 NMR 方法。

本章展示了蠕虫状胶束溶液流动的两个极端案例:第一个案例是管道中完全发展的层流。这是一种简单流动或复杂黏度流动,当泵送蠕虫状胶束溶液时会发生。已知这种类型的流动会发生剪切带[17]。尽管我们将其称为复杂黏度流动,但所有径向位置的剪切应力是已知的,且可以从流动成像中计算出剪切率。因此,我们可以将管流的测量与旋转流变测量进行比较。

第二个案例是在静态混合器中的流动,这是一种类似于多孔介质中的复杂曲折流动。由于缺乏长时间单向流动,在这种类型的流动中不太可能发生剪切带。用于与流变特性比较的是静态混合器流动的宏观模型。

本章的大纲如下:首先,描述了本研究中使用的材料和实验方法,包括开发的模型流体、它们相关的流变特性,以及用于流动成像的技术。接下来,讨论了管道流动实验的结果以及相关流动的成像。最后,呈现了静态混合器流动的实验结果,以及如何使用流变数据预测这些流动的宏观特征。

14.2 实验材料、性能和设备

14.2.1 材料

为了了解蠕虫状胶束溶液通过管道和静态混合器的流动行为,开发了一系列模型蠕虫状胶束溶液。这些溶液由含有不同数量乙氧基基团的十二烷基硫酸钠表面活性剂组成,具体为十二烷基硫酸钠-3乙氧基硫酸钠(AE_3S)和十二烷基硫酸钠(SLS)(或十二烷基硫酸钠,SDS),如图14.1所示。SDS的相图在图14.2中显示。这个相图展示了这类表面活性剂作为组成和温度函数的典型行为。对于水性SDS混合物,存在的相包括胶束(L_1)、六角形(H_1)、层状(L_α)和晶态(XTLS)。蠕虫状胶束不是一个独立的相,而是L_1相中胶束线状聚集体的形式。图14.2中展示了一个方框,代表本研究中使用的典型蠕虫状胶束区域。

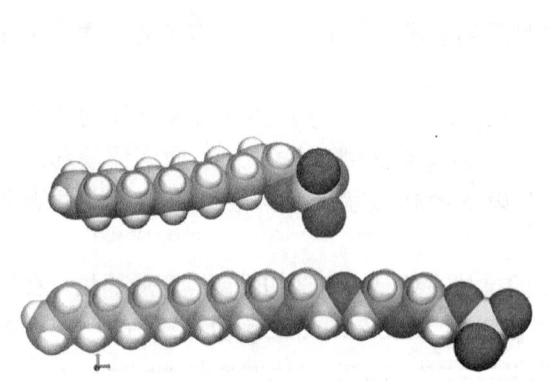

图14.1 本研究中使用的十二烷基硫酸钠(SLS)和十二烷基硫酸钠-3乙氧基硫酸钠(AE_3S)的分子结构

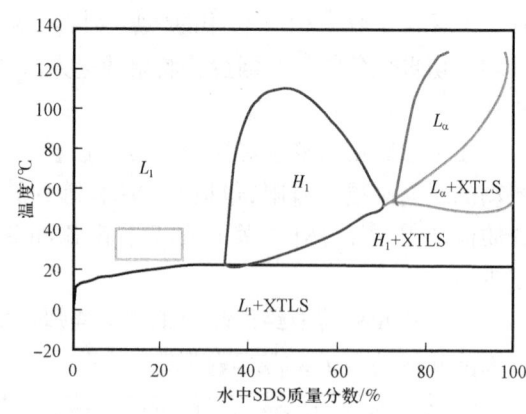

图14.2 十二烷基硫酸钠(SDS)相图
代表了SLS和AE_3S的相行为

电解质显著改变蠕虫胶束的聚集状态,而这些聚集变化大幅改变流变性质。图14.3展示了本研究中使用的表面活性剂混合物的著名"盐曲线"。这个曲线表明,零剪切黏度随着少量(几个百分点)氯化钠的添加而改变了近10000倍。在本研究中,选择了"盐曲线"上的4种不同成分作为模型流体:1.0%、1.9%、3.5%和5.8% NaCl。这4种模型流体的组成分别被标记为MF1—MF4。选择MF1是因为它简单且弛豫时间很短。选择MF2和MF4是因为它们的剪切黏度约为10Pa·s,这代表了一些消费产品。选择MF3是因为它处于"盐曲线"的峰值。图14.3中这些模型流体的符号形状和颜色在本章中一直使用。

14.2.2 流变性质

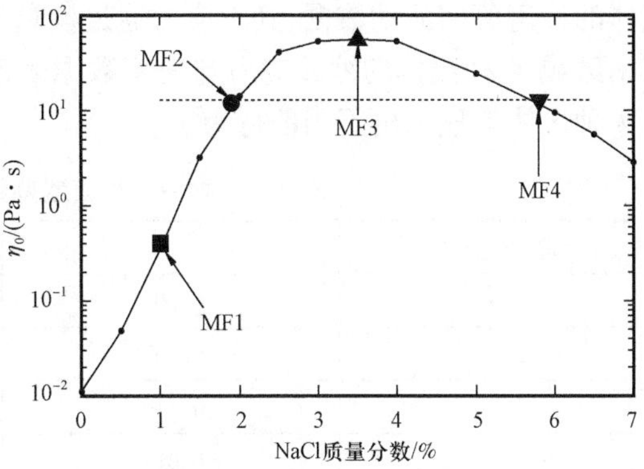

使用 TA Instruments 的 ARG2 控制应力旋转流变仪(位于美国特拉华州纽卡斯尔市),进行了黏度和线性黏弹性测量。这些测量包括小振幅振动剪切和稳态剪切流实验,包括稳定速率/频率扫描和稳态应力扫描。实验温度被控制在 22～25℃ 之间,以匹配在管道流和 Sulzer SMX 试验期间测得的环境温度。在这些测量中评估了两种不同的几何结构:标准同心圆筒(直径 28mm/长度 42mm)和带有溶剂捕集器的 40mm、2°锥盘—板几何结构。

图 14.3 在 22℃ 时本研究中使用的 SLS/AE_3S 混合物的零剪切黏度 η_0 与氯化钠浓度(按质量分数)的关系
MF1—MF4—4 种模型流体

为了确定弛豫时间(λ)和线性黏弹性模量(G_0),进行了振荡频率扫描。使用非线性回归,将单模 Maxwell 模型拟合到从频率扫描中获得的 G' 和 G'' 上。典型的数据集和使用的方程式如图 14.4 所示。对于 22℃ 下的流体 MF1—MF4,计算出的最佳拟合弛豫时间和模量显示在表 14.1 中。

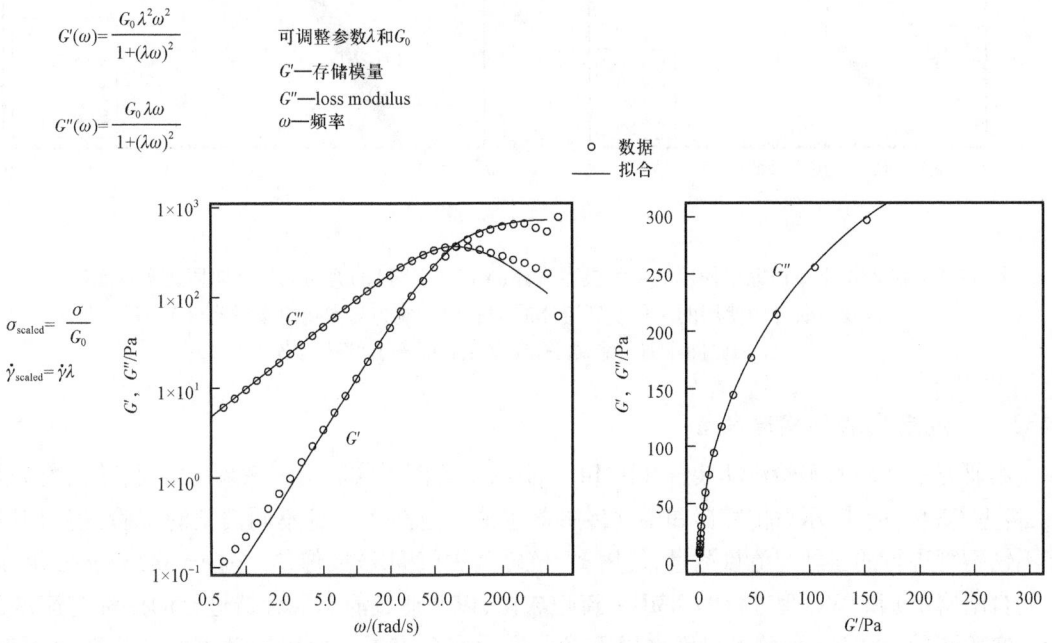

图 14.4 在 22℃ 下 MF2 的线性黏弹性特性测量和单模 Maxwell 模型拟合
数据如图所示,使用 Maxwell 模型的弛豫时间和模量进行缩放

在稳定流动条件下获得的剪切应力与剪切速率数据在图 14.5(a)中展示了 MF1—MF4 的结果。对于 MF1—MF3 的数据是通过稳定应力扫描实验获得的。而 MF4 流体在稳定应力实验中表现出极不稳定,因此改为展示了稳定速率控制下的数据。图 14.5(b)展示了所有模型

流体的稳定剪切流动数据,其中应力通过模量进行了缩放,剪切速率乘以弛豫时间。在低剪切速率区域,4种流体的缩放应力与速率数据表现出良好的一致性。然而,在应力平台区域,所有4种流体都显示出不同的行为。

表14.1 Maxwell模型参数(针对不同含量的氯化钠)

NaCl含量/%	λ/s	G_0/Pa	$\lambda G_0/(Pa \cdot s)$
1.0	0.002	150	0.30
1.9	0.061	430	75.0
3.5	0.150	500	75.0
5.8	0.015	720	10.8

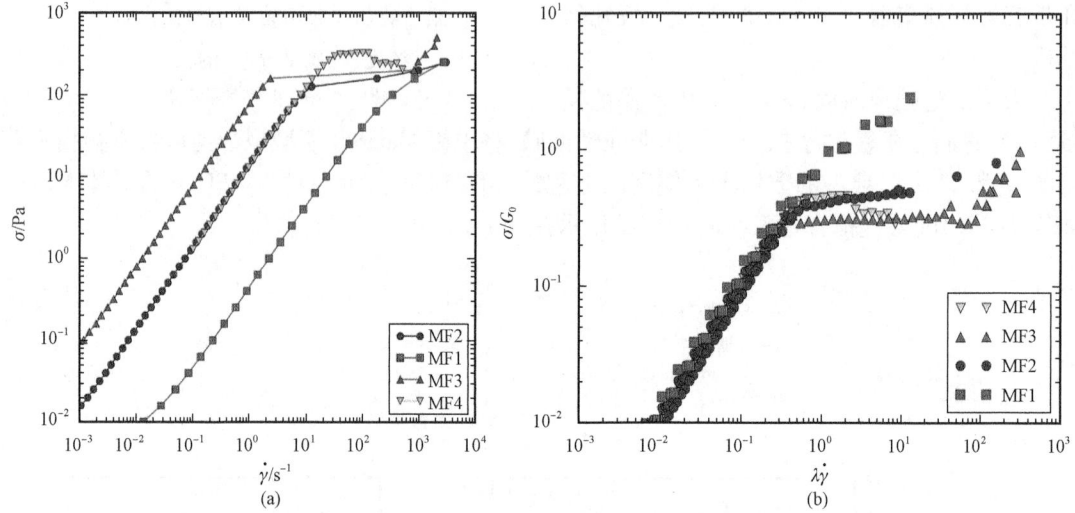

图14.5 在22℃下本研究中使用的4种模型流体(MF1—MF4)的剪切应力与剪切速率对比(a),以及本研究中使用的4种模型流体的缩放剪切应力与剪切速率对比(b)

应力通过模量进行缩放,剪切速率通过弛豫时间进行缩放

14.2.3 流动实验的实验装置

本研究中使用的实验流动装置在图14.6中以示意图形式展示。该系统由混合罐、渐进腔泵、科里奥利流量计、压力传感器和温度传感器组成。进行了3种不同类型的实验:使用卫生级不锈钢管进行的压降与流量测量,使用1T核磁共振(NMR)成像仪(Aspect Imaging公司,以色列肖哈姆市)和PVC管进行的NMR-流速成像,以及通过静态混合器进行的压降与流量实验。实验测量上游7m处的入口区域用于确保流动充分发展。使用的管道内径分别为0.5in(12.7mm)、0.75in(19.05mm)、1in(25.4mm)和1.5in(38.1mm)。还使用毛细管流变仪(Goettfert Rheograph公司,美国南卡罗来纳州洛克希尔市)进行了毛细管流变实验。使用的毛细管长100mm,半径为1.0mm。

就像在一些更传统形式的磁共振成像(MRI)中一样,通过使用脉冲梯度自旋回波(PGSE)脉冲序列来获取流动图像。一系列的90°和180°射频(RF)脉冲与施加的磁梯度相结合,引起质子核的激发。这种激发使质子核重新排列成垂直于流动方向的平面。在90°和180°脉冲之间的这些自旋松弛会释放出包含空间和速度信息的射频(RF)信号。这个信号被检测到,并通过傅里叶变换转换成速度剖面图像。牛顿型甘油和非牛顿型卡波尔溶液的速度图像示例显示在图14.7(a)中。图14.7(b)展示了从NMR图像中提取的定量速度与径向位置数据。

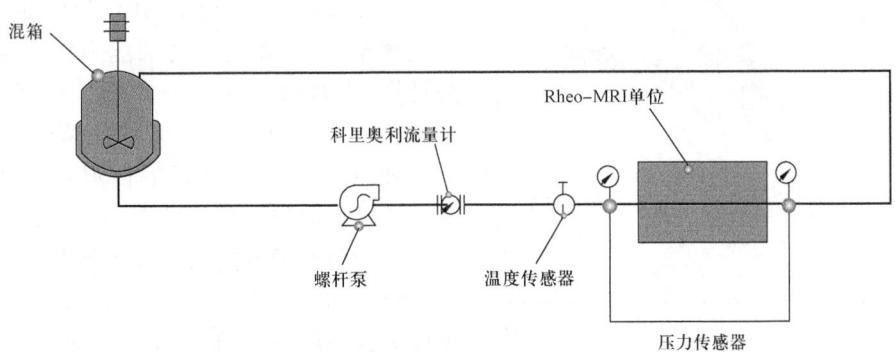

图14.6 用于NMR流速测量的流动装置示意图

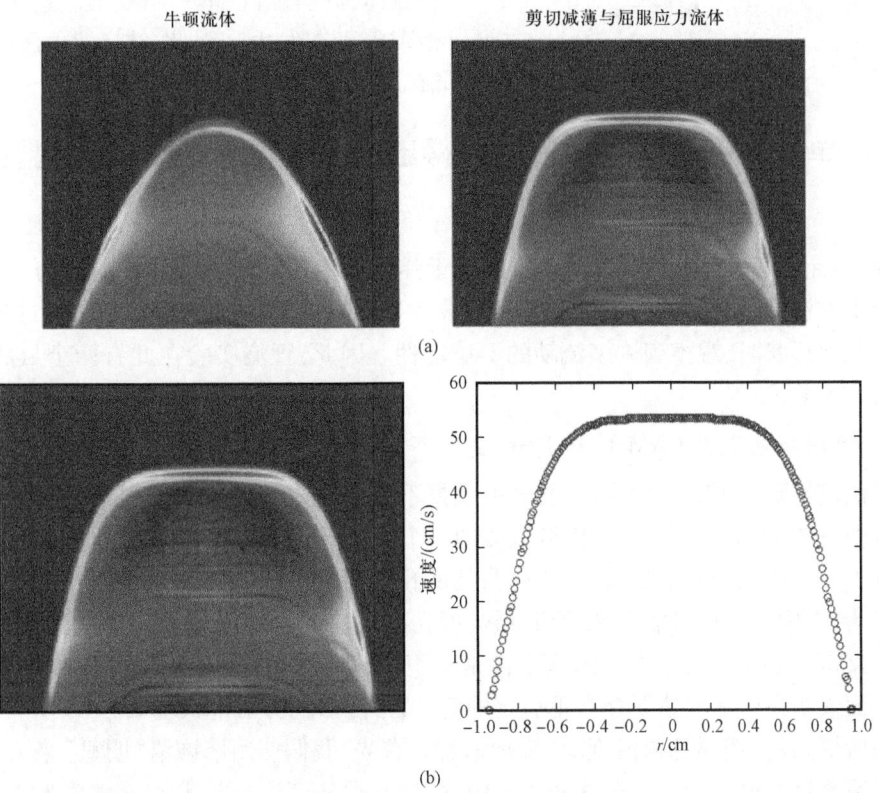

图14.7 使用NMR测量的甘油(牛顿流体)和0.2%卡波尔溶液(赫歇尔—布尔克利流体)的速度剖面图像(a)以及使用NMR测量的管内速度剖面图像和从图像中提取的定量速度(b)
所用流体为0.1%卡波尔溶液

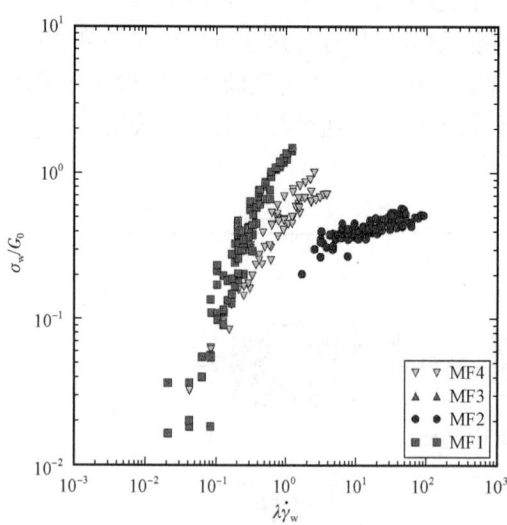

图 14.8 本研究中使用的模型流体在管流中的
缩放剪切应力与剪切速率对比
涵盖多种直径。应力通过模量进行缩放，
剪切速率通过弛豫时间进行缩放

从 NMR 得到的流动曲线是通过测量的速度图像和压力降计算得出的。该过程包括以下步骤：(1) 获得一个 MRI 速度图像；(2) 从图像中构建一个作为径向位置函数的速度剖面，即 $v = v(r)$；(3) 通过对速度剖面求导，得到一组剪切速率 $\dot{\gamma}(\gamma)$。相应的剪切应力作为半径的函数计算，为 $t(r) = -(\Delta p r)/(2L_p)$，其中 $\Delta p/L_p$ 是单位长度 (L_p 为管道长度) 的压降。

图 14.8 展示了模型流体 MF1、MF2 和 MF4 的壁剪切应力与计算的壁剪切速率数据。这些测量是使用直径不同的管道进行的。由于泵送模型流体 MF3 产生的压力过高，无法进行测量。壁应力通过模量标准化，计算的壁剪切速率乘以弛豫时间以缩放数据。这些数据对于任何一种流体都没有落在单一曲线上。这表明还有其他现象正在发生。因此，进一步的研究是通过流动成像进行的。

14.3 简单流动——基于速度剖面得出的黏度与旋转黏度计测量结果的比较

管道（或毛细管）流动实验被用来获得易于弹性不稳定性的复杂流体的高剪切率黏度数据。管道中的流动也是制造过程中的常见部分。当使用旋转黏度测量几何形状，如圆锥—板或杯—棒几何形状时，观察到许多流动的不稳定性。因此，管流实验在此有两个目的：流变学测量和验证实验。

14.3.1 使用核磁共振（NMR）进行速度分布成像

为了确定导致图 14.8 中的应力与速率数据不会坍缩成单一曲线的现象，使用 NMR 进行了流动成像。图 14.9 显示了每种模型流体的多个流速下获得的 NMR 速度剖面。MF1 的速度剖面呈现出经典的抛物线形状，符合牛顿流体的预期行为。MF2 的速度剖面在低流速下显示出牛顿行为，在中等流速可能出现剪切带状，而在高流速时可能出现剪切带状和明显的壁滑。MF3 的速度剖面在所有可获得的图像中都是平坦的，表明明显的壁滑现象主导了流动。MF4 的速度剖面表明在中等流速下存在不稳定的流动，可能出现剪切带状现象。

我们所提到的"明显的壁滑现象"需要解释。首先，我们使用修饰语"明显"来表示我们没有证据表明流体在壁上滑动。在这些实验中，核磁共振速度测量技术的分辨率为 $300\mu m$。在我们所称的明显滑动层中可能存在一个非常薄的流动液体区域。最近一项使用颗粒成像测速法来测量 MF3 流动行为的研究发现，明显的滑动层厚度小于 $2\mu m$[27]。

剪切应力和剪切速率作为径向位置的函数可以根据从速度图像中获得的实验数据计算。应力是根据第一原理计算的，与使用的任何流变学模型无关[20,28]。剪切应力作为径向位置的

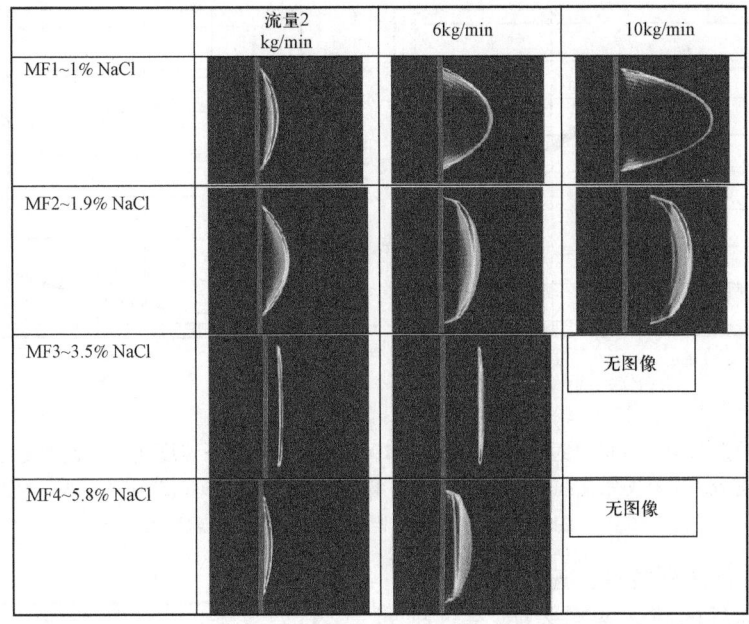

图 14.9　模型流体 MF1—MF4 在三种不同流速下的速度剖面图像

红线对应于零速度。流动方向是从左到右。图像中从红线到最大颜色强度的距离代表速度

函数的方程式如下:

$$\sigma(r) = \frac{r}{2}\frac{\Delta p}{L} \tag{14.1}$$

式中,r 为径向位置,$\Delta p/L$ 为单位长度的压力降,σ 为剪切应力。剪切率作为径向位置的函数需要计算从 NMR 成像获得的径向位置与速度的导数,其表示如下:

$$\dot{\gamma} = \frac{\mathrm{d}v_z(r)}{\mathrm{d}r} \tag{14.2}$$

式中,v_z 为流动方向上的速度。为了使用式(14.2)计算剪切速率,必须计算实验数据的导数。对于这个研究,我们使用平滑样条和功能数据分析算法来进行计算[29-30]。

我们更详细地研究了在 MF2 流体的流量为 10kg/min(或 $Wi > 1$)时的速度分布。图 14.10 中流体 MF2 的速度分布有两个显著特点。首先,在 1.12cm 的径向位置,我们观察到速度分布的斜率发生了突然变化。当计算该径向位置处速度分布的导数时,我们放宽了平滑样条的连续性约束,以使一阶导数不需要连续。速度分布或剪切速率的斜率的不连续在图 14.10 中很容易观察到。

式(14.1)和式(14.2)用于计算流体 MF2 在图 14.10 中显示的所有径向位置的剪切应力和剪切速率,这些数据来自 NMR 速度测量。从 NMR 速度测量得到的应力与速率在图 14.11 中与其他方法得到的流变学数据一起显示。使用旋转流变仪测量的应力与速率数据与 NMR 速度测量数据吻合良好。我们还展示了使用毛细管流变仪得到的应力与速率数据。从图 14.11 中可以明显看出,图 14.10 中显示的速度分布并不表现出典型的剪切带状行为,该行

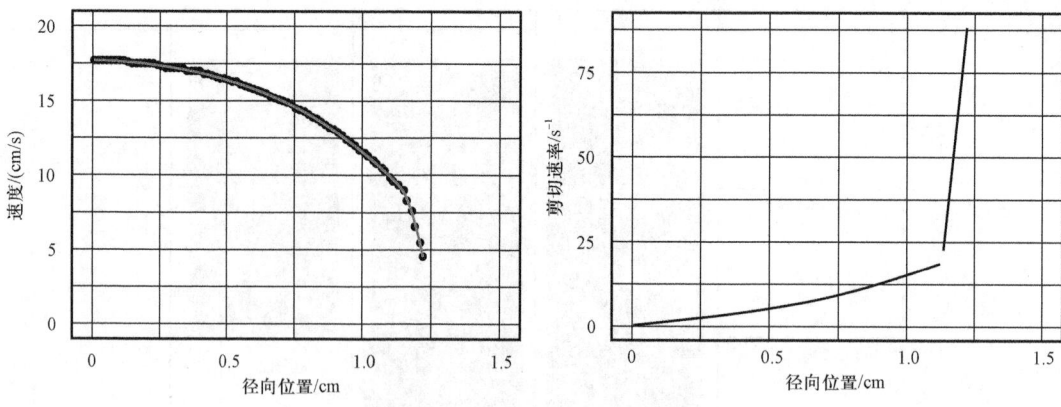

图 14.10　在直径为 1.506cm 的管道中流体 MF2 在 10kg/min 的流量下速度与剪切速率随径向位置的变化
图中的符号代表实验数据，实线蓝线是使用平滑样条对数据进行的非参数模型拟合。表示剪切速率的
实线黑线是对速度分布的非参数模型拟合的一阶导数

为通常可以用杠杆法则解释。速度分布中存在于应力平台区域的剪切速率表明，在这种由压力驱动的流动中存在三个流动区域。低剪切速率分支由从中心到 1.12cm 的径向位置处的速度分布表示。高度剪切稀释区域存在于从 1.12cm 到内壁的径向位置。最后，在内壁附近存在一个明显的滑动区域，可能代表高剪切率分支。

14.3.2　滑移测量和模型

历史上，作为壁面剪切应力函数的明显滑动速度的测量非常耗时，通常使用 Mooney 曲线图[25]。进行了旋转或毛细管流变测量，涉及多个不同的间隙或毛细管直径。然后，通过外推过程，可以计算出滑动速度。使用核磁共振速度测量，可以直接测量靠近壁面的速度。图 14.12 中以示意图形式展示了在库埃特流中表现出明显壁滑的流体的影响。

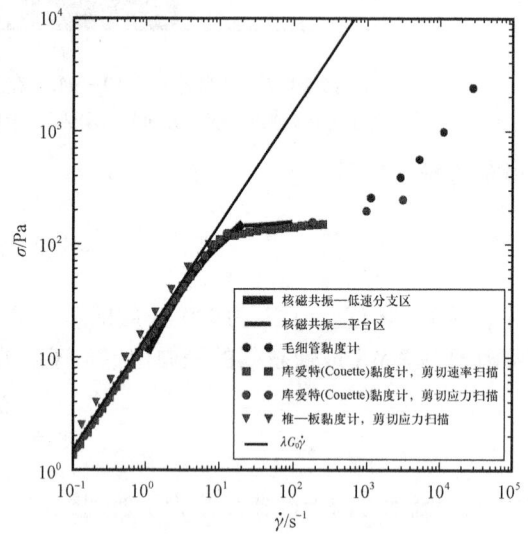

图 14.11　流体 MF2(1.9%氯化钠)的
剪切应力与剪切速率关系图
通过核磁共振速度测量、毛细管流变测量以及锥盘—板
和同心圆筒几何形状的旋转流变测量获得

图 14.13 显示了流体 MF2 的滑动速度与壁面应力的测量数据。显示了使用 4 种不同管道直径获得的数据。通过在多个不同流速和管道直径下测量滑动速度，可以确定一个关于壁面应力(从压力降计算而得)的滑动速度的经验模型。还使用式(14.3)和式(14.4)对数据进行了模型拟合。用于表示壁面滑动的模型是：

$$v_s = \left(\frac{\tau_w - \tau_c}{K_s}\right)^{\frac{1}{n_s}}, \tau_w > \tau_c \tag{14.3}$$

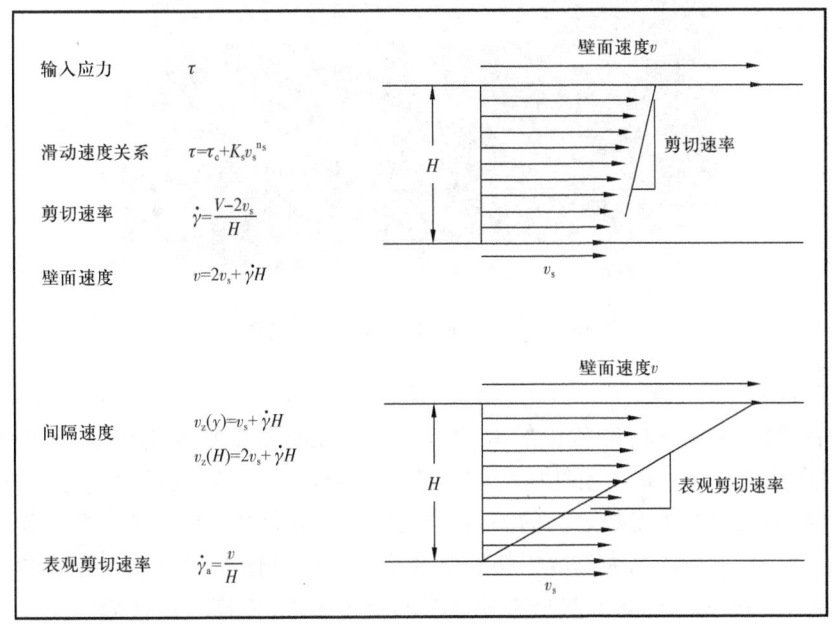

图 14.12　明显的壁滑对计算的平行板之间的牵引流剪切率的显著影响

$$\tau_w = \tau_c + K_s v_s^{n_s} \quad (14.4)$$

式中，K_s，n_s 和 τ_c 为可调参数。通过使用非线性最小二乘法，可以获得最佳拟合的模型参数。壁面滑动模型可以用于直管流动的流体流动模型中。

14.4　复杂流动——静态混合器流动模型

静态混合器在工艺行业以及消费品、饮料和聚合物材料的混合中常用。静态混合器也被用来测量在线流变性质[26,31-32]。SMX 混合器在涉及复杂液体和层流的工艺行业中非常普遍[33]。SMX 混合器中的流动非常曲折，可以被看作是理想化的多孔介质流动。这里测

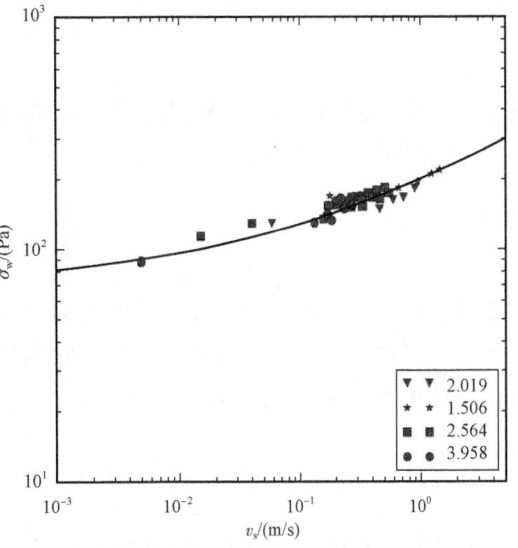

图 14.13　使用 4 种管道直径获得的流体 MF2 的滑动速度与壁面应力的测量数据

试的假设是，在曲折流动中，如多孔介质中，不存在剪切带结构。

这里我们介绍了一种常用于静态混合器流动的模型，以及 4 种模型流体在通过静态混合器时的压降与流量之间的实验结果。所使用的静态混合器是一种 Sulzer SMX 混合器，如图 14.14 所示。模型的预测利用了一个包括黏度与剪切速率关系的黏度函数。通过比较实验数据和模型预测，可以评估我们目前的理解水平。

图 14.14 一个典型的 SMX 静态混合器

14.4.1 静态混合器模型

对于牛顿流体,复杂几何形状中的流动行为通常以摩阻系数与雷诺数(Re)的关系来表示[28]。摩阻系数可以看作是由惯性应力归一化的压力降。雷诺数是惯性应力与黏性应力的比率。因此,摩阻系数与雷诺数之间的关系,与几何尺度和材料性质无关。非牛顿流体在摩阻系数曲线方面提出了挑战,因为黏度依赖于应变率。将非牛顿性行为纳入考虑的常见方法是使用有效黏度。Metzner – Otto 方法是这种方法的一个示例,应用于搅拌罐[34-35],同时也应用于静态混合器[33]。

用于建模静态混合器中非牛顿流体流动的常见方法始于摩阻系数方程,有:

$$\Delta p = 2f_D \rho U^2 \frac{L}{D} \quad (14.5)$$

式中,f_D 为达西摩阻系数,ρ 为密度,U 为表观速度,L 为长度,D 为直径。用于经验性地建模静态混合器摩阻系数的通用方程式是:

$$\frac{f_D}{2} = \frac{K_L}{Re_D} + K_T \quad (14.6)$$

式中,K_L 和 K_T 为已测得的常数。下标 L 表示层流流动,T 表示湍流流动。在这个研究中使用的 K_L 值为 1200,而使用的 K_T 值为 64,直接引用自参考文献[36]。由于流动是层流的,所以在这里不使用 K_T。在参考文献[36]中使用的雷诺数是:

$$Re_D = \frac{\rho U D}{\eta(\dot{\gamma}_{mixer})} \quad (14.7)$$

黏度(η)是根据混合器的应变率计算的,这个应变率是使用 Metzner – Otto 类型的方法计算得出的:

$$\dot{\gamma}_{mixer} = K_G \frac{U}{D} \quad (14.8)$$

式中,K_G 为特定于静态混合器设计的。原则上,可以使用实验或计算流体力学(CFD)模拟来计算任何静态混合器的 K_G 值,其类似于搅拌罐的 Metzner – Otto 常数。请注意,在式(14.7)的分母中的黏度可以是剪切速率的任何函数,例如幂律、Herschel – Bulkley 或 Carreau 模型。

14.4.2 黏度模型与实验数据拟合

为了使用由式(14.5)至式(14.8)所表示的静态混合器流动模型,需要一个黏度函数。黏度函数在数学上表示了黏度与应变率之间的依赖关系。在这个研究中使用的黏度模型是 Carreau 模型,可以写成如下形式:

$$\frac{\eta - \eta_\infty}{\eta_0 - \eta_\infty} = [1 + (\lambda \dot{\gamma})^a]^{\frac{n-1}{a}} \tag{14.9}$$

在这里有 5 个可调参数(表 14.2)。这些参数通过非线性回归来调整,以将黏度模型与实验测得的数据拟合在一起[26]。我们将该模型拟合到稳态剪切流黏度和动态振荡复杂黏度,如图 14.15 所示。最佳拟合参数见表 14.2 和表 14.3。如预期的那样,在低剪切速率下,稳态流动和振荡流动的行为几乎相同,因此 η_0 和 λ 几乎相同。然而,在剪切变稀开始后的高速率下,稳态黏度和复杂黏度开始分离。因此,在这种情况下,Cox-Merz 规则不成立,或者对于一般剪切带的蠕虫胶束溶液也不成立[37]。稳态黏度测量不应被解释为由于存在剪切带或表观壁滑而导致的真正黏度。复杂黏度可能是不容易出现带状流动的代表性有效黏度,比如在静态混合器中的流动。

表 14.2 稳态剪切黏度的 Carreau 黏度模型参数

参数	值	描述	单位
η_0	8.5	零剪切黏度	Pa·s
λ	0.055	时间常量	s
a	2.4	曲率	—
n	0.012	剪切变稀指数	—
η_∞	0	高黏度	Pa·s

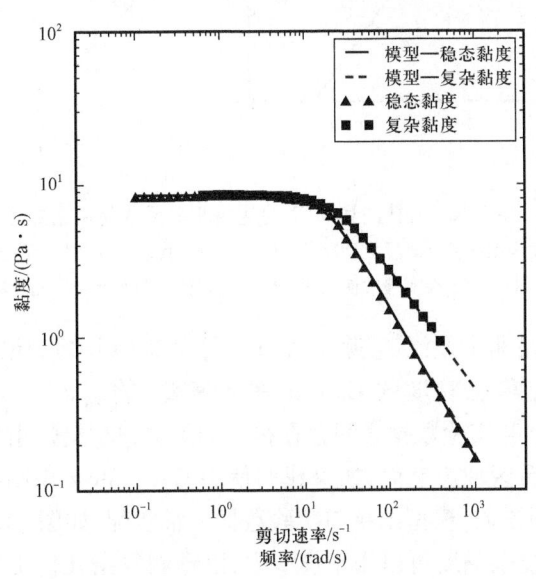

图 14.15 液体 MF2 的稳态剪切黏度和振荡复杂黏度与剪切速率和频率的关系
图中的符号代表在 22℃ 下的实验数据,而曲线则是 Carreau 模型的拟合

表 14.3 振荡复杂黏度的 Carreau 黏度模型参数

参数	值	描述	单位
η_0	8.5	零剪切黏度	Pa·s
λ	0.042	时间常量	s
a	2.1	曲率	—
n	0.22	剪切变稀指数	—
η_∞	0	高黏度	Pa·s

14.4.3 静态混合器模型与实验数据的比较

这里展示了牛顿流体的实验和模型流动行为的比较,以进行验证。式(14.6)至式(14.8)被用于生成模型结果。图 14.16 显示了甘油的实验和模型中的达西摩阻系数与雷诺数的关系。模型预测与实验测量的一致性对于牛顿流体是可以预期的,这验证了我们的实验设备和方法。

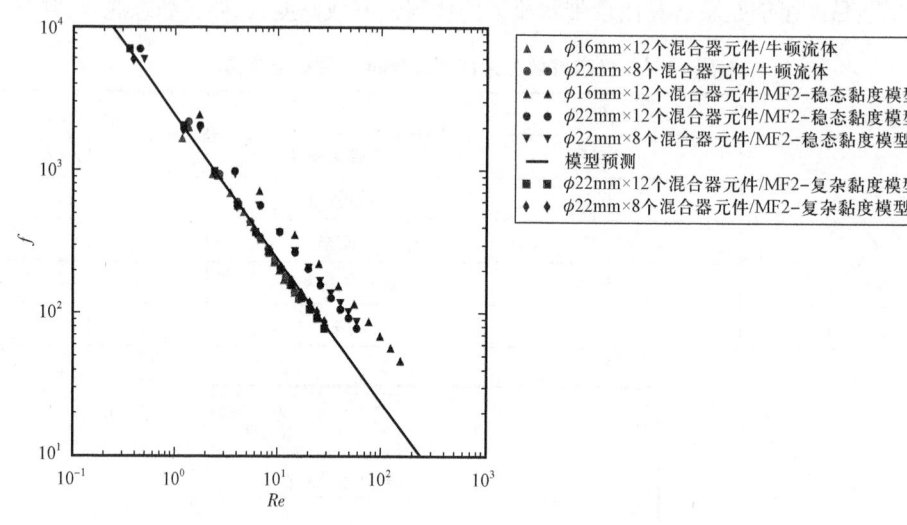

图 14.16 在 22℃下,甘油和 MF2 的达西摩阻系数与雷诺数之间的关系
同时使用稳态黏度模型和复杂黏度模型比较。图中的符号代表实验数据,而线条表示模型预测。
图例中显示了在实验中使用的不同管道直径和静态混合器元件数量

由于蠕虫胶束流体是非牛顿流体,除了式(14.6)至式(14.8),还需要使用式(14.9)来进行模型预测。使用适应稳态黏度的 Carreau 黏度模型,将 f_D 与 Re_D 的模型拟合也显示在图 14.16 中。观察到模型和实验数据之间存在很大的差异,这是预期的,因为混合器的应变率处于流动曲线的应力平台区域。然而,如果我们使用 Cox-Merz 规则和根据复杂黏度与频率拟合的 Carreau 黏度模型参数,模型结果与实验数据非常匹配,如图 14.16 所示。

我们在这里展示了复杂黏度可以用于模型中,以预测复杂几何形状中蠕虫胶束溶液的流动行为。得出的结论是,这是因为使用 Cox-Merz 规则将复杂黏度转换为有效黏度对于我们所使用的蠕虫胶束溶液有效。这使得在不必物理建造原型的情况下进行设计和预测成为可能。相反的情况也很有用。与测量复杂黏度并预测流动行为不同,人们可以使用模型来测量与复杂黏度相匹配的有效黏度。

14.5 结论

从这项工作中得出两个主要结论:首先,使用表观壁滑移速度测量和模型的方法增强了我们分析层流管流中压降与流量关系的能力,特别是针对所研究的蠕虫胶束系统。我们观察到,当考虑表观壁滑现象时,从 NMR 流速测量得出的剪切应力与剪切速率与旋转剪切应力与剪切速率数据吻合得很好。其次,当使用复杂黏度作为有效黏度时,静态混合器中的流动可以得到很好的建模。这一结论表明,复杂黏度函数是一种在复杂几何形状流动建模中使用的有用有效黏度,尤其是在不太可能发生剪切带现象的情况下。我们将这两种流动视为极限情况。层流管流是稳定的单向流动,而静态混合器流动是曲折的流动。未来有趣的工作将是中间情况,其中必须知道并建模带和滑移发展所需的时间。

参 考 文 献

[1] *Surfactants in Personal Care Products and Decorative Cosmetics*, ed. L. D. Rhein, A. M. O'Lenick Schlossman and P. Somasundaren, CRC Press, 3rd edn, 2006.

[2] L. L. Schramm, *Surfactants*: *Fundamentals and Applications in the Petroleum Industry*, Cambridge University Press, Reissue edn, 2010.

[3] R. G. Laughlin, *The Aqueous Phase Behavior of Surfactants*, Academic Press, 1996.

[4] R. G. Larson, *The Structure and Rheology of Complex Fluids*, Oxford University Press, 1999.

[5] H. Rehage and H. Hoffman, *Mol. Phys.*, 1991, 74, 933.

[6] L. Walker, Curr. Opin. *Colloid Interface Sci.*, 2001, 6, 451.

[7] M. A. Fardin, T. Divoux, M. A. Guedeau-Boudeville, I. Bruchet-Maulien, J. Browaeys, G. McKinley, S. Manneville and S. Lerouge, *Soft Matter*, 2012, 8, 2535.

[8] S. M. Fielding, *Phys. Rev. Lett.*, 2013, 110, 086001.

[9] L. Casanellas, C. J. Dimitriou, T. J. Ober and G. H. McKinley, *J. Non-Newtonian Fluid Mech.*, 2015, 22, 171.

[10] B. Yesilata, C. Clasen and G. H. McKinley, *J. Non-Newtonian Fluid Mech.*, 2006, 133.

[11] H. Hu, R. Larson and J. Magda, *J. Rheol.*, 2002, 46, 1001.

[12] F. Bautista, J. F. A. Soltero, J. H. Perez-Lopez, J. E. Puig and O. Manero, *J. Non-Newtonian Fluid Mech.*, 2000, 94, 57-66.

[13] R. L. Moorcroft and S. M. Fielding, *J. Rheol.*, 2014, 58, 103.

[14] L. Zhou, P. Cook and G. McKinley, *SIAM J. Appl. Math.*, 2012, 72, 1192.

[15] S. Hernandez-Acosta, A. Gonzalez-Alvarez, O. Manero, A. F. M. Sanchez, J. Perez-Gonzalez and L. de Vargas, *J. Non-Newtonian Fluid Mech.*, 1999, 85, 229-247.

[16] M. Cromer, P. Cook and G. McKinley, *J. Non-Newtonian Fluid Mech.*, 2010, 166, 180.

[17] R. W. Mair and P. T. Callaghan, *J. Rheol.*, 1997, 41, 901.

[18] J. P. Rothstein, Strong Flows of Viscoelastic wormlike micelle solutions, *Rheol. Rev.*, 2008, 1.

[19] S. Manneville, Rheol. Acta, 2008, 47, 301.

[20] D. Arola, G. Barrall, R. Powell, K. McCarthy and M. McCarthy, *Chem. Eng. Sci.*, 1997, 52, 2049.

[21] T. Blythe, A. Sederman, J. Mitchell, E. Stitt, A. York and L. Gladden, *J. Magn. Reson.*, 2015, 255, 122.

[22] E. Tozzi, K. McCarthy, L. Bacca, W. Hartt and M. McCarthy, *J. Visualized Exp.*, 2012, 59, e3493.
[23] E. Tozzi, L. Bacca, W. Hartt, M. McCarthy and K. McCarthy, *Chem. Eng. Sci.*, 2013, 93, 140–149.
[24] P. Callaghan, Rheo–NMR and velocity imaging, *Curr. Opin. Colloid Interface Sci.*, 2006, 11, 13.
[25] C. W. Macosko, *Rheology: Principles, Measurements, and Applications*, Wiley–VCH, 1994.
[26] D. G. Baird, D. I. Collias, *Polymer Processing Principles and Design*, John Wiley & Sons, Hoboken New Jersey, 2014.
[27] Y. Kim, A. Adams, W. H. Hartt, R. G. Larson and M. J. Solomon, *J. Non–Newt. Fluid Mech.*, 2016, 232, 77–87.
[28] R. Bird, W. Stewart and E. Lightfoot, *Transport Phenomena*, John Wiley & Sons, 2nd edn, 2002.
[29] J. O. Ramsey and B. W. Silverman, *Functional Data Analysis*, Springer, New York, 2nd edn, 2005.
[30] J. O. Ramsay, G. Hooker, S. Graves, *Functional Data Analysis with R and MATLAB*, Springer, New York, New York, 2009.
[31] A. W. Nienow, M. F. Edwards, N. Hamby, *Mixing in the Process Industries*, Butterworth–Heinmann, 1997.
[32] E. Paul, V. Atiemo–Obeng, S. Kresta, *Handbook of Industrial Mixing*, John Wiley & Sons, Hoboken NJ, 2004.
[33] A. Arzate, F. Bertrand, O. Reglat and P. Tanguy, *US Pat.*, 6412337 B1, 2002.
[34] A. B. Metzner and R. E. Otto, *AIChE J.*, 1957, 3.
[35] D. Doraiswamy, R. K. Grenville and A. W. Etchells, *Ind. Eng. Chem. Res.*, 1994, 33, 2253.
[36] F. Streiff, S. Jaffer and G. Schneider, Proceedings of the 3rd *International Symposium on Mixing in Industrial Processes*, 1999, 107–114, Osaka, Japan: European Federation of Chemical Engineering.
[37] O. Manero, F. Bautista, J. F. A. Soltero and J. E. Puig, *J. Non–Newtonian Fluid Mech.*, 2002, 106, 1.

国外油气勘探开发新进展丛书（一）

书号：3592
定价：56.00元

书号：3663
定价：120.00元

书号：3700
定价：110.00元

书号：3718
定价：145.00元

书号：3722
定价：90.00元

国外油气勘探开发新进展丛书（二）

书号：4217
定价：96.00元

书号：4226
定价：60.00元

书号：4352
定价：32.00元

书号：4334
定价：115.00元

书号：4297
定价：28.00元

国外油气勘探开发新进展丛书（三）

书号：4539
定价：120.00元

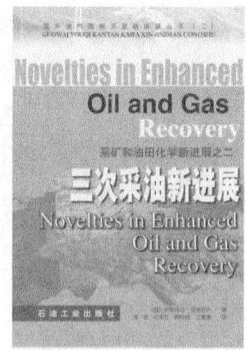

书号：4725
定价：88.00元

书号：4707
定价：60.00元

书号：4681
定价：48.00元

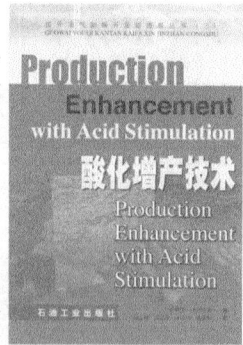

书号：4689
定价：50.00元

书号：4764
定价：78.00元

国外油气勘探开发新进展丛书（四）

书号：5554
定价：78.00元

书号：5429
定价：35.00元

书号：5599
定价：98.00元

书号：5702
定价：120.00元

书号：5676
定价：48.00元

书号：5750
定价：68.00元

国外油气勘探开发新进展丛书（五）

书号：6449
定价：52.00元

书号：5929
定价：70.00元

书号：6471
定价：128.00元

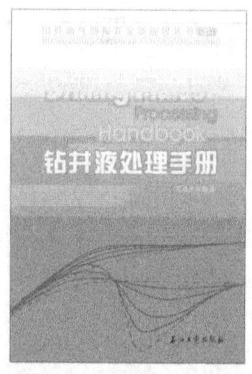

书号：6402
定价：96.00元

书号：6309
定价：185.00元

书号：6718
定价：150.00元

国外油气勘探开发新进展丛书（六）

书号：7055
定价：290.00元

书号：7000
定价：50.00元

书号：7035
定价：32.00元

书号：7075
定价：128.00元

书号：6966
定价：42.00元

书号：6967
定价：32.00元

国外油气勘探开发新进展丛书（七）

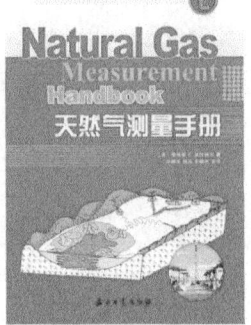

书号：7533
定价：65.00元

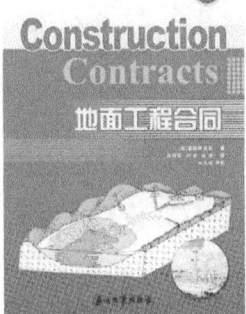

书号：7802
定价：110.00元

书号：7555
定价：60.00元

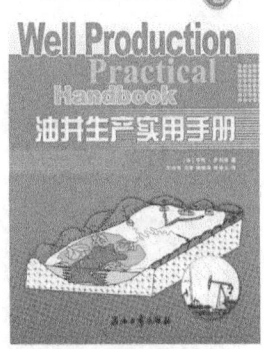

书号：7290
定价：98.00元

书号：7088
定价：120.00元

书号：7690
定价：93.00元

国外油气勘探开发新进展丛书（八）

书号：7446
定价：38.00元

书号：8065
定价：98.00元

书号：8356
定价：98.00元

书号：8092
定价：38.00元

书号：8804
定价：38.00元

书号：9483
定价：140.00元

国外油气勘探开发新进展丛书（九）

书号：8351
定价：68.00元

书号：8782
定价：180.00元

书号：8336
定价：80.00元

书号：8899
定价：150.00元

书号：9013
定价：160.00元

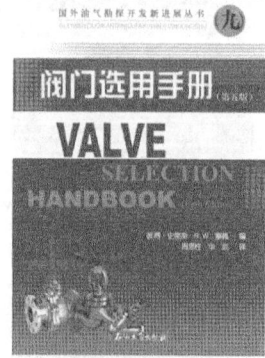

书号：7634
定价：65.00元

国外油气勘探开发新进展丛书（十）

书号：9009
定价：110.00元

书号：9989
定价：110.00元

书号：9574
定价：80.00元

书号：9024
定价：96.00元

书号：9322
定价：96.00元

书号：9576
定价：96.00元

国外油气勘探开发新进展丛书（十一）

书号：0042
定价：120.00元

书号：9943
定价：75.00元

书号：0732
定价：75.00元

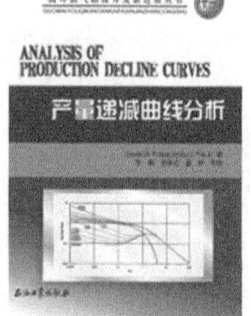

书号：0916
定价：80.00元

书号：0867
定价：65.00元

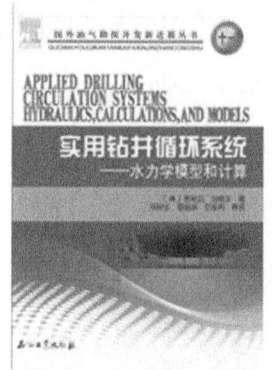

书号：0732
定价：75.00元

国外油气勘探开发新进展丛书（十二）

书号：0661
定价：80.00元

书号：0870
定价：116.00元

书号：0851
定价：120.00元

书号：1172
定价：120.00元

书号：0958
定价：66.00元

书号：1529
定价：66.00元

国外油气勘探开发新进展丛书（十三）

书号：1046
定价：158.00元

书号：1167
定价：165.00元

书号：1645
定价：70.00元

书号：1259
定价：60.00元

书号：1875
定价：158.00元

书号：1477
定价：256.00元

国外油气勘探开发新进展丛书（十四）

书号：1456
定价：128.00元

书号：1855
定价：60.00元

书号：1874
定价：280.00元

书号：2857
定价：80.00元

书号：2362
定价：76.00元

国外油气勘探开发新进展丛书（十五）

书号：3053
定价：260.00元

书号：3682
定价：180.00元

书号：2216
定价：180.00元

书号：3052
定价：260.00元

书号：2703
定价：280.00元

书号：2419
定价：300.00元

国外油气勘探开发新进展丛书（十六）

书号：2274
定价：68.00元

书号：2428
定价：168.00元

书号：1979
定价：65.00元

书号：3450
定价：280.00元

书号：3384
定价：168.00元

书号：5259
定价：280.00元

国外油气勘探开发新进展丛书（十七）

书号：2862
定价：160.00元

书号：3081
定价：86.00元

书号：3514
定价：96.00元

书号：3512
定价：298.00元

书号：3980
定价：220.00元

书号：5701
定价：158.00元

国外油气勘探开发新进展丛书（十八）

书号：3702
定价：75.00元

书号：3734
定价：200.00元

书号：3693
定价：48.00元

书号：3513
定价：278.00元

书号：3772
定价：80.00元

书号：3792
定价：68.00元

国外油气勘探开发新进展丛书（十九）

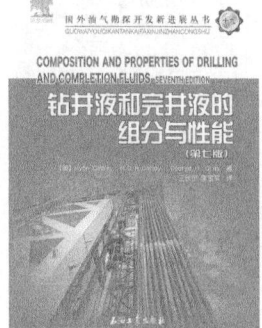

书号：3834
定价：200.00元

书号：3991
定价：180.00元

书号：3988
定价：96.00元

书号：3979
定价：120.00元

书号：4043
定价：100.00元

书号：4259
定价：150.00元

国外油气勘探开发新进展丛书（二十）

书号：4071
定价：160.00元

书号：4192
定价：75.00元

书号：4770
定价：118.00元

书号：4764
定价：100.00元

书号：5138
定价：118.00元

书号：5299
定价：80.00元

国外油气勘探开发新进展丛书（二十一）

书号：4005
定价：150.00元

书号：4013
定价：45.00元

书号：4075
定价：100.00元

书号：4008
定价：130.00元

书号：4580
定价：140.00元

书号：5537
定价：200.00元

国外油气勘探开发新进展丛书（二十二）

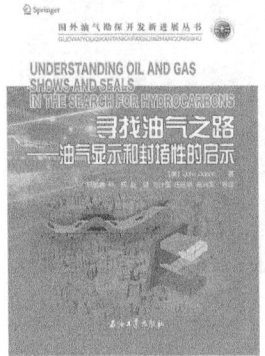

书号：4296
定价：220.00元

书号：4324
定价：150.00元

书号：4399
定价：100.00元

书号：4824
定价：190.00元

书号：4618
定价：200.00元

书号：4872
定价：220.00元

国外油气勘探开发新进展丛书（二十三）

书号：4469
定价：88.00元

书号：4673
定价：48.00元

书号：4362
定价：160.00元

书号：4466
定价：50.00元

书号：4773
定价：100.00元

书号：4729
定价：55.00元

国外油气勘探开发新进展丛书（二十四）

书号：4658
定价：58.00元

书号：4785
定价：75.00元

书号：4659
定价：80.00元

书号：4900
定价：160.00元

书号：4805
定价：68.00元

书号：5702
定价：90.00元

国外油气勘探开发新进展丛书（二十五）

书号：5349
定价：130.00元

书号：5449
定价：78.00元

书号：5280
定价：100.00元

书号：5317
定价：180.00元

书号：6509
定价：258.00元

书号：5718
定价：90.00元

国外油气勘探开发新进展丛书（二十六）

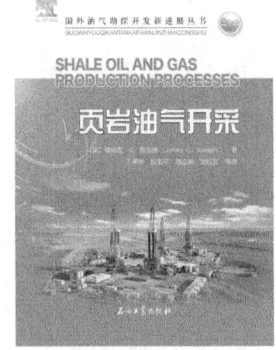

书号：6882
定价：150.00元

书号：6703
定价：160.00元

书号：6738
定价：120.00元

书号：7111
定价：80.00元